科学出版社"十四五"普通高等教育本科规划教材

江苏省高等学校重点教材（编号：2021-1-017）

种 子 学

（第三版）

张红生　王州飞　主编

科　学　出　版　社

北　京

内 容 简 介

　　本书全面系统地介绍了种子科学技术的基本原理、研究成果和最新进展，内容包括种子的形成、发育和成熟，种子的形态构造和分类，种子的化学成分，种子休眠与萌发，种子寿命和活力，以及种子的加工、贮藏和检验等。全书既考虑了内容的系统性，有利于当前的教学需要，又注重内容的前沿性，兼顾种子科学研究的未来发展。

　　本书可作为高等农林院校植物生产类和种子科学相关专业本科生和研究生的教材，也可供广大种子科技工作者及农业科研和管理人员学习参考。

图书在版编目（CIP）数据

种子学 / 张红生，王州飞主编. —3 版. —北京：科学出版社，2021.11
科学出版社"十四五"普通高等教育本科规划教材　江苏省高等学校重点教材（编号：2021-1-017）
　ISBN 978-7-03-070121-3

　Ⅰ. ①种…　Ⅱ. ①张…　②王…　Ⅲ. ①作物 - 种子 - 高等学校 - 教材
Ⅳ. ① S330

中国版本图书馆 CIP 数据核字（2021）第 211679 号

责任编辑：丛　楠　韩书云 / 责任校对：王晓茜
责任印制：赵　博 / 封面设计：迷底书装

科 学 出 版 社 出版
北京东黄城根北街16号
邮政编码：100717
http://www.sciencep.com

保定市中画美凯印刷有限公司印刷
科学出版社发行　各地新华书店经销

*

2010年7月第　一　版　开本：787×1092　1/16
2021年11月第　三　版　印张：16 3/4
2024年8月第六次印刷　字数：397 000
定价：58.00元
（如有印装质量问题，我社负责调换）

《种子学》（第三版）编委会名单

主　编　张红生　王州飞

副主编　孙　群　关亚静　何丽萍　鲍永美

编　者　（按姓氏笔画排序）

马守才　（西北农林科技大学）

王州飞　（华南农业大学）

王衍坤　（福建农林大学）

向春阳　（天津农学院）

关亚静　（浙江大学）

许如根　（扬州大学）

孙　群　（中国农业大学）

李培富　（宁夏大学）

李景文　（吉林大学）

何永奇　（华南农业大学）

何丽萍　（云南农业大学）

张红生　（南京农业大学）

陈军营　（河南农业大学）

赵光武　（浙江农林大学）

黄　骥　（南京农业大学）

程金平　（南京农业大学）

鲍永美　（南京农业大学）

主　审　盖钧镒　（南京农业大学）

胡　晋　（浙江大学）

第三版前言

当前，人类社会已经由第三次工业革命的信息时代进入第四次工业革命的智能化时代，中国特色社会主义新时代的农业发展和农业技术人才培养也毫无例外地面临着更高的要求和挑战。近年来，国家推进新农科、一流本科教育建设，实施一流专业、一流课程"双万计划"建设，是深入实施科教兴国战略、人才强国战略、创新驱动发展战略，开辟发展新领域新赛道，不断塑造发展新动能新优势的具体体现。种子学被赋予了更多新的内涵。同时，种子学领域研究也有了长足的发展。本教材自出版以来，在科学出版社的大力支持下，已被全国 40 多所农业院校使用，深受广大师生的一致好评。为更好地对接国家发展重大战略需求，服务于国家植物生产类一流专业、一流课程建设，我们需要撰写一本修订版的《种子学》，而这个计划也得到了科学出版社、全国农业高校的大力支持。我们决定保持第一、二版的核心，并保持第二版的版式，改正了一些错误，调整了一些段落，也更新和拓展了各章节的内容。同时，增加了拓展阅读内容，并完成了新版教材对应的开放课程录制。我们希望新版的内容更加丰富，纸质与数字资源的结合，可以更好地为种业人才培养提供重要支撑，为引领种业学科创新发展奠定重要基础，服务于高水平科技自立自强、拔尖创新人才培养。

本教材第一章由张红生、王州飞执笔，第二章由王州飞、马守才执笔，第三章由鲍永美、王衍坤执笔，第四章由陈军营、张红生执笔，第五章由何丽萍执笔，第六章由赵光武执笔，第七章由王州飞、李景文执笔，第八章由许如根、何永奇执笔，第九章由孙群、向春阳执笔，第十章由关亚静、李培富执笔。书中有关种子学信息技术管理部分内容由黄骥、程金平执笔。最后，全书由张红生、王州飞负责统稿。

国内外相关的专著、综述和研究论文为本书的编写提供了丰富的素材，在此对其作者表示崇高的谢意！在本书编写过程中，得到了科学出版社、南京农业大学、华南农业大学等单位有关领导、专家的关心和支持，在此表示衷心的感谢！

种子学研究成果日新月异，加之编者水平有限，修订版中不足之处在所难免，敬请读者批评指正。

编　者

2020 年 12 月 28 日

第一版前言

种子是裸子植物和被子植物特有的繁殖体，它由胚珠经过传粉受精形成。在农业生产上，种子是最基本的生产资料。种子学是研究植物种子的特征特性、生命活动规律的基本理论和农业生产应用技术的一门应用科学技术。种子学在现代农业生产中发挥着重要的作用，可以为植物生产、种子繁殖、加工处理、贮藏和检验提供科学理论和技术基础。因此，种子学是植物生产类专业的一门重要课程。

本教材在长期教学、科研的基础上，广泛收集了国内外大量文献，比较全面系统地介绍了种子学研究成果和进展。内容包括绪论、种子的形成发育和成熟、种子的形态构造和分类、种子的化学成分、种子休眠、种子萌发、种子寿命、种子活力、种子加工与贮藏、种子检验共10章。每章内容既阐述基本原理，又介绍国内外最新研究成果和实用技术；既考虑内容的系统性，又注重概括精炼；既照顾当前的教学需要，又着眼种子科学未来的发展。因此，本教材可作为高等农林院校植物生产类及种子相关专业的教材，也可供种子科技工作者及农业技术人员学习参考。希望本教材的出版能为我国农业生产及种子事业的发展，为提高我国种子学的教学、科研水平起到一定作用。

本教材第一章由张红生、胡晋执笔，第二章由张红生、王州飞执笔，第三章由宁书菊执笔，第四章由孙黛珍、王曙光执笔，第五章由何丽萍执笔，第六章由赵光武执笔，第七章由刘丕庆执笔，第八章由王州飞、朱昌兰执笔，第九章由孙群执笔，第十章由胡晋执笔。书中有关种子学遗传基础部分内容由邢邯、赵晋铭执笔，有关计算机应用部分由钱虎君执笔。最后，全书由张红生负责修改校正，全书由盖钧镒院士审阅。

本教材的出版，得到了科学出版社有关编辑的大力支持和帮助，在此深表谢意！国内外相关的专著、综述和研究论文为本书的编写提供了丰富的营养，在此对其作者表示崇高的谢意！在本书编著过程中，得到了南京农业大学有关领导、专家的关心和支持，在此表示衷心的感谢！

随着科学技术的发展，特别是分子生物学、基因组学和蛋白质组学等学科的迅速发展，种子学研究成果也日新月异；加之编者们水平有限，编写时间仓促，书中难免存在不足甚至错误之处，敬请读者批评指正。

编　者

2009 年 12 月 28 日

目　　录

第一章 绪 论

【内容提要】种子是农业生产最基本的生产资料。种子学是研究植物种子的特征特性和生命活动规律的基本理论及其在农业生产中应用的一门应用型科学。现代分子生物学、分子遗传学、基因工程、生物信息学、基因组学等学科的快速发展，大大促进了种子学的发展，种子学在农业生产中发挥着越来越重要的作用。

【学习目标】通过本章的学习，了解种子学发展历史，明确种子学在农业生产中的作用。

【基本要求】理解种子含义；掌握种子学的内容和任务。

第一节 种子的含义

地球上现存的植物有 40 万种左右，种子植物占了约 2/3。种子与人类的生活密切相关，人们吃的粮食、蔬菜、水果等绝大多数来自种子。种子在植物学上是指由胚珠（ovule）发育而成的繁殖器官。在农业生产上，种子是最基本的生产资料，其含义要比植物学上的种子广泛得多。凡是农业生产上可直接作为播种材料的植物器官都称为种子。为了与植物学上的种子有所区别，后者称为农业种子更为恰当，但在习惯上，农业工作者为了简便起见，将其统称为种子。目前世界各国所栽培的植物，包括农作物、园艺作物、牧草和森林树木等种类，播种材料种类繁多，大体上可分为真种子、类似种子的果实、营养器官和人工种子等4类。

一、真种子

真种子是植物学上所指的种子，它们都是由胚珠发育而成的，如豆类（除少数外）、棉花及十字花科的各种蔬菜、黄麻、亚麻、蓖麻、油菜、烟草、芝麻、瓜类、茄、番茄、辣椒、苋菜、茶、柑橘、梨、苹果、银杏，以及松柏类等的种子。

二、类似种子的果实

这一大类在植物学上称为果实，大部分为小型的干果，其内部含有一颗或几颗真种子。某些作物的干果，成熟后不开裂，可以直接用果实作为播种材料。例如，禾本科作物的颖果（小麦、玉米等为典型的颖果，而水稻与皮大麦果实外部包有稃壳，在植物学上称为假果）；向日葵、荞麦、大麻等的瘦果；伞形科（如胡萝卜和芹菜）的分果；山毛榉科（如板栗和麻栎树）和藜科（如甜菜和菠菜）的坚果；黄花苜蓿和鸟足豆的荚果；蔷薇科的内果皮木质化的核果等。

在这些干果中，以颖果和瘦果在农业生产上最为重要。这两类果实的内部均含有一颗种子，在外形上和真种子也很类似，所以往往称为"籽实"，意为类似种子的果实。禾谷类作物的籽实有时也称为"谷实"，而"籽实"及真种子均可称为籽粒。

三、营养器官

许多根茎类作物具有自然的无性繁殖器官，如甘薯和山药（薯蓣）的块根，马铃薯和菊芋的块茎，芋和慈姑的球茎，葱、蒜、洋葱的鳞茎等。另外，甘蔗和木薯用地上茎繁殖，莲用根茎（藕）繁殖，苎麻用吸枝繁殖等。上述这些作物大多也能开花结实，并且可供播种，但在农业生产上一般均利用其营养器官种植，以发挥其特殊的优越性。一般在进行杂交育种等少数情况下，才直接用种子作为播种和遗传研究的材料。

四、人工种子

人工种子是将植物离体培养过程中产生的胚状体（主要指体细胞胚）包裹在含有养分和具有保护功能的物质中形成的，在适宜条件下能够发芽出苗，长成正常植株的颗粒体，也可称为合成种子（synthetic seed）、人造种子（man-made seed）或无性种子（somatic seed）。人工种子与天然种子非常相似，都是由具有活力的胚胎与具有营养和保护功能的外部构造（相当于胚乳和种皮）构成的适用于播种或繁殖的颗粒体。

天然种子的繁殖和生产受到气候、季节的限制，并且在遗传上会发生天然杂交和分离现象，而人工种子在本质上属于无性繁殖。因此，人工种子具有许多优点：①可用于自然条件下不结实或种子很昂贵的特种植物快速繁殖。②繁殖速度快。例如，用一个体积为 12 L 的发酵罐，生产胡萝卜体细胞胚制作人工种子，在 20 多天内可制作 1000 万粒人工种子，可供几十公顷农田种植。③可固定杂种优势，使 F_1 杂交种多代使用。

> **小知识：人工种子的现状**
>
> 传统的农业种植方式是"春种一粒粟，秋收万颗籽"。但是随着植物细胞工程技术的发展，1978 年美国植物学家穆拉希吉（Murashige）首次提出利用试管培养出来的芽或胚状体，包以胶囊从而代替自然种子用于田间播种。目前普遍研制的人工种子，是以海藻酸钠为介质，将体细胞胚与海藻酸钠溶液混合后，再滴入氯化钙溶液，经离子交换后形成海藻酸钙的固体圆形颗粒（胶囊丸）。迄今为止，世界各国约对 40 种植物的体细胞胚或芽研制过人工种子。我国从 1987 年开始，已在胡萝卜、苜蓿、芹菜、黄连、云杉、桉树、番木瓜等十几种植物上得到人工种子。目前大多数人工种子仍只停留于实验室中的工作，该技术由实验室向商业化生产转化，还有一些问题未得到解决。

第二节　种子学的内容和任务

种子学（seed science）是研究植物种子的特征特性和生命活动规律的基本理论及其在农业生产中应用的一门应用型科学。当今随着种子学研究的深入和应用技术的快速发展，通常将种子学扩展为种子科学和技术（seed science and technology）。

种子学是建立在其他自然科学基础上的独立科学体系，如植物学（包括形态、解剖、分类、生理生态、胚胎等）、化学（主要是有机化学和生物化学）、物理学、生物统计学、遗传学、分子生物学、种子病理学、农业昆虫学、微生物学等。同时，种子学的理论知识又是许多其他学科的重要理论基础（图 1-1）。

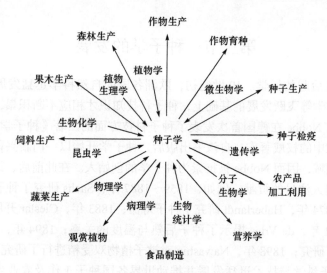

图 1-1　种子学与其他学科的关系

　　从狭义上讲，种子学是植物学的一个分支，它从生物学观点阐明植物种子各种生命现象的变化及其与环境条件的联系，从基础理论方面加深对种子的认识，包括种子发育成熟、形态特征、化学成分、生理生化、种子寿命、休眠与萌发、种子活力等内容。广义而言，除上述内容外，还包括种子的应用技术，如种子生产、种子加工（清选、干燥、处理）、种子检验、种子贮藏和种子管理等内容。可见，广义的种子学包括基础理论和应用技术的有关内容，其中种子理论是种子应用技术和开发新技术的基础，种子技术将种子学理论与农业实践紧密联系起来。因此，种子学既是植物生产类专业的一门重要专业基础课，又是一门直接为农业生产服务的应用技术课。

　　种子学的主要任务是为植物生产和种子检验、种子贮藏、种子处理加工和种子繁殖生产提供科学理论依据和先进技术，以最大限度地提高作物生产及种子生产的产量和质量。具体来说，种子学的任务主要可归纳为以下几方面。

　　（1）根据种子生理生化特性和分子遗传机理与生态的关系，阐明各种作物种子形成、发育、成熟、休眠、萌发特性和激素调控机理，从而为作物生产和种子生产提供有效的调控管理技术。

　　（2）根据种子的形态特征、化学成分、水分特性、呼吸代谢和活力特性，为种子的合理和安全加工技术提供理论依据和实用技术；并为种子利用、营养价值及加工工艺提供参考依据。

　　（3）根据种子的形态结构、理化分子特性、生命活动和寿命的特点，阐明其贮藏特性，制订出种子合理、安全的包装和贮藏管理措施。

　　（4）根据种子的形态特性、细胞遗传、生化和分子生物学特性，制订和采用合理及先进的方法，对各种类型和品种及转基因品种进行鉴定，测定种子及品种的真实性和纯度，并按种子特征特性制订种子检验仪器和规定技术，对作物种子播种质量进行检验，以判断种子的优劣，评定其等级和种用价值，确保农业的丰收。

　　（5）根据种子为有生命的生物有机体和作为播种材料的特性，制订合理的管理措施，确保全面利用优良品种的优质种子，推动农业现代化和农业可持续发展。

第三节 种子学的发展

种子学是一门后起的科学。19世纪初，欧洲各国的自然科学迅猛发展，在生物学、农学、森林学和畜牧学等飞跃发展的基础上，种子科技知识才相应不断积累，日趋完善。1876年，奥地利科学家Nobbe在德国首次发表了种子科技方面的巨著《种子学手册》，该书被公认为当时种子文献中的权威著作。自该书出版后，种子学开始以一门新兴科学的面貌出现在生物科学和农学领域，因而Nobbe被推崇为种子学的创始人。在此前后，许多杰出的科学家对种子学做出了引人注目的贡献。例如，1859~1887年，Sachs研究了种子成熟过程中营养物质积累变化；1874年，Haberlandt研究了种子寿命；1883年，Cieslar开展了光对种子发芽影响的研究；1891年，de Vries揭示了种子后熟与温度的关系；1894年，Wiesner对种子萌发抑制物质进行了研究；1898年，Nawashin对被子植物双受精进行了研究；等等。

20世纪是种子科学与技术迅猛发展并推动世界各国种子工作及农业生产前进的重要时期。1931年，国际种子检验协会（International Seed Testing Association，ISTA）颁发了世界第一部国际种子检验规程，促进了种子的国际贸易和交流。1934年，日本科学家近藤万太郎的《农林种子学》问世，对种子界的影响很大。1953年，Crocker和Barton的《种子生理学》被认为是当代种子生理学第一部巨著。此外，1957年，什马尔科的《种子贮藏原理》、1960年柯兹米娜的《种子学》、1978年Khan的《种子休眠与萌发的生理生化》及1982年Bewley和Black的《种子萌发的生理生化》等反映了当时种子学研究进展。在我国，1961年叶常丰编写的《种子学》《种子贮藏与检验》，1985年傅家瑞的《种子生理学》，1990年和1991年郑光华的《实用种子生理学》《种子活力》，1993年毕辛华和戴心维主编的《种子学》等著作对我国种子学的普及和发展起到了积极的作用。20世纪60~80年代，种子生理方面的研究也取得了很多成就，如光敏色素的发现，种子休眠的内源激素学说和呼吸代谢途径学说，赤霉素和壳梭孢素对种子萌发生理的独特效应，以及种子各种处理和播种技术等。

科学技术的发展和进步，尤其是分子生物学、分子遗传学、基因工程等学科的突飞猛进，促进了种子科学和技术的发展。在种子科学方面，种子休眠、萌发的生理生态及机制，种子生命活动及劣变过程中的亚细胞结构变化和分子生物学，种子活力的分子基础，种子代谢和发育，顽拗型种子的特性，种子寿命的预测及种质资源保存等方面的研究均达到了一定的深度。在种子技术方面，种子引发、种子超干贮藏、种子超低温贮藏、人工种子的研究方兴未艾，受到各国科学家的日益关注和重视。2013年，Bewley等编写的《种子：发育、萌发和休眠的生理》（第三版）介绍了种子学最新的一些研究进展。在我国，2001年颜启传等编写的《种子学》《种子检验原理和技术》，以及2006~2011年胡晋等编写的《种子生物学》《种子生产学》《种子贮藏加工学》《种子贮藏原理与技术》等著作对我国种子学的发展起到了积极的作用。

目前，许多研究机构已成为对种子学的发展具有突出贡献并具权威性的单位，如英国的雷丁大学农学系、英国皇家植物园、美国马里兰州贝尔茨维尔国家种子研究实验室、美国艾奥瓦州立大学种子科学中心、美国俄亥俄州立大学农学系、美国柯林斯堡的国家种子贮藏实验室、美国加州大学戴维斯分校种子生物技术中心、荷兰瓦格宁根大学种子科学中心、以色列希伯来大学、巴黎第六大学植物生理与应用实验室、日本山口大学农学院、马来西亚马来大学农学系等。同时，国际种子检验协会（ISTA）、国际种子联盟（ISF）、美国官方种子分析家协会（AOSA）和国际植物遗传资源研究所（IPGRI）对推动世界各国种子科技的发展和种子研究工作的开展也都发挥了极为重要的作用。随着对种业发展的日益重视，我国也成立了专门的种子相关协会，1980年成立了中国种子协会，1988年成立了中国种子贸易协会，2011年5月和10月分别成立了中国植物学会种子科学与技术专业委员会、中国作物学会作物种子专业委员会。这些组织的成立对我国种子学发展起到了积极的推动作用。

1953年，我国的种子学课程在浙江农学院（浙江农业大学前身）创设，是种子专业研究生的一门重点课程，1955年又开始作为该校农学专业本科生的必修课。叶常丰先生是这门课程的创始人。由于我国种子工作发展的需要，种子学课程已在全国农业院校普遍设置。目前，我国已在中国农业大学、南京农业大学、西北农林科技大学等绝大部分农业类本科院校，以及中山大学等综合性院校设置了种子科学与工程专业，对推进我国的种业人才培养和农业生产发挥了重要的作用。

第四节　种子学在农业生产中的作用

种子是农业生产最基本的生产资料，是农作物高产、多抗、优质的内在因素。农业生产不论采用什么先进工具或先进技术，都必须通过种子才能发挥增产的作用。优质的种子必须纯净一致、饱满完整、健康无病虫、活力强，这就需要加强种子生产、加工贮藏、种子检验等工作。

在农业生产实践上，种子在形成、发育和成熟期间能否正常生长，一方面取决于田间的栽培管理，另一方面与当时的气候条件有密切关系。在农业生产或种子生产过程中，不当的栽培管理措施，往往会引发结实率低、籽粒瘦小畸形、发芽率不高、活力不强等不正常现象，以致严重地影响种子的产量和品质。科学的种子加工与贮藏管理可以延长种子的寿命，提高种子的播种品质，保持种子的活力，为作物的增产打下良好的基础。反之，轻则使种子生活力和种子活力下降，重则整仓种子发热、霉烂、生虫，给农业生产带来巨大损失。种子检验是确保种子质量的重要环节。通过种子检验，对种子质量作出正确的评价，防止伪劣种子进入市场；对检测有问题的种子，采用适当的处理措施，改善和提高种子质量；掌握种子水分、杂质和病虫等情况，制订科学、安全的种子贮藏措施和运输方法。因此，种子学可为上述工作的开展提供理论基础和技术支撑。

1995年，我国开始创建种子工程，并于2000年实施了《中华人民共和国种子法》，2016年实施了新修订版《中华人民共和国种子法》。实施种子工程和种子法的目的是适应社会主义市场经济体制、现代化种子产业发展体制和法制管理体制，实现种子生产专业化、育繁推一体化、种子商品化、管理规范化、种子集团企业化。种子工程的主要内容包括新品种选育和引进、种子繁殖和推广、种子加工和包装、种子推广及销售和宏观管理5个方面，具体涉及种质资源收集和利用、新品种选育和引进、品种适应性区域试验、新品种审定和管理、原种繁殖、良种生产、种子加工精选、种子包衣、种子挂牌包装、种子贮藏保管、种子收购销售、种子调拨运输、种子检疫、种子检验和种子管理等内容。

1-1 拓展阅读

2011年，国务院出台了《关于加快推进现代农作物种业发展的意见》（国发〔2011〕8号）文件，将农作物种业提升到国家战略性、基础性核心产业的高度，对发展我国现代农作物种业做了全面部署。该文件指出，要强化农作物种业基础

1-2 拓展阅读

性公益性研究，重点开展种质资源搜集、保护、鉴定、育种材料的改良和创制，以及育种理论方法和技术、分子生物技术、品种检测技术、种子生产加工和检验技术等基础性、前沿性和应用技术性研究。进一步加强高等院校农作物种业相关学科、重点实验室、工程研究中心及实习基地建设，建立教学、科研与实践相结合的有效机制，提升农作物种业人才培养质量。充分利用高等院校教学资源，加大农作物种业人才继续教育和培训力度，为我国农作物种业发展提供人才和科技支撑。

1-3 拓展阅读

2021 年 7 月 9 日，中央全面深化改革委员会第二十次会议审议通过了《种业振兴行动方案》。该方案明确了实现种业科技自立自强、种源自主可控的总目标，提出实施种质资源保护利用、创新攻关、企业扶优、基地提升、市场净化等五大行动，打好种业翻身仗、推动我国由种业大国向种业强国迈进。党的二十大报告指出，要深入实施种业振兴行动，强化农业科技和装备支撑，健全种粮农民收益保障机制和主产区利益补偿机制，确保中国人的饭碗牢牢端在自己手中。《种业振兴行动方案》的实施和二十大报告对我国现代种业发展的指示，必将促进我国种子学的快速发展。同时，种子学的发展能为我国《种业振兴行动方案》的实施提供保障，促进我国现代农作物种业的发展，对我国农业的快速、健康、可持续和高质量发展具有重要的促进作用，种业在实施乡村振兴等国家重大战略中必将大有可为。

小知识：我国现代农作物种业发展成就

当前，我国正处在工业化、信息化、城镇化、农业现代化同步发展的新阶段，为保障国家粮食安全和实现农业现代化，实现中国碗要装中国粮，中国粮主要用中国种，对农作物种业发展的要求明显提高。随着国务院《关于加快推进现代农作物种业发展的意见》的出台，我国种业走过了不平凡的历程，发生了翻天覆地的变化，取得了巨大成就。主要体现在以下几个方面：建立了较为完整的种业政策支持体系；有效提升了企业的资本实力；修改完善了《中华人民共和国种子法》的内容，为依法治种提供了法律保障；种子企业不断发展壮大，培育了民族种业的"航空母舰"；品种创新水平显著提高，自主知识产权品种满足了种植业发展需要等。

小　结

种子学是植物生产类专业的一门专业基础课，又是直接为农业生产服务的课程。随着生产经验的积累及现代科学技术的发展，对种子的发育成熟、休眠、萌发、寿命、加工处理、贮藏及种子检验等方面有了深入的研究和了解，极大地推进了种子学的发展，进而为农业生产提供了基础理论依据和先进实用技术，促进了我国现代农作物种业的快速发展，确保了国家粮食安全。

思　考　题

1. 农业种子有哪些类型？
2. 种子学包含哪些主要内容？
3. 种子学主要有哪些任务？
4. 种子学在实施乡村振兴等国家重大战略中的作用有哪些？

第二章　种子的形成、发育和成熟

【内容提要】种子的形成和发育实质是种子从母株吸取养料，长成相当完备的植物基本构造的过程；在种子成熟阶段伴随着水分变化和营养物质等的积累，并促进种子活力的形成。当它落在适宜的环境中时，能保证正常发芽生长，自营独立生活，以完成传播种族、繁衍后代的生物学任务。

【学习目标】通过本章的学习，明确种子形成、发育及其成熟过程，能综合解决农业生产中实际遇到的问题。

【基本要求】理解种子形成、发育的一般过程；了解种子发育过程中的异常现象及其原因；掌握种子成熟过程及其环境影响因素。

第一节　种子形成和发育的一般过程

种子的形成和发育过程是指从卵细胞受精成为合子开始，经过多次细胞分裂增殖和基本器官的分化生长，直到种子完全成熟所发生的一系列变化过程。被子植物的合子形成后，一般须通过短期休眠，才进行细胞的分裂分化，在形态上和生理上经过复杂的变化，最后发育成为种胚；同时极核经受精后发育成为胚乳，胚珠组织发育成为种皮。种子的发育是植物个体发育的最初阶段，它的可塑性最强，对外界环境条件非常敏感。这一阶段发育的好坏，不仅影响种子本身的播种品质，同时也可能影响到下一代的生长发育，有时还能使作物的种性也发生一定程度的改变。

在农业生产实践上，有时会发生结实率低、籽粒瘦小畸形、发芽率不高、活力不强等不正常现象，以致严重地影响种子的产量和品质。而这些现象的发生与受精过程及种子在发育过程中所接触到的各种环境因素有密切关系。

一、受精作用

（一）雌雄配子的发育及其分子基础

1. 雌雄配子的形成过程

1）雄配子的形成过程　　雄蕊的花药中分化出孢原组织，进一步分化为花粉母细胞，经过减数分裂形成四分孢子，从而发育成 4 个小孢子（microspore），并进一步发育成 4 个单核花粉粒。在花粉粒的发育过程中，它经过一次有丝分裂，形成营养细胞和生殖细胞；而生殖细胞又经过一次有丝分裂，才形成一个成熟的花粉粒，其中包括两个精细胞（sperm cell）和一个营养核（vegetative nucleus）。这样一个成熟的花粉粒在植物学上称为雄配子体（male gametophyte）（图 2-1）。

2）雌配子的形成过程　　雌蕊子房里着生胚珠，在胚珠的珠心里分化出大孢子母细胞或胚囊母细胞，一个大孢子母细胞经过减数分裂，形成直线排列的 4 个大孢子（macrospore），即四分孢子。其中只有 1 个远离珠孔的大孢子继续发育，最后成为胚囊（embryo sac），其他

3 个大孢子的养分被吸收而自然解体。继续发育的大孢子的核经过连续 3 次有丝分裂,形成 8 个核,其中 3 个为反足细胞(antipodal cell)、2 个为助细胞(synergid)、2 个为极核(polar nucleus),它们组成一个中央细胞,另外一个为卵细胞。这样由 8 个核(实际是 7 个细胞)所组成的胚囊,在植物学上称为雌配子体(female gametophyte)(图 2-1)。

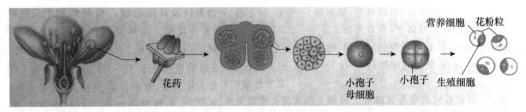

雄配子体形成过程示意图

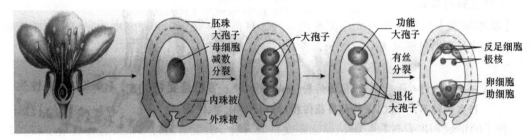

雌配子体形成过程示意图

图 2-1　高等植物雌雄配子体形成的过程(强胜,2006)

2. 雌雄配子发育的分子基础　　植物雄蕊中花药内雄配子发育的起始与成熟是由一系列基因控制的。大量特异基因在花药和花粉发育的不同时期表达,如编码脂转移蛋白、蛋白酶抑制剂、果胶酶、乳糖多聚糖酶等的基因在花药中特异表达,细胞骨架蛋白在花粉中的特异性表达可能与花粉的萌发和花粉管的伸长有关。例如,番茄雄蕊中的 *LAT51*、*LAT52*、*LAT56*、*LAT58*、*LAT59* 等基因在花粉母细胞减数分裂后开始活化,直到散粉时表达量尚有增加,其中 *LAT59* 在花粉管生长时可能具有降解果胶酶的作用。在水稻花粉中表达的 *PS1* 基因,在烟草花粉中特异表达的 *NTM19*、*NTP303* 基因,以及拟南芥的 *TuA1* 基因在雄配子发育过程中的作用都有相关报道。

利用与雌蕊发育有关的突变体研究表明,在雌蕊中存在多种特异表达基因,根据功能可将雌蕊特异性基因分为两类,一类是与防御功能有关的基因,这些基因的存在可保护植物的生殖器官不受病菌的侵染;另一类是水解糖苷键的酶的表达,通过酶消化多糖以帮助花粉管生长。例如,拟南芥胚珠发育相关基因 *ats*、*sup* 与调节珠被的生长和分化相关;小麦中的 *msg*、拟南芥中的 *Gf* 均与大孢子发生相关。

(二)授粉受精及其分子机制

1. 授粉　　授粉(pollination)是指成熟的花粉落在雌蕊的柱头上。根据花粉的来源不同,授粉方式有自花授粉、异花授粉和常异花授粉。自花授粉指同一朵花的花粉传送到同一朵花的柱头上,或同株花粉传播到同株的雌蕊柱头上,水稻、小麦、大豆、番茄等为自花授粉植物。自花授粉植物自然异交率一般低于 1%,不超过 4%。异花授粉指雌蕊柱头接受异株或异花花粉,玉米、黑麦、向日葵、苹果等为异花授粉植物。常异花授粉指一种植物同时依靠自花授粉和异花授粉两种方式繁殖后代，棉花、高粱、蚕豆、甘蓝型油菜等为常异花授粉植物。授粉的媒介有风、虫、水、鸟等。

小知识：蜜蜂授粉

由于蜜蜂与植物的长期协同进化，蜜蜂具有较长的口器和特有的采粉器官（如花粉篮、花粉刷和花粉栉等），能够吸食花蜜而不伤害花朵。蜜蜂是自然生态链中不可或缺的重要一环，在人类所利用的上千种作物中，有1100多种需要蜜蜂授粉，否则这些作物将无法繁衍生息。在美国，200万群蜜蜂被租用于作物授粉，每年可创造约200亿美元的价值，是蜂产品本身价值的上百倍，被誉为"农业之翼"。

---

2. 受精

1）被子植物的受精过程　　雄配子（精子）与雌配子（卵细胞）融合为一个合子，称为受精（fertilization）。当花粉粒通过不同的途径传到雌蕊的柱头上以后，从柱头所分泌的液汁吸取水分和养料，迅速开始萌发，长成花粉管，从花粉粒的发芽孔伸出来。这时花粉粒的外壁被挤破，而内壁则随着花粉管的伸长，从发芽孔延伸到柱头上，再从柱头钻进花柱，直到子房内部的胚珠中。在已成熟的花粉粒中，一般有2个核（有些作物如禾谷类及油菜等，当花粉粒成熟时含有3个核），其中一个称为管核（营养细胞），另一个称为生殖核（生殖细胞）。花粉粒萌发时，生殖核就分裂为2个精核。当花粉管伸长时，管核在花粉管的先端移行，起先驱作用（图2-2，图2-3）。花粉管通过花柱进入子房的过程中，分泌各种酶，以分解所接触的养料和组织。这些组织都是由松散的多汁细胞组成的，很容易被酶溶化而解体。花粉管进入子房内部，就沿着子房内胚珠的珠孔方向继续前进。子房腔内通常充满液汁，可使花粉管细胞保持膨压，虽经若干时日，也不致凋萎。通常落在柱头上的花粉粒数目很多，

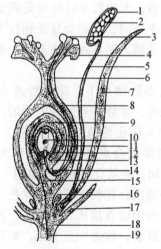

图 2-2　被子植物花器的纵剖面

1. 花药；2. 未成熟花粉粒；3. 已萌发花粉粒；4. 柱头；5. 花丝；6. 花柱；7. 花瓣；8. 花粉管；9. 合点；10. 胚囊；11. 珠心；12. 内珠被；13. 外珠被；14. 珠孔；15. 珠柄；16. 蜜腺；17. 萼片；18. 花柄；19. 维管束

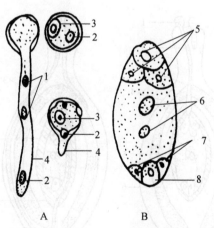

图 2-3　雄配子体（A）和雌配子体（B）

1. 精核；2. 管核；3. 生殖核；4. 花粉管；5. 反足细胞；6. 极核；7. 助细胞；8. 卵细胞

发芽以后花粉管的数目也很多，各条花粉管的生长快慢不一。其中最强壮、最活跃的花粉管首先到达珠孔，由珠孔穿过珠心层而进入胚囊，这时花粉管的先端破裂，管核消失，而由生殖核分裂所形成的 2 个精核（雄配子）就先后滑到胚囊中，其中一个与珠孔附近的卵细胞（雌配子）融合形成合子，另一个与胚囊中部的 2 个极核（或次生细胞）融合形成原始胚乳细胞。这两个融合过程称为双受精现象（图 2-4），是被子植物所独有的有性生殖方式。

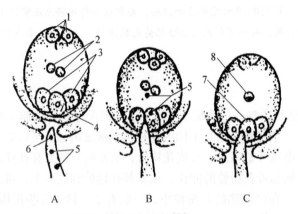

图 2-4　双受精
A. 带有两个精核和管核的花粉管向珠孔接近；B. 精核接近卵和极核；C. 发生双受精
1. 反足细胞；2. 极核；3. 助细胞；4. 卵细胞；5. 精核；6. 管核；7. 合子（受精卵）；8. 胚乳核

一般农作物从授粉到受精所需时间很不一致，这不仅与作物类型有关，在很大程度上还受环境因素的影响。例如，小麦从授粉到受精的时间和当时气温有很大关系，当气温较低（10℃左右）时，约需 9 h；气温升高达 20℃时，约需 5 h；若再升高到 30℃，则仅需 3.5 h。概括地说，一般作物在良好的天气条件下进行授粉和受精，大约数小时即可完成受精；当外界环境不适时，可能会延长到数天，甚至始终不能受精，而导致母株上产生瘪粒和结实率下降。

在大多数情况下，花粉管进入胚囊必须通过珠孔，才能达到受精的目的，这种受精方式称为珠孔受精（顶点受精）。有时花粉管直接穿过合点进入胚囊，称为合点受精，如桦属、榆属及胡桃科的植物（图 2-5）。也有某些情况，花粉管不经过珠孔，也不经过合点，而中途直接从珠被刺入，再穿过珠心层进入胚囊，称为中点受精，如荨麻科的植物。

多数植物在授粉受精之前，必须经过开花这一过程，但开花并非授粉受精的必要条件，如大麦与花生常常不开花也能正常受精，称为闭花受精。开放的花能否受精，常和柱

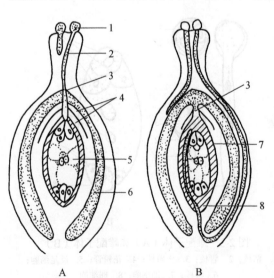

图 2-5　珠孔受精（A）和合点受精（B）
1. 花粉粒；2. 花粉管；3. 珠孔；4. 珠被；5. 胚囊；
6. 子房；7. 珠心；8. 合点

头的可授期有关，不同植物之间差异很大，大多数被子植物柱头的可授期可以保持几天，有些短至几小时，而长的可达几个月。一般农作物的可授期偏短，只有数小时至数天；而某些木本植物的可授期就长得多，如榛属的可授期能延续达 2 个月或 2 个月以上；裸子植物的可授期通常为几天到一周，而北美黄杉可达 20 天。可授期的长短除与当时的环境条件有关外，在花的形成期适当施肥也能达到延长可授期的效果。

2）受精过程中雌蕊的生理生化变化　　在授粉过程中，胚珠与子房发生了剧烈的生理生化变化。首先表现为呼吸速率提高，如棉花受精时的呼吸速率比开花当天高 2 倍；一些植物受精的子房出现呼吸高峰，同时呼吸商也呈上升的趋势。其次，受精后细胞中的各种细胞器数量增加，并进行重新分布，大量造粉体和线粒体围绕核排列，多聚核糖体和高尔基体囊泡增多，细胞壁物质合成旺盛。此外，雌蕊生长素含量显著增加并发生动态变化，一方面，花粉带入了大量生长素；另一方面，随花粉管萌发，雌蕊组织中生长素含量相应增加。

3）受精的分子基础　　植物受精首先是花粉与柱头的识别作用。广义地说，识别是一类细胞与另一类细胞在结合过程中通过物理、化学的信息交流，发生的特殊反应。花粉与柱头间的识别对于植物保持物种的稳定是十分重要的。这个识别反应取决于花粉外壁蛋白与柱头乳突细胞表面的蛋白质表膜（pellicle）之间的相互作用。如果花粉与柱头之间的识别是亲和的，花粉粒正常萌发，花粉管尖端分泌角质酶，消化柱头表面的角质层，花粉管可以进入花柱生长；反之，柱头表面细胞产生胼胝质，阻止花粉管进入花柱。这是雌雄配子体间最初的识别过程。

当花粉粒落到雌蕊的柱头上后，如果是亲和的，花粉粒萌发，伸出花粉管。在花粉萌发时，蛋白质合成迅速启动，但在萌发和花粉管生长早期合成蛋白质所需的 mRNA 是在花粉发育时合成并贮存于花粉粒中的。例如，在烟草花粉管中合成的 69 kDa 和 66 kDa 的多肽就是由成熟花粉粒中贮存的 mRNA 在花粉管生长时翻译形成的糖蛋白。

花粉管生长过程中，与位于花柱内部的传递组织相互作用进行进一步识别，花柱传递组织中的一些类似动物玻连蛋白（vitronectin）的蛋白质分子可能协助花粉管生长，花柱也为花粉管生长提供营养。目前的研究表明，花粉管的生长表现出趋化性，雌蕊的结构和化学信号物质为花粉管的生长定向。例如，Ca^{2+} 对花粉管的萌发和生长都有刺激作用，生长素、一些低分子质量的蛋白质和黄酮醇等都有助于花粉管的生长。

3. 植物受精的不亲和性及克服的可能途径

1）受精的不亲和性　　受精不亲和使种子结实率低，并且给杂交育种工作带来一定的困难。受精的障碍一般可在授粉期、配子发育前期及融合期发生，发生不亲和反应的位置一般是在花柱中，只有少数发生在胚珠或胚囊中。

发生在授粉期的不亲和现象，一般是生理上的不亲和性，可以发生在花器中的不同位置和受精过程的不同时期，不同植物的情况是不一样的：发生在柱头表面，如十字花科、禾本科、菊科等；发生在花粉管从柱头通过花柱的生长过程中，如很多茄科、豆科的三叶草属及不同的科、属间杂交时发生；发生在子房中的胚珠和胚囊中，如百合科的萱草属、梧桐科的可可树属等，由于配子未融合，胚珠发生退化。

种间或属间受精不亲和的情况较自交不亲和更复杂，而且即使在受精或合子形成后，还有其他障碍与不亲和性有关，使合子不能顺利发育，或胚乳不能正常形成，终至种子失去生活力。

除了位置、形态和时间上的障碍，亲和性的分子基础是花粉和柱头以 *S* 等位基因产生的特异蛋白的识别作用，*S* 基因的表达产物多为糖蛋白，在开花前后的特定时间表达。当花粉与雌蕊中表达的 *S* 等位基因相同时，就发生自交不亲和反应。

2）克服受精不亲和的可能途径　　克服不亲和障碍可以从遗传和生理两方面着手。前者可通过增加染色体倍数（限于双子叶植物有效）、诱变不亲和基因，或者用嫁接或花粉蒙导等方法（适用于远缘杂交）。后者可利用适当浓度的生长激素刺激，使受精不亲和的花粉管得以在花柱中继续生长，或者采用各种方法，使生长慢的不亲和花粉管在花器脱落之前，能有足够时间到达子房及胚囊，如授粉于幼嫩的柱头上，使用激素处理防止花器脱落等。

二、种子的形成和发育

（一）胚的发育及其相关基因

1. 胚的发育　　胚是种子最主要的部分，它是一个新植物体的雏形，也就是最幼嫩的孢子体。在正常情况下，胚是由一个精细胞与卵细胞融合后的合子所形成，称为合子胚。胚的发育是从受精卵，即合子开始的。受精后，合子通过短期休眠，横裂成两个大小极不相等的细胞，靠近珠孔端的称为基细胞，靠近合点端的称为顶细胞。基细胞经过几次分裂，形成一列细胞，称为胚柄。胚柄的基部常形成一个较大的细胞，将胚固定在胚囊上。同时由于胚柄的延长，将胚推向胚囊中部，以利于胚的发育。胚柄另一端的顶细胞，经过多次的细胞分裂，形成一团细胞，称为胚体。根据发育过程的胚体形状，胚发育经历了球形胚、心形胚、鱼雷形胚过程。胚柄和胚体构成原胚，原胚继续进行细胞分裂与分化，逐渐形成一个具有子叶、胚芽、胚轴和胚根的完整的胚。

合子中雌、雄细胞质的遗传有 3 种类型：双亲遗传型，此类合子中细胞质内含有雌、雄双方的细胞质遗传信息，如白花丹、矮牵牛等；雌性细胞质遗传型，这类合子中雄性细胞质进入极少，或者内含细胞器全被排除在卵外，如大麦、烟草等；雄性细胞质遗传型，此类合子中由于雌性细胞质内细胞器已经退化，只有进入的雄性细胞质的遗传信息，如胡萝卜、苜蓿等。

2. 胚发育的相关基因　　胚的发育涉及一系列基因的时空表达和互作。以拟南芥为模式植物，应用突变分析和基因克隆技术，已鉴定和分离了一些影响胚胎形成的基因，如 *LEC2*（*leafy cotyledon 2*）、*CNOM*、*MONOPTERO*（*MP*）和 *FACKE* 等。*LEC2* 编码一个含 B3 区域（植物特有的一种 DNA 结合基序）的转录调控因子，它控制胚发育的正确启动，在胚发育早期和后期均大量表达。*CNOM* 基因编码鸟嘌呤核苷酸交换因子（GEF），它作用于 ADP 核糖基化因子（ARF）-G 型蛋白，影响合子第一次分裂。与正常合子第一次不对称分裂相反，*CNOM* 基因突变体的受精卵第一次分离是对称的，表现出顶-基极性（apical-basal polarity）缺陷型，没有根和下胚轴。*MONOPTERO* 基因编码一种含 DNA 结合域的蛋白质，它影响胚中维管组织和胚体模式的建立。*FACKE* 基因的产物是参与脂类生物合成的一种固醇还原酶，它影响发育中胚细胞的分裂、扩展和有序排列。

（二）胚乳发育及其相关基因

1. 胚乳发育类型　　被子植物的胚乳是由一个精细胞与中央细胞的两个极核或次生核

受精后形成的初生胚乳核发育而成的，具有三倍染色体。初生胚乳核通常不经休眠（如水稻）或经短暂的休眠（小麦为 0.5～1 h）后进行第一次分裂。因此，初生胚乳的分裂早于合子的分裂，即胚乳的发育总是早于胚的发育，为幼胚的生长创造条件。胚乳的发育形式一般有核型、细胞型和沼生目型。

1）核型胚乳　　核型胚乳是被子植物中最普遍的胚乳发育形式。其主要特征是初生胚乳核的第一次分裂和以后的多次分裂，都不伴随细胞壁的形成，各个胚乳核呈游离状态分布在胚囊中。随着核的增多和液泡的扩大，胚乳游离核连同细胞质分布于胚囊的周缘。游离核的数目常随植物种类而异，多的可达数百以至数千个。待发育到一定阶段，通常在胚囊最外围的胚乳核之间先出现细胞壁，此后，由外向内逐渐形成胚乳细胞。核型胚乳在单子叶植物和具有离瓣花的双子叶植物中普遍存在，如小麦、水稻、玉米、棉花、油菜、苹果等。

2）细胞型胚乳　　细胞型胚乳的特点是从初生胚乳核分裂开始，随即产生细胞壁，形成胚乳细胞。以后各次分裂也都是以细胞形式出现，无游离核时期。大多数双子叶合瓣花植物的胚乳发育都属于这种类型，如番茄、烟草、芝麻等。

有些种子的胚乳在发育前期，即逐渐被胚所吸收，使营养物质向子叶转移。结果胚乳消失，而胚特别发达，形成无胚乳种子，如棉花、大豆等。

3）沼生目型胚乳　　沼生目型胚乳是介于核型胚乳与细胞型胚乳之间的中间类型。受精极核第一次分裂时，胚囊被分为两室，即珠孔室和合点室。珠孔室比较大，这一部分的核进行多次分裂，呈游离状态。合点室核的分裂次数较少，并一直保持游离状态。以后，珠孔室的游离核形成细胞结构，完成胚乳的发育。沼生目型胚乳只存在于沼生目型植物中，如刺果泽泻、慈姑和独尾草属。

有些植物在种子发育过程中，胚乳中途停止发育，而胚囊周围的珠心层迅速增长，积累很多养料，形成了一种营养组织，称为外胚乳，如菠菜及石竹等。

2. 基因组印迹和胚乳发育　　基因组印迹（genomic imprinting）又称基因组印记、遗传印迹、亲代印迹（parental imprinting）或配子印迹，是指在配子或合子发生期间，来自亲本的等位基因或染色体在发育过程中产生专一性的加工修饰，导致后代体细胞中两个亲本来源的等位基因有不同的表达活性的现象。在植物中，基因组印迹似乎主要在胚乳中起作用，即母本与父本基因组比例在胚乳发育中具有重要性。胚乳平衡数（EBN）假说认为，母本与父本基因组比例为 2∶1 的有效倍体水平是胚乳发育所必需的。例如，在玉米中任何偏离正常的 2∶1 比例都将导致胚乳败育、种子瘪粒。改变基因组比例只会导致胚乳败育，而对胚胎发育无影响。在拟南芥中曾证实，四倍体或六倍体自交可以产生正常的多倍体胚乳，如果增加母本的剂量，使母本∶父本比例为 6∶1，则产生的胚乳将提前进行细胞结构化，细胞核少，导致种子败育，这种极端不平衡也使胚胎发生在心形胚期停滞。相反，如果父本基因组增加，母本∶父本比例为 2∶3，则有丝分裂加速，胚乳细胞核增殖，表明母本与父本基因组比例在细胞结构化和有丝分裂的控制之间存在紧密的联系。

3. 胚乳发育的相关基因　　应用分子遗传学和突变体分析方法已鉴定出一些参与胚乳发育的基因。TITAN 蛋白与 ADP 核糖基化因子相关，是小分子 GTP-结合蛋白 RAS 家族的成员，调控真核细胞多种功能，突变该基因能改变胚乳发育中的减数分裂和细胞循环控制。编码受体激酶的 *Crinkly4* 和编码钙调蛋白酶的 *Dek1* 基因突变，分别产生禾谷类种子糊粉层发育不正常的突变体表型。3个不依赖于受精而形成种子的 *FIS* 基因中，即 *FIS1/MEDEA*、*FIS2* 和 *FIS3/FIE*，任何一个发生突变，都引起胚乳核分裂及胚乳发育模式建成的紊乱，这些基因在胚乳的发育中具有启动对胚乳发育所需基因的遏制、控制胚乳前后极轴的排序和胚乳核的分裂数目等功能。

小知识：种子胚乳研究的重要性

　　对于种子本身，胚乳是淀粉和蛋白质等物质主要的贮藏场所，在种子发育和萌发过程中，胚乳向胚提供营养物质和植物激素等。禾谷类作物种子的胚乳占据着种子的绝大部分体积，是人类食物的重要来源，约承担60%的粮食供应。但是，种子如何在发育过程中协调胚和胚乳体积目前仍知之甚少。近年来，有研究者揭示了种子胚和胚乳之间的双向信号传递是种子发育所必需的，即研究者发现胚产生多肽 TWS1 的前体，然后转运到胚乳并在其中被枯草蛋白酶加工释放活性肽，然后又扩散到胚，作为配体以激活驱动角质层发育的受体样激酶。禾谷类作物种子胚乳性状的分子遗传研究对于粮食增产和作物品质改良具有重要意义，胚乳相关性状的研究越来越受到重视。

2-1 拓展阅读

（三）种皮的发育

　　种皮由胚珠的珠被发育而来，包围在胚和胚乳之外，起着保护作用。如果胚珠仅有一层珠被，则形成一层种皮，如番茄、向日葵、胡桃等。如果胚珠具有内、外两层珠被，则通常相应形成内种皮和外种皮，如油菜、蓖麻等。也有一些植物虽有两层珠被，但在发育过程中，其中一层珠被被吸收而消失，只有另一层珠被发育成种皮。例如，大豆、蚕豆的种皮由外珠被发育而来，而小麦、水稻的种皮则由内珠被发育而来。

　　成熟种子的种皮，其外层常分化为厚壁组织，内层分化为薄壁组织，中间各层可以分化为纤维、石细胞或薄壁细胞。在大多数被子植物中，当种子成熟时种皮成为干种皮，但在少数被子植物和裸子植物中，种皮可以成为肉质的，前者如石榴，后者如银杏。种皮的表皮常具有附属物，最常见的是棉花种子外种皮的表皮细胞向外突出、伸长而形成的"纤维"。

　　有些植物的种子外面具有假种皮，它是由胚柄或胚座发育而成的结构。例如，荔枝、龙眼果实中的肉质可食部分，就是胚柄发育而来的假种皮。在胚珠末端的珠孔，种子成熟时形成发芽口，或称种孔。胚珠基部的珠柄，发育成为种柄。种子成熟干燥以后，从种柄上脱落后，在种皮上留下一个疤痕，即种脐（但禾谷类的颖果及菊科植物的瘦果等，在种子外部还包有果皮，籽粒从果柄上脱落，所以称为果脐，详见第三章）。

（四）种子发育中基因表达及其调控

　　从受精卵的不均等分裂开始的植物胚胎发育过程是一个有次序的、选择性的基因表达过程。在特定的发育阶段，特定的基因组在细胞核内选择性地转录，并释放出相应的 mRNA 到细胞质中。因此，在细胞分化过程中，总是伴随着特定的 mRNA 的积累和变化。同时，它们还要在细胞质内进一步受到翻译水平的调节和控制。

　　以大豆种子贮存蛋白基因为例说明种子胚胎发生过程中的基因表达。分析子叶期（受精后14～22天）和中熟期（22～40天）的 poly（A）mRNA 的群体分布，发现每个发育阶段各有不同的 mRNA 分布频率。例如，子叶期主要是中丰度（细胞中每种 mRNA 序列约800个）和低丰度（细胞中每种 mRNA 序列约17个）mRNA，而中熟期则由超丰度（19 000个）、中丰度（550个）和低丰度（3个）mRNA 组成（表2-1）。子叶期和中熟期的 mRNA 种类多，在子叶期有14 000种序列，中熟期有32 000种序列，说明这两个时期大量的遗传信息得到表达。此外，研究者发现在大豆种子发育过程中，有7～10种 mRNA 超丰富表达，它们只占 mRNA 序列复杂性的0.05%，表达量却达到 mRNA 质量的50%～60%。它们在子叶早期开始积累一直持续到中熟期，在晚熟期猛烈地降低，在叶细胞中已不存在，说明这类基因是胚胎发育特异表达的。

表2-1 大豆种子发育进程中形态结构和基因表达的概括

开花后天数	0	20	40	60	80	100	120	真叶（作为对比）
种子发育阶段	I	II	III		IV	V		
形态	球形胚 心形胚 成熟胚 5～10 mg 鲜重 子叶 2～3 mm 长 胚轴 0.5～0.9 mm （1～2）×10⁶细胞/胚 停止细胞分裂			10～200 mg 鲜重 子叶 8～10 mm 长 胚轴 3～4 mm （3.0～3.5）×10⁶细胞/胚 细胞增大				
mRNA 分布	0.38 0.6	0.2 0.31	0.27 0.22	0.08	0.17	0.35	0.4	
mRNA 种类	180 14 000	21 6	180 32 000	2	45	900	35 000	
每个细胞每种 mRNA 的分子数	800 17	150 000 19 000	550 3	27 000	2 000	200	6	

资料来源：刘良式，2003

Thomas 等于1991年曾提出种子蛋白质和种子胚胎发育后期高丰度表达的蛋白质基因（late embryogenesis abundant protein）简称 *LEA* 基因调节元件的双组分（bipartite）模型，该模型认为：启动子区是一种由两种元件组成的套件式组织（organization），启动子区的近端区序列元件（PSE）与远端区序列元件（DSE）具有不同的功能。PSE 决定基因在种子中的表达特异性，DSE 则起增强其基本表达及微调作用。表2-2是几种常见的贮存蛋白基因的 PSE 和 DSE 的结构及与之相互作用的反式作用因子。在单子叶和双子叶植物基因中，常见到 CATGCATG 或 RY 基序，云扁豆球蛋白远端区的 UAS2、UAS3、β-大豆伴球蛋白 α 亚基"α"片段（−257～−206）和大豆球蛋白的28 bp 的豆球蛋白（legumin）框都含有这类远端激活序列。存在于绝大多数种子蛋白质基因中的 AT 丰富区，能与普遍存在的核因子结合，可能作为一个非特异的增强子起作用。在 DSE 中经常发现一些负调节元件，如云扁豆球蛋白基因的 *NRS1*（−391～−295）与 *NRS2*（−518～−418），负调节序列常存在 AGAAMA（M＝A 或 C）基序，可能与种子核蛋白因子 AG-1 结合。此外，ABA 参与所有种子植物（包括棉花、大豆、向日葵、小麦、水稻、大麦、玉米及芸薹）胚胎特异的基因表达调节。

表 2-2 种子发育中基因表达的调节元件和蛋白因子

调节元件	基因	调节功能	反式作用因子
ACGT			
GGAC<u>ACGT</u>GGC	小麦 *Em*	ABA 调节	EMBP-1
CCGT<u>ACGT</u>GGC	水稻 *Rab16*	ABA 调节 / 脱水调节	TAF-1
TTCC<u>ACGT</u>AGA	玉米 *Zein*	种子表达	O2
ACAC<u>ACGT</u>CAA	云扁豆 *Phaselin*	种子表达	O2
RY 重复			
CATGCATG	蚕豆 *LeB4*，大豆 *Gy2*	种子表达	
CATGCATGCA	玉米 *C1*，*Rab17*	种子表达 /ABA 调节	VP1
Sph 元件	小麦 *Em*		
（CA）$_n$	多种种子蛋白质基因		
E-框			
CANNTC	云扁豆 *Phaselin*	种子表达	bHLH
A/T	多种种子蛋白质基因	数量的调节	HMG
WS 基序			
TGATCT	向日葵 *HaG3-A*（*D*）	种子表达	
AGATGT	向日葵 *HaG3-A*（*D*）	种子表达	

资料来源：刘良式，2003

注：N=A、G、C 或 T，R=A 或 G，Y=C 或 T，S=G 或 C

（五）种子发育过程中的形态变化

为了使种子在发育过程中形态上所发生的变化有一个比较完整的概念，将被子植物主要繁殖器官（花器）的形态构造、在发育过程中所发生的变化及种子各部分的对应名称归纳成简表，以便于查阅（图 2-6）。

第二节　主要作物种子的形成和发育

一、主要农作物种子的形成和发育

农作物种子类型较多，这里主要介绍小麦、水稻、玉米、棉花、油菜等几种主要农作物种子的形成和发育过程。

（一）小麦种子的形成和发育

小麦受精卵在开始分裂以前，须经过 6~9 h 的休眠期。第一次分裂为横向分裂，形成 2个细胞的原胚，基部细胞再横向分裂一次，上部细胞纵向分裂一次，结果形成 4 个细胞的原胚。以后细胞继续分裂，到具有 16 个细胞的原胚期，可看见不同部位的细胞有开始分化的迹象，即整个原胚大体上可划分为 3 个区，顶区由 8 个细胞组成，中部及基部各由 4 个细胞

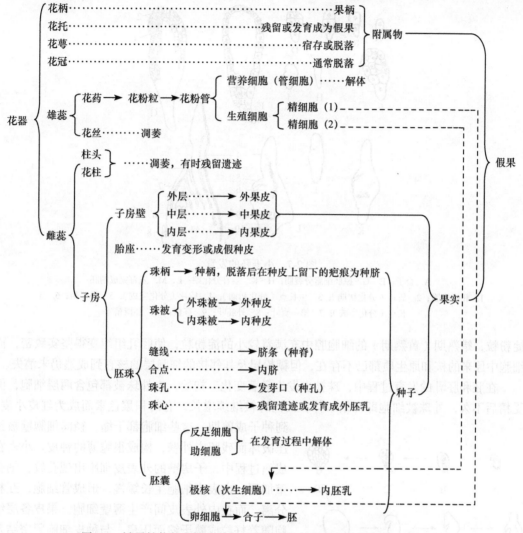

图2-6　被子植物的花器和种子（果实）的对应部分（颜启传，2001a）

组成。各区细胞进一步分裂，速度不平衡，顶区最快，基部（胚柄部分）最慢。原胚发育到受精第4天以后，首先是表面细胞开始分化，然后在原胚的侧面出现一条浅沟，而进入另一个发育阶段。整个原胚明显地分成3部分：顶端区向胚囊中部伸展，之后发育成盾片；在背侧面为器官形成区；在基部为胚柄细胞区（图2-7）。

在分化过程中的幼胚，盾片占显著地位，在其基部产生胚芽鞘，而在胚芽鞘的基部出现胚芽及生长点，在生长点相对的另一端形成胚根原基，胚根原基下部及四周的细胞发育成为胚根鞘。在受精10天以后，胚的生长发育加快，盾片和胚芽鞘都已分化完成；15天以后，胚芽鞘基部出现外胚叶，盾片的上部伸长呈舌状，同时出现侧胚根及维管束原基。在受精后20天，胚的各部分发育都已完成，体积也长足，此时采收的种子具有相当高的发芽率。

小麦的原始胚乳细胞比受精卵开始分裂要早，形成许多游离核，沿胚囊的周围排列。以后继续分裂，填满胚囊，然后从四周向中央产生细胞壁而形成胚乳组织。在胚乳发育过程中，反足细胞及珠心细胞都先后解体而被胚乳组织吸收。乳熟期的胚乳细胞含有少数较大的

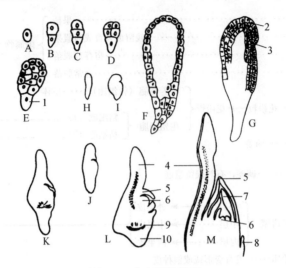

图 2-7　小麦胚的发育

A. 合子；B~G. 原胚细胞分裂期；H~K. 器官分化期；L, M. 发育完成的胚

1. 胚柄细胞；2. 盾片（分化初期）；3. 生长点（分化初期）；4. 盾片（分化完成）；5. 胚芽鞘；6. 生长点（分化完成）；7. 第一真叶；8. 外胚叶；9. 胚根；10. 胚根鞘

淀粉粒，蜡熟期（黄熟期）的细胞腔中充满着较小的淀粉粒，使胚乳组织变得坚实致密，而细胞中原来的核和原生质都已不存在，但糊粉层及其邻接的细胞层的核直到成熟仍未消失。

　　在胚和胚乳的发育过程中，珠被也发生显著变化。初始，内外珠被都包含两层细胞，但受精后不久，外珠被细胞即开始解体，而内珠被继续增长，有的积累色素而成为红皮小麦。到种子成熟期，这些细胞都干缩，径向细胞壁被挤压破坏而残留内外壁，构成很脆薄的种皮。小麦在成熟过程中，子房壁的外表皮细胞出现孔纹，细胞壁加厚。内表皮细胞生长缓慢，形成管细胞，互相分离，而在内外表皮间产生薄壁细胞。果皮各层细胞随着籽粒成熟干缩而压扁，与种皮细胞紧密结合在一起，形成复合组织。

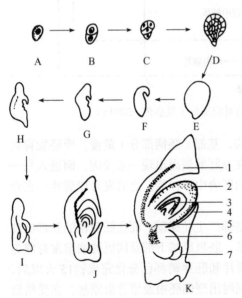

图 2-8　水稻胚的发育

A~E. 原胚发育期；F~J. 器官分化期；K. 发育完成的胚

1. 盾片；2. 胚芽鞘；3. 第一叶；4. 第二叶；5. 第三叶；6. 外子叶；7. 胚轴

（二）水稻种子的形成和发育

　　水稻的受精卵在开花以后 8~10 h，开始分裂为 2 个细胞，24 h 后，分裂为 4~6 个细胞。2 天后，发育成椭圆球形的原胚，纵向约有 6 个细胞，横向约有 4 个细胞。到第 4 天可以看出初生维管束的分化，第 5 天可以较明显地看出幼芽和幼根的原始体及维管束，第 7 天幼小的植物各器官的发育大体上完成。在胚芽鞘里面，可以看到第一叶和第二叶的原始体，在幼根部可以看出胚根鞘及根部中心的粗导管。经过 10 天，胚的发育基本完成，具有幼小植物的雏形（图 2-8）。

胚乳细胞的分裂，在子房背侧的细胞较腹侧为快，到开花后第 4 天，子房内部充满着胚乳细胞；开花后第 5 天，在胚乳组织的细胞中形成淀粉粒；开花后第 7 天，胚乳细胞中淀粉的数量显著增加，在胚乳的外围形成糊粉层。这时胚乳的形态和组织大体上已形成。

子房的发育，在开花后第 1 天起，先自纵向伸长，到开花后第 7 天，伸长至稃壳的顶端，其宽度在开花后 11～12 天，厚度约在开花后 14 天，生长达到最大限度。这时干物质的积累还在进行，直至黄熟期才基本上结束。

（三）玉米种子的形成和发育

玉米的受精卵在授粉后 32 h 分裂为 2 个细胞，4 天后分裂为 24 个细胞，8 天后形成锥形原胚（proembryo）。14 天之后形成盾片（scutellum）、胚芽鞘（coleoptile）、胚轴（plumule-radicle axis）和胚柄（suspensor），由于胚的发育不如盾片快，胚从胚轴侧移。20 天之后胚芽鞘内可以看到第一叶和第二叶的原始体（图 2-9）。胚乳的形态在授粉后 10 天形成，在授粉后 18 天，胚乳充满整个籽粒。

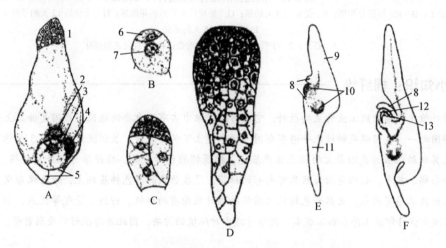

图 2-9　玉米胚的发育（Agrawal and Rakwal，2012）

A. 受精后的胚囊；B～D. 原胚分裂期；B. 授粉后 32 h；C. 授粉后 4 天；D. 授粉后 8 天；E，F. 器官分化期；E. 授粉后 14 天；F. 授粉后 20 天

1. 反足细胞；2. 初生胚乳核；3. 合子；4. 花粉管残余物；5. 助细胞；6. 顶细胞；7. 基细胞；8. 胚芽鞘；9. 盾片；10. 胚轴；11. 胚柄；12. 第一叶；13. 第二叶

（四）棉花种子的形成和发育

棉花在开花后 24～30 h，才完成受精作用。受精后合子呈休眠状态，到第三天才开始分裂成 2～4 个细胞，到第 12 天可以识别出胚根和子叶，到第 15 天才能用肉眼看见胚。以后逐渐增长，经 1 个月达到最大限度（图 2-10）。

极核与精核融合后即开始分裂，形成大量的核，第 9 天胚乳母细胞才出现细胞壁。胚乳母细胞经过一系列的分裂，形成大量的胚乳细胞，再经过 20 多天，胚乳即充满整个胚囊。以后，胚乳细胞逐渐解体消失，仅剩下一薄层细胞，包围在胚的外部。同时胚的发育继续进行，直到棉铃吐絮前数日才发育成为具有子叶、胚芽、胚轴和胚根的完整胚，充满种皮内部。同时外珠被的表皮细胞延伸而成棉纤维。

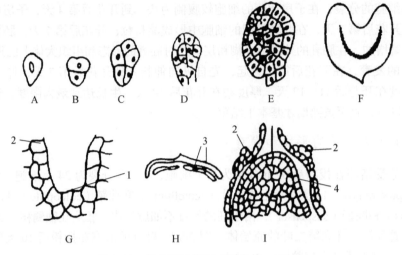

图 2-10　棉花胚的发育（颜启传，2001a）

A. 合子；B~E. 原胚分裂期；F. 受精后 9 天的胚；G. 受精后 9 天的胚芽原基；H. 受精后 12 天的子叶（横剖面）；
I. 受精后 15 天的胚芽
1. 胚芽；2. 子叶；3. 两片子叶重叠；4. 发育完成的胚芽

小知识：棉纤维

　　棉纤维是我国纺织工业的主要原料，它在纺织纤维中占有很重要的地位。我国是世界上最主要的产棉国之一。我国棉花种植几乎遍布全国，优先建立了黄河流域、长江流域和西北 3 个棉花生产区，尤其新疆已成为我国最大的棉花生产基地。按原棉的色泽分类，棉纤维可以分为白棉、黄棉、灰棉和彩棉。其中，彩棉是指天然具有色彩的棉花，是在原来的有色棉基础上，用远缘杂交、转基因等生物技术培育而成。天然彩色棉花仍然保持棉纤维原有的松软、舒适、透气等优点，制成的棉织品可减少许多印染工序和加工成本，能适量减少对环境的污染，因此具有很好的应用前景。

（五）油菜种子的形成和发育

　　油菜受精后的合子，经过一段时间的休眠，先延长成一个管状体，随即开始分裂成 2 个很不相等的细胞。靠近胚囊中部的细胞比较短小，为胚细胞；另一个靠近珠孔的细胞比较细长，为胚柄细胞。胚细胞经过两次连续的互相垂直的分裂，形成四分体。各个细胞再分裂一次，形成八分体。以后继续进行分裂，长成一个球形的原胚。在原胚的顶端上形成 2 个突起，进一步发育成为 2 片子叶，又在 2 片子叶之间，分化出一个胚芽。球形胚体与胚柄相连接的细胞经过多次分裂，形成胚根。约经 15 天，纵向不再伸长，2 片子叶重叠，向下弯曲，逐渐包围胚根。这样整个胚发育完全，大致呈球形。花后 22 天子叶折叠，胚进一步弯曲。以后继续进行营养物质的积累，内容充实饱满。开花后 33 天子叶将胚根紧紧抱合，填充整个胚珠内部（图 2-11）。

　　油菜的胚乳在发育初期形成许多游离核，以后在包围胚的部分首先形成胚乳细胞，接着合点一端的胚乳也开始形成胚乳细胞。这时胚囊逐渐液泡化，而细胞质积聚在胚囊壁附近，即在胚囊边缘形成一层单细胞的胚乳层。通常在合点处的胚乳较丰富，而包围在胚体

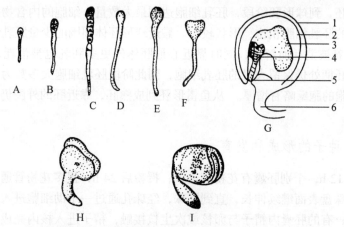

图 2-11　油菜（甘蓝型）胚的发育（颜启传，2001a）
A. 合子；B~E. 原胚发育期；F. 子叶开始分化；G. 发育中的胚珠；H. 花后 20 天，胚开始弯曲；
I. 花后 22 天，子叶折叠，胚进一步弯曲
1. 外珠被；2. 内珠被；3. 胚乳；4. 胚；5. 珠孔；6. 珠柄

的部分则较少。以后由于胚发育迅速，胚乳几乎全部被吸收，在成熟的种子中，仅残留一层细胞。

二、主要蔬菜作物种子的形成和发育

蔬菜作物种子类型繁多，不同种类的蔬菜从花粉落到柱头上萌发，到精子与卵细胞融合所需的时间因作物种类不同而异。通常为 6~48 h，如菜豆 8~9 h、辣椒 6~12 h、南瓜 9~12 h。受精完成后，子房逐渐发育成果实，子房内的胚珠发育成种子。这里以常见的辣椒、番茄为例介绍蔬菜作物种子的形成和发育过程。

（一）辣椒种子的形成和发育

辣椒卵细胞受精后形成合子，暂行休眠约 36 h 开始分裂，合子横分裂为顶细胞和基细胞，两细胞接着又进行一次横分裂，形成纵列的四胞原胚，靠珠孔端两细胞较大，并具液泡，将发育成胚柄细胞；合点端的两个细胞形状较小，细胞质浓，将发育成胚体。然后，4 个细胞分别再行纵横分裂，而形成明显的两列多细胞的指形原胚。此后，基细胞经过纵横分裂，形成纵列多细胞的胚柄，胚柄细胞在形成球形胚前不再分裂，顶细胞各方向进行分裂，外层细胞形成表皮原，内部细胞分裂形成皮层原、中柱原，使胚体逐步扩大，而形成球形胚。

胚柄细胞停止分裂后，细胞略有增大及伸长，将胚推移至胚囊深处，胚体细胞继续分裂，首先顶端中部形成胚芽原基，继而形成胚芽的生长点，随之两侧细胞加速分裂，形成两片子叶原基突起，并逐渐明显伸长，形成心形胚。随着子叶的逐渐形成，胚体基部的细胞加快分裂，形成胚根，同时胚轴开始伸长，形成鱼雷形胚。子叶仍继续伸长生长，并逐渐弯曲。此时，整个胚体体积迅速增大，最后分化形成具有胚根、胚芽、胚轴和子叶的成熟胚。

胚乳的发育比胚早，极核受精后立即分裂，无休眠期。在合子后期，胚囊已形成少许胚乳细胞。随着胚的发育，胚乳细胞也不断分裂形成，在指形原胚阶段胚乳细胞较大，逐渐充

满胚囊，包围原胚。到球形胚阶段，胚乳细胞达到最大数量，细胞的内含物已不断充实，但与指形原胚阶段的胚乳细胞相比，形状较小。靠近球形胚体周围的少量胚乳细胞，在胚的发育过程中作为营养被消耗而解体，同时靠近心形胚体的更多胚乳也被消耗而逐渐解体。但是，种皮内方及胚柄处仍保留大量的胚乳细胞，到此阶段胚乳细胞大多数为薄壁细胞，而仅靠胚柄周围的细胞的胞壁略有增厚。从鱼雷形胚到成熟胚，靠近胚的外围仍保留大量的胚乳细胞，壁渐增厚。

（二）番茄种子的形成和发育

番茄授粉后 12 h，个别胚囊有花粉管进入；授粉后 24 h，很多花粉管通过花柱引导组织进入子房后，沿珠盘表面继续伸长，直到珠珠，经珠孔通过一个助细胞进入胚囊，并释放内容物和两个精子；有的胚囊内精子与卵核或次生核接触，精子进入核内完成受精。胚乳细胞内淀粉粒增多，卵细胞内淀粉粒也有所增多。

授粉后 2 天，多见有四细胞胚乳，胚乳细胞内淀粉粒增多，靠珠被绒毡层的珠被细胞逐渐失去内容物，被胚和胚乳发育所利用，有精子进入的卵细胞仍未分裂。此时，大液泡消失，细胞质变浓密，均匀地分布在细胞内，并见有少量淀粉，核内多见有两个核仁。

授粉后 3 天，大多数受精的胚珠内有 7～8 个具大液泡的胚乳细胞。卵核内的雌、雄性核仁融合成一个大核仁，完成双受精。授粉后 4 天，合子分裂为二细胞原胚。此时，已有10～20 个液泡化的胚乳细胞，胚和胚乳细胞内淀粉逐渐增多，胚乳细胞内淀粉含量明显比胚细胞的多。

授粉后 5 天，二细胞原胚很快分裂为 4～10 个细胞的幼胚，呈直线形或棒形，胚细胞内有比 4 天时较多的淀粉。幼胚周围有大量形状不规则的高度液泡化的胚乳细胞，细胞内含有小颗粒淀粉。授粉后 7 天，幼胚迅速发育成球形胚，少数为棒形胚。此时，胚柄和胚体细胞内部都有一淀粉粒。胚乳细胞仍是液泡化，内含大量淀粉粒。

授粉后 10 天，少数幼胚发育成大球形胚，并可见大球形胚通过胚柄与母体组织连接，从母体组织吸收营养。此时，更多的幼胚已发育成早期心形胚。胚和胚乳细胞都有大量淀粉。珠被绒毡层成为一层很薄的组织。

授粉后 13 天，有的胚发育成鱼雷形胚，子叶已部分发育，胚柄不再伸长，多数胚发育更快，子叶及下胚轴的细胞很快分裂，形成即将弯曲的两个子叶。授粉后 18 天，胚已发育成环形，两个子叶之间的顶端分生组织变成小圆丘状，已发育成成熟胚，胚体细胞内积累有大量淀粉粒。大部分胚乳解体被吸收。

除了上述主要农作物和蔬菜作物种子外，常见的还有林木、果树、中草药、草坪草及烟草等种子，一般都经历传粉、受精、种子发育、成熟、脱落等过程。这里不再一一介绍。

第三节　种子发育的异常现象

在种子植物中，每个胚珠通过受精作用而发育成为一粒具有胚的完整种子，这是种子发育的正常现象。但有些植物在种子发育初期由于内因的作用和外因的干扰，往往发生各种异常现象，如多胚、无胚和无性种子等。

一、多胚现象及其产生的原因

（一）多胚现象

早在 200 多年前，就已有人发现柑橘种子存在着两个或两个以上的胚，以后在其他植物中也陆续发现了这种现象。植物胚胎学家根据各种植物发生多胚的来源，把它们分为真多胚和假多胚两类现象。植物胚胎发育过程中的多胚现象是自然界长期选择的结果，对植物的生长发育无疑是有促进作用的，但在农业生产实践中，多胚现象除了具有有利的方面，也存在不利的方面。例如在杂交育种上，因为杂交后胚珠中同时发育合子胚和不定胚，杂种胚往往生长分化能力弱，受到珠心胚的干扰。

1. 真多胚现象　真多胚现象是指同一个胚囊中发生几个胚的情况。其形成方式有两种，一种是胚囊中的受精卵（合子）在发育成为原胚的过程中，通过各种分裂方式形成合子裂生胚；有时也可由助细胞和反足细胞发育而来，形成助细胞和反足细胞胚。另一种是从珠心或珠被细胞发生，在发育过程中长入胚囊而形成多胚。后一种情况由于胚是从胚珠的体细胞（$2n$）发生，实质上仍属于母株的孢子体世代，称为自发（或变态）多胚现象，这种胚称为不定胚，又称体细胞胚。

在裸子植物中，当合子发育成为原胚时，经分裂而产生多胚，这是常见的现象；但在被子植物中，则较为稀少。在椰子、兰科中的几个属、大蓝半边莲及猕猴桃等植物中都曾发现合子发育过程中，通过几种分裂方式产生几个额外胚的情况。

2. 假多胚现象　假多胚现象是指几个额外胚从同一珠心中的不同胚囊所产生，或通过两个或两个以上含有单独胚囊的珠心互相融合所产生的情况。这种假多胚现象在桑寄生科中非常普遍。这种植物没有通常所说的珠被结构，而在同一子房中同时开始形成许多胚囊，并在子房、花柱和柱头内部发育，达到不同的长度。受精以后，有几个成双排列的原胚向下生长，进入复合胚乳中，后来仅有一个胚成熟，而其余退化。假多胚现象也可由两个或两个以上的胚珠融合在一起而产生，如红树（*Rhizophora apiculata*）等。

（二）多胚现象产生的原因

多胚现象产生的原因主要有 4 个方面：①由于受精卵分裂形成几个胚，合子裂生胚属此类型；②由无配子生殖而产生，即多胚是由助细胞、反足细胞、极核等非生殖细胞发育而成的，助细胞、反足细胞胚属此类型；③由无孢子生殖而产生，即珠心、珠被、珠柄等细胞直接发育成胚，不定胚属此类型；④由一个胚珠中发生多个胚囊，假多胚属于此类型。此外，有些植物中，多胚现象的发生不限于一种方式，如洋葱的额外胚可由助细胞和反足细胞发育而成，也可以由内珠被产生。

二、无胚现象及其产生的原因

（一）无胚现象

在一批种子中有时可发现只有胚乳而没有胚的籽粒，称为无胚现象。这种异常情况在植物界分布很广，而以伞形科植物中较为常见，如胡萝卜及芹菜等。在这些植物的种子中，有时无胚种子（embryoless seed）的比率很高，严重地降低了播种品质。在禾本科作物（如水稻、小麦）及其他科属的种子中也偶然遇到了无胚种子。由于这些种子缺少胚，不能萌发长成幼苗，因此在遗传上也不可能传递给后代，在农业生产上毫无利用价值。

（二）无胚现象产生的原因

植物产生无胚种子可能有以下几种原因：①植物所固有的遗传生理特性，如伞形科植物；②由于不同种间的远缘杂交，双受精后雌雄配子在生理上不协调，不能形成正常的胚或形成的胚在发育过程中夭折；③由于某些昆虫（如椿象之类）在种子发育初期为害并吸取汁液时，分泌一种毒素，引起胚的死亡。

三、无融合生殖和无性种子

（一）无融合生殖

植物无融合生殖是指不经过雌雄配子融合而产生种子的一种特殊的生殖方式。凡通过无融合生殖产生的种子均称为无性种子。例如，柑橘类的种子常为多胚，其中只有一个胚是由合子发育而来，其余的胚都是无融合生殖的，后来经过发育，反而无融合生殖的无性胚占了优势，由合子形成的有性胚往往发育延迟，结果被无性胚排挤掉而成为无性种子。

植物无融合生殖广泛存在于被子植物中，目前已有报道在140属中发现了这种生殖现象。根据胚胎发生的起源不同，可将无融合生殖分为两类：孢子体无融合生殖（不定胚）及配子体无融合生殖。不定胚是由珠心或珠被细胞直接发育成胚。配子体无融合生殖可分为无孢子生殖（apospory）和二倍体孢子生殖（diplospory）。无孢子生殖是由珠心体细胞直接发育成胚囊后，由未减数卵细胞发育成胚。二倍体孢子生殖是大孢子母细胞减数分裂受阻形成的，而后由未减数胚囊发育形成胚。

由于无融合生殖产生的种胚没有经过减数分裂（没有经过基因的交换和重组），也没有经过受精作用（没有父本基因组的参与），因此它们在遗传上和母体植株完全一致。这种特性在作物杂种优势利用上具有潜在的应用价值：可以固定 F_1 的杂种优势，育成不分离的永久杂种，避免了目前杂交种子只能利用一代，需年年制种的烦琐工作；同时，可简化杂交种子生产的程序和方法，使杂交种子生产不再需要任何人工隔离措施，从而大大降低杂交种子的生产成本。另外，在进行杂交育种时，如遇到无融合生殖占了相当大的比率，则在杂交后代的群体中不易选得具有父本优良性状的单株。因此，无融合生殖也给育种工作带来了一定的限制。

（二）无融合生殖的机制

目前有关植物无融合生殖的遗传学机理，主要有两种观点：一种观点认为植物无融合生殖是由单基因控制的；另一种观点认为植物无融合生殖是由多基因控制的。例如，珊状臂形草和摩擦禾的无融合生殖是由一个显性基因控制的；而绿毛蒺藜的无融合生殖则是由 A 基因和 B 基因共同控制的，B 基因是 A 基因的上位基因，只有基因型为 A_bb 的植株才表现为无融合生殖；金发状毛茛的无融合生殖是由两对连锁基因控制的，其中一对显性基因为 Eis，起上位作用，它一旦启动将促进其他基因的表达，导致无融合生殖的发生。近年来随着分子生物学的发展，植物无融合生殖的研究面貌一新，定位和克隆了多个植物无融合生殖基因。

如今，已成功地向珍珠粟细胞内导入狼尾草无融合生殖基因，向玉米细胞内导入摩擦禾无融合生殖基因，向小麦细胞内导入披碱草无融合生殖基因，以及向水稻细胞内导入狼尾草无融合生殖基因。近年来，有研究者利用基因编辑技术在杂交水稻中同时敲除了 4 个水稻生殖相关基因 PAIR1、REC8、OSD1 和 MTL，建立了水稻无融合生殖体系，得到了杂交稻的克隆种子，实现了杂合基因型的固定，如在进行制种工作中推广利用，则每年可以节省大量的人力、物力和财力。

2-2 拓展阅读

小知识：杂交稻机械化制种新技术

目前，我国杂交稻年种植面积约 1600 万 hm^2，年约需商品杂交稻种子 2.4 亿 kg，种子生产面积在 15 万 hm^2 左右。现有制种技术严重依赖人工，阻碍了这一产业的快速发展。近来，我国科学家将水稻雌性可育基因、花粉失活基因、荧光筛选标记基因等 3 基因表达盒导入雌性不育水稻，杂合转基因水稻进行自交结实。自交结实完成后，通过光电分选，可获得纯合雌性不育水稻，用于杂交稻机械化制种。而另一部分携带转基因的杂合种子，可继续用于雌性不育水稻繁殖。由此，有效解决了雌性不育水稻繁殖技术难题，并可实现杂交稻种子生产混播混收。

第四节　种子的成熟及其调控

种子的成熟过程实质上就是从胚珠发育成为种子，以及营养物质在种子中积累和变化的过程，是植物新个体留在母株上开始生长的一个最早阶段。对一二年生植物来说，种子的成熟同时伴随着母株逐渐趋向衰老死亡。

农作物种子在成熟期间能否正常生长发育，一方面取决于田间的栽培管理，另一方面与当时的气候条件有密切关系。有的年份，种子成熟期间气候条件特别良好，病虫害少，种子品质大大好于平常年份，为留种提供了有利条件，这一年就被称为该作物的种子年。

一、种子成熟的阶段

（一）种子成熟的概念

种子成熟应该包括两方面的含义，即形态上的成熟和生理上的成熟，只具备其中一个条件时，就不能称为真正的种子成熟。例如，有些稻麦种子到了乳熟期已经具备发芽的能力，但从整个籽粒来看，还没有达到形态上的成熟。有许多作物的种子，如大麦、燕麦、高粱、莴苣和十字花科的某些种，虽然在形态上已达到充分成熟，但给予适宜的发芽条件却不能正常发芽，必须再经过一定时期的贮藏以后，才能发芽生长。所以，严格来说，上述两种情况都不能称为真正成熟的种子。

达到完全成熟的种子应该具备以下几个基本特点：①养料输送已经停止，种子所含干物质已不再增加，即种子的千粒重已达到最高限度；②种子含水量减少，种子的硬度增大，对不良环境条件的抵抗力增强；③种皮坚固，呈现该品种的固有色泽或局部的特有颜色，如玉米籽粒基部的褐色层；④种子具有较高（一般在 80% 以上）的发芽率和最强的幼苗活力，表明种子内部的生理成熟过程已经完成。

（二）种子成熟的阶段和外表特征

农作物种子成熟期是按其外部形态特征的变化划分的。各种作物种子的成熟阶段及其外部特征差异很大，而且种子成熟的程序也不一致。当鉴定种子的成熟期是否已经达到某阶段时，应该以植株上大部分种子的成熟度为标准。现将各类主要作物种子的成熟阶段和成熟程序介绍如下。

1. 禾谷类

1）成熟阶段　　禾谷类作物种子的成熟过程，可以分为以下 4 个阶段。

（1）乳熟期：茎秆下部的叶片转为黄色，茎的大部分和中上部叶片仍保持绿色，茎秆有弹性、多汁，茎基部的节开始皱缩，内外稃和籽粒都呈绿色，内含物为乳汁状。此时籽粒体积已达最大限度，含水量也最高，胚已经发育完成，少数种子虽具有发芽能力，但幼苗生长不正常。

（2）黄熟期：植株大部分变黄，仅上部数节保持绿色，茎秆还具有相当的弹性，基部的节已枯萎，中部节开始皱缩，顶部节尚多汁液，并保持绿色，叶片大部分枯黄，种子护颖和内外稃都开始褪绿。籽粒呈固有色泽，内含物呈蜡状，用指甲压之易破碎，养分积累趋向缓慢。到黄熟后期，籽粒逐渐硬化，稃壳呈品种固有色泽，此时为机械收获适期。

（3）完熟期：谷粒干燥强韧，体积缩小，内含物呈粉质或角质，指甲不易使其破碎，容易落粒。茎叶全部干枯（水稻尚有部分绿色），叶节干燥收缩，变褐色，光合作用已趋停止，此时为人工收获适期。

（4）枯熟期：又称过熟期。茎秆呈灰黄色或褐黄色，很脆，脱粒时易折断。籽粒硬而脆，很易落粒，收获时损失大。如果逢阴雨天，则粒色变暗，失去固有色泽，且容易在穗上发芽，降低品质。

2）成熟程序　　禾谷类作物种子的成熟程序，基本上与开花次序是一致的。先从主茎上的花序开始，然后依次轮到分蘖。在一个穗上成熟程序因作物不同而异。

水稻种子成熟的程序，从全穗看，是由主轴到各枝梗，由第一枝梗到第二枝梗。在各枝梗上的程序是由上而下，即由顶端到基部。同一枝梗上，第一枝梗或第二枝梗均为顶端小穗成熟最早，其次为枝梗基部的小穗，然后顺序而上，以顶端第二小穗成熟最迟。

小麦成熟的程序也与开花顺序一致，在一穗中以中上部小穗（离基部约 2/3 处的小穗）最先成熟，然后依次向上与向下成熟。在每小穗中，外侧的籽粒先熟，中间的籽粒后熟。

2. 豆类

1）成熟阶段　　豆类作物种子的成熟过程，可以分为以下 4 个阶段。

（1）绿熟期：植株、荚果和种子均呈鲜绿色，种子体积基本上已长足，含水量很高，内含物带甜味，容易用手指挤破，至绿熟后期，种子体积达最大限度。

（2）黄熟期：黄熟前期，下部叶子开始变黄，荚转黄绿色，种皮呈绿色，比较硬，但容易用指甲刻破。黄熟后期，中下部叶子变黄，荚壳褪绿，种皮呈固有色泽，种子体积缩小，不易用指甲刻破。

（3）完熟期：大部分叶子脱落，荚壳干缩，呈现固有色泽，种子变硬。

（4）枯熟期：茎部干枯发脆，叶全部脱落，部分荚果破裂，色泽暗淡，种子很容易脱落。

2）成熟程序　　豆类作物荚果和种子的成熟程序也是从主茎到分枝。在每一个分枝上或一个花序上从基部依次向上成熟。大豆成熟程序因结荚习性不同，可分为无限结荚习性和有限结荚习性两种类型：无限结荚习性类型的成熟程序是主茎基部首先成熟，依次向上，顶端最迟成熟，在同一分枝或花序上则由内到外、由下到上依次成熟；有限结荚习性类型的成熟程序是顶端分枝首先成熟，依次向下，基部成熟最迟，同一分枝或花序上也由内到外、由下到上相继成熟。

3. 十字花科和锦葵科

1）成熟阶段　十字花科和锦葵科作物种子的成熟过程，可以分为以下 5 个阶段。

（1）白熟期：种子很小，种皮呈白色，里面含汁液多，轻轻一挤，即破裂而流出，植株和果实均呈绿色。

（2）绿熟期：果实及种皮均为绿色，种子丰满，含水量很高，易被指甲挤破，下部叶片发黄。

（3）褐熟期：果实褪绿，种皮呈品种固有色泽，内部充实发硬，中下部叶色变黄。

（4）完熟期：果实呈褐色，种皮和种子内含物都比较硬，不易用手压破，茎叶干枯，部分叶片开始脱落。

（5）枯熟期：果壳呈固有颜色，很易开裂，种子容易脱落，全株茎叶干枯发脆。

2）成熟程序　十字花科以油菜为例，其成熟程序就全株而言，主轴先熟，其次第一分枝，然后第二分枝，各分枝间的程序是由上而下。就每一花序而言，不论主轴或分枝，均由下向上，由内向外。锦葵科以棉花为例，其成熟程序就全株而言是从基部到顶端。下部果枝上的蒴果最先成熟。就每一果枝而言，则由内向外，即越靠近主茎的蒴果，成熟越早。

（三）农作物种子的适时收获

农作物一般要等种子充分成熟，才开始收获。种子的收获，不论是供粮食用还是供播种用，都必须选择最适当的时期收获，如收获误时，常会导致丰产不丰收的现象。而且在种子品质方面的损失，更无法挽救弥补。例如，水稻收获过早，籽粒欠饱满，秕粒和青米多，养料积累不够坚实，碾制时易破碎，胚部活力低，不耐贮藏。反之，如收获太迟，则稻株干脆，容易倒伏落粒，有些品种遇高温高湿天气，往往引起穗上发芽，严重影响产量和品质。但在实际生产中，有时为了避开不良的环境影响，可能会适当提早收获。

小知识：适合机械化收获品种的培育

随着我国土地流转、农民进城务工和农业生产条件的不断改善，尤其在国家提倡农业规模化种植形势下，选育适用于机械化收获的作物新品种是我国育种当务之急。例如，近年来打入我国的玉米品种'先玉335'，因为其具备适于机械化收获的一些优点，如成熟早、硬粒型、品质好、脱水快、穗位整齐、苞叶松等，广受农民的喜爱。这些为我国将来新品种选育提供了重要的启示。

二、种子成熟过程中的变化

（一）种子成熟过程中物理性状的变化

1. 种子大小的变化　胚珠受精后发育成为种子的过程中，其大小发生明显的变化。

一般来说，种子首先增加长度，其次增加宽度，最后增加厚度。随着种子的成熟，种子的体积逐渐增加，但因作物不同，种子体积达到最大体积的时期迟早不一。禾谷类作物中，水稻与小麦种子体积增加的速率也不同。水稻种子到乳熟期体积达最大，至完熟期因种子失去大量水分及可溶性物质转为不溶性物质，体积反而逐渐缩小。小麦种子的体积在乳熟末期就达到最大限度。豆类种子与十字花科的种子体积增大非常迅速，在绿熟期体积达到最大；大豆种子在绿熟期，其长、宽、厚均达到最大限度（表 2-3），甘蓝种子在绿熟期时直径达最大限度（表 2-4）。

表 2-3　大豆成熟期间种子性状的变化

成熟度	种子大小 /cm			100 粒鲜重 /g	100 粒干重 /g	含水量 /%
	长	宽	厚			
绿熟	4.85	3.42	3.13	30.0	10.8	65
黄熟	4.76	3.35	3.06	23.5	13.0	41
完熟	4.32	3.35	2.29	20.0	16.0	20
枯熟	3.13	2.90	1.82	19.0	16.2	15

表 2-4　甘蓝成熟期间种子性状的变化

成熟度	种子颜色	直径 /mm	100 粒鲜重 /g	100 粒干重 /g	含水量 /%
白熟	白	1.70	254	36	86
绿熟	绿	2.17	520	142	67
完熟	褐	1.99	440	202	54
枯熟	褐	1.54	275	224	18

2. 种子重量和比重的变化　　种子重量随着成熟过程中种子水分的增减和干物质的积累发生明显的变化。谷类作物种子的鲜重，在乳熟后期达最高限度，到黄熟期鲜重逐渐降低，而到完熟期鲜重则更低。种子鲜重的这种变化与种子内水分的变化趋势是一致的。种子干重的变化恰恰相反，随着成熟度而增加，到完熟期为最高。在某些情况下，黄熟后期到完熟期，种子干重有略微降低的趋势（表 2-5），这是由于完熟期种子呼吸作用所消耗的养分超过当时积累的数量。当种子到了成熟末期，养分积累已基本停止。此时如遇多雨天气，就成为干重降低的重要原因。豆类与十字花科作物的种子成熟过程中，重量变化的趋势基本上与谷类作物种子相同。

表 2-5　水稻（晚稻）谷粒在成熟过程中重量与水分的变化

项目	9 月				10 月						
	16 日	20 日	24 日	28 日	2 日	6 日	8 日	12 日	16 日	20 日	24 日
鲜重 /g	8.10	16.60	23.3	24.84	26.8	31.18	28.89	32.81	30.54	32.84	30.57
干重 /g	3.67	6.25	10.38	12.75	16.70	19.10	19.90	22.21	22.11	25.65	24.33
水分重 /g	4.43	10.35	12.29	12.09	10.11	12.08	8.99	9.45	8.43	7.19	6.24
含水量 /%	54.69	62.27	55.46	48.67	37.71	38.74	31.15	30.68	27.60	21.91	20.41

资料来源：胡晋，2006

　　成熟过程中种子重量的变化，因种子着生部位不同而有显著差异，这与种子开花成熟的程序有密切关系。凡是成熟较早的，往往籽粒重量也大；籽粒发育成熟较迟的，在营养条件差时往往形成秕粒。从全穗来看，穗上部先开花成熟，养分积累早，且时间较长，谷粒也重；穗下部则相反。从整个植株来看，主穗和分蘖穗由于成熟先后和成熟过程的时间长短不同，谷粒的重量也有差异，主茎生长期和成熟过程均较分枝为长，一般穗大粒多，籽粒充实，千粒重较大。

　　种子比重的变化比种子干重更有规律，一般都是随着成熟度的提高而增大。但含油量高的种子比重变化趋势却不一样，在成熟过程中随脂肪的积累而比重降低。因此，根据比重大小进行选种，并非对任何作物都能适用。

　　3. 其他物理性状的变化　种子在充分成熟以前，种皮的含水量很高，随着成熟度的提高，种皮含水量逐渐降低但坚韧度增强。豆类作物种子往往成熟过度，使种皮硬化不能透水而成硬实。特别是在干燥低温条件下成熟的豆科种子，硬实率将会增加。禾谷类作物随着成熟度提高，种子水分蒸发，使种皮组织疏松而透性改善，有利于种子萌发。

　　种子的硬度和透明度也都随着成熟度而提高，硬度和透明度的改变是与干物质在种子中的积累和种子中水分散失分不开的。种子的热容量和导热率也随着水分的减少而相应降低。种子在成熟前期，具有较高的导热率，能使种子在阳光下很快地升温，因而有利于种子的成熟和干物质的合成。到了成熟后期，热容量和导热率下降，对于种子的干燥和贮藏都具有实践上的意义。

（二）种子成熟过程中化学物质的变化

　　在成熟期间，植株内的养料呈溶解状态流向种子，在种子内部积聚起来。随后这些养料逐渐转化成非溶解状态的干物质，主要是高分子的淀粉、蛋白质和脂肪。同时水分的含量却逐渐减少，所以在种子成熟期间的生物化学变化主要是合成作用。由于不同类型种子的化学成分差异很大，各种营养物质在种子中积累的速率存在着显著差别。这里主要介绍成熟期间种子糖类、脂肪、蛋白质及激素的变化。

　　1. 糖类的变化　禾谷类种子中糖类占种子干重的 60%～80%，在糙米中约占 80%。这些营养物质一部分是抽穗前贮藏于植株中的光合作用产物，在种子成熟过程中源源不断地运向种子，另一部分则是抽穗后植株光合作用的产物。在一般情况下，后者的供应量占种子中糖类总量的 60%～80%，可见植株后期的同化作用是决定产量和种子品质的关键。对于那些青秆黄熟的水稻品种来说，尤其如此。这类品种在成熟期间，茎秆中干物质非但不减少，反而有显著增加。在正常成熟情况下，茎叶中可溶性糖和淀粉几乎完全消失，而纤维素动用不多，当养分供应不足时，也有少量的纤维素可被利用。

　　成熟期间种子糖类不断地进行积累和转变。小麦、水稻、玉米等禾谷类种子和豌豆、蚕豆、菜豆等豆类种子以贮藏淀粉为主，通常称为淀粉种子。在这类种子发育过程中，首先是大量的糖从叶片运入种子，随淀粉磷酸化酶、Q 酶等催化淀粉合成的酶活性提高，可溶性糖向淀粉转化，积累在胚乳中（图 2-12，图 2-13）。禾谷类种子成熟过程中，可溶性糖的含量随成熟度提高而下降；而不溶性糖（主要是淀粉）含量随种子成熟而增加。这种变化的对比关系，可从表 2-6 清楚地看到。在黑麦成熟初期，种子中 60% 以上的干物质是糖类，其中还原糖、蔗糖和果聚糖等占了大部分（42.97%），这些糖类通过合成作用形成较为稳定的不溶解的物质；其余为不溶解的糖类，占 16.72%，主要为淀粉、纤维素及半纤维素，后二者是

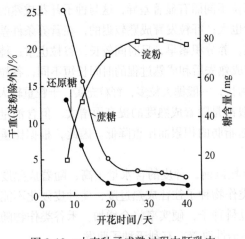

图 2-12　小麦种子成熟过程中胚乳中
主要糖类的变化

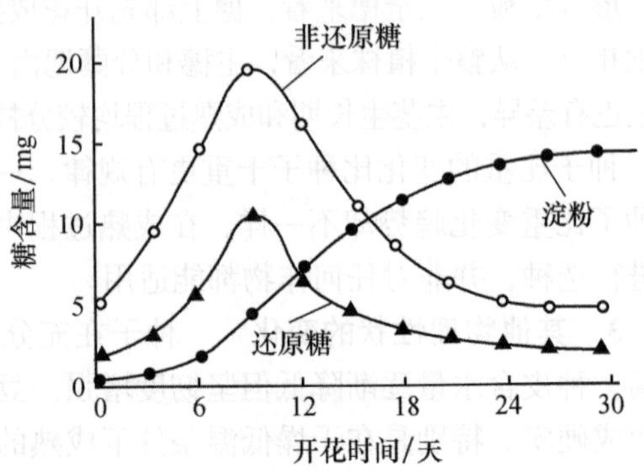

图 2-13　水稻种子成熟过程中胚乳中
主要糖类的变化

构成细胞壁的成分。在乳熟期，糖类仍占种子干物质重量的 60% 左右，但这时淀粉和半纤维素的形成加快，在细胞中贮存起来。以后在各成熟阶段，淀粉的积累量不断增加，同时可溶性糖的含量逐渐降低。

表 2-6　糖类在黑麦种子成熟过程中的变化（占干重的 %）

糖类	乳熟初期（6月25日）		乳熟期（7月3日）		蜡熟期（7月15日）		完熟期（7月28日）	
还原糖	6.10		2.12		0.42		2.13	
蔗糖	5.99		4.40		3.13		2.77	
醇溶性果聚糖	29.00	42.97	10.60	19.86	2.44	7.14	0	7.13
不溶性果聚糖	1.88		1.64		0.55		0.36	
糊精	0		1.10		0.60		1.87	
淀粉	9.00		25.87		37.48		41.23	
半纤维素	5.72	16.72	12.78	40.68	16.18	55.62	17.48	61.09
纤维素	2.00		2.03		1.96		2.38	
总量	59.69		60.54		62.76		68.22	

资料来源：胡晋，2006

　　淀粉在种子中的积累是不平衡的。在小麦种子中，淀粉的积累分为两个阶段：最初淀粉沉积在果皮组织中，在相当长的时期内果皮中积累着丰富的淀粉，当达到高峰时，大部分果皮细胞中几乎充满淀粉粒，后来果皮中的全部淀粉转移到胚乳。淀粉在胚乳中的沉积也有一定的顺序，初期淀粉大量沉积在腹沟的两旁，后来才逐渐全面地充实到整个胚乳中。禾谷类和豆类种子中贮藏的碳水化合物并非只有淀粉一种。有时即使有淀粉存在，也不是主要的形式。禾谷类淀粉胚乳的细胞壁含有大量的半纤维素和葡聚糖。蔬用豌豆种子干重的 35%～45% 属于淀粉，而食用豌豆的细胞壁中所含半纤维素约占种子干重的 40%，淀粉只占 25%。半纤维素的合成作用在淀粉合成作用停止以后仍继续进行着。
　　图 2-14 表明了不同作物种子成熟过程中多糖的合成进程和可溶性糖分的变化。

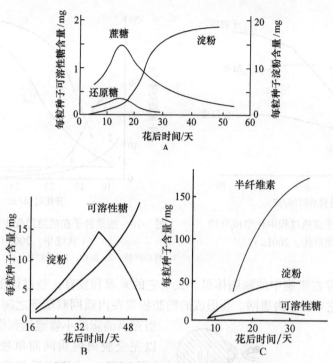

图 2-14 多糖合成的进程和可溶性糖的变化
A. 小麦；B. 大豆；C. 食用豌豆

2. 脂肪的变化　　大豆、花生、油菜、向日葵等种子中脂肪含量很高，称为脂肪种子或油料种子。在油料作物种子成熟过程中，脂肪的积累情况因作物种类不同而不同。油菜种子脂肪的积累过程开始较慢，以后积累较快，达到一高峰阶段。例如，甘蓝型油菜在终花后第 9 天测定种子中含油量为 5.76%，此后积累速率并不快；到终花后第 21～30 天，积累速率很快，含油量从 17.96% 增至 43.17%；到终花后第 30～45 天，积累速率又转慢（表 2-7）。

表 2-7　甘蓝型油菜种子成熟过程中含油量的变化

终花后时间 / 天	含油量 /%	终花后时间 / 天	含油量 /%	终花后时间 / 天	含油量 /%
9	5.76	27	39.77	39	46.87
15	9.07	30	43.17	45	47.64
21	17.96	33	45.68		

大豆种子成熟过程中，不存在脂肪积累特别集中的关键时期，除了开花之后和成熟以前这两个短暂时间外，油分积累总是以相当均匀的速率进行的。

芝麻种子的脂肪约在受精后 3 周就达到最高值，干物质积累也在开花后 7 周达到最大值（图 2-15）。因此芝麻种子发育中的关键时期是开花后 4 周之内。凡成熟度一致的品种，可以在嫩荚时收获，而很少影响到油分和蛋白质含量，而且早收对产量的影响很可能远远小于延迟收获而造成的落粒损失。

成熟过程中粗脂肪的含量随着可溶性糖分的减少而相应增加，表明粗脂肪是由糖分转化而来的（图 2-16）。

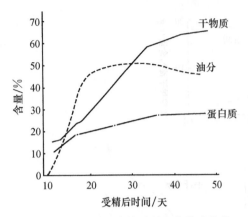

图 2-15　芝麻种子成熟过程中化学成分的
变化（颜启传，2001a）

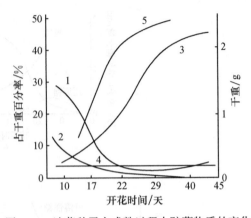

图 2-16　油菜种子在成熟过程中贮藏物质的变化
（武维华，2003）
1. 可溶性糖；2. 淀粉；3. 千粒重；4. 含氮物质；5. 粗脂肪

种子油分贮存在细胞中的油脂体里。关于它的来源和发育，经过许多年的争论，近年得到证据并明确它来源于内质网。新形成的脂肪积聚在内质网双层膜之间而使它膨大起来。

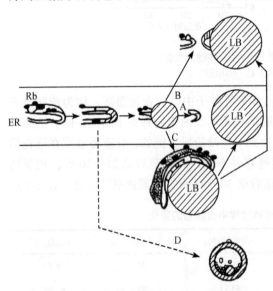

图 2-17　油脂体（LB）从内质网（ER）发育而
来的现代假说

A. 油脂体由内质网挤出来而无残留的膜，如蚕豆和豌豆；B. 在油脂体上残留小片的膜，如西瓜；C. 内质网的带片贴牢在新形成的油脂体上，如南瓜和亚麻；D. 内质网的空泡通过油脂体不断积累于两层膜的中间，发育成为膜上富有油脂的小囊泡；Rb. 核糖体

当充满油脂的小囊泡达到临界大小时，它可以完全脱离内质网而单独形成一个小球体（图 2-17），或脱离后仍带有一小片内质网（B 型），或与内质网保持着许多连接点（C 型），或从内质网挤出来成为一个微粒体独立存在着，而在膜上积聚着油脂。由于贮藏的油脂积聚在双层磷脂之间，包围在油脂体周围的膜是单层的。

成熟过程中脂肪的积累有两个特点：首先，种子成熟初期所形成的脂肪中含有大量的游离脂肪酸，随着种子的成熟，游离脂肪酸逐渐减少，而合成复杂的油脂。游离脂肪酸可根据酸价来测定，未成熟种子的酸价高，随着种子成熟度的增加而酸价逐渐降低。其次，脂肪的性质在种子成熟期间也有变化。种子成熟初期形成饱和脂肪酸，随着种子的成熟，饱和脂肪酸逐渐减少，而不饱和脂肪酸则逐渐增加。这一变化可用碘价来测定，成熟度愈高，碘价也愈高。例如，亚麻种子在花后第 2、4、6 周测得的碘价依次

为 120 g、156 g 和 179 g。在某些种子中，碘价只在成熟的一定阶段增高，有的甚至在整个成熟过程中变化不大。

油质种子在成熟期间，脂肪的合成和呼吸代谢有密切关系。一方面，呼吸作用的中间产物是合成脂肪的原料；另一方面，呼吸作用也提供合成脂肪所需的能量。在脂肪合成时

所消耗的 ATP、$NADH_2$、$NADPH_2$ 都是在呼吸作用中形成的。据试验，大豆种子在开花后 10～30 天，呼吸强度急剧上升，这时也正是大豆种子积累脂肪和蛋白质的高峰时期。

3. 蛋白质的变化　　许多植物的种子都含有丰富的蛋白质，大豆等豆科植物的种子中主要贮藏蛋白质，可称为蛋白质种子。蛋白质在种子成熟过程中积累较早，在豌豆等种子中，其积累先于淀粉，但在禾谷类种子中则较淀粉为迟。小麦种子中蛋白质的积累速率和淀粉很接近，只是在成熟的后半阶段差异才明显，淀粉呈直线上升趋势，而蛋白质则趋于缓慢，但其积累结束期比淀粉延长数天（图 2-18）。

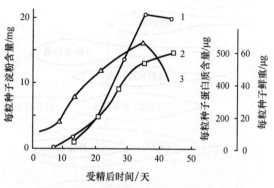

图 2-18　小麦籽粒成熟过程中贮藏物质的变化
（叶常丰和戴心维，1994）
1. 淀粉；2. 蛋白质；3. 鲜重

种子中蛋白质的合成有两条途径：一条是由茎叶流入种子中的氨基酸直接合成，另一条是氨基酸进入种子后，分解出氨，再与 α-酮酸结合，形成新的氨基酸，再合成蛋白质。前者如豌豆种子中的蛋白质，后者如小麦种子中的醇溶谷蛋白。

蛋白质的合成和信使核糖核酸（mRNA）的合成之间存在密切关系。贮藏蛋白的 mRNA 在种子发育期间会增多，当蛋白质积累达最大限度时，mRNA 也同时达到最高峰。例如，大豆等种子成熟过程中，mRNA 发生明显变化，至开始成熟干燥时，mRNA 的数量下降，贮藏蛋白的合成也随之下降。这一事实表明蛋白质产生的数量确实取决于不同阶段的 mRNA 水平和稳定性。

禾谷类所含蛋白质缺乏某些氨基酸，尤其是赖氨酸和色氨酸。有人用高赖氨酸的大麦和玉米突变体新品系进行试验，发现在胚乳发育过程中，缺赖氨酸的醇溶谷蛋白（大麦醇溶蛋白和玉米醇溶蛋白）积累减少，而含赖氨酸高的清蛋白、球蛋白和谷蛋白则积累增加。这些高赖氨酸的新品种除受遗传因素支配外，生理代谢过程也会产生一定作用。例如，通常玉米的胚乳中，赖氨酸的分解代谢作用比高赖氨酸的突变体强。

在水稻和高粱中，谷蛋白在蛋白体中以贮藏蛋白的形式存在，而在其他禾谷类中，谷蛋白形成一种不溶性的基质，将淀粉粒和蛋白体包藏于其中。在玉米、大麦和小麦中，谷蛋白以可溶性蛋白质的形式合成，当籽粒达到成熟干燥时就凝结起来。谷蛋白虽然大量参与到淀粉胚乳的蛋白质组成中，但它的来源和详细情况还不清楚。

豆类种子在成熟过程中，先在荚壳中合成蛋白质，暂时贮藏，其后以酰胺态运至种子中，转化为氨基酸，再合成蛋白质。大豆种子的含氮率在各成熟阶段的差异并不十分显著；氮素物质的积累在豆粒变黄以前进行得很强烈，在变黄以后显著减缓。

成熟期间蛋白质的性质会发生变化。在成熟初期，豆类种子合成分子质量较小的蛋白质，后期形成分子质量较大的蛋白质，并随着成熟度的提高，盐溶性蛋白质大为增加，碱溶性蛋白质显著降低。禾谷类种子则相反，随着籽粒的成熟度提高，水溶性及盐溶性蛋白质降低，醇溶性及碱溶性蛋白质增加。后两种蛋白质是以面筋综合体的形式存在的。因此，成熟不充分的种子，工艺品质（面包烤制品质）较差。

在成熟过程中，胚和胚乳的游离氨基酸含量逐渐减少，但在充分成熟的种子内仍留存一

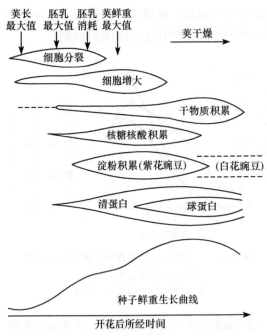

图 2-19　豌豆属种子成熟过程中的主要变化

用种子鲜重生长曲线作为共同的时间标尺。各种变化都以速率表示，线分叉时表示速率增加，线合拢时表示速率降低。

紫花豌豆和白花豌豆在淀粉积累的结束时期有明显差异

定数量的游离氨基酸，特别是在胚部仍留有多种高浓度的游离氨基酸。可见在成熟的种子中，需要贮藏一定数量的游离氨基酸，以供萌发时的最初阶段利用。

种子成熟期间在细胞学和营养物质积累方面发生的一系列变化，往往相互间存在一定联系。一般在细胞分裂达到高峰期之后，开始进行贮藏物质的积累。豌豆种子的胚乳在这一时期已达到或将近达到最大值，此后鲜重急剧增长，胚进一步发育。各种营养物质积累的起点、终点和峰点常存在一定差异。同一种营养物质的不同种类或成分（如蛋白质的清蛋白和球蛋白）在积累的次序和速率方面也不一致（图 2-19）。这些情况对人们深入了解种子成熟过程中的各个关键时期和种子品质的变化有很大帮助。

4. 激素的变化　　正在生长发育的种子除积累各种主要贮藏养料外，同时也发生其他重要化学物质的变化，其中值得注意的是生长调节物质或激素——生长素、赤霉素、细胞分裂素和脱落酸等。这些物质不但对种子的生长发育起着调节作用，而且与果实的生长和其他生理现象有密切关系。据研究，种子中含有的各种内源生长调节素或激素可能参与以下几方面的作用：①种子的生长发育，包括种子成熟前的生长停滞；②贮藏营养物质的积累；③种子外部组织的生长发育；④萌发后期和幼苗早期的生长发育；⑤对发育中的果实紧密相连的组织和器官所发生的生理效应。植物激素在种子中的含量随着成熟度而发生变化的趋势，不论在草本植物还是多年生木本植物中，基本上是一致的。植物激素一般在胚珠受精以后的一定时期开始出现，随着种子发育，其浓度不断增高，此后又逐渐下降，最后在充分成熟和干燥的种子中就不会发现这类物质。

1）生长素　　种子发育期间的主要生长素是吲哚乙酸（IAA），这种激素并非来自母株的组织，而是在种子中由色氨酸通过正常的生物合成途径所形成。种子中不仅广泛存在游离的 IAA，还有各种不同形式的结合态生长素。例如，未成熟玉米籽粒中含有 IAA 阿拉伯糖苷、IAA 肌醇和 IAA 肌醇阿拉伯糖苷，这些化合物都是 IAA 的前身。种子萌发后，经过酶的作用，IAA 就被释放出来，大概是输送到幼苗的胚芽鞘尖端。在玉米和其他禾谷类中，游离 IAA 和结合 IAA 两种形式都可从胚乳中抽提出来。在豌豆等双子叶植物中，生长素首先在胚乳中被发现，胚乳被吸收掉以后，才能在胚部测得有少量存在。豌豆成熟过程中游离 IAA 的变化模式可以说是典型的，即早期的 IAA 浓度上升到一个高峰，然后很快下降，直到成熟，仅留存少量。但往往见到与此模式不同的一些变异。例如，苹果的生长素浓度具有两个高峰，第一个高峰与多核体次生细胞形成胚乳细胞的变化期相重合；第二个高峰与胚乳新细胞的形成期相重合。游离 IAA 最后消失，是由于其转变为了结合态的 IAA 或其他产物。

近年来，有关生长素调控种子发育的作用机制研究也有了一定的进展。

2）赤霉素　　截至 1994 年底，共发现 95 种不同形式的赤霉素，其中半数以上在发育中的种子内已经找到，而且许多赤霉素的结合体已被鉴定出来，如极性 2-3 拓展阅读水溶性吡喃葡糖苷和吡喃葡糖酯。据研究，南瓜、豌豆等植物的未成熟种子中，赤霉素的合成途径是相似的。在种子发育早期，几种主要赤霉素的活性均较强，到种子发育末期，才形成活性差的赤霉素。种子成熟时，部分游离赤霉素含量下降，是由于形成了赤霉素的分解代谢产物，或结合成葡糖酯和葡糖苷。

赤霉素和种胚的生长存在密切的相关现象。例如，矮生豌豆种子中的高浓度强力赤霉素（GA_9 和 GA_{20}）出现在胚发育生长率最高的时期；红花菜豆的胚部含活性最强的 GA_{20} 是和早期生长阶段相伴随的，更使人感兴趣的是这种作物的胚柄在发育最早阶段能将 GA_1 提供给胚部。非常幼嫩的离体胚如果除去胚柄而放在培养基中，则停止发育，如将赤霉素加入培养基中，就能继续发育，可见胚柄中含有高浓度的 GA_1，一般胚部的赤霉素很可能来源于胚柄。

3）细胞分裂素　　高等植物中最早鉴定出来的细胞分裂素是玉米素。未成熟种子的细胞分裂素有玉米素、异戊烯腺嘌呤及它们的衍生物。细胞分裂素也出现在某些转移核糖核酸（tRNA）中，后者经过水解就能释放细胞分裂素。

细胞分裂素的合成部位目前还不是很清楚。事实表明有两种可能的来源：母株的根部和种子或果实本身。在种子发育期间，细胞分裂素的水平显著增高，种子组织生长最活跃的阶段达高峰，以后随着成熟而下降。细胞分裂素在种子中的分布随着时间而发生变化，是和它对种子生长所起的控制作用相一致的。

4）脱落酸　　在作物的未成熟种子中，游离态的脱落酸（ABA）含量一般只为 0.1～1.0 mg/kg 种子鲜重。豆类种子中的浓度高得多，如大豆中约含 2.0 mg/kg 种子鲜重。结合态的 ABA（葡糖酯和葡糖苷）也普遍存在，在豆类中含量也较高。两种形态的 ABA 都分布在种子的各部分——胚、胚乳和外部保护组织。曾有人报道豆类种子存在高浓度的 ABA 代谢产物（红花菜豆酸和二氢红花菜豆酸）。

ABA 也和种子中的其他生长调节素一样，在种子发育期间，浓度上升，一般在成熟干燥时就很快下降。ABA 和种胚生长也有密切关系，但它不起促进作用，而是阻碍胚的生长，但在大麦中却发现有 ABA 存在的情况下，正常的胚胎发育仍能进行，而发芽生长（胚中轴的纵向大幅度伸长）却受到抑制。目前认为 ABA 是阻止种子在植株上萌发，并迫使胚进入休眠的一个重要因素。

ABA 与贮藏养料的积累也有一定联系。据报道，将 ABA 施给菜豆的离体子叶能促进贮藏蛋白的合成，施用于葡萄可增加糖分的积累，对小麦籽粒的灌浆也 2-4 拓展阅读表现出促进作用。近年来有关 ABA 调控种子发育的作用机制也有了一定的进展。

除上述经典激素外，近年来鉴定的油菜素甾醇类化合物（BR）、茉莉酸（JA）、水杨酸（SA）和独脚金内酯（SL）等激素也可能参与种子发育成熟调控，随着将来研究的不断深入，有关这些激素在种子发育成熟过程中的作用将得到进一步明确。

（三）种子成熟过程中发芽力的变化

种子的发芽率一般随着成熟度而提高，越成熟的种子，发芽势越强，发芽率越高。水稻、大豆、甘蓝、黄麻等作物都表现出这样的趋势（表 2-8）。一般来说，早籼稻在黄熟期收获的种子，经干燥后发芽率即可达 90% 以上；而早粳稻则要到完熟期收获，才能达到较高的发芽率，即所谓"籼稻看看是嫩的，实际已经老了；粳稻看看是老了，其实还嫩"。在某些情况下发芽力的变化与上述并不相同，发芽率最高的时期不是在完熟期，这可能与种子进入休眠或气候条件有关。例如，麦类种子在胚发育完成时发芽率较高，以后发芽率降低，通过一段时间的干燥贮藏，发芽率又可增高，这是休眠变浅或解除了休眠的缘故。

表 2-8　不同成熟度黄麻种子的发芽力

发芽力	花后时间 / 天						
	34	37	43	49	55	61	67
发芽势 /%	3	19	50	70	89	83	97
发芽率 /%	5	22	56	86	97	100	100

　　了解种子成熟过程中干重和发芽力的变化，可判断该批种子是否达到真正成熟的阶段，因此在农业生产上具有重要意义。留种时，必须掌握适期采收，以保证获得品质好和发芽率高的种子。为了克服耕作制和季节的矛盾或加速育种及繁育，还需了解作物种子提早采收的适当时期。有时在早霜来临或其他不良的气候条件下，不得不提早收获，也需了解在这种特殊情况下，提早采收的种子是否可以作为播种材料。此外，在防除杂草时，了解各种杂草种子不同成熟度的发芽力，也是非常重要的。

　　例如，水稻种子适期采收的发芽率最高。早稻提早 5 天采收对发芽率的影响，早籼与早粳不同。早籼提早收获后，立即脱粒或经过 5~7 天的留株后熟，再脱粒，对发芽率影响很小。而对早粳的发芽率却有明显影响，收获后经过留株后熟 5~7 天的种子，比立即脱粒的种子发芽率有提高的趋势，但品种间存在一定差异。杂交稻和不育系不同收获期种子生活力和千粒重的变化如表 2-9 所示。

表 2-9　不同收获期对杂交水稻及不育系种子生活力和千粒重等特性的影响

品种	收获期（始穗后天数）	千粒重 /g	发芽势 /%	发芽率 /%	发芽指数
威优 402	10	16.2c*	0d	0d	0d
	15	23.7b	16.5c	25.8c	9.3c
	20	26.8a	82.0a	86.8a	53.1a
	25	26.9a	58.5b	64.8b	32.9a
协优 46	10	13.5d	0d	0d	0e
	15	22.3c	40.8c	58.8c	24.2d
	20	25.4b	71.8b	80.3b	39.9c
	25	25.8a	90.3a	93.3a	57.6a
	28	25.2b	83.8a	85.8ab	49.6b
协青早	10	15.2d	0c	0c	0d
	15	22.4c	59.0b	68.8b	39.0c
	20	28.8b	94.7a	96.3a	73.1b
	25	26.4a	93.0a	93.8a	77.0a

资料来源：胡晋，2006

* 不同字母表示同品种不同收获期之间差异显著性分析（LSD，$\alpha=0.05$）

三、种子成熟的调控

（一）种子成熟过程中脱水干燥及其生理效应

种子成熟的初期，随着养料和水分的大量流入，在种子表面进行的蒸腾作用，比叶面更为强烈，使种子中不溶解物质的浓缩度增加，促进了合成作用。与此同时，种子还进行着旺盛的气体交换，吸收二氧化碳，依靠存在种子中的叶绿素制造部分有机物质，并且吸收氧气以完成种子贮藏物质的转化。至种子成熟后期，干物质逐渐充满于种子内部，叶绿素消失，物质积累和光合作用逐渐趋向停滞，种子脱水干燥而趋硬化，呈固有颜色而进入完熟期。

1. 种子的脱水干燥和发芽力的关系 种子在成熟阶段的脱水过程，是大多数种子发育过程的一个不可分割的部分。事实上，当种子达到干燥时，才认为已经发育完成。成熟的种子通过休眠，重新吸水，就会导致萌发。这说明干燥可能在发育过程与萌发过程之间起一种关键性的作用。目前研究认为，成熟脱水可以使种子由发育状态转向萌发状态。

就种子在发育过程中对干燥的抵抗能力来说，可分为两个阶段：开始是一个不耐干阶段，一经干燥，就会产生危害；其后随着一个耐干阶段，这时经干燥而重新吸水，就导致萌发。这一转变过程，有时只需要简短的时间。例如，开花后22天的菜豆胚中轴不能忍受干燥，但经过26天之后，就能忍受，经过干燥处理，即能发芽生长。

2. 种子脱水干燥的生理效应 种子在成熟时期脱水干燥，产生许多重要的生理效应，主要包括以下几个方面。

1）酶类钝化 种子中含有各种酶，干燥脱水后，首先发生酶类的钝化。钝化的原因有以下几个方面。

（1）底物减少，酶与底物隔离。所有的酶促反应都需有底物，还需辅酶和辅助因子（各种金属离子）才能发生作用。种子脱水干燥时，产生孔隙，将底物与酶隔开，无法相遇，则酶不能发生作用。辅助因子可使酶活化并与底物结合，水分缺乏时，辅助因子也无法输送至酶及底物所在的部位。

（2）氧化增加。种子细胞由于干燥，产生空隙，氧气随空气进入细胞中，使氧气增加，产生二硫键和过氧化物等物质，最终使酶钝化。

（3）酸度增加。各种酶的作用均有最适的pH。pH的变化会降低酶的活性，当种子干燥时，干燥细胞中因水分降低，而氢离子浓度增高，pH下降使酶活性降低，甚至完全丧失。

（4）离子浓度增加。在正常的细胞中，有各种适宜的离子浓度。种子干燥时随失水过程而发生细胞内离子浓度增加，会影响mRNA的转译作用。离子浓度不仅影响mRNA的转译，还与许多酶的活性有关，因为辅助因子包括Mg^{2+}、K^+、Mn^{2+}和Na^+等多种离子。这些离子的浓度适当，对于保持酶的活性可能是重要的条件。

2）RNA水解酶类增加 随着种子逐渐干燥，RNA水解酶增加，则多核糖体水解成单核糖体，使mRNA失去活性。因为在普通植物中，多核糖体由6~8个单核糖体组成，并连接着多聚腺苷酸［poly（A）］处于活化状态。在细胞干燥缺水时，则RNA水解酶把poly（A）切断，于是不能进行转译活动。在逆境条件下，多核糖体停止工作，这是植物对环境条件的一种适应能力，称为自身保护作用。

3）复合体形成 随着种子逐渐干燥，种子内有复合体形成。

（1）核糖核蛋白。种子在脱水干燥期间，mRNA 有着不同的去向和结局。成熟后期大量 mRNA 被破坏消失，但在干燥种子中仍有一部分保留在细胞内。有人根据棉籽子叶的观察结果，指出 mRNA 有若干副型。一类称为残余 mRNA，它在种子发育期间产生，到了成熟后期也不会被破坏，这类 mRNA 对萌发并不重要，可能在种子吸胀时就很早降解并消失。凡与贮藏蛋白的转译作用有关，而在干燥时不致破坏的 mRNA 都属于这一类型。另一类称为贮存 mRNA，它在发育着的种子中形成后，就起转译作用。当种子脱水干燥时，这类 mRNA 也会发生变化，形成核糖核蛋白。核糖核蛋白是 mRNA 和蛋白质的复合体，由蛋白质将 mRNA 包围起来，不使 mRNA 转化破坏，以供种子发芽早期所需，所以这类 mRNA 也可以称为长寿命 mRNA（long-lived mRNA），在干燥种子中，含有很多这类复合体。有关水稻种子发育过程中长寿命 mRNA 与后期种子萌发的关系现在也有一些报道。

2-5 拓展阅读

（2）酶原。酶原是一种酶与蛋白质的复合体。酶很容易被水解酶所水解，但与蛋白质形成复合体后，就达到保护自身的作用。随着种子的脱水干燥，细胞中的酶转化成酶原的种类很多，有酸性磷酸酶、植酸酶、核糖核酸酶（莴苣）、β-淀粉酶和蛋白质降解酶等。在干燥的小麦、大豆、油菜、蚕豆、豌豆、水稻和黑麦种子中均有酶原的存在。

4）可溶性糖积累　　在种子脱水过程中伴随着可溶性糖的积累是正常型种子在成熟过程中的又一特征，它们在脱水过程中的作用越来越引起人们的注意。在种子中起脱水保护作用的可溶性糖有蔗糖、葡萄糖和寡糖等，但不同的糖所起的保护作用可能差异很大。一般认为高水平的还原糖（葡萄糖、果糖、半乳糖等）与种子衰老、贮藏、劣变、脱水伤害有关，它们可自动氧化产生·OH，对组织造成伤害，同时还可以与蛋白质或核酸分子中的氨基结合，发生美拉德反应（Maillard reaction），使蛋白质降解和酶失活，而高浓度的蔗糖、棉子糖、水苏糖、海藻糖、肌醇及半乳糖环多醇等非还原糖与种子的耐脱水性密切相关。

糖类可能通过以下作用方式保护细胞免受伤害：①在脱水过程中，糖在膜上大分子的表面代替水分子，使膜在脱水状态下稳定，防止渗漏，是膜系统的有效保护剂；②糖可维持蛋白质的稳定性；③糖可促进细胞质在脱水过程中玻璃化而保持稳定；④其他作用方式，如蔗糖、半乳糖环多醇等非还原性糖作为自由基清除剂清除干燥过程中急剧增加的自由基，糖与高亲水性的 Lea 蛋白形成复合物协同控制水胁迫时的失水速度，作为水的缓冲剂起到保护种子的作用。

小知识：顽拗型种子

顽拗型种子（recalcitrant seed）是指不耐失水的种子，它们在贮藏中忌干燥和低温。这类种子成熟时仍具有较高的含水量（30%～60%），采收后不久便可自动进入萌发状态。一旦脱水（即使含水量仍很高），即影响其萌发过程的进行，导致生活力的迅速丧失。产于热带和亚热带地区的许多果树如荔枝、龙眼、芒果、可可、橡胶、椰子、板栗、栎树等，以及一些水生草本植物如水浮莲、菱、茭白等种子均属于顽拗型种子。近来，利用顽拗型种子开展种子脱水耐性研究取得了一定的进展。

2-6 拓展阅读

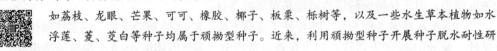

（二）种子成熟的基因调控

1. 种子贮藏蛋白基因的表达与调控　　随着种子的成熟，贮藏蛋白大量积累，贮藏蛋白具有贮存养料和种子脱水保护的作用。种子发育过程中，贮藏蛋白的基因大量地在种子发育的特定时间及部位表达。许多作物种子的贮藏蛋白基因被克隆成功。多数种子贮藏蛋白是多基因家族编码的，如玉米有 20 多种醇溶蛋白，其编码基因多达 75 个。

植物激素 ABA 在转录水平上促进许多种子贮藏蛋白的基因表达，如大豆的豆球蛋白、油菜的水溶蛋白 napin、云扁豆的云扁豆蛋白、小麦的麦胚凝集素、玉米的 15 kDa 富含甘氨酸蛋白等。

甲硫氨酸的含量在很大程度上影响种子贮藏蛋白基因的表达。一方面，高含量的甲硫氨酸刺激富含甲硫氨酸蛋白质 mRNA 的翻译，使其较稳定而不被降解；另一方面，甲硫氨酸抑制含硫贫乏的种子贮藏蛋白基因的转录。所以，甲硫氨酸含量对种子不同蛋白质的积累起到平衡的作用。当种子发育至成熟干燥的最后阶段，干燥信号如一个"开关"，种子发育过程中的蛋白质基因表达，贮藏蛋白停止合成，而打开种子萌发所需的基因的开关。

矿质营养也影响种子贮藏蛋白基因表达，特别是硫元素缺乏时，种子中含硫的贮藏蛋白大大减少。

2. 其他与种子成熟相关基因的表达　　除了贮藏蛋白基因外，在种子发育中后期还有一些特殊生理功能的蛋白质基因表达。这类基因的产物是种子 Lea 蛋白。人们将鉴定出的 Lea 蛋白基因分为三组：小麦、玉米等的 *Em* 基因；水稻的 *RABJ* 基因和大麦的 *Dehydrin* 基因；胡萝卜的 *Dc3* 和 *Dc8* 基因、大麦的 *PHVal* 基因及玉米的 *MLG3* 基因。这些基因编码的蛋白质在种子的中后期可能起很重要的作用：保护细胞的结构和代谢，参与种子抗脱水过程，某些 Lea 蛋白带有正电荷的保守区域，可以和核酸结合，调节基因表达和发育事件。随着对 Lea 蛋白基因表达研究的深入，人们推测这类蛋白质中有和种子休眠直接相关的蛋白，对 Lea 蛋白的深入研究将有助于理解种子成熟和休眠的分子机理。

近来，利用分子生物学、基因组学和蛋白质组学等手段，开展种子发育、成熟过程中基因表达情况研究，比如水稻种子淀粉合成基因、贮藏蛋白合成调控基因等方面的研究，有助于进一步阐明控制种子发育、成熟和促进种子萌发的分子机制。

2-7 拓展阅读

（三）种子成熟过程中的程序性细胞死亡

植物的程序性细胞死亡（programmed cell death，PCD）是植物体在发育过程中或环境影响下，通过自身的内部机制启动并调节的细胞生理性自然死亡的过程。2-8 拓展阅读
作为主动的死亡过程，其主要特征是高度的自控性，以及发生部位和发生时序的准确性，而且通常在细胞死亡过程中有新的生物大分子合成。PCD 也是种子形态建成、排除衰老和响应逆境胁迫的重要方式。目前，种子发育过程中 PCD 的研究仍然处于初始阶段，主要集中在对突变体和原生质体的研究，而且其研究对象也主要是禾谷类种子及其贮藏组织，对胚的 PCD 研究极少。至于种子发育过程中 PCD 的诱发因子、受控基因，引起 PCD 的信号转导途径，核酸酶和特异性蛋白酶在 PCD 中的作用等仍然不清楚。

禾谷类种子胚乳的 PCD 主要发生在成熟期的晚期，并伴随着生物合成的关闭和自然脱水，到胚乳发育的最后阶段，仅外围糊粉层细胞保持活性，其余的富含淀粉的贮藏组织全部死亡。在形态上，玉米胚乳的 PCD 事件是从中心向外逐渐扩展，授粉后 16 天的玉米胚乳在中部开始出现死亡的症状，授粉后 20 天前后的玉米胚乳在种子的冠部出现大面积死亡，授粉后 24～40 天死亡的面积已扩展到胚乳的基部，覆盖了整个胚乳；同时，胚乳细胞的分裂

能力逐步丧失，核内复制和贮藏物质大量积累。在分子水平上，死亡过程与生物大分子的变化在时序上吻合。植物激素对胚乳发育过程中的 PCD 具有调控作用，核内复制、活性氧和胚乳的内含物水平等因素也会影响胚乳发育过程中的 PCD。

四、环境条件对种子成熟的影响

种子从开花受精到完全成熟所需要的天数各不相同，即使是同一种作物的不同品种，差异也很大。禾谷类作物一般开花至成熟需 30～50 天，水稻需 25～45 天，小麦需 40～50 天。豆类作物如大豆从开花到成熟所需天数差异更大，为 30～70 天。油菜抽蔓开花到成熟需 40～60 天。多年生植物的种子如茶籽，需经一年才能成熟，而桧柏的种子甚至超过两年才能成熟。

种子在成熟过程中受外界环境条件的影响极为显著，主要表现在延长或缩短成熟所需的天数，以及引起种子化学成分的变化。

（一）环境条件对种子成熟期的影响

1. 湿度　空气的湿度及雨量对种子成熟期的长短有显著影响。种子在成熟初期含有大量水分，在天气晴朗、空气湿度较低、蒸腾作用强烈的情况下，对种子合成作用有利。如果雨水较多，相对湿度较高，种子水分向外散发受到阻碍，影响合成作用，加上阴雨低温会影响代谢作用的强度，使酶的活性及养分输送的速率降低，从而使成熟延迟。在气候干旱的情况下，种子的成熟期会显著提早，而形成瘦小皱缩的种子，这是因为植物体内正常运输必须要在活细胞，尤其是叶细胞充水膨胀的条件下才能进行。干旱时从植株内流往种子的养料溶液减少或中断，促使种子提早干缩而不能达到正常饱满度。

在盐碱地，由于土壤溶液浓度很大，渗透压高，植物吸水困难，种子成熟时养分的转运和有机物的积累与转化受到阻碍，所以也能提早成熟。

2. 温度　种子成熟过程中，适宜的温度可促进植物的光合作用、贮藏物质的转运及种子内物质的合成作用。较高的温度可以促进种子成熟过程，缩短成熟期，并对干物质的积累也有明显的影响。据研究，较高的温度引起种子组织加速老化，降低其生理功能，同时酶的活性也提早丧失，不利于贮藏物质的积累和转化，加上呼吸作用较强，使营养物质的消耗加速，因此籽粒的饱满度受到影响。如果成熟过程中遇到低温，成熟期就要延迟，并往往形成秕粒或种子不饱满。尤其受霜冻的种子，不但产量降低，而且影响种子品质，使发芽率大大降低。因此，留种用的种子必须在霜冻前收获，如霜前未充分成熟，要及早连株拔起，进行后熟。

水稻因成熟期间的温度不同，成熟期的长短大有差异。晚稻成熟期气温较低，自抽穗至成熟所需时间长达 36～44 天，而早稻仅需 25～30 天。成熟期间的温度对种子的品质也有很大影响，一般早中稻在高温条件下成熟，其过程快、时间短、养分积累速率快，米粒的组织比较疏松，腹白心白较大，品质较差；而晚稻在低温条件下成熟较慢，时间较长，养分积累比较充分，品质较好。

温度对玉米成熟过程有很大影响，玉米成熟灌浆期间要求逐渐降低温度，以利于养分的积累。晴朗的天气和 20℃左右的气温能促进籽粒灌浆，超过 20℃或低于 16℃时，都会影响到酶的活性，使结实不饱满。黄熟期间，天气温暖晴朗，能促进玉米的成熟。水稻种子成熟过程中最有利的温度和玉米大致相同。

3. 营养条件　营养条件可以影响种子的成熟期，在土壤瘠薄及种植密度过大的情况下，由于养分缺乏，成熟期提早，缩短了种子成熟过程中养分积累的时间，影响种子的饱满度和产量。磷素与茎叶中碳水化合物的转化有关，成熟过程中很多有机化合物和某些酶都需要有足够的磷素。所以在开花前后，施用磷肥或进行根外追施磷肥，对促进有机物质的转运及提早成熟、增加粒重、提高产量均有作用。成熟期间施用氮肥过多，会促进营养生长，造成茎叶徒长，阻碍植株内的养分向籽粒中转运，延长和阻碍籽粒内养分的积累，因而成熟延迟、粒重降低、产量减少。更严重的是由于植株徒长容易倒伏，对养分转运和积累造成更大的影响。

（二）环境条件对种子化学成分的影响

1. 环境条件对粉质种子化学成分的影响　从开花到成熟期间的雨量，对富含淀粉的种子或块茎的淀粉积累起决定性的作用，蛋白质的含量随着降水量而起变化，在干旱地区或盐碱土地带，种子淀粉的含量比湿润地区低而蛋白质含量却较高，在这种情况下，细胞膨胀程度降低，淀粉的合成活动受到破坏，而蛋白质合成过程所受到的影响比淀粉小。在水分充足的条件下，则有利于淀粉的合成而降低蛋白质的含量。因此，土壤溶液的渗透压愈高，蛋白质含量也就愈高。灌溉区由于土壤溶液稀薄，会降低种子中蛋白质的含量。但经灌溉的种子总产量也较高，所以蛋白质的总含量仍比未经灌溉者为高。我国小麦种子蛋白质的含量，从南到北有显著差异。北方小麦蛋白质含量比南方显著增加，这主要是由于北方降水量及土壤水分含量比南方少。

成熟期间雨水过多常会造成植株倒伏，阻碍养分从茎叶向种子转运。在蜡熟期间多雨，会使淀粉水解，种子内的糖分就会被雨水淋洗出来，因而减少淀粉在种子中的积累。此外，在雨水过多时，籽粒的蒸腾作用大受影响，酶的作用趋向水解，使灌浆停滞，养分积累受到阻碍，而呼吸作用仍不断消耗养料，影响种子的饱满度，使种皮及灰分率所占比例增高。土壤中肥料及施用肥料的种类，对种子中蛋白质含量同样也有很大影响。氮肥能提高蛋白质含量；而钾肥过多时，会使蛋白质含量相对降低，因钾素会加速糖类由叶部向籽粒转移。

种子在成熟期受到严重的冻害时，蛋白质含量降低，非蛋白质含量增高。例如，受冻害后极为皱缩的麦粒，其非蛋白氮的含量比正常麦粒高 2～3 倍。

2. 环境条件对油质种子化学成分的影响　成熟的油料作物种子含油量的变异幅度很大，除了品种特性的差异外，环境条件也是影响含油率的重要因素。在某些情况下，气候、土壤条件的影响造成含油量的差异，甚至可以超过品种的差异。

种子成熟期间的温度不仅对油质种子的含油率有重大影响，还对种子中油分性质及蛋白质含量有重要作用。适宜的低温有利于油脂在种子中的积累，而降低种子蛋白质的含量。一般产于南方高温气候条件下的大豆种子含油率较低，而蛋白质含量较高，产于北方低温气候条件下的种子则相反，油的成分和蛋白质为互为消长的关系。地理纬度和海拔都是影响温度的重要因素，因此，同一品种在低纬度和低海拔的地区，其蛋白质含量较高，而含油量及碘价则较低。

油分的性质也受到环境条件的影响，其变化趋势与含油率相同，即南方品种碘价低，北方品种碘价高。影响碘价高低的主要因素是温度，凡生育后期（成熟期）温度较低、昼

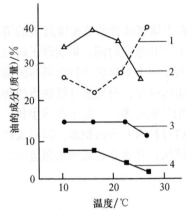

图 2-20　油菜种子发育过程中温度对脂肪
　　　酸含量的影响（颜启传，2001a）
1. 油酸；2. 芥酸；3. 亚油酸；4. 亚麻酸

夜温差大的条件下（如高纬度地区或山区及晚熟品种），有利于不饱和脂肪酸的合成，因而碘价较高；反之，则有利于饱和脂肪酸的合成，因而碘价较低（图 2-20）。

土壤水分及空气湿度对油分的积累也有很大影响，如土壤水分和空气湿度高，则有利于油分的积累；反之，则有利于蛋白质的积累。油分和蛋白质对湿度的反应不同，这是一个比较复杂的问题。植物体内油分的形成过程是在弱碱性或接近于中性而比较湿润的环境中进行的，而蛋白质的合成却要求土壤水分与空气湿度较低的条件，油质种子中，油分和蛋白质的合成是互为消长的过程。在合成代谢进行比较旺盛时，即使空气干燥引起强烈的蒸腾作用，但有足够的水分供给，仍可获得较高的含油量；反之，如果水分不足，蒸腾强度增加，影响了合成代谢，油分积累趋向停滞，溶液浓度与相对酸度使脂肪酸的合成活动受阻，贮藏物质向蛋白质方向合成，使蛋白质含量较高。这一情况和淀粉种子化学成分受湿度的影响是相似的。因此，在北方干旱地区，用灌溉方法可提高种子的含油率。

营养元素与油分的含量也有密切关系。磷肥对油分形成有良好的作用，因为在糖类转化为甘油和脂肪酸的过程中，需要磷的参加。钾肥（如草木灰）对油分积累也有良好的影响。氮肥使用过多，会使种子油分减少，因为植物体内大部分糖类和氮化合物结合成蛋白质，势必影响到油分的合成。

杂草和病虫害也会影响种子含油量。例如，向日葵感染锈病后，种子含油量就显著降低。

小知识：甘肃酒泉制种基地

甘肃酒泉不仅是我国卫星发射基地，也是我国农业的制种基地。酒泉位于河西走廊西端，具有独特的区位优势和十分丰富的自然光热资源，所产粮食、蔬菜、花卉的种子籽粒饱满，发芽率高，备受客商的欢迎，非常有利于制种产业的发展。有资料显示，目前，甘肃酒泉已成为全国第二大制种基地、全国最大的对外制种基地，已形成引、育、繁、加、检、销为一体的制种体系。其中，肃州区 1/3 的土地都被用来发展制种，建成了"一个区域一个特色，一个基地一个优势"的种子生产格局，年产种子 6000 多万千克，生产的优质种子销往全国各地，还出口日本、美国、加拿大、韩国及东南亚部分国家和地区。酒泉制种业眼下已成为农民增收的主渠道，肃州区制种产业年收入达 2 亿多元，农民人均纯收入的 17% 来自制种业。

小　结

种子的发育从一个单细胞的受精卵开始，形成胚、种皮和营养性的胚乳，种子的形成、发育和成熟是自身遗传与外界环境综合作用的结果。胚携带了亲代的全部遗传物质基础，胚乳积累了大量贮藏物质，为种子下一步的正常萌发提供了条件。

思 考 题

1. 为什么胚乳遗传物质是 $3n$，而胚遗传物质是 $2n$？
2. 简要介绍水稻、小麦种子的形成和发育过程。
3. 种子发育过程中有哪些异常现象？可以由哪些原因引起？
4. 简要介绍禾谷类、豆类和十字花科种子的成熟阶段。
5. 种子成熟过程中有哪些变化？
6. 种子成熟过程中脱水干燥的生理意义有哪些？
7. 种子成熟时，环境条件如何影响种子的化学成分？
8. 良好的制种基地需要哪些必要条件？

第三章　种子的形态构造和分类

【内容提要】自然界种子植物种类繁多，所产生的种子形态构造多种多样。根据种子的形态结构差异，可以初步鉴别不同的种类和品种，本章介绍了主要作物种子的形态特点、组织解剖结构和分类。

【学习目标】通过本章的学习，熟悉常见农作物、蔬菜、林木、花卉、牧草等种子的形态特征和组织解剖特征，为种子加工、检验及安全贮藏等工作打下基础。

【基本要求】理解种子的一般形态构造；了解主要作物种子的形态构造特点。

第一节　种子的一般形态构造

自然界植物种子的形态构造多种多样，其外表性状主要呈现出形状、色泽和大小的差异。种子的内部构造主要由种皮、胚和胚乳 3 部分组成。

一、种子的外表性状

种子的外表性状主要指种子的形状、色泽和大小 3 个方面的特征。

（一）种子的形状

种子的外形以球形（如豌豆）、椭圆形（如大豆）、肾脏形（如菜豆）、牙齿形（如玉米）、纺锤形（如大麦）、扁椭圆形（如蓖麻）、卵形或圆锥形（如棉花）、扁卵形（如瓜类）、扁圆形［如兵豆（*Lens culinaris*）］、楔形或不规则形（如黄麻）等较为常见。其他比较少见的有三棱形（如荞麦）、螺旋形（如黄花苜蓿）、近似方形（如豆薯）、盾形（如葱）、钱币形（如榆树）、头颅形（如椰子）。此外，还有细小如鱼卵（如苋菜）、带坚刺（如菠菜）及其他种种奇异形状。种子的外形一般可用肉眼观察，但也有些细小的种子（如斑叶兰）则须借助放大镜或显微镜等仪器才能观察清楚。

（二）种子的色泽

种子含有的色素不同，因此呈现出各种不同的颜色及斑纹，有的种子色泽比较鲜明，有的色泽比较黯淡，有的则富有光泽。在实际生产中，可根据种子色泽的不同来鉴别作物的种和品种。例如，大多数玉米品种的种子呈橙黄色，有的品种则呈鲜黄色、浅黄色或乳白色等。小麦品种根据种子外表颜色可分为红皮和白皮两大类，每类中又有深浅明暗之分。大豆也随品种的不同而呈多种多样的颜色，如浅黄、淡绿、紫红、深褐及黑色等。

色素在种子中存在的部位，常因作物的不同而异，有的存在于颖壳内，如紫稻的花青素；有的存在于果皮内，如荞麦的黑色素；有的存在于种皮内，如红米稻和高粱的红色素；有的存在于胚乳内，如玉米的黄色素；也有些色素存在于子叶内，如青仁大豆的淡绿色素。

（三）种子的大小

种子的大小常用两种方法表示，一种是用籽粒的平均长、宽、厚来表示，另一种是用种子重量来表示。种子的长、宽、厚在种子加工清选上有重要意义，而在农业生产上，常用其重量（千粒重或百粒重）作为衡量种子品质的主要指标。不同植物种子的长度存在很大差异。例如，椰子种子长 10～15 cm，最长可达 40 cm 以上，而一些兰科植物种子极小（如斑叶兰），用肉眼很难看清。种子的重量也存在很大差异，最大的种子如油棕的果实，一个就重 6～8 kg，农作物中的大粒种子，如花生、蚕豆种子的千粒重也可达到 900 g 甚至以上，而小粒种子，如烟草种子的千粒重仅为 0.06～0.1 g。一般农作物种子的千粒重为 20～50 g，主要作物种子的大小（长、宽、厚及千粒重）见表 3-1。

表 3-1　主要作物种子的大小

作物	种子大小/（mm/粒）			千粒重/g	作物	种子大小/（mm/粒）			千粒重/g
	长	宽	厚			长	宽	厚	
水稻	5.0～11.0	2.5～3.5	1.5～2.5	15～43	黄秋葵	5.5	4.8	4.6	50～70
小麦	4.0～8.0	1.8～4.0	1.6～3.6	15～88	粉皮冬瓜	12.2	8.2	2.2	30～60
玉米	6.0～17.0	5.0～11.0	2.7～5.8	50～500	刺果菠菜	4.5	3.8	2.2	11～14
大麦	7.0～14.6	2.0～4.2	1.2～3.6	20～48	四季萝卜	2.9	2.6	2.1	7～10
黑麦	4.5～9.8	1.4～3.6	1.0～3.4	13～45	芫荽	4.2	2.3	1.5	5～11
燕麦	8.0～18.6	1.4～4.0	1.0～3.6	15～45	石刁柏	3.8	3.0	2.4	20～25
稷	2.6～3.5	1.5～2.0	1.4～1.7	3～8	结球白菜	1.9	1.9	1.6	2.5～4.0
荞麦	4.2～6.2	2.8～3.7	2.4～3.4	15～40	大葱	3.0	1.9	1.3	2.2～3.6
大豆	6.0～9.0	4.0～8.0	3.0～6.5	130～220	洋葱	3.0	2.0	1.5	3～4
花生	10.0～20.0	7.5～13.0	—	500～900	韭菜	3.1	2.1	1.3	2.4～4.5
陆地棉	8.0～11.0	4.0～6.0	—	90～110	茄	3.4	2.9	0.95	3.5～7.0
蓖麻	9.0～12.0	6.0～7.0	4.5～5.5	100～700	辣椒	3.9	3.0	1.0	3.7～6.7
向日葵	10.0～20.0	6.0～10.0	3.5～4.0	50～60	甘蓝	2.1	2.0	1.9	3.0～4.5
烟草	0.6～0.9	0.4～0.7	0.3～0.5	0.06～0.1	牛蒡	6.6	3.0	1.5	13.7
番茄	4.0～5.0	3.0～4.0	0.8～1.1	2.5～4.0	茼蒿	2.9	1.5	0.8	1.3～2.0
胡萝卜	3.0～4.0	1.2～1.4	1.5～1.65	1.0～1.5	莴苣	3.8	1.3	0.6	0.8～1.5
大籽西瓜	12.3	8.3	2.3	60～140	芥菜	1.3	1.2	1.1	1.2～1.4
小籽西瓜	8.12	4.73	2.12	40	苋菜	1.2	1.1	1.9	0.4～0.7
黄瓜	10.0	4.25	1.4	16～30	马铃薯	1.7	1.3	0.3	0.4～0.6
菜豆	15.8	7.0	6.9	70～100	芹菜	1.6	0.8	0.7	0.3～0.6
莲籽	24.0	11.0	—	1 388	荠	1.1	0.9	0.5	0.08～0.2
豇豆	9.5	5.2	3.25	100～200	苦苣	3.8	1.0	0.55	1.65
大籽南瓜	12.3	7.8	2.3	60～140	豆瓣菜	1.0	0.75	0.60	0.14

┌───┐

小知识：紫色胚乳水稻"紫晶米"

　　花青素（anthocyanin）是黄酮类植物色素，作为植物营养素具有强抗氧化活性，对人体的健康具有重要的保健作用。天然的有色类谷物的花青素等色素只存在于种皮中，作为主要食用部分的胚乳并不含花青素。例如，传统食用的黑米都是糙米，其口感和蒸煮特性都较差。而进行精加工去掉种皮（麸糠）变成精米后，又失去了种皮含有的花青素等营养成分。近来，科学家成功把花青素合成相关的 8 个关键基因转入水稻，实现了花青素在水稻胚乳特异合成，创造出首例富含花青素的紫色胚乳水稻"紫晶米"，增加了稻米的营养品质和经济价值。

3-1 拓展阅读

└───┘

二、种子的基本构造

　　植物种子在外表性状上千差万别，但在内部构造上，绝大多数种子是基本相同的，都是由种皮（seed coat）、胚（embryo）和胚乳（endosperm）3 个主要部分组成。

（一）果皮和种皮

　　1. 果皮　　果皮（pericarp）是由子房壁发育而来的，一般分为 3 层：外果皮、中果皮和内果皮，而在农作物中，如小麦、水稻、玉米等果皮的分化不明显。外果皮通常由一层或两层表皮细胞组成，常有茸毛和气孔。茸毛的有无和稀密，可作为鉴定某些作物种子的依据。例如，硬粒小麦籽粒上端无茸毛或很不明显，而普通小麦的茸毛很长。中果皮多数只有一层，内果皮细胞一至数层。果皮的颜色有的是由花青素产生的，有的是杂色体的缘故，未成熟的果实含有大量的叶绿素。

　　2. 种皮　　种皮由一层或两层珠被（integument）发育而成，外珠被发育成外种皮（testa），内珠被发育成内种皮（endopleura）。外种皮质厚坚韧，内种皮多为薄膜状。豆类作物种子的种皮一般都很发达，而禾谷类作物种皮到成熟时只残留痕迹。在种皮外部通常可以看到胚珠的遗迹，有时种子太小，不易观察清楚，需经放大才明显。有些种子在发育过程中胚珠附近的细胞发生变化，某些遗迹就不存在了。一般种子外部可看到以下几种胚珠遗迹。

　　1）种脐　　种脐（hilum）是种子成熟后从珠柄上脱落时留下的疤痕，或是种子附着在胎座上的部位，是种子发育过程中营养物质从母体流入子体的通道。种脐的形状、颜色、凹凸及存在的部位因植物种类和品种的不同而异。所有种子都有脐，但最明显的是豆类种子的脐，如蚕豆的脐呈粗线状，黑色或青白色，位于种子较大的一端；刀豆的脐呈长椭圆形，褐色，位于种子的侧面中部；菜豆的脐呈卵形，白色；大豆的脐从黄白色到黑色都有。按脐的高低可以分为突出（如豇豆）、相平（如大豆）、凹陷（如菜豆）3 种情况。所以脐的性状是鉴定豆类作物类型和区别品种的重要依据。禾谷类籽实的果脐很小，且不明显，需用放大镜进行观察。

　　种脐在种子上的着生部位取决于形成种子的胚珠类型（图 3-1），直生胚珠形成的种子，种脐位于种子的顶端，如银杏、荞麦、核桃、板栗等；倒生胚珠形成的种子，种脐位于种子基部，如稻、麦、棉花、瓜类等；横生胚珠形成的种子，种脐位于种子侧面，如锦葵、毛茛等；弯生胚珠形成的种子，珠孔向珠柄方向下倾，种脐位于种子侧面，如油菜、蚕豆、扁豆

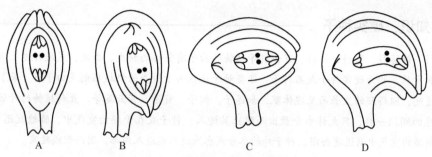

图 3-1　主要类型的胚珠结构

A. 直生胚珠；B. 倒生胚珠；C. 横生胚珠；D. 弯生胚珠

等。某些带有种柄的种子，种脐位于种子与种柄接触处。

有些植物的种子从珠柄上脱落时，珠柄的残片附着在种脐上，这种附着物称为脐褥（umbilicus callus）或脐冠，如蚕豆、扁豆等。

2）脐条　脐条（raphe）又称种脊或种脉，是倒生或半倒生胚珠从珠柄通到合点的维管束遗迹，为种皮上的一道脊状突起。维管束从珠柄到合点时，不直接进入种子内部而先在种皮上通过一段距离，然后至珠心层供给养分。不同类型植物的种子，其脐条的长短不同。豆类和棉花等种皮上可看到明显的脐条。由直生胚珠发育而来的种子是没有脐条的。

3）内脐　内脐（chalaza）是胚珠时期合点遗迹，即脐条的终点部位（维管束的末端），通常稍呈突起状，在豆类和棉花的种子上可清楚地看到。内脐是种子萌发时最先吸胀的部位，表明遗留在种皮内的维管束（脐条）是水分进入种子的主要通道。

4）发芽口　发芽口（micropyle）又称种孔，是胚珠时期珠孔的遗迹。它正好位于种皮下面的胚根尖端。当种子发芽时，水分首先从这里进入种子内部，胚根细胞很快吸水膨胀，就从这个小孔伸出。大粒的豆类种子的发芽口比较明显，有时用肉眼可观察清楚。有一些作物种子很难辨出，可观察其发芽时胚根在种皮上的突破口，即发芽口的部位。倒生胚珠形成的种子，发芽口与种脐位于同一部位；半倒生胚珠形成的种子，发芽口位于种脐靠近胚根的一端；直生胚珠形成的种子，发芽口则正好位于种脐相反的一端。

5）种阜　种阜（strophiole）是靠近种脐部位种皮上的瘤状突起，是外种皮细胞增殖形成的。蓖麻和西瓜种子的种阜最明显，有些豆类种子也有。

某些作物的干果，成熟后不开裂，可以直接用果实作为播种材料，这些果实的表面和种子很类似，如禾本科作物小麦的颖果、向日葵的瘦果、菠菜的坚果及少数作物的荚果等，它们的果皮和种皮很薄，粘贴在一起，通常称为果种皮或种被。

果种皮包围在胚乳外部，是种子外表的保护组织，其组织的薄厚、结构的致密度及细胞所含的化学成分（如单宁、色素等）都会在一定程度上影响到种子与外界环境的关系，因而对种子的休眠、寿命、萌发、种子预处理及干燥等均可产生直接或间接的影响。果种皮表面状况（光滑程度、茸毛有无等）是种子清选和加工时选择操作方法和使用工具的依据，而果种皮色泽、花纹等特点，是鉴别作物不同种类和不同品种的依据。

有些裸子植物种子的种皮上还连着一片薄的种鳞组织，称为翅，便于风力传播，如松子。

小知识：硬实种子

　　豆科、锦葵科、藜科、樟科、百合科等植物的种子有坚厚的种皮、果皮，或果种皮上附有致密的蜡质和角质，称为硬实种子或石种子。这类种子往往由于种壳的机械压制或由于种（果）皮不透水、不透气，阻碍胚的生长而呈现休眠，如莲子、椰子、苜蓿、紫云英等。豆科植物的种脐往往像控制湿度的阀门一样，只允许水分散出而阻止其进入；种子放在干燥的空气中，脐缝就迅速开启，而放在潮湿的空气中则迅速关闭，种子外的水分或水汽就不能进入内部，因而形成硬实。

（二）种胚

　　1. 种胚的基本组成　　种胚通常是由受精卵（合子）发育而成的幼小植物体，是种子中最重要的部分。各类种子的胚，因各部分的构造与发育程度不同，其形状各异，但所具备的基本结构是相同的，一般由胚芽（plumule）、胚轴（embryonal axis）、胚根（radicle）和子叶（cotyledon）4 部分组成。

　　1）胚芽　　胚芽又称幼芽或上胚轴，位于胚轴的上端，为茎叶的原始体，萌发后发育成植株的地上部分。成熟种子的胚芽分化程度不同，有的仅仅是一团分生细胞，如棉花、蓖麻等，有的在生长点基部已形成一片或数片初生叶，如禾本科作物的胚芽一般分化有 4～6 片真叶，真叶的外边还分化有一锥筒形叶状体，称为胚芽鞘（coleoptile），是种子萌发时最先出土的部分。

　　2）胚轴　　胚轴又称胚茎，是连接胚芽和胚根的过渡部分。双子叶植物子叶着生点和胚根之间的部分，称为下胚轴（hypocotyl），而子叶着生点以上的部分，称为上胚轴（epicotyl）。在种子发芽前大都不十分明显，所以，通常胚轴和胚根的界限从外部看不清楚，只有根据详细的解剖学观察才能确定。有些种子萌发时，随着幼根和幼芽的生长，其下胚轴也迅速地伸长，因而把子叶和幼芽顶出土面，如大豆、棉花等，称为子叶出土类型；有的种子在发芽时，胚芽显著生长，下胚轴仍很短时，则子叶残留在土中，如蚕豆、豌豆等，则称为子叶留土类型。禾谷类作物籽实的胚轴部不很明显，但在黑暗中萌发时，则伸长而为第一节间，称为中胚轴（mesocotyl），也称中茎。

　　3）胚根　　胚根又称幼根，位于胚轴的下部，萌发后发育成植株的地下部分。多数作物仅具 1 条胚根，但禾本科作物种子除了 1 条初生胚根外，还在子叶的叶腋内和胚轴外方分化有 2～3 条次生胚根，且在初生胚根的外面包有一层薄壁组织，称为胚根鞘（coleorhiza）。当种子萌发时，胚根鞘突破果种皮外露，胚根再突破胚根鞘伸入土中。

　　4）子叶　　子叶即种胚的幼叶。子叶和真叶是不同的，子叶常较真叶厚，叶脉一般不明显，也有较明显的，如蓖麻。子叶的数目和功能因不同植物而异。裸子植物的种子往往是多子叶的，一般 8～12 片，如松子。双子叶植物具有两片子叶，通常大小相等，互相对称，但经仔细观察，有时也会发现两片子叶大小不同的类型，如棉花、油菜等。双子叶植物种子的胚芽着生于两片子叶之间，子叶起保护作用；出土的绿色子叶又是幼苗最初的同化器官。单子叶植物仅具一片子叶，农作物中主要有禾本科。禾本科植物种子的子叶位于胚本体和胚乳之间，为一片很大的组织，形状像盾或盘，常称为盾片（scutellum）或子叶盘。盾片贮藏有丰富的营养物质，其与胚乳相接的上皮细胞能在种子萌发时分泌水解酶到胚乳中，分解胚乳中的养分并吸收过来供胚本体生长利用。

2. 胚的主要类型　　胚的大小、形状及在种子中的位置因植物种类不同而有很大差异。根据这些差异，可将种子胚分为以下6种类型（图3-2）。

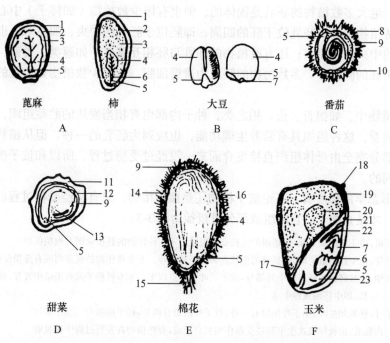

蓖麻　　　　柿　　　　大豆　　　　番茄
A　　　　　　　　　　B　　　　　　　　C

甜菜　　　　棉花　　　　玉米
D　　　　　　　　　E　　　　　　　　F

图3-2　作物胚的主要类型（孙昌高，1990；胡晋，2006）
A. 直立型；B. 弯曲型；C. 螺旋型；D. 环状型；E. 折叠型；F. 偏在型
1. 外种皮；2. 内种皮；3. 内胚乳；4. 子叶；5. 胚根；6. 胚轴；7. 胚芽；8. 种毛；9. 种皮；10. 胚乳；
11. 花被；12. 果皮；13. 外胚乳；14. 腺体；15. 种柄；16. 短绒；17. 果种皮；18. 花柱遗迹；19. 角质
胚乳；20. 粉质胚乳；21. 盾片；22. 胚芽鞘；23. 胚根鞘

（1）直立型：整个胚体直生且与种子纵轴平行，子叶多大而扁，插生于胚乳中央，如蓖麻、柿等植物的种子。

（2）弯曲型：胚根、胚芽及子叶弯曲呈钩状，子叶大而肥厚，填满种皮以内，如大豆、蚕豆等植物的种子。

（3）螺旋型：胚体瘦长，在种皮内盘旋呈螺旋状，胚体周围为胚乳，如番茄、辣椒等植物的种子。

（4）环状型：胚细长，沿种皮内层绕一周，胚根与子叶几乎相接呈环状，环的内侧为外胚乳，如菠菜、甜菜等植物的种子。

（5）折叠型：子叶发达，折叠数层，填满于种皮内部，如棉花、红麻等植物的种子。

（6）偏在型：胚较小，位于胚乳的侧面或背面的基部，如禾本科的水稻、小麦、玉米等植物的种子。

（三）胚乳

胚乳是有胚乳种子的贮藏组织，从来源上分，可将胚乳分为内胚乳（endosperm）和外胚乳（perisperm）。由胚囊中受精极核细胞发育而成的称内胚乳，而由珠心层细胞发育而成的称外胚乳。绝大多数植物种子的胚乳为内胚乳，只有少数植物如甜菜、菠菜、石竹等种子的胚乳为外胚乳。

胚乳在种子中所占比例的大小、组织的质地、细胞的形状及所含物质的种类因植物种类有很大差异。绝大多数植物的胚乳是固体的，但也有极少数植物（如椰子）中心的胚乳呈液体状态。有些植物种子的胚乳位于胚的四周，即胚位于胚乳的中央，如蓖麻；也有些植物的胚乳位于胚的中央，如甜菜；还有些植物的胚乳与胚相互镶嵌，如葱类、番茄；禾本科作物的胚乳则位于胚的侧上方。多数植物的胚乳为薄壁细胞，也有少数植物如大葱的胚乳为厚壁细胞。

在裸子植物中，如银杏、松、柏之类，种子内部也有相当发达的贮藏组织，含有丰富的养料。从表面看，这种组织具有营养生理功能，也应列为胚乳的一种。但从植物发生学的角度看，这一部分完全由母体组织直接发育而来，没经过受精过程，所以和被子植物的胚乳在本质上是不同的。

从植物形态学的角度看，不论被子植物还是裸子植物，只有从经受精过程的胚珠发育成的繁殖器官，才是真种子。它的组成部分可概括为图 3-3。

种子的组成部分

胚：
胚根：位于胚的最下端，包括根的生长点和根冠。禾本科作物的胚根周围有根鞘保护
胚芽：位于胚的最上端，包括茎的生长点和若干片真叶。禾本科作物的胚芽周围有芽鞘保护
胚轴：连接胚根和胚芽的中间部分，位于子叶着生点以下。禾本科种子放在黑暗中发芽，胚轴特别延长，即中胚轴或称中茎
子叶：胚的初生叶，单子叶植物有一片，双子叶植物有两片，裸子植物有二至十多片

胚乳：
内胚乳：由极核或次生细胞经受精作用发育而成，有些植物在发育过程中被吸收
外胚乳：由珠心层直接发育而成

种皮：包在种子的表面，一般分内层和外层。禾谷类种子的种皮很薄，与果皮密接在一起，不易分离，合称为果种皮。有些植物种子的外部还附有假种皮

图 3-3　种子的组成部分

第二节　主要作物种子的形态构造

种子的形态结构在种和品种之间常存在很大差异，如种子的形状、大小、颜色；种子表面的光滑度，表皮上茸毛的有无、稀密及分布状况；胚和胚乳的部位；种脐的形状、大小、凹凸、颜色及着生部位等。这些差异均可作为鉴别植物种和品种的依据。此外，也可根据某些作物种皮的组织解剖特点，鉴定种子的真实性。例如，大豆、豌豆的品种间，十字花科的不同种及品种之间，其种皮细胞的形态有显著差异，因此在用其他方法难以鉴定真实性的情况下，可以应用解剖的方法进行鉴定。现将主要农作物和蔬菜作物种子，以及常见的几种林木、果树、中草药、牧草和草坪草等种子的形态、构造和解剖分述如下。

一、主要农作物种子的形态构造

（一）禾谷类作物种子

我国生产上种植的禾谷类作物主要有水稻、小麦、大麦、玉米等，现将它们的形态、构造和解剖特点分述如下。

1. 水稻 水稻的籽粒（kernel）——稻谷（rough rice），由稃壳及糙米两部分组成，稃壳由护颖（glume）及内稃（palea）、外稃（lemma）组成，护颖是籽粒基部的一对披针形的小片，米粒由内外稃（各一片）所包裹，稃壳的顶端称稃尖。有些水稻品种外稃的尖端延伸为芒（图 3-4）。水稻护颖、内外稃和芒所具的颜色等特征，可以作为鉴定品种的依据。

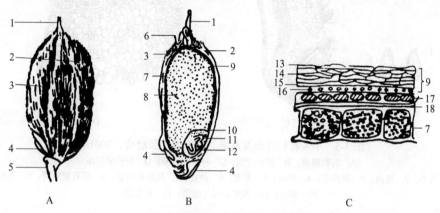

图 3-4 稻谷外形及其纵、横剖面（颜启传，2001a）

A. 稻谷外形；B. 稻谷纵剖面；C. 米粒横剖面
1. 芒；2. 外稃；3. 内稃；4. 护颖；5. 小穗柄；6. 稃毛；7. 胚乳糊粉层；8. 胚乳淀粉层；9. 果皮；10. 盾片；11. 胚芽；12. 胚根；13. 表皮；14. 中层；15. 横细胞；16. 管状细胞；17. 种皮；18. 外胚乳

糙米（brown rice）是一颗真正的果实，其有胚的一侧被外稃所包裹，糙米粒的这侧在习惯上称为腹面，另一侧称为背面（禾本科其他作物的籽粒恰好相反）；背部有一条纵沟，在糙米粒的两侧又各有两条纵沟，称为侧纵沟。纵沟部位与其稃壳上的维管束相对应。

米粒由皮层（包括果皮和种皮）、胚乳和胚 3 部分组成，果皮包括表皮、中层（中果皮）、横细胞和管状细胞；种皮以内是糊粉层（aleurone layer），糊粉层内为淀粉层——由贮藏淀粉的细胞组成的胚乳。表层由一列细胞组成，中果皮则有 6～7 列细胞，其下的横细胞为 2 列含叶绿体的细长形细胞。管状细胞由一列细长的纵向排列的细胞层组成，紧靠着下面的为一层种皮细胞，此层细胞内若有明显的色素则为红米。种皮以下残留一层细胞不明晰的组织，为珠心层的遗迹，其下为内胚乳。内胚乳的外层为糊粉层，包含 1～2 层（多至 5～6 层）大型细胞，其内部充满糊粉粒和脂肪，易和其他各层细胞相区分。糊粉层以内的胚乳是由形状更大的薄壁细胞所组成的，这些细胞内充满了淀粉粒和蛋白质。

水稻的胚体积较小，由胚芽、胚轴、胚根和盾片 4 部分组成，胚芽和胚根不在一条直线上，而呈近直角分布。

2. 小麦 普通小麦的籽粒不带稃壳，由皮层、胚乳和胚 3 部分组成。种子的腹面有一条纵沟，称腹沟（crease）。胚位于种子背面的基部，在种子的另一端有茸毛（图 3-5）。小麦腹沟的宽狭、深浅及茸毛的有无和疏密状况，均可作为鉴别品种的依据。

小麦的果皮由表皮、中层、横细胞、内表皮等组成。表皮细胞长形，沿种子纵轴方向排列，这层细胞在籽粒的顶端形成茸毛。中层具 2～3 列细胞，细胞壁的厚度增加不均匀，细胞间有明显的空隙，分布着气孔遗迹，此层细胞在种子成熟的前期，对气体交换有很大的作用。中层以下有一列长形细胞沿种子横轴排列，称为横细胞层，胞壁增厚不均匀，在种子发育初期细胞内含有淀粉粒和叶绿体，随着种子的成熟，叶绿体逐渐消失。内层的果皮与水稻

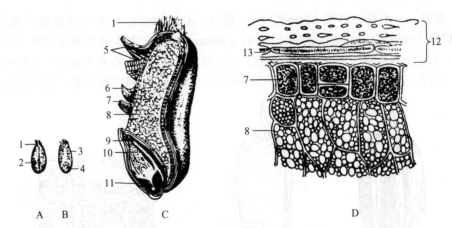

图 3-5 小麦籽粒外形及其纵、横剖面（颜启传，2001a）

A. 籽粒腹面；B. 籽粒背面；C. 籽粒纵剖面；D. 籽粒横剖面

1. 茸毛；2. 腹沟；3. 果种皮；4. 胚部；5. 果皮；6. 种皮；7. 胚乳糊粉层；8. 胚乳淀粉层；9. 盾片；
10. 胚芽；11. 胚根；12. 皮层；13. 色素层

一样也是管状细胞层，沿种子纵轴方向排列。

小麦的种皮分为内外两层，两层均由长形的薄壁细胞组成。外层透明，内层存在色素，色素层的厚薄决定种子颜色的深浅。种皮以下为不透明细胞组成的膨胀层，属外胚乳，其内为内胚乳。内胚乳的外层是由近方形的较大的细胞组成的糊粉层，细胞内充满了混有油滴的蛋白质。糊粉层内为淀粉层，由大型薄壁细胞组成，内部充满了各种大小不同的淀粉粒，淀粉粒的间隙中含有蛋白质。

小麦的胚部形态与水稻基本相似，不同的是小麦的胚芽与胚根在一条直线上，胚部占整个籽粒的比例也比水稻大。

3. 大麦 大麦籽粒的性状和小麦很相似，但因品种类型不同，在形态、大小等方面有较大区别，一般二棱大麦的粒形大于四棱和六棱大麦，而且籽粒较饱满，大小也较均匀（图 3-6）。四棱大麦的大小很不整齐。六棱大麦籽粒的大小虽较整齐，但千粒重远低于二棱大麦和四棱大麦。

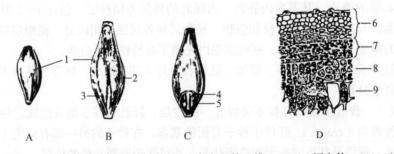

图 3-6 大麦籽粒的外形和横剖面（叶常丰和戴心维，1994；颜启传，2001a）

A. 种子背面；B. 种子腹面；C. 剥去胚部稃壳的籽粒；D. 籽实横剖面

1. 外稃；2. 内稃；3. 小基刺；4. 胚部；5. 浆片；6. 稃壳；7. 果种皮；8. 糊粉层；9. 淀粉层

大麦籽粒可分为皮大麦（包括果实及其外部的附属物）和裸大麦（包括果实的全部）两大类。皮大麦稃壳的很多性状，如稃壳的颜色、芒的性状、外稃基部的形状（皱褶情况）等，均可作为鉴别品种的依据。

大麦腹沟的附近为内稃所包被，外稃较大，包被了整个籽粒的背部及腹面的一部分。剥开大麦籽粒胚部的外稃，可看到一对小小的浆片，该浆片最初在花器中起到吸水膨胀作用，是开花（推开内外稃）的动力，开花后失水萎缩并残留在胚部附近。浆片也可作为鉴定大麦品种的一个重要依据。

大麦籽粒的解剖学结构与小麦基本相同，不同的是小麦的糊粉层仅有一层细胞，而大麦有 2～4 层细胞。

4. 玉米　玉米籽粒的基本构造与上述两类作物相同，但籽粒大小相差悬殊（图3-7）。栽培玉米的籽粒是一个完整的颖果，果种皮紧贴在一起不易分离，在籽粒上端的果皮上可观察到花柱的遗迹（一般在邻近胚部的胚乳部位的果皮上）。玉米的胚特别大，约占籽粒总体积的30%，透过果种皮，可清楚地看到胚和胚乳的分界线。

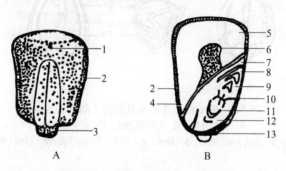

图 3-7　玉米籽粒外形及其纵剖面（颜启传，2001a）

A. 籽粒外形；B. 籽粒纵剖面

1. 花柱遗迹；2. 果皮；3. 果柄；4. 种皮；5. 胚乳的角质部分；6. 胚乳的粉质部分；7. 盾片；8. 胚芽鞘；9. 胚芽；10. 维管束；11. 胚根；12. 胚根鞘；13. 基部褐色层

玉米籽粒的基部有果柄，但有时脱落，脱落处呈褐色，是由于该部位存在基部褐色层（或称基部黑色层）。充分成熟籽粒的基部褐色层色素积累，颜色明显，因此该特征可以作为种子成熟的重要标志。

玉米籽粒的形态在类型（如硬粒型、马齿型）和品种之间存在很大差异，而且同一果穗上的种子，由于着生部位不同，其籽粒大小及粒形的差异也很显著。玉米籽粒的颜色有多种，总的可分为白色系统、黄色系统和紫色系统 3 类。

玉米的角质胚乳和粉质胚乳中淀粉粒具有不同的形态，角质胚乳中的淀粉粒为多角形，而粉质胚乳中的淀粉粒呈球形。

5. 高粱　高粱和玉米相似，都是禾谷类中的高秆作物，高粱种子也属颖果，呈卵圆形或纺锤形，果种皮色有红色、褐色、黄色和白色等（图3-8）。

高粱籽粒的外部是皮层（包括果皮和种皮），两者粘连在一起。种皮中含有单宁，具涩味，制米时不易除尽，食时口感欠佳。但单宁有防腐作用，可增强种子的耐贮藏性，并可减少碱性土对发芽产生的不良影响。一般颜色较深的籽粒含单宁较多。

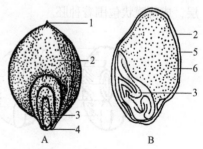

图 3-8　高粱籽粒外形及其剖面
（叶常丰和戴心维，1994）

A. 种子正面；B. 种子纵剖面

1. 花柱遗迹；2. 果皮；3. 胚；4. 果脐；
5. 种皮；6. 胚乳

高粱籽粒的胚乳外层富含蛋白质，组织致密，呈角质；内层为粉质层，组织疏松。高粱的胚乳由糊粉层与淀粉层组成。

6. 荞麦 荞麦属蓼科，但人们习惯上将其归入禾谷类作物。荞麦的籽粒为瘦果，略呈三棱形（图 3-9）。果实基部留存五裂花萼，果实内部仅含 1 粒种子。果皮深褐色或黑褐色，较厚，包括外表皮、皮下组织、海绵组织和内表皮。种皮很薄，为黄绿色的透明薄膜组织，包括表皮和海绵组织，其下为发达的内胚乳，细胞中富含淀粉。荞麦种子的胚体积很大，属于胚乳与子叶均发达的类型，种胚位于种子中央，被内胚乳所包被。子叶薄且大，扭曲，横截面呈 "S" 形。

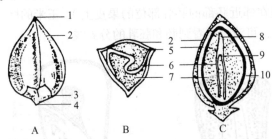

图 3-9 荞麦籽粒外形及其剖面（胡晋，2006）

A. 籽粒外形；B. 籽粒横切面；C. 籽粒纵剖面

1. 发芽口；2. 果皮；3. 花被；4. 果脐；5. 种皮；6. 子叶；7. 内胚乳；8. 胚根；9. 胚芽；10. 子房腔

（二）豆类作物种子

1. 大豆 大豆种子为无胚乳种子，包括种皮和胚两部分，子叶很发达，胚芽、胚轴和胚根所占比例很小，且不在一条直线上。在种皮上可以看到脐、脐条、内脐和发芽口等构造（图 3-10）。大豆的种皮因品种不同而有多种颜色，一般品种为黄色，种皮易破裂，保护性较差。种皮由角质层、栅状细胞、柱状细胞及海绵细胞等多层细胞组成。栅状细胞为狭长的大型细胞，排列很紧密，细胞内含有色素，此层细胞的靠端部分若发生硬化，就不易透过水分而使种子成为硬实，该部位称为明线（light line）。柱状细胞（或称骨状石细胞）体积很大，仅有一列细胞，其排列方向与栅状细胞相同。海绵细胞层由 7～8 层细胞组成，横向排列，细胞壁很薄，组织疏松，有很强的吸水力。种皮以内是内胚乳遗迹，此层也称蛋白质层，成薄膜状包围着种胚。

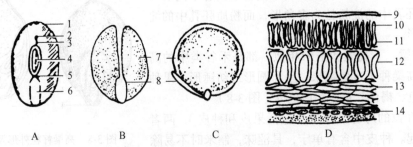

图 3-10 大豆种子外形及其纵、横剖面（胡晋和谷铁城，2001）

A. 种子外形；B. 剥去种皮的种子；C. 种子纵剖面；D. 种皮横切面

1. 种皮；2. 内脐；3. 脐条；4. 脐；5. 发芽口；6. 胚根所在部位；7. 子叶；8. 胚根；9. 表皮；10. 明线；11. 栅状细胞；12. 柱状细胞；13. 海绵细胞；14. 内胚乳残留物

2. 蚕豆　蚕豆种子为无胚乳种子，包括种皮和胚两部分，子叶很发达，胚芽、胚轴和胚根所占的比例很小，几乎在一条直线上。在种皮上可以观察到脐、脐条、内脐和发芽口等部位（图 3-11）。

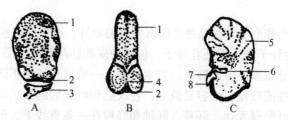

图 3-11　蚕豆种子外形及其纵剖面（胡晋和谷铁城，2001）
A. 种子外形正面；B. 种子外形侧面；C. 种子纵剖面
1. 种皮；2. 脐；3. 脐瓣；4. 发芽口；5. 子叶；6. 胚芽；7. 胚轴；8. 胚根

（三）油料作物种子

1. 甘蓝型油菜　油菜种子也属无胚乳种子，包括种皮及胚两部分，子叶为折叠型，两片子叶对折包在种皮内，子叶的外部仅存在胚乳遗迹。种皮颜色随类型和品种的不同而不同，总体可分为黑褐色、黄色及暗红色 3 类。种皮上可观察到脐，发芽口等部位难以用肉眼辨别出来（图 3-12）。

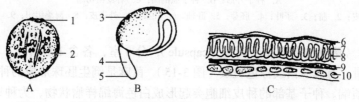

图 3-12　油菜种子外形及其内部构造（叶常丰和戴心维，1994）
A. 种子外形；B. 种子内部构造（去种皮）；C. 种皮横剖面
1. 脐；2. 种皮；3. 子叶；4. 胚轴；5. 胚根；6. 表皮；7. 薄壁细胞；8. 厚壁细胞；9. 色素层；10. 内胚乳残留物

油菜种皮包括 4 层细胞，第一层为表皮，由厚壁无色（有些类型为黄褐色）细胞组成；第二层为薄壁细胞，细胞较大，呈狭长形，成熟后干缩；第三层为厚壁的机械组织，由红褐色的长形细胞构成，细胞壁大部分木质化，此层细胞也可称为高脚杯状细胞，与第二层细胞镶嵌交错排列；第四层是带状色素层，由排列较整齐的一列长形薄壁细胞组成，此层的色泽因类型、品种而不同。种皮以内为富含油脂和蛋白质的子叶细胞。

油菜种皮的第 1～3 层细胞是区别油菜和十字花科其他植物种子的重要依据。这是因为这 3 层细胞的形状、大小和细胞壁厚薄，在十字花科不同的种之间存在明显的差别。

2. 向日葵　向日葵籽粒属瘦果，包括皮层（包括果皮和种皮）和胚两部分（图 3-13）。果皮较厚而硬，其上的色泽和条纹因品种而异。籽粒较尖的一端为发芽

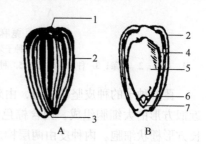

图 3-13　向日葵籽粒外形及其纵剖面
（颜启传，2001a）
A. 籽粒外形；B. 籽粒纵剖面
1. 花柱遗迹；2. 果皮；3. 发芽口；4. 种皮；5. 子叶；6. 胚芽；7. 胚根

口，此端略显凹陷处为种脐。籽粒的钝端有花柱的遗迹，此处为花柱脱落后在果皮上留下的痕迹。种皮很薄，呈膜质，种子由倒生胚珠发育而成，但用肉眼观察，不容易清楚地看到脐条。种皮内是发达的胚，子叶肥厚，几乎占满种子内部，而胚芽、胚轴和胚根仅占很小的一部分。

向日葵籽粒的大小和形状，在品种之间有明显的差异，可作为鉴别品种的依据。

3. 花生 花生种子属于无胚乳种子，包括种皮和胚两部分（图3-14）。种皮很薄，呈肉色至粉红色，其上分布着许多维管束。花生种皮与一般豆科植物不同，不存在栅状细胞和柱状细胞，因此保护性能较差，很容易破裂，在成熟和收获后的加工与贮藏过程中，也不易形成硬实。胚部的子叶肥厚发达，胚芽、胚轴和胚根在一条直线上，形态粗而短，位于种子的基部。胚芽的两侧真叶已明显分化完成，4片小叶呈羽状排列。

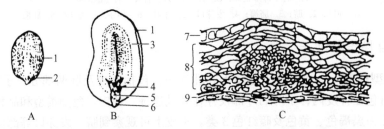

图3-14 花生种子外形及其内部构造（胡晋和谷铁城，2001）

A. 种子外形；B. 种子纵剖面；C. 种皮横切面

1. 种皮；2. 脐；3. 子叶；4. 胚芽；5. 胚轴；6. 胚根；7. 外表皮；8. 海绵组织；9. 内表皮

4. 蓖麻 蓖麻的果实属于蒴果（capsule），分3室，各含1粒种子。种子呈椭圆形，略扁，表面光滑，有黑、白或棕色斑纹（图3-15）。蓖麻是倒生胚珠形成的种子，脐条很长，从基部直通到顶端。种子基部的种皮细胞突起形成白色海绵样瘤状物，为种阜，种脐和发芽口被其覆盖。

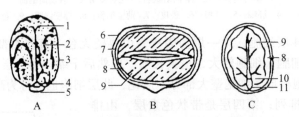

图3-15 蓖麻种子外形及其内部构造（胡晋，2006）

A. 种子外形；B. 种子横切面；C. 种子纵切面

1. 内脐；2. 脐条；3. 种皮；4. 脐；5. 种阜；6. 外种皮；7. 内种皮；8. 内胚乳；9. 子叶；10. 胚芽；11. 胚根

蓖麻种子的种皮坚硬而脆，由外种皮和内种皮组成。外种皮由3层构成：最外层由一列近似方形的大细胞组成，内含棕色色素；中层由4～5列扁平的薄壁细胞组成；内层是一列长方形栅状细胞。内种皮由两层构成：外层是一列长形石细胞，内含棕色色素；内层是数列紧密的薄壁细胞，内含成簇的晶体。种皮内是由许多薄壁细胞组成的发达内胚乳，其中含有脂肪和蛋白质。

蓖麻种子的胚被包围在胚乳中间，胚轴较短，两片子叶重叠在一起，平展在胚乳中，叶片上可见清晰的脉纹。

（四）纤维作物种子

1. 棉花 棉花种子具坚厚的种皮和发达的胚（图 3-16）。大多数棉籽的种皮上有短绒，也有少数无短绒的称为光子或铁子。棉花种子由倒生胚珠形成，呈卵形，基部尖顶部宽，基部的尖端部位常有刺状的种柄，种柄脱落处是种脐，即发芽口。种子腹面有一条突起的棱，从基部直通到顶部，即脐条。种子的顶端也即脐条的终点部位是内脐，这个部位的种皮较疏松，若该部位的种皮硬化，则种子硬实。种皮以内有一层由两列细胞组成的乳白色薄膜包围在胚外，是外胚乳和内胚乳的遗迹。胚乳遗迹以内为发达的子叶，大而较薄的两片子叶反复折叠填满于种皮以内。子叶细胞内充满糊粉粒和油脂。胚根和胚芽被包围在子叶中间。整个胚体上密布深色腺体，这些腺体含有对人畜具毒害作用的棉酚。

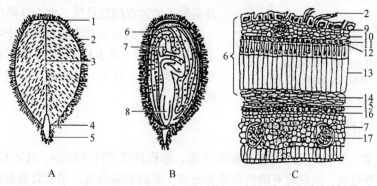

图 3-16　棉花种子外形及其内部构造（胡晋，2006）

A. 种子外形；B. 种子纵剖面；C. 种子横剖面

1. 内脐；2. 种毛；3. 脐条；4. 脐、发芽口；5. 种柄；6. 种皮；7. 子叶；8. 胚根；9. 表皮；10. 外褐色层；11. 无色层；12. 明线；13. 栅状组织；14. 内褐色层；15. 外胚乳；16. 内胚乳；17. 腺体

2. 黄麻 黄麻种子较小，属于有胚乳种子，由种皮、内胚乳及胚 3 部分组成，胚乳和子叶均比较发达（图 3-17）。种皮由外表皮、结晶层、栅状细胞层及内表皮组成。外表皮细胞形状扁平，细胞壁较厚，内有色素，使种子呈褐色或墨绿色，其下是一薄层厚壁细胞，称为结晶层，细胞内含有草酸钙结晶。结晶层以内是一厚层栅状细胞，其内为内表皮，内表皮由一列扁平的薄壁细胞组成。

黄麻种皮以内是一层外胚乳遗迹，细胞较大，有孔，含有褐色物质，此层以内有一层很薄的无色层。黄麻的内胚乳发达，紧紧包围着扇形的种胚，细胞内含有丰富的脂肪和蛋白质，细胞较大，一般呈长椭圆形。

黄麻的种胚面积略小于胚乳，两片子叶重叠而略呈弯曲状，胚根较肥大，胚细胞内部也充满了蛋白质和脂肪。

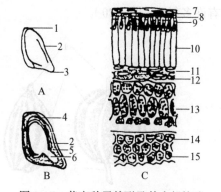

图 3-17　黄麻种子外形及其内部构造
（胡晋，2006）

A. 种子外形；B. 种子纵剖面；C. 种子横剖面

1. 脐；2. 种皮；3. 发芽口；4. 子叶；5. 胚乳；6. 胚根；7. 外表皮；8. 结晶层；9. 明线；10. 栅状细胞；11. 内表皮；12. 外胚乳；13. 内胚乳；14. 子叶组织；15. 蛋白质及脂肪

二、主要蔬菜作物种子的形态构造

（一）十字花科蔬菜种子

十字花科蔬菜主要有大白菜、甘蓝、芥菜和萝卜等。种子大小中等或较小，形状有球形、椭球形和扁卵圆形等。颜色分乳黄色、红褐色和深紫色等。

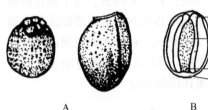

图 3-18　萝卜种子外形及其纵剖面
（叶常丰和戴心维，1994）
A. 种子外形；B. 种子纵剖面
1. 子叶；2. 胚根；3. 胚轴；4. 种皮

大白菜、甘蓝和芥菜种子在形状和内部结构上均与油菜相似（可参考油菜部分），只是种皮颜色存在微小的差异。一般甘蓝种子种皮颜色较深，与甘蓝型油菜相似。白菜种子颜色较浅，为紫褐色。芥菜种子的种皮颜色最浅，常为红褐色。

萝卜种子的形状和大小与其他十字花科蔬菜种子有明显不同（图 3-18），萝卜种子有棱角，呈卵形或心形，种子较大，千粒重明显高于大白菜和甘蓝种子。

（二）伞形科蔬菜种子

伞形科蔬菜主要有芫荽、芹菜和胡萝卜等。伞形科蔬菜种子较小，且不易与果皮分离。果实由两个单果组成，成熟时有的两单果易分离，有的不易分离。果实背面有肋状突起的果棱，棱上有刺毛或无，棱下有油腺，充满芳香油，因此伞形科种子均有特殊的香味。不同种类间果棱的多寡、油腺数目、香味和果实的形状及是否易分离等性状均可作为鉴别不同类型的依据。

芹菜种子细小，半椭球体，黑褐色，有 9 条果棱，成熟后单果易分离（图 3-19）。胡萝卜种子也较小，呈半卵形，两个单果合在一起呈卵形，种皮褐色或黄褐色，果棱 9 条，棱上有许多刺毛（图 3-20）。

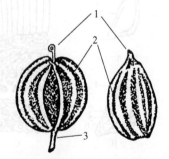

图 3-19　芹菜种子（分果）外形
（叶常丰和戴心维，1994）
1. 花柱遗迹；2. 果棱；3. 果柄

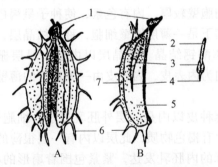

图 3-20　胡萝卜种子（分果）外形及其纵
剖面（叶常丰和戴心维，1994）
A. 成对复果外形；B. 种子（单果）纵剖面
1. 花柱遗迹；2. 胚根；3. 子叶；4. 胚芽；5. 胚乳；6. 刺毛；7. 种皮

（三）茄科蔬菜种子

茄科蔬菜主要有番茄、茄和辣椒等。种子扁平，圆形、卵形或肾形。种皮光滑或被有绒毛。种子具有发达的胚乳，胚卷曲埋在胚乳中，胚根突出于种子边缘。

番茄种子扁平，种皮的表皮细胞突起形成种毛，其凹陷处是种脐和发芽口。种胚呈螺旋状埋在胚乳中（图3-21）。茄种子扁平，近圆形，中央隆起，种皮光滑，呈黄褐色（图3-22）。

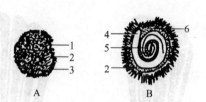
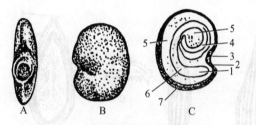

图3-21　番茄种子外形及其平切面
（叶常丰和戴心维，1994）
A. 种子外形；B. 种子平切面
1. 脐；2. 种皮；3. 种毛；4. 胚根；5. 子叶；6. 内胚乳

图3-22　茄种子外形及其平切面
（叶常丰和戴心维，1994）
A. 种子外形侧面；B. 种子外形正面；C. 种子平切面
1. 胚根；2. 发芽口；3. 种脐；4. 子叶；5. 胚乳；6. 胚轴；7. 种皮

（四）葫芦科蔬菜种子

葫芦科蔬菜主要有黄瓜、西瓜、冬瓜、丝瓜和南瓜等。种子较大而扁，颜色分为白色、淡黄色、红褐色、茶褐色和黑色等。外种皮大多较致密且坚硬，内种皮较薄而松脆，两片子叶大而富含营养，胚芽分化程度较低，胚轴较短，无胚乳，西瓜种子有明显的种阜。

黄瓜果实内有许多种子，种子易与果肉分离，种子颜色一般为白色或淡黄色，种子尾部有稠密的刚毛（图3-23）。西瓜种子种皮质地致密，呈卵形，颜色有红褐色和黑色，种子一端可看到种阜（图3-24）。

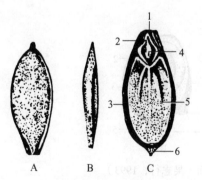
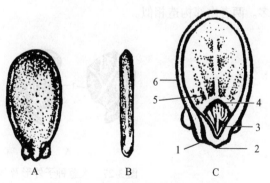

图3-23　黄瓜种子外形及其剖面
（叶常丰和戴心维，1994）
A. 种子外形正面；B. 种子外形侧面；C. 种子剖面
1. 发芽口；2. 胚根；3. 种皮；4. 胚芽；5. 子叶；6. 刚毛

图3-24　西瓜种子外形及其剖面
（叶常丰和戴心维，1994）
A. 种子外形正面；B. 种子外形侧面；C. 种子剖面
1. 种脐；2. 发芽口；3. 胚根；4. 胚芽；5. 子叶；6. 种皮

（五）菊科蔬菜种子

菊科蔬菜主要有莴苣、茼蒿等。菊科蔬菜种子一般较小，属瘦果，果皮坚硬，果实形状有梯形、纺锤形和披针形等，表面有明显的果棱若干条，基部有明显的果脐。每个瘦果内含1粒种子，种子一般无胚乳或仅含极少量的胚乳。

莴苣种子表面有纵向果棱9条，种子扁平，呈披针状（图3-25）。茼蒿种子表面也有纵向果棱9条，种子较厚，呈梯形（图3-26）。

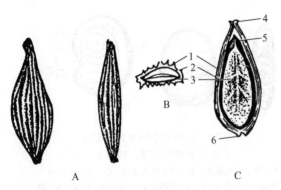  

图3-25　莴苣种子（瘦果）外形及其剖面
（叶常丰和戴心维，1994）

图3-26　茼蒿种子（瘦果）外形
（叶常丰和戴心维，1994）

A. 种子外形；B. 种子横剖面；C. 种子纵剖面
1. 果皮；2. 胚乳；3. 子叶；4. 发芽口；5. 胚根；6. 果脐

（六）百合科蔬菜种子

百合科蔬菜主要有洋葱、大葱、韭菜和石刁柏等。百合科蔬菜种子形状有球形、盾形或三角锥状等。种皮黑色、坚硬，单子叶，有胚乳，胚呈棒状或涡状埋在胚乳中。

大葱和洋葱种子均较小，呈三角锥形，表面皱缩，背部突出，有棱角，种脐凹陷，一般大葱种子脐部凹陷较浅，背部皱纹较少（图3-27），而洋葱种子脐部凹陷较深，背部皱纹较多。两者内部构造相似。

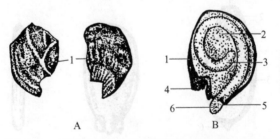

图3-27　大葱种子外形及其平切面（吴志行，1993）
A. 种子外形；B. 种子平切面
1. 种皮；2. 胚乳；3. 子叶；4. 种脐；5. 发芽口；6. 胚根

石刁柏又称"芦笋"。其种子较其他百合科蔬菜种子大，呈近球形，种子表面较光滑。胚乳发达，胚呈棒状埋在胚乳中（图3-28）。

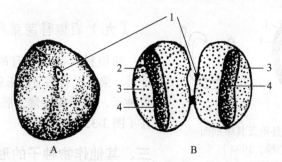

图 3-28　石刁柏种子外形及其纵剖面（吴志行，1993）
A. 种子外形；B. 种子纵剖面
1. 种脐；2. 种皮；3. 胚乳；4. 胚在种子内的位置

（七）藜科蔬菜种子

藜科蔬菜种子有菠菜、甜菜等。种子属小坚果，菠菜为单果，甜菜为复果。藜科果实外披有坚厚的果皮，花萼宿存或部分果皮细胞突起，成为果实表面的刺。果实为多角形、菱形和球形等。种子胚部弯曲成环状，埋于发达的外胚乳中。

菠菜分为刺果菠菜和圆果菠菜两种，圆果菠菜果实为球形，表面无刺，而刺果菠菜果实为菱形或多色形，表面有刺。两者内部结构相似（图 3-29）。甜菜果实呈多角形，花萼宿存（图 3-30）。

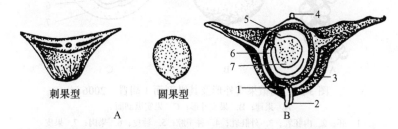

图 3-29　菠菜种子（小坚果）外形及其纵剖面（叶常丰和戴心维，1994）
A. 种子外形；B. 种子纵剖面
1. 果皮；2. 种脐；3. 种皮；4. 花柱遗迹；5. 胚根；6. 子叶；7. 外胚乳

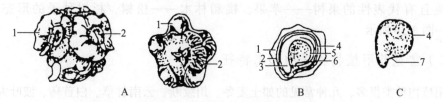

图 3-30　甜菜种子外形及其内部构造（颜启传，2001a）
A. 种球外形；B. 果实纵剖面；C. 种子外形
1. 花萼；2. 果皮；3. 胚根；4. 种皮；5. 外胚乳；6. 子叶；7. 脐

（八）苋科蔬菜种子

苋科蔬菜主要有苋菜。苋菜种子较小，扁卵形或圆形，边缘有脊状突起，种皮有光泽，颜色自乳黄色至黑色，随着成熟度不同而异，种子的胚呈环状盘绕在发达的胚乳周围（图 3-31）。

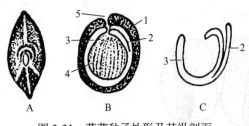

图 3-31 苋菜种子外形及其纵剖面
（叶常丰和戴心维，1994）
A. 种子外形；B. 种子纵剖面；C. 胚
1. 种皮；2. 子叶；3. 胚根；4. 胚乳；5. 发芽口

（九）胡椒科蔬菜种子

胡椒科蔬菜主要有胡椒。其果实为蒴果，球形，果皮上有明显的果脐，果皮皱缩，内含 1 粒种子，种子皮较薄，胚很小，内外胚乳均存在（图 3-32）。

三、其他作物种子的形态构造

在种子研究工作中，除了经常接触上述各类主要作物种子外，也经常会遇到林木、果树、中草药及草坪草等种子，现将其中栽培比较普遍并且有一定代表性的种子形态特征分别图示如下。

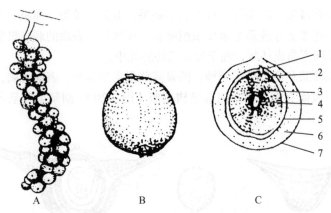

图 3-32 胡椒果实外形及其纵剖面（胡晋，2006）
A. 果穗；B. 果实外形；C. 果实纵剖面
1. 胚；2. 内胚乳；3. 外胚乳；4. 种子腔；5. 种皮；6. 果肉；7. 果皮

（一）常见果树、林木种子的形态特征

常见且有代表性的果树——苹果、桃和林木——松树、杉树种子的形态特征如图 3-33～图 3-36 所示。

（二）常见药用植物种子的形态特征

药用植物种类很多，几种常见的如土麦冬、川续断、云南甘草、白首乌、波叶大黄和绞股蓝种子的形态特征如图 3-37 所示。

（三）常见牧草和草坪草种子的形态特征

一些常见且有代表性的禾本科牧草和草坪草种子，如曲节看麦娘、燕麦草、毛雀麦、无芒虎尾草、洋狗尾草、鸭茅、湖南稷子、高羊茅和绒毛草的种子形态特征如图 3-38 所示。豆科牧草和草坪草种子，如紫苜蓿、天蓝苜蓿、白花草木樨、红豆草、二色胡枝子、红三叶草的种子形态特征如图 3-39 所示。

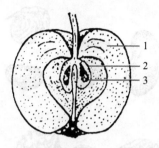

图3-33 苹果的果实纵剖面及其种子
（叶常丰和戴心维，1994）

1. 假果皮；2. 果皮；3. 种子

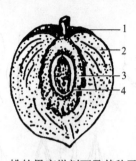

图3-34 桃的果实纵剖面及其种子（叶常
丰和戴心维，1994）

1. 外果皮；2. 中果皮；3. 内果皮；4. 种子（仁）

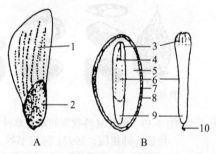

图3-35 松树种子的外形及其纵剖面
（叶常丰和戴心维，1994）

A. 种子外形；B. 种子纵剖面

1. 种翅；2. 种子；3. 子叶；4. 胚芽；5. 胚乳；6. 胚轴；

7. 外种皮；8. 内种皮；9. 胚根；10. 胚柄

图3-36 杉树的球果（A）和种子
（B）（叶常丰和戴心维，1994）

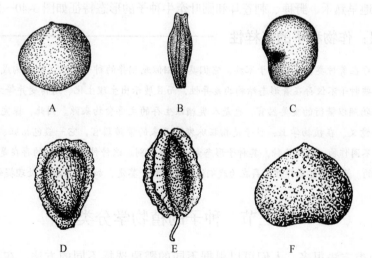

图3-37 几种常见药用植物种子的外形特征（孙昌高，1990；陈瑛，1999）

A. 土麦冬种子（长约3 mm）；B. 川续断种子（长约5 mm）；C. 云南甘草种子（长约2 mm）；D. 白首乌种子
（长约5 mm）；E. 波叶大黄种子（长约0.5 mm）；F. 绞股蓝种子（长约2 mm）

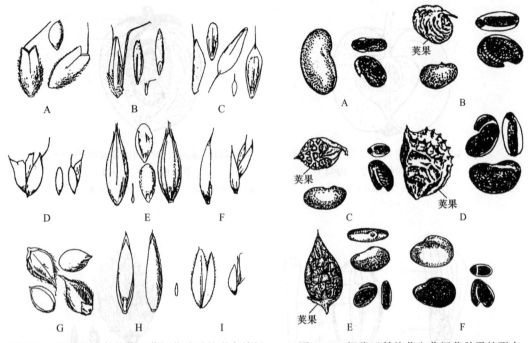

图 3-38　部分禾本科牧草和草坪草种子的形态特征
（韩建国，1997；陈宝书等，1999）

A. 曲节看麦娘；B. 燕麦草；C. 毛雀麦；D. 无芒虎尾草；E. 洋狗尾草；F. 鸭茅；G. 湖南稷子；H. 高羊茅；I. 绒毛草

图 3-39　部分豆科牧草和草坪草种子的形态特征（韩建国，1997；陈宝书等，1999）

A. 紫苜蓿；B. 天蓝苜蓿；C. 白花草木樨；D. 红豆草；E. 二色胡枝子；F. 红三叶草

（四）其他一些花卉和杂草种子的形态特征

一些比较普遍且在形态结构方面有一定代表性的花卉和杂草，如石竹、百日菊、莲子、葎草、藜、草地早熟禾、野稗、刺苍耳和圆叶牵牛种子的形态特征如图 3-40～图 3-48 所示。

> **小知识：作物种子的多样性**
>
> 自然界中存在着种类繁多的种子家族，它们具有相似或相异的种子特性，从而构成了绚丽多姿的种子世界。这些种子不仅存在着形态结构的差异性，而且展示出生理生化、遗传变异等方面的多样性。作物种子是作物赖以繁衍的重要器官，也是人类赖以生存的主要食物来源。因此，探究作物种子的多样性具有重要意义。在植物学上，种子是指胚珠发育而来的繁殖器官，它一般包括胚、胚乳、种皮 3 部分。然而，不同作物、不同品种，其种子形态大小千差万别。这种种子多样性的存在是植物界为适应生存进化而来的。正是这些多样性的存在为我们进行作物种子鉴定、加工、贮藏、处理提供了多种途径。

第三节　种子的植物学分类

种子的分类方法很多，人们可以根据不同的需要选择不同的方法。在种子研究工作中，常用的分类方法主要有两种，一种是根据胚乳的有无进行分类，另一种是根据植物形态学进行分类。两种方法各有其优缺点：前者比较简单，有利于对种的识别和利用，但有时不太确切，如某些属植物的种子被列入无胚乳种子，但事实上这些植物的种子含有极少

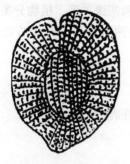

图 3-40　石竹种子的形态
（长约 1 mm）（孙昌高，1990）

图 3-41　百日菊种子的形态
（长约 5 mm）（孙昌高，1990）

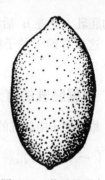

图 3-42　莲子的形态
（长约 1 mm）（孙昌高，1990）

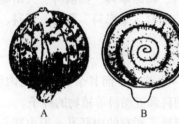

图 3-43　葎草种子的外形及其纵剖面
（张则恭和郭琼霞，1995）
A. 种子外形；B. 种子纵剖面

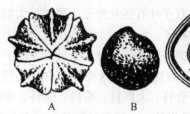

图 3-44　藜种子的外形及其纵剖面
（张则恭和郭琼霞，1995）
A. 带花被的果实；B. 果实外形；C. 果实纵切面

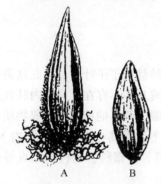

图 3-45　草地早熟禾种子（颖果）的外形
（张则恭和郭琼霞，1995）
A. 带稃颖果；B. 颖果

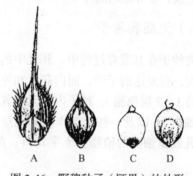

图 3-46　野稗种子（颖果）的外形
（张则恭和郭琼霞，1995）
A. 小穗；B. 带稃颖果；C. 颖果腹面；D. 颖果背面

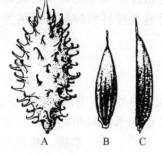

图 3-47　刺苍耳种子（瘦果）的外形
（张则恭和郭琼霞，1995）
A. 总苞；B. 瘦果背面；C. 瘦果侧面

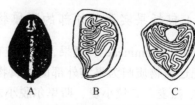

图 3-48　圆叶牵牛种子的外形及其剖面
（张则恭和郭琼霞，1995）
A. 种子外形；B. 种子纵剖面；C. 种子横剖面

量的胚乳（遗迹）；后者虽然较为复杂，但能将种子的形态特征和亲缘关系、植物分类相联系，这样有助于种子检验、加工和贮藏工作的顺利进行。现将两种主要的分类方法分述如下。

一、根据胚乳的有无分类

根据种子中胚乳的有无和多少，将种子分为有胚乳种子和无胚乳种子两大类。

（一）有胚乳种子

此类种子均具有胚乳，根据子叶数目的不同，可分为单子叶有胚乳种子和双子叶有胚乳种子。单子叶有胚乳种子主要包括禾本科、百合科、姜科、鸭跖草科、棕榈科、天南星科等植物的种子；双子叶有胚乳种子主要包括大戟科、蓼科、茄科、伞形科、藜科、苋科、番瓜树科等植物的种子。

根据胚乳的来源进行划分，又可分为以下 3 种类型。

1. 内胚乳发达 在这类种子中，胚只占种子的一小部分，而其余大部分为内胚乳，如禾本科、百合科、大戟科、蓼科、茄科、伞形科、棕榈科和五加科等植物的种子。

2. 外胚乳发达 这类植物的种子在形成过程中消耗了所有的内胚乳，但由珠心层发育而成的外胚乳却被保留下来，如藜科、苋科、石竹科等植物的种子。

3. 内胚乳和外胚乳同时存在 在这类种子中既有内胚乳也有外胚乳，这样的植物很少，如胡椒、姜等植物的种子。

（二）无胚乳种子

这类种子在其发育过程中，胚乳中的营养物质大多转移到了子叶中，因此这类植物种子的胚较大，有发达的子叶，而内胚乳和外胚乳则不存在或几乎不存在（只有内胚乳及珠心残留下来的 1~2 层细胞）。种子内毫无胚乳残留的植物如眼子菜科的植物（营养物质集中贮藏在下胚轴内），以及一些豆类作物如豌豆、蚕豆等（营养物质集中贮藏在子叶内）；种子内存在胚乳残留细胞的植物如十字花科、葫芦科、锦葵科、蔷薇科、菊科和大豆等一些豆科植物。

二、根据植物形态学分类

农业种子（播种材料）从植物形态学来看，往往包括种子以外的许多构成部分，而同科植物的种子常常具有共同特点。根据这些特点，可将主要科别的种子归纳为以下五大类。

（一）包括果实及其外部的附属物

禾本科（Gramineae）：颖果，外部包有稃（内外稃或称内外颖，有的还包括护颖），植物学上把这类物质归为果实外部的附属物。属于这一类型的禾本科植物有稻、大麦（有皮大麦）、燕麦、二粒小麦、斯卑尔脱小麦、莫迦小麦、薏苡、粟、黍稷、蜡烛稗、苏丹草等。

藜科（Chenopodiaceae）：坚果，外部附着花被及苞叶等附属物，如甜菜、菠菜等。

蓼科（Polygonaceae）：瘦果，花萼不脱落，成翅状或肉质，附着在果实基部，称为宿萼，如荞麦、食用大黄等。

（二）包括果实的全部

禾本科（Gramineae）：颖果，如普通小麦、黑麦、玉米、高粱及裸小麦。

棕榈科（Palmaceae）：核果，如椰子。

蔷薇科（Rosaceae）：瘦果，如草莓。

豆科（Papilionaceae）：荚果，如黄花苜蓿（金花菜）。

大麻科（Cannabinaceae）：瘦果，如大麻。

荨麻科（Urticaceae）：瘦果，如苎麻。

山毛榉科（Fagaceae）：瘦果，如栗、槠、栎、槲。

伞形科（Umbeliferae）：分果，如胡萝卜、芹菜、茴香、防风、当归及芫荽等。

菊科（Compositae）：瘦果，如向日葵、菊芋、除虫菊、苍耳、蒲公英及橡胶草等。

睡莲科（Nymphaeaceae）：莲。

桑科（Moraceae）：瘦果，如榕。

榆科（Ulmaceae）：翅果，如榉、榆。

槭科（Aceraceae）：小坚果（翅果），如槭树、三角枫等。

莎草科（Cyperaceae）：瘦果，如莞草。

唇形科（Lemiaceae）：小坚果，如紫苏、薄荷、藿香、夏枯草及益母草等。

（三）包括种子及果实的一部分

蔷薇科（Rosaceae）：如桃、李、梅、杏及樱桃。

桑科（Moraceae）：如桑、楮。

杨梅科（Myricaceae）：如杨梅。

胡桃科（Juglandaceae）：如胡桃、山核桃。

鼠李科（Rhamnaceae）：如枣。

五加科（Araliaceae）：如人参、五加。

（四）包括种子的全部

石蒜科（Amarylidaceae）：如葱、葱头（洋葱）、韭菜及韭葱。

樟科（Lauraceae）：如樟。

山茶科（Theaceae）：如茶、油茶。

椴树科（Tiliaceae）：如黄麻。

锦葵科（Malvaceae）：如棉、洋麻及苘麻。

番瓜树科（Caricaceae）：如番木瓜。

葫芦科（Cucurbitaceae）：如南瓜、冬瓜、西瓜、甜瓜、黄瓜、葫芦及丝瓜。

十字花科（Cruciferae）：如油菜、甘蓝、萝卜、芜菁、芥菜、白菜、大头菜及荠。

苋科（Amaranthaceae）：如苋菜。

蔷薇科（Rosaceae）：如苹果、梨、蔷薇。

豆科（Papilionaceae）：如大豆、菜豆、绿豆、小豆、花生、刀豆、扁豆、豇豆、蚕豆、豌豆、紫云英、田菁、三叶草、紫苜蓿、苕子、紫穗槐、胡枝子及羽扇豆。

亚麻科（Linaceae）：如亚麻。

芸香科（Rutaceae）：如柑、橘、柚、金橘、柠檬及佛手柑。

无患子科（Sapindaceae）：如龙眼、荔枝及无患子。

漆树科（Anacardiaceae）：如漆树。

大戟科（Euphorbiaceae）：如蓖麻、橡胶树、油桐、乌桕、巴豆及木薯。

葡萄科（Vitaceae）：如葡萄。

柿树科（Ebenaceae）：如柿。

旋花科（Convolvulaceae）：如甘薯、蕹菜。

茄科（Solanaceae）：如茄、烟草、番茄及辣椒。

胡麻科（Pedaliaceae）：如芝麻。

茜草科（Rubiaceae）：如咖啡、栀子及奎宁。

松科（Pinaceae）：如马尾松、杉、落叶松、赤松及黑松。

（五）包括种子的主要部分（种皮的外层已脱去）

凤尾松科（Cycadaceae）：如苏铁。
公孙树科（Ginkgoaceae）：如银杏。

第四节　种子形态构造的遗传基础

近年来，种子形态构造的遗传基础有了较多报道，研究主要集中在种子大小、种皮颜色和种子的外形等外观品质性状。了解植物种子形态构造的遗传基础，既有利于种子的分类和鉴定，又有利于植物种子性状的遗传改良。本节介绍主要农作物水稻、小麦、玉米、油菜、大豆等种子的形态构造的遗传基础研究。

水稻粒型包括粒长、粒宽和长宽比，既是水稻外观品质之一，又通过影响粒重而影响产量，因此改良水稻粒型具有十分重要的意义。一般认为水稻粒长、粒宽和粒形为数量性状，受多基因控制，以加性效应为主，遗传率较高，显性效应普遍存在。水稻栽培品种的千粒重多为 20～30 g，多数研究认为粒重的遗传率高于粒数和穗数。大粒对小粒是部分显性，基因的加性效应是主要的，粒重遗传受母性效应的影响。随着功能基因组和分子标记技术的发展，越来越多的水稻粒型基因被克隆，如 *GS2*、*GS3*、*GS5*、*GS9*、*GW2*、*GW5*、*GW8*、*GL3*、*GL6*、*GL7* 等，部分已经开始应用于育种实践。研究发现，水稻红色颖壳的颜色性状由 *Rc* 控制，紫香糯果皮的色泽性状由两对互补基因控制，而垩白也是多基因控制的数量性状，主要受二倍体母性基因型控制。胚乳透明度的表达以基因型作用为主，并存在地点与基因型的交互作用，遗传率较高。

在小麦的产量构成因素中，粒重的遗传率最高，一般可达 70% 左右，早代选择有效。小麦种子重量一般认为由库容大小和充实指数共同控制，前者由遗传因素控制，后者由栽培条件、生态因素等决定。有关小麦粒色的遗传基础研究结果表明，小麦紫粒性状由位于 3A 和 7B 染色体上的 2 个互补基因控制，控制红皮的基因数目在红皮品种间存在较大差异，蓝

3-2 拓展阅读

色性状由 *Ba1* 或 *Ba2* 控制，籽粒种皮黑色为细胞核遗传，具有花粉直感现象。

玉米粒重主要受基因的加性效应控制，但显性效应也很明显，粒重的遗传率中等。玉米的籽粒根据其形状、胚乳的质地可分为不同的类型，它们大多呈简单遗传，由 1 对或 2 对基因控制，除普通玉米（马齿型或硬粒型）呈显性遗传外，其他类型均呈隐性遗传。控制胚乳的不透明和粉质特性的基因有 *O*、*O₂*、*O₅*、*O₇*、*fl*、*fl₂*、*h₁* 和 *wx* 等，任何一对基因为隐性纯合状态时都具有不透明的胚乳，其外貌和结构像粉笔。籽粒的色泽受果皮、糊粉层和淀粉层 3 个部分的影响。果皮颜色性状的遗传主要受果皮色基因 *P* 和 *p* 及褐色果皮基因 *Bp* 和 *bp* 所控制。糊粉层颜色性状有紫、红、白等颜色，主要受 7 对基因所控制：花青素基因 *A1a1*、*A2a2*、*A3a3*；糊粉粒色基因 *Cc*、*Rr*、*Prpr*；色素抑制基因 *Ii*。胚乳淀粉层颜色性状，有黄色胚乳（*Y_*）与白色胚乳（*yy*）之分，为 1 对基因所控制。胚有紫色胚尖（*Pu__*）和无色胚尖（*pupu*），主要受 1 对基因控制。

油菜种皮颜色主要受种皮厚度、种皮色素组分及种子发育过程中一些代谢途径的影响。综合不同研究者的结果可以得到共同的结论，即甘蓝型油菜籽粒黄色种皮颜色受 2～3 对基因的控制，同时受母本基因型和诸多数量性状微效基因的影响。目前多位学者找到了多个与种皮色泽连锁的分子标记，并初步解析了与甘蓝型油菜种皮颜色相关的基因如 *BnaC.TT2.a* 等。甘蓝型油菜种子的大小（千粒重）一般由多对基因控制，科学家通过遗传定位找到了多个与甘蓝型油菜千粒重相关的主效位点和微效位点，并发掘了一些与甘蓝型油菜千粒重相关的调控基因，初步探索了它们的调控机理。例如，*BnaA9.CYP78A9* 基因上游一个类 CACTA 转座子具备正调控油菜千粒重的作用。

大豆种皮颜色可概括为黄、青、褐、黑及双色 5 类。控制大豆种皮颜色形成的基因座有 *I*、*R*、*T*、*W1*、*O*。种皮颜色的遗传与种脐颜色的遗传有关。育种上以黄种皮、无色脐基因型最为理想。大豆种子大小除受多对基因控制外，还受到诸如开花习性等生物因素和诸多环境因素的影响。

小　结

自然界的种子植物种类繁多，所产生的种子形态多种多样，构造也各不相同。种子这些形态和构造上的差异，是进行种子真实性鉴定、纯度检验、清选分级、加工包装和安全贮藏的重要依据。近年来，主要作物种子形态构造的遗传机制研究取得了不少进展，有利于作物种子性状的遗传改良。

思　考　题

1. 名词解释：种脐、发芽口、脐条、内脐、种阜、外胚乳、内胚乳、明线。
2. 正确识别种子的形态构造有何实践意义？
3. 种子内部基本构造一般由哪几部分组成？
4. 主要作物种子胚的类型有哪几种？
5. 种子分类的主要方法有哪些？各具怎样的优缺点？
6. 试分别叙述水稻、小麦、玉米、大豆和棉花种子的形态构造特点。

第四章　种子的化学成分

【内容提要】种子的化学成分因种子类型、作物种类和品种不同而存在明显的差异。本章主要介绍了种子的主要化学成分（包括种子水分、营养成分、生理活性物质和其他化学成分）及其在种子中的分布和特征，同时简单地介绍了种子化学成分的遗传基础。

【学习目标】通过本章的学习，充分了解种子的各种化学成分及其分布和特征，促进对种子生理机能的理解。

【基本要求】了解种子的主要化学成分及其分布。

第一节　种子的主要化学成分及其分布

种子的化学成分既是种子维持生命活动的重要物质，又是萌发时幼苗生长必需的养料和能源，同时也是人类生存的营养成分和维持人类健康成分的主要来源。种子的化学成分因种子类型、作物种类和品种不同而存在明显的差异。不同化学成分在种子中的含量、性质及其分布都会影响种子的生理特性、耐藏性、加工品质和营养价值。因此，了解种子的化学成分不仅可以使人们把握种子的生命活动规律，妥善合理地进行加工贮藏，避免在这些过程中受到损失，为农业生产提供高活力的种子，也可以为作物品种的营养品质和健康品质改良提供可靠依据。

一、种子的主要化学成分

种子作为植物繁衍后代的器官，贮藏着多种化学成分，按照其在种子中的功能可将种子的主要化学成分分为 4 种类型。

（1）细胞结构性物质：如构成原生质的蛋白质、核酸、磷脂，构成细胞壁的纤维素、半纤维素、木质素、果胶质、矿物质等。

（2）营养物质：主要包括淀粉、脂肪、蛋白质及其他含氮物质，是种子中的主要成分，在种子中含量很高。

（3）生理活性物质：如酶、植物激素、维生素等，这些物质虽然在种子中相对含量较少，但对种子生命活动起着重要的调控作用。

（4）水分：虽然不是营养成分，但却是维持种子生命活动不可缺少的化学成分。

除此之外，有些植物种子还含有一些特殊的化学成分，如油菜籽中的芥子苷、棉籽中的棉酚、高粱中的单宁、马铃薯块茎中的茄碱等，这些物质虽然对人畜有害，但对植物抵抗病虫为害具有重要作用。不同植物种子中各种化学成分的含量和类别都有差异（表4-1），即使同一植物种类不同品种间差异也很明显。

表 4-1　主要作物种子的化学成分含量（%）

作物类型	作物种类	水分	糖类	蛋白质	脂肪	纤维素	灰分
禾谷类	水稻	13.0	68.2	8.0	1.4	6.7	2.7
	玉米	15.0	67.2	9.9	4.4	2.2	1.3
	小麦	15.0	68.5	11.0	1.9	1.9	1.7
	大麦	15.0	67.0	9.5	2.1	4.0	3.4
	高粱	10.9	70.8	10.2	3.0	3.4	1.7
	谷子	10.6	71.2	11.2	2.9	2.2	1.9
	黑麦	10.0	71.7	12.3	1.7	2.3	2.0
	燕麦	8.9	62.2	9.6	7.2	8.7	3.4
	黍子	9.3	64.2	11.7	3.3	8.1	3.4
	荞麦	9.6	63.8	11.9	2.4	10.3	2.0
豆类	大豆	10.0	26.0	36.0	17.5	4.5	5.5
	花生	8.0	22.0	26.0	39.2	2.0	2.5
	豌豆	11.8	53.6	25.0	1.6	7.4	3.0
	蚕豆	11.8	53.0	25.0	1.6	3.0	7.4
油料	芝麻	5.4	12.4	20.3	53.6	3.3	5.0
	油菜	5.8	17.6	26.3	40.0	4.5	5.4
	向日葵	5.6	12.6	30.4	44.7	2.7	4.4
	蓖麻	—	27.0	19.0	51.0	—	—
	亚麻	6.2	24.0	24.0	35.9	6.3	3.6
	大麻	8.0	20.0	24.0	30.0	15.0	3.5

资料来源：颜启传，2001a

　　种子的化学成分与种子的许多物理性质及种子品质密切相关，如糙米的蛋白质和灰分含量与种子的千粒重、相对密度、容重呈显著地负相关，而碳水化合物则与这些性状及种子的大小呈显著正相关。

二、农作物种子的主要化学成分及其分布

　　农作物种子中普遍存在各种营养成分，按其营养成分的差异，可把种子划分为粉质种子（starch seed）、蛋白质种子（protein seed）和油质种子（oil seed）三大类。

　　粉质种子的淀粉含量比较高，达60%～70%，蛋白质含量为8%～12%，脂肪含量为2%～3%。淀粉以淀粉粒的形式贮存在发达的胚乳中，如禾本科种子和荞麦种子。蛋白质种子的蛋白质含量明显较高，达25%～35%，其中包括蛋白质和脂肪含量都高的两用类型如大豆、花生，以及蛋白质、淀粉含量高但脂肪含量极少的食用豆类如豌豆、绿豆、蚕豆等。油质种子的脂肪含量高，达30%～50%，如豆科的花生、十字花科的油菜、菊科的向日葵等种子。蛋白质种子和油质种子的绝大部分化学成分贮存在发达的子叶内。

　　农作物种子中各种化学成分的分布很不平衡，不同部位之间的含量差异很大，这就决定了各部分生化特性和生理机能及营养价值和利用价值的不同。例如，无胚乳种子主要由种胚

和种皮构成，种胚占的比例很大，其营养物质主要贮藏在胚中，尤其是子叶中。例如，大豆的子叶很发达，胚芽、胚轴和胚根所占的比例较小。有胚乳种子的种被、种胚和胚乳所占比例和所含成分因作物而异。

水稻、小麦种子作为禾谷类种子的代表，种胚在整粒种子中所占比例较小，仅占2.0%～3.6%（表4-2和表4-3）；胚部不含淀粉（如小麦）或仅含少量淀粉（如水稻），但含有较多的蛋白质、脂肪、可溶性糖和矿物质。例如，水稻胚中含水分8.8%、蛋白质18.1%～20.9%、可溶性糖约20%，其中蔗糖的含量大约占一半。此外，禾谷类种子的胚部还富含维生素，其中含有较多的维生素 B_1 和维生素 E。可见胚的营养价值很高，但是由于其中含有较高含量的糖分、脂肪和水，在贮藏过程中比其他部分更容易变质。

表 4-2 稻谷各部分化学成分的含量（%）

化学成分	稻谷		米		米糠（包括糊粉层、胚及果种皮）	谷壳
	变异范围	平均	变异范围	平均		
淀粉	47.7～68.0	56.2	71.0～86.0	76.1	—	—
蛋白质	5.4～10.4	7.2	7.1～11.7	8.6	13.2	3.9
脂肪	1.6～2.5	1.9	0.9～1.6	1.0	10.1	1.3
纤维素	7.4～16.5	10.0	0.1～0.4	0.2	14.1	40.2
蔗糖	0.1～4.5	3.2	2.1～4.8	3.9	38.7	25.8
水分	8.1～19.6	12.0	9.1～13.0	12.2	12.5	11.4
矿物质	3.6～8.1	5.8	1.0～1.8	1.4	11.4	17.4

资料来源：颜启传，2001a

表 4-3 小麦种子各部分化学成分的含量（%）

化学成分	籽粒	胚乳	糊粉层	胚	麸皮
淀粉	100	100	0	0	0
蛋白质	100	65	～20	<10	～5
脂肪	100	25	55	20	0
纤维素	100	<5	15	～5	75
糖分	100	80	～18.5	～1.5	0

资料来源：颜启传，2001a

玉米种子各部分的化学组成（表4-4）与小麦相似，只是胚中除蛋白质和可溶性糖含量高以外，油分含量尤其高，占30%～54%，由于玉米胚占种子的比例较大，一般为种子质量的10%～15%，个别的可达20%，因而玉米是禾谷类种子中最不耐贮藏的，整粒玉米磨成的粉极易发霉变质。

表 4-4 玉米种子各部分化学成分的含量（%）

化学成分	全粒	胚乳	胚	果种皮
淀粉	74.0	87.8	9.0	7.0
蛋白质	8.2	7.2	18.9	3.8

续表

化学成分	全粒	胚乳	胚	果种皮
脂肪	3.9	0.8	31.1	1.2
可溶性糖	1.8	0.8	10.4	0.5
矿物质	1.5	0.5	1.0	11.3

胚乳是养分的贮藏器官，胚乳细胞中充满了淀粉粒和蛋白质，种子的全部淀粉粒和大部分蛋白质都集中于胚乳之中，麸皮（包括果种皮）中极少含有营养成分。因为充分成熟的果种皮细胞中已不存在原生质，而是无内含物的空细胞壁，其中纤维素和矿物质含量特别高。糊粉层位于胚乳外层，由1～2层或少数几层细胞构成，在种子中所占比例很小，但含有丰富的蛋白质（主要以糊粉粒的形式存在）、脂肪、矿物质和维生素，其化学成分与胚部大致相同。

有些作物（如水稻、大麦、燕麦等）种子外包有稃壳，稃壳由高度木质化的细胞构成，其纤维素和矿物质含量特别高，水稻稃壳中二氧化硅的含量约占稻谷中矿物质总量的95%，稃壳能对种子起保护作用，使种子易贮藏。双子叶植物种皮有着与禾本科种皮相类似的化学成分，只是有些种子的种皮还具有蜡质组成的角质层，使种皮具有不透性。

蔬菜作物种子、牧草、林木及药用植物种子内的贮藏物质与农作物一样，主要是淀粉、脂肪、蛋白质，还含有铁、钙、镁、钾、钠、磷、硫、氯等，都以盐类形式存在。但不同植物种子的各组成部分所占比例不同，营养成分的分布也不同。

第二节　种子水分

水分是种子细胞内部新陈代谢作用的介质，在种子的成熟、后熟、贮藏和萌发期间，种子物理性质的变化和生理生化过程都与水分的状态和含量密切相关。

一、种子中水分的存在状态

种子中的水分以游离水和结合水两种状态存在。游离水也称自由水，是指不被种子中的胶体吸附或吸附力很小，能自由流动的水，主要存在于种子的毛细管和细胞间隙中，具有一般水的性质，可作为溶剂，0℃以下能结冰，容易从种子中蒸发出去。结合水也称束缚水，是指与种子中的亲水胶体（主要是蛋白质、糖类、磷脂等）紧密结合在一起，不能自由流动的水，不具有普通水的性质，不能作为溶剂，0℃以下不会结冰，不容易蒸发，并具有另一种折射率。

种子中水分存在的状态与种子生命活动密切相关。当种子减少至不存在游离水时，种子中的酶首先是水解酶就变为钝化状态，种子的新陈代谢变得很微弱，这种状态有利于种子的贮藏、种子活力的保持和寿命的延长。当种子中出现游离水时，种子中的水解酶就由钝化状态转变为活化状态，种子呼吸速率迅速提高，新陈代谢加快，种子不耐贮藏，种子活力和生活力迅速下降，寿命缩短。

二、种子的临界水分和安全水分

种子的临界水分是指自由水和束缚水的分界，即自由水刚刚去尽，只剩下饱和束缚水的种子含水量，也称饱和束缚水。不同类型的种子饱和束缚水不同，随种子中亲水胶体的含量及其所含有的亲水基数量和种类而有差异。对于种子中含有的蛋白质、淀粉、脂肪大分子来说，蛋白质的亲水基多且亲水性最强，其次为淀粉，而脂肪不含亲水基，不能吸附水分子，所以蛋白质含量高的种子临界水分高，脂肪含量高的种子临界水分少。在同一类种子中，由于化学成分相近，临界水分相差不大，而不同类型种子间相差明显，一般禾谷类种子的临界水分为12%~14%或其以下，油料作物种子为8%~10%甚至更低（取决于其含油量）。

由于种子中的自由水直接参与种子的生理过程和生化反应，而束缚水则不参与这些过程，因此为了种子的安全贮藏，必须将种子中的含水量控制在临界水分以内的一定范围，这一保证种子安全贮藏的种子含水量范围，称为种子的安全水分。种子批准入库前必须确定其安全水分，最重要的依据就是临界水分，临界水分高的种子，安全水分也高，反之也低。种子的安全水分还受温度和仓贮条件的影响，一般温度越高，仓贮条件越差，安全水分越低，大约温度每升高5℃，含水量应降低1%。我国南方温度高于北方，空气湿度大于北方，所以安全水分含量应低于13%，北方的安全水分可略高于南方。

种子水分不同，其生命活动强度和特点有明显差异，同时还通过对仓虫、微生物的作用影响安全贮藏。当种子含水量超过12%~14%时，使用熏蒸剂杀虫，会影响种子发芽力，且种子表面和内部的真菌开始生长；种子含水量超过18%~20%时，贮藏种子将会发热，而当种子水分超过40%~60%时（贮藏过程中常因漏雨、渗水或结露等原因，局部水分增多），种子会发生发芽现象。

三、种子的平衡水分

（一）平衡水分的概念

种子是一团胶体。从种子表面到内部，有直径约为 1 μm 的大毛细管，大毛细管分支出很多直径为 1 nm 的微毛细管，这些毛细管彼此贯通或相隔半透性膜，种子就是依靠这些毛细管的内表面张力来吸附外界的水分子或其他气体分子，这种性能称为吸附性。气态水分的吸附过程首先是水汽分子通过种子外部扩散到种子表层，随后通过种子内外表面的大毛细管扩散到内层活化面上而被吸附，这时在活化面处的蒸汽压也随之增加，将水汽转化成液体，使活化面上覆盖一层薄薄的水层。毛细管中所形成的水分，一部分和亲水胶体结合而成为结合水，另一部分停留在毛细管内而成为游离水。毛细管壁附近的是结合水，远离管壁的是游离水。同样，被吸附的气体分子也可以从种子表面或毛细管内部释放到周围环境中，这一过程是吸附的逆转，称为解吸，首先是大毛细管中的水分子扩散到空气中，接着微毛细管中的水分子再经大毛细管继续蒸发出去。进一步干燥时，部分胶体水也会蒸发出来。

种子中的水分含量随着吸附和解吸过程而变化，当吸附过程占优势时，种子中的含水量就会升高；当解吸过程占优势时，种子中的含水量就会降低。如果把种子放到一个恒温恒湿的条件下贮藏一段时间后，种子中的含水量就会稳定不变，也就是达到了动态平衡状态，种子对水汽的吸附和解吸以同等的速率进行，这时的种子含水量称为该条件下种子的平衡水分。

由于种子具有吸湿性，当温度固定时，能将种子水分调节到与任一相对湿度达到平衡的含水量，将这些含水量绘成曲线，就得到一条"S"形曲线，称为该温度下的种子水分吸附等温线或该温度下的吸湿和解吸平衡曲线，简称吸湿平衡曲线（图4-1）。

吸湿平衡曲线由 3 个阶段构成，这 3 个阶段表明了水分吸收和解吸的不同情况。阶段 I 表明水分与种子内的胶体物质十分牢固地结合在一起，水分一般不能从种子中蒸发出去；阶段 II，对大多数种子来说，相对湿度与种子的平衡水分几乎成直线关系，靠近上端（阶段 III）的那部分水分与种子胶体结合得比较松散，容易在干燥过程中从种子中蒸发出来，而靠近下端（阶段 I）的那部分水分与种子胶体结合得很紧密，很难将其除去；阶段 III，水分与种子胶体之间不存在结合力，以自由态存在于细胞和组织的间隙中。阶段 II 上端那部分水分与阶段 III 的水分状况在种子贮藏期间能促进种子劣变和生活力丧失，后者情况尤为明显。

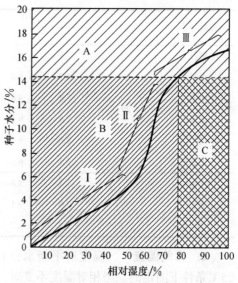

图 4-1　一定温度条件下，种子水分与空气相对湿度的关系（吸湿和解吸平衡曲线）
A. 种子贮藏不安全；B. 种子贮藏安全；
C. 仅限于短期贮藏
I～III 分别表示第 I～III 阶段

种子平衡水分有广泛的应用。首先，可以用平衡水分来确定种子安全贮藏水分。吸湿平衡曲线上第一个转折点是第一层水（I）与第二层水（II）的界限，第二个转折点是第二层水（II）与多层水（III）的界限，两个转折点的 1/2 处为束缚水与自由水的界限，即临界水分。种子安全水分一般不应超过临界水分。其次，根据种子化学成分与种子平衡水分的关系，可以解释为什么油质种子的安全贮藏水分较低。由于油质种子含有大量脂肪，水分子只能分布在其中的亲水胶体上，就亲水胶体而言，它已经含有大量水分，但按整粒种子计算，水分仍很低。也可以将平衡水分看作某一特定条件下种子解吸还是吸湿的分界线，帮助做好种子贮藏工作。

（二）平衡水分的影响因素

种子的平衡水分因作物、品种和环境条件的不同而有显著差异，其影响因素包括种子所处环境的大气相对湿度、大气温度和种子的化学组成、种子的部位与结构等。

1. 大气相对湿度　种子内的水分随大气相对湿度的改变而变化，在一定温度条件下，大气相对湿度越高，种子的平衡水分也越多（表 4-5）。如在 25℃ 时（大多数平衡水分曲线确定在 25℃），水稻种子在相对湿度为 60%、75%、90% 时，平衡水分分别为 12.6%、13.8% 和 18.1%。平衡水分随相对湿度的增加速率是有差异的，一般来说，在相对湿度较低时，平衡水分随相对湿度的提高而缓慢地增加；而在相对湿度较高时，平衡水分随相对湿度的提高而急剧增长。因此，在相对湿度较高的情况下，要特别注意种子的吸湿返潮。

表 4-5　不同作物种子在不同温度和相对湿度下的平衡水分（%）

作物种子	温度 /℃	相对湿度 /%							
		20	30	40	50	60	70	80	90
小麦		8.7	10.1	11.2	12.4	13.5	15.0	16.7	21.3
大麦	0	9.2	10.6	12.1	13.1	14.4	16.4	18.3	21.1
黍		8.7	10.2	11.7	12.5	13.6	15.2	17.1	19.1

作物种子	温度 /℃	相对湿度 /%							
		20	30	40	50	60	70	80	90
稻谷	20	7.5	9.1	10.4	11.4	12.5	13.7	15.2	17.6
玉米		8.2	9.4	10.7	11.9	18.2	14.9	16.9	19.2
小麦		7.8	9.0	10.5	11.6	12.7	14.3	15.9	18.3
大麦		7.8	9.2	10.7	11.3	13.1	14.3	16.0	19.9
黍		8.8	9.5	10.9	12.0	13.4	15.2	17.5	20.9
大豆		5.4	6.5	7.1	8.0	9.5	14.4	15.3	20.9
小麦	30	7.4	8.8	10.2	11.4	12.5	14.0	15.7	19.3
大麦		7.6	9.1	10.4	12.2	13.2	14.3	16.6	19.0
黍		7.2	8.7	10.2	11.0	12.1	13.6	15.3	17.7

2. 大气温度　　温度对平衡水分有一定程度的影响,因此大多数平衡水分曲线是在25℃条件下测定的。当相对湿度不变时,气温越低,种子的平衡水分越多,反之则越少。这是因为空气中水汽的绝对含量,虽然在低温条件下较少,但空气的保湿量在低温下明显低,使得相对湿度变小,从而使种子的平衡水分变小。当温度升高时,空气的保湿能力增加,不利于种子水分进入大气。据研究,在一定范围内,温度每升高10℃,每千克空气中达到饱和的水汽量约增加1倍(表4-6),但总的来说,温度对平衡水分的影响远比湿度小。

表 4-6　温度和空气中饱和水汽含量的关系

温度 /℃	每千克干空气中饱和状态的水汽 /g	温度 /℃	每千克干空气中饱和状态的水汽 /g
0	3.8	20	14.8
10	7.6	30	26.4

资料来源:毕辛华和戴心维,1993

各种作物种子在不同温湿度条件下的平衡水分,可用各种盐类的饱和溶液来测定。测定方法是将种子样品与各种盐类的饱和溶液置于密闭容器中,种子不可与溶液接触,保持一定温度,经相当时日,种子水分与容器内的蒸汽压达到平衡状态,不再有所变动,此时的种子水分,即该温湿度条件下的平衡水分。表 4-7 为不同盐类在一定温度(20℃)条件下产生的相对湿度。

表 4-7　不同盐类饱和溶液在密闭容器中产生的空气相对湿度(%)

盐类	20℃条件下饱和溶液在密闭容器中产生的空气相对湿度
$ZnCl_2 \cdot 15H_2O$	10
$CaCl_2 \cdot 6H_2O$	32
$Na_2Cr_2O_7 \cdot 2H_2O$	52
$Na_2CO_3 \cdot 10H_2O$	75
$CaSO_4 \cdot 5H_2O$	93

资料来源:毕辛华和戴心维,1993

3. 种子化学成分的亲水性　　蛋白质、淀粉、脂肪等是种子含有的主要化学成分，其分子结构中含有大量的亲水基，如羟基、醛基、羧基、氨基、疏基等。蛋白质分子中既含羧基又含氨基，其亲水性最强，而脂肪分子中不含亲水的极性基，表现为疏水性。所以蛋白质和淀粉含量高的种子比脂肪含量高的种子容易吸湿；在相同的温湿度条件下，具有较高的平衡水分。例如，禾谷类和蚕豆种子比大豆、向日葵等种子具有较高的含水量。

4. 种子的部位与结构特性　　种子的不同部位，亲水基的含量也有明显差异，因而不同部位的含水量是不同的。胚部的含水量远远超过其他部位。例如，玉米种子水分为 24.2% 时，胚部含水量为 27.8%，而当种子水分达 29.5% 时，胚部含水量高达 39.4%。这也是种子胚部较其他部位容易变质的原因之一。此外，凡种子表面粗糙、破损，种子内部结构致密、毛细管多而细，种子平衡水分就高，因为种子增加了与水汽分子接触的表面积。

第三节　种子的营养成分

种子的营养成分主要包括糖类、脂质和蛋白质，它们不仅是种子萌发和幼苗早期生长所需能源的主要来源，也是人类食物中主要的可利用养分。糖类和脂肪是呼吸作用的基质，蛋白质主要用于幼苗新生细胞的原生质和细胞核的合成。当糖类或脂肪缺乏时，蛋白质也可转化成呼吸基质。

一、糖类

糖类是种子中三大贮藏物质之一，所有的糖类物质又称为碳水化合物，其含量因种子类型不同而异，一般占种子干物质重的 25%～70%。糖类在种子中以不溶性糖和可溶性糖两种形式存在，其中不溶性糖是主要的贮藏形式。

（一）可溶性糖

种子中的可溶性糖主要包括葡萄糖、果糖、麦芽糖和蔗糖。葡萄糖、果糖、麦芽糖属还原性糖，在成熟的种子中含量较少。正常成熟种子中可溶性糖主要以非还原性的蔗糖形式存在，含量不高，禾谷类种子中仅占干物质重的 2%～2.55%，主要分布于胚及外围组织中（包括果皮、种皮、糊粉层及胚乳外层），胚乳中含量很低。胚部的蔗糖含量因作物种类不同而不同，一般为 10%～23%，小麦胚部的蔗糖含量为 16.2%，黑麦为 22.9%，玉米为 11.4%。胚部含有较高浓度的蔗糖，可作为种子萌动初期的呼吸底物，并且蔗糖还是有机物质转运的主要形式，是种子萌发时幼胚初期生长的主要养分来源。在未成熟或者处于萌动状态的种子中，才含有还原性糖。

可溶性糖的种类和含量依种子的生理状态不同而异。未充分成熟或处于萌动状态种子的可溶性糖含量很高，其中单糖占有较大比例，并随着成熟度的增高而下降。当种子在不良的条件下贮藏时，也会引起可溶性糖含量的增高。因此，种子中可溶性糖含量，可在一定程度上反映种子的生理状况。

（二）不溶性糖

种子中的不溶性糖种类很多，主要包括淀粉、纤维素、半纤维素、果胶。不溶性糖完全不溶于水或吸水成黏性胶溶液。淀粉和半纤维素可在酶的作用下水解成可溶性糖而被利用，纤维素和果胶则难以被分解利用。

1. 淀粉　　淀粉在各种植物种子中分布广泛，也是禾谷类种子中最主要的贮藏物质。淀粉是以 α-葡萄糖为单位聚合成的多糖，主要以淀粉粒的形式贮藏于成熟种子的胚乳细胞中（禾本科）或子叶中（豆科），种子的其他部位极少，甚至完全不存在。淀粉粒的主要成分是多糖，含量一般在 95% 以上，此外还含有少量的矿物质、磷酸和脂肪酸。

淀粉粒分单粒和复粒两种，复粒是许多单粒的聚合体，其外包有膜，小麦、玉米、蚕豆等的淀粉粒为单粒，水稻、燕麦的淀粉粒以复粒为主，马铃薯一般为单粒淀粉，但有时也形成复粒或半复粒（图 4-2）。淀粉粒的大小、形态和结构在不同作物种子间存在差异（表 4-8），是鉴定淀粉或粮食粉及粉制品的依据。一般淀粉粒的直径为 12～150 μm，马铃薯为 45 μm，蚕豆为 32～37 μm，大麦、小麦为 25 μm，甘薯为 15 μm，水稻为 7.5 μm。

小麦　　　　　　　玉米　　　　　　　蚕豆　　　　　　　水稻

图 4-2　几种作物淀粉粒的模式图（高荣岐和张春庆，2009）

表 4-8　几种作物种子的淀粉粒特征

作物	淀粉粒大小 /μm	形状
水稻	3～8	多角形，单粒、复粒并存
玉米	2～25	多角形（角质玉米）或椭圆形（粉质玉米）
小麦	2～35	圆形或扁圆形，有环纹
大麦	2～35	近圆形
黑麦	14～50	圆形或扁圆形，有环纹
马铃薯	25～100	卵圆形，有环纹

淀粉由两种理化性质不同的多糖，即直链淀粉和支链淀粉组成，两者都是葡萄糖的聚合体。直链淀粉的相对分子质量为 $1.0 \times 10^4 \sim 2.0 \times 10^6$，相当于 250～300 个葡萄糖分子，由 α-D-葡萄糖经 α-1,4-糖苷键连接而成（图 4-3），通常卷曲成螺旋形，易溶于热水，遇碘液呈蓝色。支链淀粉的相对分子质量大，为 $5.0 \times 10^4 \sim 4.0 \times 10^8$，相当于 6000 个或者更多的葡萄糖分子。α-D-葡萄糖主要以 α-1,4-糖苷键连接，只是在分支点处由 α-1,6-糖苷键连接，占 5%～6%（图 4-4），每一支链中有 24～30（20～25）个葡萄糖残基，不溶于热水，只有在加温加压时才能溶解于水，遇碘液呈棕红色。

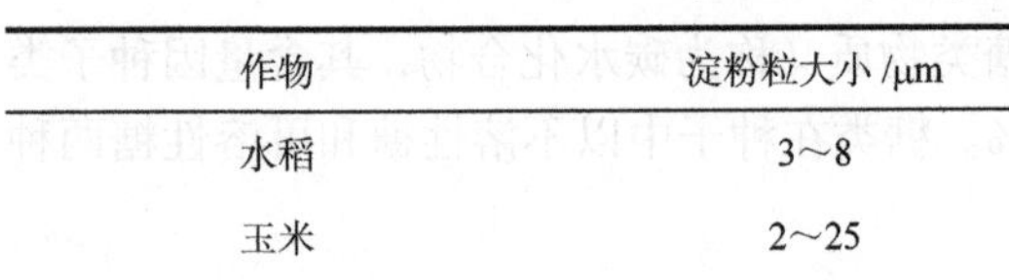

图 4-3　直链淀粉分子式

直链淀粉和支链淀粉遇碘液产生不同的颜色反应，据此可把糯性种子和非糯性种子区分开。糯性种子中几乎全是支链淀粉，遇碘产生棕红色反应，而非糯性种子有一部分是直链淀粉，因此遇碘产生深蓝紫色反应。

通常，种子中的淀粉含有 20%～25% 的
直链淀粉和 75%～80% 的支链淀粉（表 4-9）。
在糯质种子中，几乎不存在直链淀粉而仅有
支链淀粉。淀粉粒中直链淀粉和支链淀粉的
比例是决定淀粉特性和粮食食味的重要因素。
例如，水稻种子类型或品种不同，其直链淀
粉和支链淀粉的含量也就不同，粳稻稻米一
般直链淀粉含量较低（20% 以下），少数中等

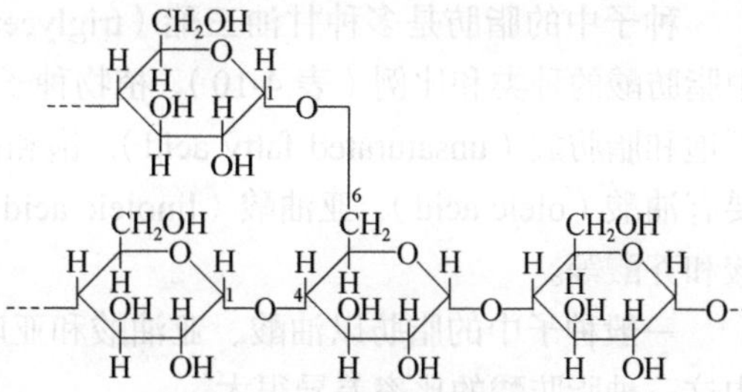

图 4-4　支链淀粉分子式

（20%～25%）；籼稻稻米一般直链淀粉含量较高（25% 以上），部分中等，少数较低；糯米
几乎不含直链淀粉，近 100% 为支链淀粉。二者含量的不同影响煮饭特性及食味，籼米饭较
干，松而易碎，质地较硬，煮熟后黏度低；粳米饭较湿，有黏性、光泽，煮熟后黏度大，但
再浸泡时则易碎裂。

表 4-9　不同作物直链淀粉和支链淀粉的含量（%）

作物	直链淀粉	支链淀粉	作物	直链淀粉	支链淀粉
粳稻	17	83	玉米	21～23	77～79
籼稻	30	70	小麦	24	76
糯稻	2	98	马铃薯	19～22	78～81

2. 纤维素与半纤维素　种子中除淀粉外，主要的不溶性糖是纤维素与半纤维素，它
们与木质素、果胶、矿物质及其他物质结合在一起，组成果皮和种皮细胞。由于成熟籽粒的
果种皮细胞中原生质消失，仅留下空细胞壁，因此纤维素与半纤维素是细胞壁的基本成分。这
两类物质的存在部位和功能很类似，但也有不同之处。纤维素是由 β-D-葡萄糖经 α-1,4-糖苷
键连接而成，结构比淀粉更复杂，不溶于水，难分解，通常不易被萌发的种子吸收利用，对
人也无营养价值，但能促进胃肠蠕动，有助于消化；半纤维素是戊聚糖和己聚糖，它可以水
解为葡萄糖、果糖、甘露糖、阿拉伯糖、木糖和半乳糖等，种子中所含的半纤维素主要由戊
聚糖组成，贮藏于胚乳或子叶的膨大细胞壁中，作为幼苗的后备养分，即在种子萌发时，可
在半纤维素酶的作用下水解而被吸收利用。莴苣、咖啡、羽扇豆等种子中含有大量的半纤维
素作为贮藏物质，这些种子的胚乳或子叶呈角质，硬度很高。

二、脂质

种子中的脂质主要包括脂肪和磷脂，前者以贮藏物质的状态存在于细胞中，后者是构成
原生质的必要成分。

（一）脂肪

种子中的脂肪以脂肪体的形式存在于种子的胚和胚乳中，但禾本科的胚乳中不含
脂肪体，脂肪体主要分布在盾片和糊粉层中。油料作物种子的脂肪含量较高，一般在
20%～60%，而禾谷类种子中脂肪含量很少，多在 2%～3%。脂肪属高能量贮藏物质，它所
贮藏的能量比相同重量的糖或蛋白质几乎高 1 倍。

种子中的脂肪是多种甘油三酯（triglyceride）的混合物，其品质的优劣取决于组成成分中脂肪酸的种类和比例（表4-10）。植物种子的脂肪包括饱和脂肪酸（saturated fatty acid）和不饱和脂肪酸（unsaturated fatty acid），饱和脂肪酸主要有软脂酸和硬脂酸，不饱和脂肪酸主要有油酸（oleic acid）、亚油酸（linoleic acid）和亚麻酸（linolenic acid），有的还有花生四烯酸和芥酸等。

一般种子中的脂肪以油酸、亚油酸和亚麻酸等不饱和脂肪酸含量为高。但不同作物种子中这三种脂肪酸的比率差异很大。

表 4-10　主要油料作物种子脂肪酸组成（%）

种类	脂肪	脂肪中脂肪酸					
		软脂肪	硬脂酸	油酸	亚油酸	亚麻酸	芥酸
油菜	35～42	微量～5	微量～4	14～29	9～25	3～10	40～55
大豆	17～20	7～14	2～6	23～34	52～60	2～6	0
向日葵	44～54	3～7	1～3	22～28	58～68	0	0
花生	38～50	6～12	2～4	42～72	13～28	0	0
棉籽	17～30	20～25	2～7	18～30	40～55	微量～11	0
芝麻	50～56	7～9	4～5	37～50	37～47	0	0
玉米	4～7	8～12	2～5	19～49	34～62	0	0
亚麻	—	5～9	4～7	9～29	8～29	45～67	0

种子中脂肪的性质可用酸价和碘价来衡量。酸价是指中和1 g脂肪中全部游离脂肪酸所需的氢氧化钾毫克数。碘价是指与100 g脂肪结合所需碘的克数。不同种子或不同情况下的种子，脂肪在酸价和碘价方面常有差异。脂质在贮藏过程中都很容易发生这两方面的变化。在贮藏湿度较高的条件下，种子中或微生物中脂肪酶发挥作用，脂肪水解释放出游离脂肪酸，从而酸价提高，品质恶化，脂溶性维生素被破坏，种子生活力下降，失去种用价值，所以酸价升高是种子劣变的标志。种子在贮藏、干燥过程中，其不饱和脂肪酸的双键部分与氧结合，也能与碘发生加成反应，因此碘价能指示脂肪中脂肪酸的不饱和程度。碘价越高，脂肪中不饱和脂肪酸的含量越高（双键也多），脂肪越容易氧化。随着氧化作用的进行，双键逐渐被破坏，碘价随之降低，种子品质发生变化。脂肪的碘价还可指示贮藏性，种子中脂肪的碘价高，容易氧化变质，不耐贮藏。可见，酸价和碘价是两项指示脂肪和种子品质极为重要的指标。

植物种子中所含的不饱和脂肪酸能量高且易被消化吸收，而且亚油酸能软化血管，是预防心血管病的良好制剂；油酸易氢化变成饱和脂肪酸；亚麻酸由于含双键多，极易被氧化酸败，不耐贮藏。因此，优良的食用油要求亚油酸含量较高而亚麻酸含量较低。提高亚油酸、油酸含量，降低亚麻酸及饱和脂肪酸的含量，是食用油料作物品质育种的重要指标。不同作物种子中亚油酸比率相差很大，向日葵高达60%～70%，大豆和玉米胚油均在50%。油菜种子含以上3种不饱和脂肪酸较少，但芥酸含量却占50%左右。过去曾认为芥酸对人体有害，从而提出油菜育种应降低芥酸的含量而提高亚油酸的含量，但有新的报道认为芥酸对人类无害且不易被消化吸收。

种子中脂肪的含量，尤其是胚部脂肪的含量，与种子的劣变及种子寿命之间存在着密切的关系。禾谷类种子中脂肪含量一般很低，胚乳中的脂肪含量一般不超过1%，绝大部分脂肪存在于胚和糊粉层的细胞里。在精度低的劣质面粉中，由于胚和糊粉层没有去尽，在贮藏期间脂肪分解会大大降低面粉的品质。精度低、留有部分米糠的米粒比精度高的米粒耐藏性差。禾谷类作物籽粒中，玉米胚部脂肪含量最高，达33%，远远超过大麦的22%和小麦的14%，这是玉米种子耐藏性差的一个重要原因。

小知识：玉米胚芽油

　　玉米胚芽油是从玉米胚芽中提炼出的油。玉米胚芽油脂肪酸的特点是不饱和脂肪酸如亚油酸和油酸，含量高达80%~85%，富含人体必需的维生素E，对心脑血管有保护作用。玉米油本身不含有胆固醇，它对于血液中胆固醇的积累具有溶解作用，故能减少血管硬化。对老年性疾病如动脉硬化、糖尿病等具有积极的预防作用。由于天然复合维生素E的功能，玉米油对心脏疾病、血栓性静脉炎、生殖机能类障碍、肌萎缩症、营养性脑软化症均有明显的疗效和预防作用。在欧美国家，玉米油作为一种高级食用油而被广泛食用，享有"健康油""放心油""长寿油"等美称。

（二）磷脂

　　种子中的脂质除了作为贮藏物质的脂肪之外，还有化学结构与脂肪相似的磷脂。磷脂是含有磷酸基团的类脂化合物，具有一定的亲水性，主要积累在原生质的表面，是生物膜的必要组分，具有限制细胞和种子透性、防止细胞氧化、维持细胞正常功能的作用，有利于种子活力的保持。

　　磷脂的代表性物质是卵磷脂和脑磷脂。种子中磷脂的含量比营养器官要高，一般达1.6%~1.7%。禾谷类种子、花生、亚麻、向日葵等油质种子含量较低（0.4%~0.6%）。大豆种子高达2.09%，在整粒种子中又以胚芽中的含量为高，达3.15%，因此大豆种子常用于提取磷脂制成药物，用以改善和提高大脑的功能。

（三）脂质的酸败

　　种子在贮藏过程中，内部的脂肪受湿、热、光和空气的氧化作用，产生醛、酮、酸等物质，发出不良的气味和苦味，使种子生活力丧失，种用品质显著降低，称为酸败。脂肪的酸败包括水解和氧化两个独立的过程，当种子含水量高时，才有可能发生水解酸败。水解是在脂酶的作用下，将脂肪水解为游离脂肪酸和甘油，水解过程所需的脂酶，既存在于种子中，又大量存在于微生物中，因此微生物对脂肪的分解作用可能比种子本身的脂酶作用更为重要。氧化包括饱和脂肪酸的氧化和不饱和脂肪酸的氧化，饱和脂肪酸的氧化是在微生物的作用下，脂肪酸被氧化生成酮酸，然后酮酸失去1分子二氧化碳分解为酮：

$$R{-}CH_2CH_2COOH \xrightarrow[\substack{+O}]{\text{氧化}} \underset{\substack{\ \\ OH \quad \beta\text{-羟脂酸}}}{R{-}CH{-}CH_2COOH} \xrightarrow[\substack{-H}]{\text{氧化}} \underset{\beta\text{-酮酸}}{R{-}COCH_2COOH} \longrightarrow \underset{\text{甲基酮}}{R{-}COCH_3 + CO_2\uparrow}$$

　　不饱和脂肪酸的氧化有化学氧化和酶促氧化，种子中脂质的氧化一般是酶促作用的氧化，但也存在自动氧化过程。在脂氧合酶或其他物理因素的催化下，游离态或结合态的脂肪酸氧化为极不稳定的氢过氧化物，然后继续分解形成低级的醛和酸等物质，其中危害最严重的是丙二醛。脂肪氧化促使种子中细胞膜结构改变，经氧化的细胞膜在发芽过程中失去正常功能，发生严重渗漏现象，从而影响种子的萌发。脂肪氧化产物醛类物质，尤其是丙二醛，对细胞有强烈的毒害作用，它可以与 DNA 结合，形成 DNA-醛，使染色体发生突变，而且能抑制蛋白质合成，使发芽过程不能正常进行。

不同作物种子的脂肪酸败情况不完全一致。例如，向日葵等种子很容易发生氧化酸败，但有活力的水稻种子一般不会发生氧化酸败，而高水分的或碾伤的水稻籽粒都会发生水解酸败。从氧化速率看，种子中脂肪的不饱和程度越高，氧化速率越快，变质越迅速。例如，在一定条件下，亚油酸（两个双键）比油酸（一个双键）的氧化快 12 倍，而亚麻酸比亚油酸快 2 倍。种子中含有的抗氧化剂如维生素 E、维生素 C（抗坏血酸）、胡萝卜素及酚类物质等，均有利于延缓和降低脂肪的氧化作用。

脂肪酸败会对种子品质造成严重影响，由于脂肪的分解，脂溶性维生素无法存在，并导致细胞膜结构的破坏，而且脂肪的很多分解产物都对种子有毒害作用，食用后还能造成某些疾病的恶化及细胞突变、致畸、致癌和加速生物体的衰老，因此酸败的种子可以说完全失去了种用、食用或饲用价值。

三、蛋白质

蛋白质是构成细胞质、细胞核、质体等的基础物质，在种子的生命活动和遗传机制中起着重要的作用，也是种子中含氮物质的主要贮藏形式，具有很高的营养价值。

（一）蛋白质的种类

种子中的蛋白质种类很多，按其功能可分为结构（复合）蛋白、酶蛋白、贮藏（简单）蛋白。结构蛋白和酶蛋白含量较少，主要存在于种子的胚部，结构蛋白是组成活细胞的基本物质；而酶蛋白作为生物催化剂，参与各种生理生化反应。贮藏蛋白在种子蛋白质中占的比例很大，为 85%～90%，主要以糊粉粒或蛋白体的形式贮藏在糊粉层、胚及胚乳中，其大小、形态结构和分布密度因种子不同部位而异。

根据蛋白质在各种溶剂中溶解度的不同，可将其分为清蛋白、球蛋白、醇溶蛋白（醇溶谷蛋白）和谷蛋白 4 类，它们具有不同的特性和营养价值。清蛋白在中性或弱酸性情况下能溶解于水，经加热或在某种盐类的饱和溶液中发生沉淀，在一般种子中含量很少，主要为酶蛋白。球蛋白不溶于水，但溶于 10% 的氯化钠稀盐溶液，加热后不像清蛋白那样容易凝固，是双子叶植物种子所含的主要蛋白质，在禾谷类种子中虽普遍存在，但含量很少。醇溶蛋白不溶于水和盐类溶液，但能溶于 70%～90% 的乙醇，是禾谷类特有的一种蛋白质，在各种禾谷类种子中普遍存在，而且大部分含量很高。谷蛋白不溶于水、盐和乙醇溶液，但溶于 0.2% 的碱或酸溶液，在禾谷类种子中尤其是麦类、水稻种子中含量很高。

（二）蛋白质组分的分布

不同植物种子的蛋白质组分不同，裸子植物及很多双子叶植物（特别是豆科植物）的种子蛋白质主要是清蛋白和球蛋白，球蛋白主要是种子的贮藏蛋白，占种子蛋白质的绝大部分，主要存在于胚的子叶中。而禾谷类种子中清蛋白和球蛋白的含量却很低，主要存在于胚部，胚乳中主要是醇溶蛋白和谷蛋白，但也有例外。例如，燕麦种子蛋白主要是球蛋白，醇溶蛋白和谷蛋白很少（表4-11）。

表 4-11 不同作物种子中各类贮藏蛋白的比例（%）

作物	清蛋白	球蛋白	醇溶蛋白	谷蛋白
水稻	5	10	5	80
玉米	4	2	55	39
小麦	3~5	6~10	40~50	46
大麦	13	12	52	23
燕麦	11	56	9	24
大豆	5	95	0	0
高粱	5	10	46	39

（三）种子蛋白质的氨基酸组成

种子提供给人类和牲畜赖以生存的绝大部分营养物质。营养学研究证明，种子的营养价值主要取决于种子中蛋白质的含量、构成蛋白质的氨基酸尤其是人体必需氨基酸的比率，以及种子蛋白质能被消化和吸收的程度。因此，蛋白质的成分具有非常重要的意义。如果蛋白质的成分中缺少人体必需的8种氨基酸中的任何一种时，人体就不能充分利用植物中的蛋白质重新构成自己所特有的蛋白质，可见某些植物种子的蛋白质含量虽高，但由于品质欠佳，仍影响了它的价值。

不同作物种子中8种人体必需氨基酸的含量和比率不同（表4-12）。禾谷类种子的食用部分实际上是胚乳，其主要蛋白质是赖氨酸含量较低的醇溶蛋白，胚部和糊粉层含有的是营养价值较高的清蛋白和球蛋白，却作为麸皮的重要成分而被作为饲料利用。禾谷类种子蛋白质中赖氨酸含量很低，一般只有动物蛋白质含量的1/3~1/2，因此赖氨酸是这类种子的第一限制氨基酸。稻米中醇溶蛋白含量很低，80%是赖氨酸含量较高的谷蛋白，其赖氨酸含量高于麦类。玉米种子严重缺乏赖氨酸和色氨酸，若单纯以玉米或高粱作为主食或饲料将会引起不良的后果。豆类种子与禾本科植物不同，其种子中普遍缺少甲硫氨酸，其中花生蛋白质的赖氨酸、苏氨酸和甲硫氨酸均较低；蚕豆蛋白质的甲硫氨酸和色氨酸含量很低；大豆种子中赖氨酸丰富，营养价值最高。

表 4-12 不同作物种子中必需氨基酸的含量（%）

氨基酸种类	最适比例	水稻	小麦	玉米	大豆	花生	高粱	谷子
苏氨酸	4.3	3.4	2.8	3.2	3.7	2.8	3.3	6.9
缬氨酸	7.0	5.4	3.8	4.5	5.0	4.0	4.7	5.3
异亮氨酸	7.7	4.0	3.4	3.4	4.5	3.5	3.6	3.7
亮氨酸	9.2	7.7	6.9	12.7	7.5	6.2	11.2	9.6
苯丙氨酸	6.3	4.8	4.7	4.5	5.2	4.9	4.4	5.9
赖氨酸	7.0	3.4	2.3	2.5	6.0	3.1	2.7	2.3
甲硫氨酸	4.0	2.9	1.6	2.1	1.6	1.1	2.3	2.5
色氨酸	1.5	1.1	1.0	0.6	1.5	1.1	1.0	2.1

在缺乏人体必需氨基酸的食物中添加该种氨基酸，或通过遗传改良提高其含量，其生理效应极为显著。例如，普通玉米和高赖氨酸玉米'奥帕克'作猪饲料的实验表明，后者的日增重比前者高 39%，最终重量可达前者的 3.6 倍。

种子中蛋白质含量较高和氨基酸组成比例合理，还不能完全保证种子具有较高的营养价值，蛋白质的分解利用还与下列因素有关：组织中有较多的纤维素时，蛋白质就难以被分解利用，因为蛋白质的螺旋形构造，往往和纤维素骨架紧紧缠绕在一起，在动物的肠胃中分解蛋白质或用化学方法提取蛋白质时，都需先破坏纤维素骨架。另外，在种子中存在某些物质如单宁等酚类物质和蛋白酶抑制剂等，蛋白质分解利用也会被削弱。

（四）蛋白质变性

种子中的蛋白质因受理化因素的影响，其分子内部原有的高度规则性的排列将发生变化，致使其原有性质发生部分或者全部改变，这种作用称为蛋白质的变性作用。蛋白质变性后，亲水性、吸水能力和溶解性均有不同程度的降低，生物活性丧失。巯基反应性和酶水解性增强，导致种子衰老，活力降低或丧失。因此，要改善种子的贮藏条件，防止或者延缓其蛋白质的变性。

第四节 种子的生理活性物质

种子中存在某些化学物质，其含量很低，但具有调节种子的生理状态和生化变化的作用，促使种子生命活动强度增高或降低，这种物质称为生理活性物质，主要包括植物激素、酶和维生素。

一、植物激素

植物激素具有促进种子及果实的生长、发育、成熟、贮藏物质积累，促进或抑制种子萌发和幼苗生长等多方面的作用。按照激素的生理效应或化学结构，通常可分为生长素（auxin）、赤霉素（GA）、细胞分裂素（CK）、脱落酸（ABA）、乙烯（ETH）五大类，分别具有不同的特性和作用。近来，其他激素如油菜素内酯（BR）、水杨酸（SA）、茉莉酸（JA）、独脚金内酯（SL）等也被报道参与了种子发育和萌发等。

各种激素在种子成熟过程中呈先增高而后降低的趋势，成单峰或双峰曲线。其一般在发育过程中增高，至种子成熟后期迅速降低。在种子发育过程中，萌发促进物质在一定时期内又迅速显著增加，但在衰老的种子中，GA、CK 和 ETH 等萌发促进物质产生的能力降低甚至完全丧失。与此相反，萌发抑制物质 ABA 在种子中的含量则可能因种子衰老而增加。

（一）生长素

吲哚乙酸（IAA）是植物中存在的主要生长素，在种子的各部分均有分布，但以顶端如胚芽鞘尖、胚根尖为多。种子中的 IAA 并非由母株运入，而是在种子发育过程中由色氨酸通过色胺途径合成的。其含量随受精后果实和种子的生长而增加，至种子成熟后期又迅速降低。IAA 有游离及各种形式的结合态，在种子发芽前含量极低，大多数种子中以酯或以激素的前体存在，发芽后才水解成游离态并具活性的激素。萌发过程中贮藏于种子中的色氨酸也可运至胚芽鞘的尖端，并在这个部位合成 IAA，促进萌发种子的生长。生长素有促进种子、果实和幼苗生长的作用，还能引起单性结实形成无籽果实，但与种子休眠的解除并不存在一定的关系。

（二）赤霉素

种子中赤霉素（GA）的种类很多，赤霉酸（GA_3）是研究最为透彻、农业上最常用的一种。各种赤霉素分子都是以赤霉素烷为基础的。

种子本身具有合成 GA 的能力，合成部位是胚，因而绝大多数植物种子胚的 GA 含量远高于其他部位。种子中的赤霉素有游离态和结合态两种。游离态的 GA 具有生理活性，它可与葡萄糖结合形成糖苷或糖脂，从而转变为结合态，不具有生理活性，是一种贮藏或运输形式。游离态 GA 随着种子的发育成熟含量下降，转化为结合态 GA 贮藏起来，当种子萌发时结合态的 GA 又被水解转化为具有生理活性的游离态 GA，促进种子的萌发和种苗的生长。

GA 主要是促使细胞伸长，在某些情况下也可促进细胞分裂，这类激素在促进种子发育、调控种子的休眠和发芽中起着重要的作用，有些种子在休眠被打破并给予萌发条件时，常伴有内源 GA 水平的提高，后熟过程可以使种子获得产生 GA 的能力，施加外源 GA 也能打破许多种子的休眠。GA 还能加速非休眠种子的萌发，调控糊粉层中产生及释放淀粉酶、蛋白酶、β-葡聚糖酶等酶类。对禾谷类种子来说，GA 的作用部位有两个：胚及胚乳的糊粉层。前者直接促进胚的生长和种子萌发，后者与胚乳淀粉层中营养物质的分解和萌发后的幼苗生长有密切关系。

GA_3 也是水稻恶苗病菌的代谢产物，因此 GA_3 可从培养该真菌的液体培养基中提取。我国将人工提取的 GA_3 称为 920，可用于多种种子的处理及其他用途（如防枣树落花、落果）。

（三）细胞分裂素

细胞分裂素（CK）是腺嘌呤的衍生物，是 DNA 的水解产物，某些类型的 tRNA 也可以水解产生 CK。现已分离出的天然 CK 有十多种，如玉米素、二氢玉米素、反式玉米素核苷、异戊烯基腺苷等，其中从未成熟的玉米种子中提取出的玉米素是天然分布最广、活性最强的。而 6-呋喃氨基嘌呤、6-苄基腺嘌呤也具有 CK 的功能，但在植物体内尚未发现它的天然产物。

CK 可能在植株中合成，随后流入种子，而果实和种子本身也可能具有合成 CK 的能力。一般从授粉后到果实、种子生长旺盛时期，CK 含量很高，随着果实、种子长大，CK 含量降低，至果实、种子成熟时，CK 含量降到很低甚至完全消失，到种子萌发时 CK 又重新出现。这表明 CK 的作用主要是促进细胞分裂，对细胞伸长也可能有作用。

CK 还具有抵消抑制物质尤其是 ABA 的作用。外施 CK 能破除莴苣等一些种子因 ABA 存在而导致的休眠，但需要少量的光。在笋瓜等双子叶植物种子萌发过程中，胚中轴能分泌 CK，促使子叶中合成异柠檬酸裂解酶和蛋白水解酶。因此，对这类种子来说，CK 具有重要的代谢调控作用。

（四）脱落酸

脱落酸（ABA）是以异戊间二烯为基本结构单位的倍半萜类。在植物的不同部位均存在，但以果实和种子中含量较高。ABA 可与细胞内的单糖或氨基酸以共价键结合而失去活性，结合态的 ABA 是主要贮藏形式，可水解重新释放出 ABA。游离态的 ABA 在豆类尤其大豆中含量较高，结合态的糖苷或糖脂在豆类种子中的含量也较高。

ABA 和 GA 在种子中的含量平衡对种子的休眠和萌发起着很大的作用。种子成熟时由于植物体所接收的日照长度的变化，产生大量的 ABA，这些 ABA 进入种子，使种子中 ABA 的浓度大于 GA 的浓度，种子进入休眠状态。当种子吸水后在胚体内开始合成 GA 或将结合态 GA 转化为游离态 GA，其浓度超过了 ABA 的浓度，种子内开始合成水解贮藏物质的酶类，贮藏营养物质水解，种子开始萌发。

（五）乙烯

乙烯（ETH）是不饱和的碳氢化合物，是一种具有很强生理活性的气体。在成熟的种子、发芽的种子、衰老的器官中，均有乙烯存在。许多作物如花生、蓖麻、燕麦等非休眠种子萌发过程中，乙烯水平有 2～3 个高峰，峰点与幼苗的快速生长相吻合，产生乙烯的部位是胚。

乙烯能促进果实成熟，同时对种子的休眠和萌发有调控作用。施加外源乙烯能打破花生、地三叶、苍耳、水浮莲及枝苋等种子的休眠，当乙烯与 GA、光共同作用时，还能破除莴苣、芹菜等种子的休眠。施加外源乙烯对种子的作用取决于乙烯的浓度，促进萌发的浓度低至 0.001 nL/L 仍常有效，高浓度则抑制种子萌发。

实际上，植物激素对种子生长、发育、成熟、休眠、萌发、脱落和衰老的调控，有促进和抑制两个方面。例如，生长素在低浓度时促进根的生长，较高浓度时则抑制根的生长。脱落酸是萌发的抑制物质，但也可以促进某些植物的开花。乙烯低浓度时可促进种子萌发，但高浓度时抑制萌发。因此，生产上使用人工合成的生长调节剂时应特别注意其浓度。

小知识：植物激素检测技术

植物激素在植物体内的含量极低，且多数植物激素的性质不稳定，对温度等外界条件敏感，在各器官中呈动态分布。因此精确可靠的对超微量的植物激素进行定性和定量分析尤为重要。免疫检测技术是测定植物激素常用的方法，该方法是基于抗原和抗体的特异性结合，因此有较好的专一性。目前，其方法主要有：采用放射性元素标记的方法，即放射免疫分析、酶联免疫吸附分析法。此外，免疫传感器也开始用于植物激素的测定，主要利用抗原和抗体间的相互作用进行识别，当被分析物（抗原）与抗体结合后，检测信号利用转换器转换为电信号，从而进行定量检测。近年来，色谱技术的飞速发展，使得气相色谱质谱法、高效液相色谱紫外检测法、高效液相色谱荧光检测法、高效液相色谱质谱检测法等大量应用在植物激素检测中。另外，目前还有一些其他的分析方法也被用于植物激素的检测，如光谱法、电化学法等。

二、酶

种子内的生物化学反应是由种子本身所含有的酶催化、调节和控制的。酶作为种子生命活动中生理生化反应的有机催化剂，能够引起种子内部的氧化、还原、脱氨基及水解和合成等生化作用。从化学结构看，绝大部分酶的成分是蛋白质，有些酶还含有非蛋白质组分。非蛋白质组分是金属离子如铜、铁、镁等或由维生素衍生的有机化合物。酶在种子中的分布很不平衡，主要分布在胚内和种子的外围部分。各种酶的作用具有很强的底物专一性和作用专一性，根据所催化的反应类型，可以分为以下 6 类。

（1）氧化还原酶类：参与氧化还原反应，催化氢原子或电子的传递，主要包括氧化酶和脱氢酶两种。

（2）转移酶类：将某些基团从某一分子上转移到其他分子上，如转氨酶、转甲基酶、转醛（酮）酶、磷酸激酶等。

（3）水解酶类：在有水条件下催化各种复杂的有机物分解成较简单的化合物的反应，如糖酶类、酯酶类、肽酶类等。

（4）裂解酶类：在无水条件下催化化合物分子的分解，包括双键断裂形成两种化合物或者其逆反应，主要有脱羧酶、脱水酶、脱氨酶等。

（5）异构酶类：催化某种有机化合物转变为它们的同分异构体，所催化的反应为分子内的氧化还原反应和转移反应，如磷酸丙糖异构酶、磷酸己糖异构酶、葡萄糖变位酶等。

（6）合成酶类：利用 ATP 分解释放的能量使两种化合物连接起来，如乙酰 CoA 羧化酶、氨酰基-tRNA 连接酶，主要在蛋白质的合成和 CO_2 固定中起作用。

不同生理状态的种子中酶的含量和活性差异很大。种子在成熟发育过程中，各种酶尤其是合成酶的活性很强，种子内的生理生化活动旺盛。随着种子成熟度的提高和脱水，酶的活性降低甚至消失，有些酶如 β-淀粉酶等则与蛋白质结合以酶原状态贮存于种子。因此，成熟种子的代谢强度很低，处于相对静止的状态，这有利于种子的安全贮藏。当种子获得了适宜的萌发条件，酶的活化和合成增加，代谢强度又急剧增高。

收获后的种子处于良好的贮藏条件下，酶的活性一般很低，但氧化还原酶类如酚氧化酶、过氧化物酶、脂氧合酶等仍具有相当高的活性。酚氧化酶和过氧化物酶在种被中存在较多，其耗氧作用可影响种被的通透性，而脂氧合酶能导致脂质氧化而成为种子衰老劣变的重要原因。在不良的贮藏条件下，种子中的水解酶、脂氧合酶和参与呼吸作用的酶类活性增强，在安全水分以上时，由于微生物的活动所产生的外源酶促使种子内的水解作用、脂质氧化和呼吸作用的增强，加速了种子的衰老和劣变。在衰老和劣变的种子中，由于某种原因使核酸水解酶激活，造成 DNA 和 RNA 的分解和断裂。

成熟不充分和发过芽的种子中存在多种具活性的酶，不仅耐藏性差，还严重影响食品的加工品质，如用这类小麦种子加工面包、馒头，α-淀粉酶在麦粉制作面团发酵过程中使淀粉水解产生许多糊精，使面包或馒头很黏而缺乏弹性；蛋白水解酶则使加工过程中的面筋蛋白质水解，使得面团保持气体的能力显著降低，制成的面包或者馒头体积小而硬实。

三、维生素

种子中存在着多种维生素，有些维生素作为酶的组成部分，在种子细胞的代谢中起着重要的作用。种子中维生素的含量不高但种类齐全，主要有两大类：一类是脂溶性维生素，主要是维生素 E；另一类是水溶性维生素，主要包括 B 族维生素和维生素 C。

种子中并不存在维生素 A，但含有形成维生素 A 的前体——胡萝卜素，胡萝卜素经食用后，在氧化酶的作用下能分解为维生素 A，故称为维生素 A 原。1 分子 β-胡萝卜素在酶的作用下能分解为 2 分子的维生素 A。许多禾谷类种子如小麦、黑麦、小黑麦、大麦、燕麦和玉米中都含有胡萝卜素，但含量不高，而某些蔬菜种子如胡萝卜、茄中含量较高。维生素 A 与人的视觉有关，若缺乏易引起夜盲症、眼干燥症等。

维生素 E（生育酚）在蛋黄和绿色蔬菜中含量丰富，在油质种子及禾谷类种子的胚中也广泛存在。维生素 E 是一种有效的抗氧化剂，可保护维生素 A、维生素 C 及不饱和脂肪酸免受氧化，保护细胞膜免受自由基危害，有利于保持种子的生活力，对人体有抗衰、防流产的功能。

4-1 拓展阅读

维生素 C 在一般成熟的作物种子中并不存在，但在种子萌发过程中能大量形成，使发芽种子的营养价值显著提高。

维生素 B 的种类很多，包括维生素 B_1（硫胺素）、维生素 B_2（核黄素）、维生素 B_3（泛酸）、维生素 B_5（烟酸）、维生素 B_6（吡哆醛）、维生素 B_7（生物素）和维生素 B_9（叶酸）等，其功能各异但存在部位相同。在禾谷类和豆类种子中含量均很丰富，禾谷类种子主要存在于麸皮（果种皮）、胚部和糊粉层，因此碾米及制粉的精度越高，维生素 B 的损失就越严重。

种子中维生素的含量由遗传因素和环境因素共同决定。例如，烟酸的含量主要取决于遗传因素，通过选育可大大提高其含量。许多维生素的含量因环境因素的影响而差异很大，在种子发育成熟及萌发过程中的变化也很显著。例如，在甜玉米种子中，大部分 B 族维生素在发育前期逐渐增加，但随着成熟度的提高，其含量逐渐下降。在萌发早期，种子中的大部分 B 族维生素、维生素 A 原、维生素 D（固醇类衍生物，具有抗佝偻病作用）和维生素 E 的含量均有增加或明显增加。在光照条件下，维生素 A 原和维生素 C 生成得更多。可见，许多维生素与种子发芽有密切关系。例如，维生素 B_1 对胚根生长有强烈的刺激作用，当维生素 B_6 等同时存在时，效果更为显著。

维生素的生理作用与酶有密切关系，许多酶由维生素和酶蛋白结合而成，因此缺乏维生素时，动植物体内酶的形成就受到影响。维生素对于保持人体的健康是必不可少的，任何一种维生素的缺乏都会导致代谢作用的混乱和疾病发生，但某些维生素（维生素 A 和维生素 D）长期过多摄入，也可引起中毒，造成维生素过多症而影响健康，而维生素 B 及维生素 C 在体内多余时会及时排出，不致引起过多症。种子中的维生素含量不是很高，一般容易因偏食而欠缺，不会因过高而中毒。

第五节　种子的其他化学成分

除了上述主要化学成分外，种子中还含有矿物质、色素、种子毒物等。尽管这些化学成分含量不高，但对种子某些生理作用或种子的贮藏和营养价值起着不可或缺的作用。

一、矿物质

种子中的矿物质有 30 多种，根据其在种子中的含量可分为大量矿质元素和微量矿质元素。大量矿质元素有磷、钾、硫、钙、镁、钠、铁等；微量矿质元素有铜、硼、锰、锌、钼等。矿物质是种子灰分的主要成分，一般禾谷类种子的灰分率为 1.5%～3.0%，豆类种子的灰分率较高，尤其是大豆可高达 5%。

各种矿物质在种子中含量差异很大（表 4-13），功能也不尽相同。一般以磷的含量最高，它是细胞膜的组分，且与核酸及能量代谢密切相关，因而是种子发芽及幼苗初期生长必不可少的成分。镁和铁与幼苗形成叶绿素有关，硫参与含硫氨基酸、谷胱甘肽和蛋白质的合成，锰对植物生长具有刺激作用。同时，种子中的矿物质也是人体所需矿物质的主要来源之一。

表 4-13　不同作物种子中矿物质的含量

作物	大量矿质元素 /%							微量矿质元素 / (mg/kg)		
	K	P	Ca	S	Mg	Na	Fe	Cu	Mn	B
水稻	0.17	0.26	0.05	0.05	0.07	0.05	0.004	3.7	20.0	9.4
玉米	0.35	0.32	0.03	0.12	0.17	0.01	0.003	2.9	5.9	1.9
小麦	0.58	0.41	0.06	0.19	0.18	0.10	0.006	8.2	55.0	1.1
大麦	0.63	0.47	0.09	0.19	0.14	0.02	0.006	8.6	18.0	13.0
棉花	1.20	0.73	0.15	0.76	0.44	0.02	0.059	54.0	31.0	13.0
大豆	2.40	0.66	0.28	0.45	0.34	0.38	0.016	23.0	41.0	41.0
高粱	0.38	0.35	0.05	0.18	0.19	0.05	0.005	11.0	16.0	—
向日葵	0.96	1.01	0.21	0.02	0.40	—	0.003	—	23.0	—

矿物质在种子中分布很不均匀，分布部位也不相同。胚与种皮（包括果皮）的灰分率比胚乳高数倍。种子中的矿物质大多与有机物质结合而存在，随着种子的发芽而转变成无机态，在生长部位的合成过程中转化为新组织的成分。例如，贮藏态磷化合物非丁（植酸钙镁）在发芽时转化为无机磷，参与各种生理活动和生化反应。

二、色素

种子内所含的色素主要有叶绿素、类胡萝卜素、黄酮素、花青素等。叶绿素主要存在于未熟种子的稃壳、果皮及豆科作物的种皮中。其在成熟期间具有进行光合作用的功能，并随种子成熟逐渐消失，但在黑麦的胚乳和蚕豆的种皮及一些大豆品种的种皮和子叶中，种子成熟时，叶绿素仍大量存在。类胡萝卜素存在于禾谷类种子的种皮和糊粉层中，是一种不溶于水的黄色素。花青素是水溶性的细胞液色素，主要存在于某些豆科作物的种皮中，使种皮呈现各种色泽或斑纹，如乌豇豆、黑皮大豆、赤豆等，也可存在于某些特殊水稻品种的稃壳和果皮中。玉米籽粒中含有两种色素，一种是类胡萝卜素，是黄色玉米籽粒的主要色素；另一种是花色苷类色素，是黑玉米、紫玉米及红玉米籽粒中的主要色素，玉米籽粒色素一般分布在胚乳中，少数分布在果种皮中，如红色糯玉米、紫金米。

种皮的色泽不但是品种特性的重要标志，而且能表明种子的成熟度和品质状况。例如，小麦籽粒的颜色会影响制粉品质和休眠期的长短；油菜种子的颜色影响出油率；大豆、菜豆等种子的颜色影响耐藏性和种子寿命。种子色素的种类和含量主要受遗传的影响，环境条件如发育期间的光照、温度、水分、矿质营养等也影响色素的含量。最新研究显示，花青素的抗氧化能力是维生素 C 的 20 倍、维生素 E 的 50 倍，具有提高免疫力、调节内分泌、预防癌症等功能。

小知识：花青素

　　花青素（anthocyanin）是自然界一类广泛存在于植物中的水溶性色素，可以随着细胞液的酸碱改变颜色。细胞液呈酸性则偏红，呈碱性则偏蓝。植物花瓣、水果、蔬菜、花卉等五彩缤纷的颜色大部分与花青素有关。此外，当植物遇到逆境时，也会积累大量花青素来适应逆境。对于人类来说，花青素是纯天然的抗衰老的营养补充剂。花青素在欧洲被称为"口服的皮肤化妆品"，具有营养皮肤、增强皮肤免疫力、应对各种过敏性症状等功效。目前，对植物花青素合成及代谢机制有了较为深入的研究，这将有助于今后提高植物抗病、抗逆性等，同时为今后植物花青素遗传改良奠定基础。

三、种子毒物和特殊化学成分

　　种子中除了含有大量人畜所必需的营养物质外，还含有一些特殊的化学成分，含量不高，但可能对植物本身具有某些生理作用或者对人畜有害。其中有些是植物种性所固有、通过亲代遗传下来的，称为内源性毒物；有的是种子感染真菌后经代谢而产生的，或是施用农药后的残留物或代谢物，称为外源性毒物。

　　（一）内源性毒物

　　内源性毒物是植物在长期系统发育过程中自然选择的结果，对植物自身的生存繁衍起一定的保护作用，但对人畜是有害的。种子中的内源性毒物一般含量很少，以游离态或结合态存在于细胞中，或者作为细胞壁、原生质和细胞核的组成物质，或者作为贮藏物质与营养成分结合在一起，但多数是次生代谢产物。

　　1. 芥子苷和芥酸　　芥子苷和芥酸在十字花科的种子中普遍存在，但以油菜种子含量最高。芥子苷又称硫代葡萄糖苷，其含量因种类不同而异。油菜型含量较低，一般为 3% 左右；芥菜型含量较高，一般为 6%～7%；甘蓝型油菜的含量介于两者之间。芥子苷本身无毒，但经芥子酶水解产生异硫氰酸酯和噁唑烷硫酮，这两种毒物能抑制碘的吸收利用，从而引起动物甲状腺肿大，并影响肾上腺皮质、脑垂体和肝等，引起新陈代谢紊乱。因此，利用未经处理的菜籽饼作为饲料，容易引起家畜中毒。

　　芥酸是含 22 个碳原子和 1 个双键的长链脂肪酸，一般占油菜籽含量的 40%～50%。芥酸能引起动物的心血管病，影响心肌功能，甚至导致心脏坏死。对人是否有害，目前尚无定论。但从营养角度看，芥酸分子链长，分解时多从双键处断裂形成 13 个碳和 9 个碳的较大分子，在人体内不易消化，且味道不佳，营养价值较低。

　　目前，利用高温浸泡及发酵中和等多种方法去除芥子苷的毒性，效果都不十分理想，最好的方法是通过遗传育种方法选育低芥酸和低芥子苷含量的双低油菜品种。

　　2. 皂苷和胰蛋白酶抑制剂　　一些豆科植物种子如大豆，含有一种有毒的三萜烯类化合物即皂苷，含量可达 0.46%～0.5%，味苦，能溶于水生成胶体溶液，搅动时产生泡沫，能洗涤衣物，破坏动物血液中的红细胞而引起溶血作用，或干扰与代谢有关的酶而影响对营养物质的吸收利用。对种子本身，皂苷可使细胞膜的微结构发生变化，影响氧气的渗入，降低呼吸作用，从而抑制种子的萌发。

大豆中含有的另一种有毒物质——胰蛋白酶抑制剂，能抑制动植物体内胰蛋白酶的活性，引起动物胰肥大，抑制动物生长。

将豆科种子煮熟可使这两种毒物被破坏而失去毒性，因此，无论人畜都应该食用充分煮熟的大豆及其制品。

3. 单宁类物质　单宁又称鞣酸，是具有涩味的复杂的多元酚类化合物，在高粱、油菜等种子中含量较高。植物体中的单宁主要有水解性和缩合性两类。高粱种子中的单宁属于缩合性，含量一般在 0.04%～2%，主要集中在果种皮，胚乳中也有，但较少。单宁的含量与种皮的颜色呈正相关，即种皮颜色越深，单宁的含量就越高。

单宁溶于水，是一种容易氧化的物质，其氧化消耗大量的氧气致使种子萌发时因缺乏氧气而陷入休眠状态。一方面，单宁的氧化、聚合产物与蛋白质结合产生黑色物质，从而影响种皮的色泽和透水性，因此单宁与种子的生理和种子品质有着密切的关系。另一方面，单宁与蛋白质之间有极强的亲和力，与蛋白质结合可使蛋白质变性沉淀，降低蛋白质的利用率和消化酶的活性，从而降低了种子的营养价值，影响动物的生长发育。据报道，以高粱为主食的人畜，食道癌的发病率高，推测高粱有致癌作用。然而，对于高粱本身来讲，单宁是一种自然的保护物质，具有抗真菌的作用，能抗穗发芽和防鸟害。因此，通过遗传育种方法选育低单宁或者"优质单宁"新品种是目前最好的去毒措施。所谓优质单宁，就是在高粱成熟的过程中保持较高的单宁含量以防鸟害，但成熟后单宁可变成营养上钝化的形式而不至于沉淀蛋白质。

4. 棉酚　棉酚是棉花种子黑色腺体中含有的一种有毒物质，目前已经分离出棉酚蓝、棉酚紫、棉酚黄、棉酚绿和二氨基棉酚等 15 种棉酚。其含量因不同棉花类型而有差异，一般为棉籽仁的 0.5%～1.5%。

棉酚对人畜是有害的，能引起低钾麻痹症，人若食用过的带壳冷榨棉籽油，会使人体严重缺钾，肝肾细胞及血管神经受损，中枢神经活动受到抑制，心脏骤停或呼吸麻痹。常吃含棉酚的棉籽油，还会使人的生育能力下降。动物食用的棉籽饼中棉酚含量达到 0.15%～0.2% 时，就会导致动物血液循环衰竭、继发性水肿或者严重的营养不良而致其死亡。另外，棉酚很易与蛋白质结合，这样虽然降低了棉酚的毒性，但影响了蛋白质的营养价值。为了降低棉籽油中棉酚的含量，常常利用热榨或溶剂萃取的方法，使棉籽油中棉酚含量符合世界卫生组织（WHO）和联合国粮食及农业组织（FAO）规定的标准（0.04%）。对于含棉酚的棉籽，可经加热处理、太阳曝晒棉饼或用 2% 熟石灰水及 2.5% 碳酸氢钠溶液浸泡等措施降低棉酚毒性。除此之外，还可利用无腺体棉花品种降低棉酚的毒性。

由于棉酚对棉花具有保护性作用，能驱避虫、鼠危害，且与棉花的抗病虫性有关，因此为了利用棉酚对棉花本身的这些优点，又能避免对人畜的毒害，通过远缘杂交选育种子无腺体而植株有腺体的棉花品种是最好的措施。最近，我国已经把棉酚研制成药物如棉酚片（节育药）和锦棉片（抗肿瘤药），变害为利，造福于人类。

5. 茄碱　茄碱是一种生物碱，分子式为 $C_{45}H_{73}O_{15}N$，白色针状结晶，不溶于水但溶于乙醇或戊醇。一般马铃薯鲜块茎中的含量较低，为 0.002%～0.013%，如果是在阳光下发芽的块茎，含量可增加到 0.08%～0.5%，芽内可达 4.76%，霉烂薯块为 0.58%～1.34%。

茄碱对人畜有毒，有致畸胎作用，导致无脑畸形和脊柱裂。食用含茄碱多的块茎时，人喉部有发麻的感觉。家畜食用过量会引起出血性胃肠炎，还会麻痹中枢神经。对马铃薯本身来说，茄碱的积累是一种防御和抵抗措施，有促进酚类物质合成的愈伤反应。去除和降低马铃薯茄碱的含量措施：一是通过加工调制如烘烤、油炸等；二是通过育种方法选育茄碱含量低的优质品种。

除上述的一些化学成分外，还有一些有机化合物值得注意。例如，油质种子中植酸及植酸盐（肌醇六磷酸和肌醇六磷酸的钙盐、镁盐或钾镁复合盐）的含量相当高，其中的磷不容易被动物消化，而且与体内其他营养物质中的矿物质结合形成复合物，影响锌和钙的消化与吸收。某些种子中存在一些有毒或有害蛋白质如蓖麻中的蓖麻蛋白，大豆中含有含量较高的凝血素等。

另外，有些种子中含有咖啡碱、可可碱等植物碱，可供利用；某些种子含有糖苷，如利马豆等豆类植物种子中的氰糖苷，食用后可能受其分解产物的毒害；南瓜、花椰菜等种子中含有驱虫或糜烂作用的物质；冬瓜、苦参、萝卜、蓖麻等种子含有特殊成分，在医药上具有一定价值。

（二）外源性毒物

外源性毒物是种子在生长发育及贮藏过程中，由于外界生物的入侵或有毒物质的侵入而产生的有毒成分。种子受真菌感染和农药污染后产生的毒素、残留物或代谢物，是毒害种子的主要原因，而使种子带毒的真菌可分为田间真菌和贮藏真菌。田间真菌主要有交链孢霉属、芽枝霉属、镰刀霉属和黑孢霉属；贮藏真菌主要有曲霉属和青霉属。种子感染真菌后，会引起种子变色、萎缩，胚部组织被破坏，酶活性降低，最终导致生活力丧失；或者即使能够发芽，但幼苗萎缩易病，发育异常。此外，种子中也会积累有毒物质，若人畜误食，会导致真菌毒素中毒症。

防止和降低真菌毒素的危害可从三方面入手：一是通过遗传育种手段选育对真菌有抗性或对其产生的毒素不敏感的作物品种；二是改进栽培措施，提高收获质量，改善种子的贮藏条件，减少菌源；三是对已经受真菌侵害的种子，进行物理或化学处理，降低或解除其毒性。

在种子生产、贮藏过程中，经常喷洒农药以防治田间和仓库病虫。由于喷洒的农药或其代谢产物的稳定性，种子难免带有农药的残留。例如，有机汞、有机氟、有机氯农药性质比较稳定，经生物代谢后仍有残毒；有机磷农药可在植物体内进行烷化作用，怀疑其有致癌和致突变的可能性。如果农药在种子中的残毒超过一定剂量，就会引起种子发生异常的生理反应，如发芽力降低、染色体被损伤、幼苗畸形等。如果这样的种子被人畜食用，就会引起急性或慢性中毒甚至发生细胞癌变。

解决种子中农药残毒的关键是在种子生产、贮藏过程中大力提倡使用生物农药或者使用物理的方法防治病虫害，若必须使用化学农药，应选择无残毒或少残毒、对人畜安全的，并严格控制剂量。

第六节　种子化学成分的影响因素

不同作物或同一作物的不同品种间，其种子的化学成分都存在明显差异，导致这种差异的原因很多，可概括为内部因素（内因）和外部因素（外因）。

一、内因对种子化学成分的影响

影响种子化学成分的内因主要有遗传因子、种子的成熟度、种子的饱满度，其中遗传因子是最主要的因素，正是化学成分的可遗传性，决定了不同物种和不同品种间化学成分的差异，这也是进行品种改良的遗传基础。目前，对于种子化学成分遗传方面的研究还大都集中在蛋白质、碳水化合物及脂肪上。随着研究的深入，人们发现种子中其他一些微量成分对种子本身乃至人体也有着不可替代的作用，近年来也有人开始对种子中微量成分的遗传进行研究。

种子的不同结构往往具有不同的遗传特征，从而决定了种子不同结构中化学成分的差异。例如，禾本科植物种子中，胚和胚乳所占比例不同，由于双受精作用，母体为胚乳提供了两份遗传物质，而父本仅提供了一份遗传物质，因此胚乳性状的基因组成存在正反交差异。禾本科作物的种子，如果某性状同时在胚和胚乳中表达，可以将其视为主要受三倍体遗传控制，即种子化学物质遗传的倍性特征。另外，种子化学物质的遗传还存在世代特征。例如，当种子的种皮来源于亲代时，其与胚分属两个世代；两个亲本杂交时，F_1 植株上生长的种子间种胚存在基因型的分离。

在种子化学物质的遗传效应方面，其主要存在以下几个效应。

（1）核基因效应：核基因效应是种子母体组织，以及子代组织（胚和胚乳）核基因对于表型的控制作用。这是基因影响表型最重要、最普遍的方式，已有广泛研究和探讨。

（2）母体效应：母体效应是指母体基因型的非生殖因素对于子代（胚和胚乳）的影响。其基本特点是：效应的表达与受精过程的雌雄配子均无关，只要母本的基因型相同，其效应也相同。例如，蛋白质含量的遗传可能存在一定的母体效应。

（3）细胞质效应：细胞质效应主要是由细胞质遗传物质引起的，如线粒体和叶绿体基因等，对于稻米、大豆、棉花等籽粒中许多化学成分进行研究后发现，其遗传都具有不同程度的细胞质效应。

（4）印迹效应：详见第二章第一节。

此外，成熟度不同的种子，其化学成分也存在差异。未充分成熟的种子，其可溶性糖、非蛋白质态氮的含量较高；而成熟度越好的种子，其贮藏蛋白的含量和比例越高，种子的干重和角质率也越高，这是因为胚乳和子叶的蛋白体随着种子的成熟而增多。此外，未充分成熟的种子，其生长期相对较短，积累的贮藏物质相对较少。

种子的饱满度不同，各部分所占比例有一定程度的变化，化学成分也就有差异。饱满种子的胚乳或子叶所占比例相对较大，淀粉或脂肪的含量高，麦类的出粉率高；而不饱满种子的果种皮占的比例相对较大，纤维素和矿物质的含量较高，出粉率、出油率降低。

二、外因对种子化学成分的影响

影响种子化学成分的外因主要是种子成熟期间的生态条件，包括气候条件和土壤条件，约占变异的 14%，这是导致相同作物或相同品种在不同地区、不同年份化学成分差异的主要原因。从表 4-14 可以看出，同一小麦品种种植在不同的国家和地区，蛋白质含量存在明显差异，可见环境条件对于种子的化学成分影响很大，人类可以通过改良作物生长的环境调控作物的品质。有关外部因素对种子化学成分的影响参见第二章。

表 4-14 不同国家种植的小麦籽粒蛋白质含量（%）

品种	美国	匈牙利	英国
无芒 1 号（Bezostayal）	16.5	15.8	12.5
兰塞尔（Lancer）	16.2	14.3	12.3
约克斯达（Rokstar）	16.0	14.6	12.1
盖恩斯（Gaines）	16.5	13.7	11.2
阿特拉斯 66/cmn（NE67730）	20.8	20.3	13.7
普杜（Purdue）	20.8	20.3	13.7
阿特拉斯（Atlas）66	20.6	19.4	13.5
实验圃平均	17.8	15.8	12.5

资料来源：高荣岐和张春庆，2009

三、主要农作物化学成分的遗传基础

人类 70% 的食物来源是种子，而其中的绝大部分是禾谷类和豆类，在种子化学成分的遗传方面，前人的研究对象大多为水稻、小麦、玉米、大豆、棉花、油菜等，下面将就这几种作物做简要介绍。

（一）水稻

水稻直链淀粉含量为一典型的胚乳性状，研究表明直链淀粉含量受一对主基因控制，高直链淀粉含量对低直链淀粉含量为显性，受若干修饰基因的影响，还有人认为直链淀粉含量属多基因控制的数量遗传。稻米的直链淀粉含量作为一种三倍体的胚乳性状，在多数组合中存在显著的基因剂量效应。到目前为止，发现控制稻米直链淀粉含量的主基因都是 wx 位点及其等位基因。在非糯性品种中，wx 位点存在 2 个不同的野生型等位基因 Wx^a 和 Wx^b，Wx^a 的蛋白质表达量是 Wx^b 的 10 倍以上。Wx^a 主要分布在籼稻中，Wx^b 主要分布在粳稻中，序列分析表明，Wx^b 表达水平低是由于第 1 内含子 5′ 端剪切位点的单个碱基 G→T 的替代所致。近来，在控制水稻蒸煮与食味品质最重要的基因 Wx 方面的研究又取得了不少进展。

稻米蛋白质的遗传相当复杂，为多基因控制的数量性状；在遗传过程中同时受到母体植株和种子基因的控制，还受到细胞质基因的影响，存在显性效应和加性效应等，并受到环境的影响。近年来，许多研究者对其进行 QTL 定位的研究，通过不同的群体材料定位出 20 多个相关的 QTL。

4-2 拓展阅读

脂肪含量为多基因控制的复杂性状，遗传基础复杂。脂肪含量的一般配合力比特殊配合力更重要，以加性效应为主。近年来对水稻脂肪含量的研究已定位出 10 多个 QTL。

关于稻米微量元素遗传研究的报道很少，目前的研究主要针对功能营养稻。功能营养稻微量元素的遗传效应与蛋白质和氨基酸相似，也是同时受核基因效应、母体效应、细胞质效应和环境的影响。

（二）小麦

以往研究表明，小麦籽粒淀粉含量受两对主基因和多基因控制，支链淀粉含量为一对主基因和多基因控制；小麦籽粒总淀粉及组分含量的遗传同时受到基因加性效应和非加性

效应控制，其中加性效应作用更大，支链淀粉狭义遗传力较低，直链淀粉、总淀粉狭义遗传力较高。

普通小麦籽粒蛋白质含量在品种间的变异幅度很大，大多数的研究表明，籽粒蛋白质是一个受多基因控制的性状，21 对染色体上都有影响它的基因；也有些研究认为它受少数主基因控制，但不排除其他微效基因的作用，不同高蛋白质品种基因数目及其遗传方式不尽相同。籽粒蛋白质含量的遗传率为 19%～90%，在大多数情况下为中等，早代对它的选择是有效的。

研究表明，面粉中低色素含量呈部分显性或超显性，由 1～2 个基因控制。籽粒的多酚氧化酶（PPO）活性与面粉、面团的白度及面粉制品的外观品质密切相关，PPO 活性受 2 个以上的主效基因和一些微效基因控制。PPO 的主效基因位于第二部分同源群的 2A、2B 和 2D 染色体上，3B、3D 和 6B 上也有些微效基因。

（三）玉米

玉米淀粉 85% 以上存在于籽粒胚乳中，各种胚乳突变体研究表明，突变基因 ae、du、$su2$、wx 等均能影响玉米籽粒淀粉含量。其中有些突变基因可显著降低胚乳中淀粉含量，但同时造成还原糖或水溶性糖含量提高，从而增加了玉米籽粒甜度；有些基因虽然可提高直链淀粉含量，却引起籽粒总淀粉含量的下降。近年来，人们通过构建不同的作图群体，利用各种分子标记途径，定位出大量与玉米籽粒淀粉含量相关的 QTL。

玉米籽粒蛋白质含量是一个受多基因控制的数量性状。早年研究表明，低蛋白质对高蛋白质表现部分显性到完全显性，但另一些研究认为加性基因效应在蛋白质含量的遗传中起重要作用。对玉米蛋白质的研究主要是对增加赖氨酸含量的探索，赖氨酸含量遗传力较低，受基因和环境条件互作的影响，杂种优势不明显。突变体 $Opaque$-2 玉米籽粒中赖氨酸含量受隐性基因控制，并测出比普通玉米高 70%，且色氨酸含量也较高。玉米的一些高赖氨酸突变体改变了籽粒蛋白质的氨基酸组成，显著减少了醇溶蛋白的含量，不同程度增加了白蛋白、球蛋白或谷蛋白的含量。在 QTL 定位方面，已有数十个蛋白质含量相关的 QTL 被发掘出来。

玉米籽粒的含油量有较为广泛的变异，含油量的变幅为 2%～10.2%。含油量的变异大部分是可以遗传的，受到多基因控制，目前至少有 50 对基因与含油量有关。在这些基因中，既存在高油对低油是显性的，也有低油对高油是显性的现象，但也有研究表明，基因的加性效应对含油量的影响比显性效应大。各类脂肪酸的含量同样受遗传控制，对于软脂酸、油酸和亚油酸，加性基因效应起着最重要的作用。各种脂肪酸的含量除了受到多基因体系的控制外，同时还与某些主效基因的作用有关，如在第 4 染色体的长臂上存在一个控制高亚油酸的隐性基因，第 5 染色体的长臂上存在一个影响亚油酸和油酸的基因。

（四）大豆

大豆种子蛋白质含量与油脂含量两个性状均以加性效应为主，显性效应不明显，两个性状的遗传率均较高。大豆种子中沉降值为 11 S 的蛋白质含有较多的含硫氨基酸，因此有人提议通过选育 11 S 蛋白以提高含硫氨基酸含量，已发现由单显性基因控制的 7 S 球蛋白亚基缺失种质。有无胰蛋白酶抑制物呈单基因遗传，有 $SBTI$-A_2 对无 $SBTI$-A_2 为显性。随着分子生物学的飞速发展，DNA 分子标记技术日趋完善，为大豆蛋白质、脂肪等品质性状的研究提供了强有力的工具，其中已报道与蛋白质含量相关的 QTL 就有近百个，与脂肪含量相关的

QTL 也有数十个。

（五）棉花

关于棉花种子脂肪和蛋白质含量的遗传效应目前还没有一致的看法。有研究者认为，种子脂肪含量可能受加性效应控制，而也有研究者认为棉仁脂肪和蛋白质含量的遗传主要受显性效应控制。有研究表明，棉花种子油分含量与母体植株的基因型有关，蛋白质含量与种子当代基因型、母体植株基因型和细胞质有关。

大多数棉花品种在其植株各部分的色素腺体中含有多酚物质，棉籽中色素腺体密度与棉酚含量呈高度正相关。多酚化合物对非反刍动物有毒，影响棉籽油脂和蛋白质的充分利用。有研究者认为，其含量是以加性效应为主的，显性和上位性所占比例较小。已知色素腺体的缺失受 6 个隐性基因 gl_1、gl_2、gl_3、gl_4、gl_5 和 gl_6 控制，其中 $gl_2 gl_3$ 纯合隐性或显性无腺体基因 Gl_2^e 存在时，棉花无腺体。

（六）油菜

油菜含油量受环境因素的影响较小，且控制油分形成的基因比控制种子产量的少。油菜种子（包括甘蓝型、白菜型、芥菜型）含油量与种皮色泽深浅呈显著相关。在各种主要脂肪酸组分中，一般认为二十碳烯酸含量受两对显性基因体系控制；芥酸含量受 5 个基因（El、Ea、Eb、Ec、Ed）控制。在对油菜种子中硫苷组分的研究中，有人认为硫苷 3 种主要成分均为隐性性状，受母本基因型控制，而不受胚基因型控制；另有人通过杂交试验发现硫苷总量的遗传为部分显性，细胞质不影响硫苷总量。

小 结

种子的化学成分是幼苗初期生长所必需的养料和能源，其主要化学成分包括水分、营养成分、生理活性物质和其他化学成分。由于种子类型、作物和品种的不同，种子主要化学成分及其分布和特性存在明显的差异。研究种子主要化学成分在其中的分布，可为种子的合理开发利用和改善作物品质提供依据。

思 考 题

1. 了解种子的临界水分和安全水分有何意义？
2. 有时我们吃的陈葵花籽很苦并且有一种怪味，请解释这种现象。
3. 种子中的激素主要有哪些？各种激素是如何影响种子的生长发育及成熟的？
4. 降低高粱种子中的单宁、棉花种子中的棉酚含量最好的方法是什么？
5. 种子化学物质的主要遗传效应是什么？
6. 种子的三大营养成分是什么？

一些幼苗的破眠测定可以由此提出而被发芽试验所取代。此外，由于休眠期的不同，推迟到翌年春季时，不但可以节省人力与物力，且发芽还比较整齐。

第五章 种 子 休 眠

【内容提要】种子休眠是一种常见的种子生理现象，不同种子具有不同的休眠特性及休眠原因，种子休眠机制极其复杂。在农业生产上，可以采用不同的方法对种子休眠进行调控。

【学习目标】通过本章的学习，掌握主要作物种子休眠调控方法，提高农业生产中的种子质量及其田间出苗率。

【基本要求】掌握不同作物种子休眠特性及其调控措施；理解种子休眠的原因及其机制；了解种子休眠的类型及其生物学意义。

第一节 种子休眠的原因和机制

种子休眠是植物经过长期演化而获得的一种适应环境变化的生物学特性，具有重要的生物学意义。研究发现种子休眠的原因是多样的，除了受种子本身的遗传因子控制外，还受外界环境的影响。

一、种子休眠的意义

种子休眠（seed dormancy）是指有生活力的种子在适宜的萌发条件下不能萌发的现象。广义的休眠包括两种情况，一种是种子本身未完全通过生理成熟（如种胚发育不全）或存在着发芽的障碍（这种障碍能逐渐消失或采用人为的方法破除），虽然给予适当的条件，仍不能萌发；另一种是种子已具有发芽的能力，但由于不具备发芽所必需的条件，种子被迫处于静止状态。为明确起见，把前一种情况称为自然休眠，该种子称为休眠种子（dormant seed），而把后一种情况称为强迫休眠（imposed dormancy），该种子称为静止种子（quiescent seed）。

种子休眠是植物在长期系统发育过程中形成的抵抗不良环境条件的适应性，是调节种子萌发的最佳时间和空间分布的有效方法。对植物本身来说，种子调节到最适宜的时间和地点发芽是一个重要的生存方式，可以保证幼苗和幼株的生长，是植物经过长期的演化而获得的一种对环境条件及季节性变化的生物学适应性。例如，种子生长在温暖湿润的热带地区，一般都较容易萌发。春季成熟的种子常常在春天充足的水分、适宜的温度下很快萌发，以获得完整的生长季节。如果种子在干湿冷热交错的温带地区，植物在秋季形成种子后，就不会立即发芽，而需要一段低温期的休眠，避免冬季严寒的伤害，在来年的春天发芽，以获得完整的生长期。

种子休眠是一个受遗传因子控制的性状，其程度由种子发育过程中的环境来调节。农业生产中的栽培作物，经过长期的驯化栽培和高度选育以后，缩短了休眠期以利于在贮藏期控制休眠和播种后的迅速发芽，种子发芽较为整齐一致。但许多作物的种子仍有相当程度的休眠，如禾谷类、豆类、棉花、莴苣、芹菜、胡萝卜和甜菜等作物的种子。

栽培作物种子休眠时，对种子生产者、种子用户和种子检验员来说就造成了一些困难。例如，作物到了播种季节，而种子处于休眠状态，未经适当处理就播种，田间出苗就参差不齐；在测定种子发芽力时，处于休眠状态的种子就很难测得正确的结果。对一些作物来说，一定程度的休眠期则可以阻止穗发芽而保证种子的质量。此外，由于休眠期的不同，很多种田间杂草种子在土里可以存留多年而陆续发芽，造成难以根除的困难。

小知识：穗发芽

　　禾本科作物的穗发芽是世界性的自然灾害。仅在小麦上，我国长江流域冬麦区、东北春麦区、黄淮冬麦区及西南冬麦区等约占全国小麦总面积83%的种植区都发生过严重的穗发芽灾害。小麦穗发芽不但引起减产直接影响了生产者的经济利益，而且引起了一系列生理生化变化，严重影响面粉加工利用品质。在水稻上，多年来由于育种更多地考虑高产、优质和抗病虫害指标，往往忽略了种子适度休眠的保留，尤其是杂交水稻制种过程中赤霉素（920）的大量使用，导致穗发芽危害严重。我国南方杂交稻制种中，正常年份穗发芽率为5%左右，特殊年份（高温多雨）可超过20%，即使是在常规稻育种中利用籼粳杂交培育的高产品种也大多具易穗发芽的弊端。

二、种子休眠的类型

由于种子休眠的类型是多种多样的，而且不同学者研究的角度和深度不同，对于休眠的类型也有多种不同的分类方法。

Harper（1977）将种子休眠划分为三大类型，即固有休眠（innate dormancy）、强迫休眠（imposed dormancy）和诱导休眠（induced dormancy）。

（1）固有休眠：又称为原生休眠（primary dormancy），是指种子在成熟过程中形成的，在植株上就已经产生和存在的休眠，其保持依赖于遗传因子和环境因子。

（2）强迫休眠：又称为生态休眠（ecological dormancy），是指种子并不存在内在的发芽障碍，只要给予一般的发芽条件，如足够的湿度和适宜的温度，种子就会迅速萌发。

（3）诱导休眠：又称为次生休眠（secondary dormancy）或二次休眠，是指原来不休眠的种子，在脱离母株后由于不良条件的影响，发生了休眠，或部分休眠的种子加深了休眠，即使再将种子放置到正常条件下，种子仍然不能萌发。

Baskin 和 Baskin（1998）在大量研究的基础上把种子的休眠划分为 6 种休眠类型。

（1）生理休眠（physiological dormancy）：由于胚生理抑制因素导致的休眠。其中生理休眠又分为 3 个水平的休眠，即浅休眠或称低度（non-deep）休眠、中度（intermediate）休眠和深度（deep）休眠。3 个休眠水平的特征有较大的差异，见表 5-1。

表 5-1　深度、中度和低度生理休眠种子的休眠特征

休眠类型	特征
深度休眠	离体胚产生异常苗
	GA 不促进萌发
	种子萌发需要 3～4 个月的低温层积
中度休眠	离体胚产生正常苗
	在一些种（并非所有种），GA 促进萌发
	打破种子休眠需要有 2～3 个月的低温层积
	干藏能够缩短低温层积的时间

续表

休眠类型	特征
低度休眠	离体胚产生正常苗
	GA 促进萌发
	在不同的种中，低温（0~10℃）或者（>15℃）层积打破休眠
	种子可能在干藏中后熟
	层积能够促进萌发

资料来源：Baskin and Baskin，1998

（2）形态休眠（morphological dormancy）：种胚形态结构未成熟，在脱离母株后种胚需要进一步的生长，包括种胚发育不全、种胚未长足和种胚未分化 3 种情况。

（3）形态生理休眠（morphophysiological dormancy）：又称为双休眠（double dormancy），指胚形态发育不全，同时具有生理休眠的类型，分简单形态生理休眠（simple morphophysiological dormancy）和上胚轴休眠（epicotyl dormancy）两种。

（4）物理休眠（physical dormancy）：主要包括种皮或果皮透水性差或不透水引起的休眠、种皮阻碍气体交换或氧气渗透率低引起的休眠、种皮的机械阻碍引起的休眠和胚乳的机械阻碍等引起的休眠等。

（5）化学休眠（chemical dormancy）：指在种子发育和成熟过程中积累或残留在果实或种子被覆物中的化学物质引起的休眠。这些物质可能是萌发抑制物或阻碍进入胚的气体交换而导致休眠。

（6）复合休眠（physical plus physiological dormancy）：由两种或两种以上的休眠因素导致的休眠。

三、种子休眠的原因

引起种子休眠的原因有很多种，有的是属于形态结构方面的特性，有的是属于代谢方面的特性，有的可能由一种因素造成，也可能由多重因素造成。各因素间的关系也比较复杂，有时彼此间存在着密切的联系，当某种因素被消除，而其他因素仍存在时，种子依然不能萌发。有时当一种因素被消除时，另一种因素也可能随之消除，休眠于是得到解除，当环境条件适宜时，种子即能萌发。不同类型的休眠，具有不同的机制，解除或延长休眠的措施也不同。

（一）胚休眠

胚休眠（embryo dormancy）有两种不同的类型：一种是种胚尚未成熟，另一种是种子尚未完成生理后熟。

1. 种胚未成熟　　有些植物的种子从外表上看，各部分组织已充分成熟并已脱离母株，但内部的种胚尚未成熟。不成熟的种胚相对较小，某些情况下几乎没有分化，需从胚乳或其他组织中吸收养料，进行细胞组织的分化或继续生长，直到种胚完成生理后熟。很多草本花卉种子如毛茛科、罂粟科种子，人参、浙贝等药用植物种子的休眠属于这一类型。树木种子中的冬青树、欧洲白蜡树、银杏等种子采收时，种胚尚未发育完全，种胚处于原胚时期。伞形花科、欧石南科、报春科等种子处于鱼雷形胚时期。兰花种子则种胚未分化，为一团细胞，其种胚由不足 100 个未分化的细胞构成，外面包裹着一层细胞构成的种皮，种子非常小，0.2～0.1 mm 宽、0.2～1 mm 长，缺乏生长必要的营养物质。

种胚在适宜条件下，即潮湿和一定的温度条件下，湿土或湿砂中层积（一层湿砂一层种子相间堆积），经数周以至数月就能发育完全并获得发芽能力。

2. 种子未完成生理后熟　有些植物种子的种胚虽已充分发育，种子各器官在形态上已达完备，但胚的生理状态不适宜发芽，即使发芽条件已充分具备也不会萌发。只有经过一定时期的后熟，才具备发芽能力。许多果树种子（如桃、苹果、梨等）、三叶草及某些杂草种子属于这一休眠类型。这类种子休眠解除过程中的变化并不存在统一的模式，有的甚至观测不到休眠解除前后存在任何明显的差异，只是发芽率确实显著提高。

后熟期间种胚生理特性的变化受水分、温度和氧分压等条件的影响。适宜条件下后熟作用迅速进行，条件不良时不仅可能延缓后熟过程，有时还会加深休眠。一般而言，温带植物的种子在 0～6℃的低温和潮湿条件下经数周至数月完成后熟，而在低温干燥的条件下则会持续胚的休眠。自然条件下种子掉落土中经过冬天就能具备发芽能力，在生产实践上可用湿砂层积，将种子埋于地表或地下，保持 10℃以下的有效温度破除种子休眠。

不同植物的种子通过后熟的温度和层积时间并不相同，休眠愈深，所需时间就愈长。经后熟的种子呼吸强度增高，吸水力和酶的活性增强，氨基酸的含量也有所提高。例如，苹果种子可在 3～4℃的低温下层积 2～3 个月，以形成促进生长的物质；如果苹果种子在 15℃或 20℃的潮湿条件下层积 2～3 周以后，胚休眠即可破除；如果把处于休眠状态的种子置于 30℃或 35℃的潮湿条件下，种胚的休眠即可解除。

（二）种皮的障碍

有些种子的种皮（指广义的种皮——种被，除真正的种皮外，还包括果皮及果实外的附属物）成为种子萌发的障碍，即使外界环境条件适于种子萌发，这些条件也不会被种子所利用，种子被迫处于休眠状态。一旦种皮的限制作用解除，种子就能获得发芽的能力。种皮可能由以下 3 个方面来影响种子的休眠。

1. 种皮不透水　种子的种皮非常坚韧致密，其中存在疏水性的物质，阻碍水分透入种子，种胚不能吸胀。这类种子在农业上称为硬实种子，如豆科、锦葵科、藜科、百合科和茄科等多种植物的硬实就是常见的例子。除去种皮或使种皮破裂，均可使种子迅速吸水和萌发。

不同的基因类型（品种）、不同的遗传特性，种子的不透水性各不相同。据研究，棉花种子中有两个基因控制棉花种子在干燥的环境条件下成熟，硬实现象明显；大豆种子成熟过程中土壤中丰富的水分可以降低大豆种子的硬实率；在矿物质营养不足的条件下，成熟的大豆种子的种皮较厚、硬实率较高。

2. 种皮不透气　有些植物种子的种皮能够透入水分，但由于透气性不良，限制了供给种胚的氧气，种子仍然不能萌发，处于被迫休眠的状态，如某些禾谷类种子、棉花种子等。穿过种皮的氧气主要来自溶解于水中的氧气，但由于氧气的溶解度较低，很少有氧气可以到达胚部。另外，在含水量较高的情况下，种皮更成为气体通透的障碍，水分子堵塞了种皮上的空隙，阻止了气体的扩散。种皮的性质除了影响氧气供应外，还导致二氧化碳在种子中的聚集。当种子水分较高时，呼吸作用旺盛，消耗了氧气、放出二氧化碳，种皮的物理障碍使二氧化碳难以排出，积累过多影响了胚细胞的生长和正常的生理代谢过程。

由于种皮的影响，缺乏萌发时所需要的氧气，在许多情况下与种皮中存在酚类物质和过氧化物酶有关。酚类物质在酶的作用下很容易氧化成醌，在氧化过程中，拦截和消耗了大量的氧气，种胚就无法得到足够的氧气，只能处于休眠状态。而醌类物质很容易与蛋白质结合，形成深色的沉淀物，该沉淀物不透水。所以色泽深的品种比色泽浅的品种休眠较深，这在小麦和油菜（白菜型）及一些豆类种子中是比较普遍的现象。据研究，种子中酚类物质的积累发生在种子成熟过程的某一阶段，而且集中于种皮中，子叶部分较少，是避免种子刚成熟就发芽的一种机制。

种皮内酚类物质对种子发芽的影响，也会受到外界温度的影响。通常，在温度上升的条件下，酚类物质的氧化作用加强，氧气在水中的溶解度下降。在低温条件下，溶解于水中的氧气较多，而在温度较高的条件下，溶解于水中的氧气含量下降，而酚类物质的氧化作用加强，所以种胚得到的氧气较少。种皮内含有酚类物质的种子发芽，对温度和氧气都非常敏感，这类种子最好在较低的温度条件下发芽。

3. 种皮的机械约束作用　　有些种子的种皮太坚硬，使种胚不能向外伸展，即使在氧气和水分都能得到满足的条件下，给予适宜的发芽温度，种子依然长期处于吸胀饱和状态，胚芽和胚根无力突破种皮。当种子获得干燥机会时，或随吸水时间的延长，细胞壁的胶体性质发生变化，种皮的约束力逐渐减弱，种子才能萌发。这类种子种皮坚硬木质化或表面具有革质，往往成为限制种子萌发的机械阻力，在蔷薇科（如桃、李、杏等核果）、桑科、苋属、芸薹属、茅属和橄榄属中有很多的例子。但这种休眠常常与其他类型的休眠同时存在，如蔷薇科的一些种子，需要很大的机械压力才能把它们坚硬的内果皮破裂，可是由于别的休眠原因如种子含有抑制物质，破皮后，种胚仍处于休眠状态。

在自然界中，种皮的软化主要是通过环境因子作用，如动物粪便中的酸类物质、微生物在温暖潮湿的条件下的腐蚀分解和森林的大火等来解除这类休眠。人工处理的办法主要是机械预措法、热水烫、酸处理、温暖潮湿的环境、火烧和利用未成熟的果实。直到水分可以进入种子内部，预措处理才算结束，但是必须小心处理，因为病原微生物会更加容易地侵染而毁坏种子。

据研究，处于不同生理状态的种胚突破种皮的"突破力"存在明显差异，因此单独考虑种皮的机械约束力是不够全面的。

（三）发芽抑制物质的存在

种子中存在发芽抑制物质的情况在自然界中相当普遍，抑制物质可以存在于果实的果肉、外壳和很多干果实的蒴果中，存在于种子的不同部位——种被、种胚或胚乳中（表5-2）。例如，一些十字花科种子成熟后，残留在果壳内的种子不能发芽或发芽率、发芽速率较低；大麦和燕麦的谷壳内也有抑制物质存在，去壳后种子才能顺利萌发；番茄、黄瓜等新鲜果实含有抑制自身种子萌发的物质（种子尚包在果实内时）；向日葵、莴苣、甜菜等作物的种被也都含有抑制物质，使这类作物的新鲜种子不能发芽；其他的例子还有苹果、柑橘、葡萄和一些沙漠植物等。这一类型的休眠常常因种子的干燥贮存而消失。

表 5-2　存在发芽抑制物质的植物

科名	植物名称	含抑制物质的部位	抑制物质
	玫瑰	果皮、种皮、蔷薇果	ABA
蔷薇科	桃	种子	ABA
	欧洲花椒	果汁	花椒酸*

续表

科名	植物名称	含抑制物质的部位	抑制物质
豆科	花生	叶、种子	ABA（可能）
	黄羽扇豆	荚	ABA
	甜苜蓿	种子、叶	香豆素
禾本科	香草	—	香豆素
	大麦、小麦	果实	醛类（C_7H_6O、C_8H_6O、$C_{10}H_8O$）
十字花科	油菜、白芥	果皮	芥子油
茄科	番茄	果汁	咖啡酸、阿魏酸
锦葵科	棉花	棉铃	ABA
芸香科	酸橙	果皮	有机酸（$C_7H_6O_3$）
	柠檬	—	柠檬醛（$C_{10}H_{16}O$）
	枸橼	果实	ABA（$C_{15}H_{20}O_4$）

* 为不饱和内脂类，基本结构是香豆素，花椒酸是一个不饱和内酯，但不是香豆素物质

作物种子中最重要的抑制物质是 ABA 和酚类物质。例如，甜菜、油菜、莴苣种子中都曾测得酚类化合物，禾谷类作物种子中除酚类物质外，也测得 ABA，大麦种子中 3～12 碳的直链脂肪酸（尤其是 9 碳的壬酸）也具有抑制作用。

抑制物质的种类较多，难以进行合理的分类。从其来源来说，既可以是内源的，即植物体内生成的，包括有机酸、生物碱等，以及种子内自身新陈代谢过程中酶解产生的，如苦杏仁苷在苦杏仁酶的作用下产生的氰化氢等；也可以是外源的，即其他植物体或种子产生的，如中亚苦蒿的叶子分泌的油脂和脱落素。

抑制物质对种子发芽的抑制作用没有专一性，而且抑制作用也不是绝对的。例如，乙烯在高浓度时对发芽起抑制作用，在低浓度时对发芽起促进作用；抑制种子萌发的氰化氢在硫氰化酶作用下与硫结合转化为硫氢酸，能促进种子萌发。

自然界中大雨的淋洗可以去除抑制剂并破除休眠，而农业生产上主要是采用流水的冲洗、漂洗和浸泡、冷处理、剥离胚（除去种皮）、用激素 GA_3 处理等来促进萌发。

（四）光的影响

光对种子休眠的影响因不同植物而异，大部分农作物种子发芽时对光并不存在严格的要求，无论在光下还是暗处都能萌发，但也有一些作物的新收获种子需要光或暗的发芽条件，否则就停留在休眠状态。

1. 不同植物的感光性　关于自然光（白光）中不同波长的光对种子休眠和发芽的影响，在 1940 年就已明确。红光（波长 660 nm 附近）促进发芽；远红光（730 nm）和蓝光（440 nm 和 480 nm 附近）则起抑制作用。根据光敏感性（light sensitivity）的状况，可以将种子分为以下 3 类。

（1）因白光的存在而缩短或解除休眠的种子，称为喜光性或需光性种子（light-favored seed），如荠、烟草、芹菜、禾本科的牧草、月见草等种子。

（2）因白光的存在而加强或诱导休眠（使种子进入二次休眠）的种子，称为忌光性或暗

发芽种子（light-inhibited seed），如黑种草属、葱属的若干种与百合科的多数种子。

（3）萌发不受光的影响，对光不敏感，在光下或黑暗中均能很好萌发的种子，包括很多栽培作物，其中有小粒的禾谷类种子、玉米和很多种豆科植物种子。

2. 影响种子感光性的因素　种子对光的敏感性不是绝对的，往往受生长状态、种皮的完整性、成熟度、种子后熟、氧分压、温度、酸度及硝酸盐或其他化合物有无的影响。例如，需光种子水浮莲在种皮划伤后仍难在暗处萌发，当其种皮除去后，则可解除种子的感光性休眠。加拿大铁杉种子在 17～20℃时，短日照有利于萌发，在 27℃时，长日照却能促进萌发。用硝酸盐溶液处理某些喜光种子可代替它们对光的需要，如 NO_2^-、NO_3^-、NH_4^+ 和尿素对这些种子萌发有促进作用。

在种子发育的过程中，母株所处的外界条件往往影响到种子的感光性，如马齿苋种子在长日照中成熟，其萌发过程缓慢。成熟期的光质也影响拟南芥种子的萌发，生长在红光／远红光（R/FR）高条件下的植物，所产生的种子在黑暗中全部萌发；当 R/FR 降低时，暗萌发减弱，光促进萌发。

一般光敏感种子在干燥状态几乎没有或完全不存在感光性（少数例外），因脱水组织中 Pr（红光吸收型光敏素）不能转变为 Pfr（远红光吸收型光敏素），大多数种子在吸水 1～2 天内感光性最强，浸种时间太久又会降低。例如，莴苣种子在含水量 13%～22% 时才逐渐增加感光性并达到最高限度，苋菜种子需达 19% 时感光性才最大。

很多需光种子对光的要求随后熟期的延长而减少，如莴苣（'Progress' 品种）种子的感光性只在采收后很短时间内具有，经过几周后熟期后，感光性便消失了。但有些种子的感光性却不会消失，如水浮莲种子的感光性能长期保存。

种子的感光性受温度的影响而改变，莴苣（'Grand Rapids' 品种）在 10～20℃时，可以在黑暗中顺利萌发，随温度的上升，在暗处的种子发芽率显著下降；在 25～30℃时，光有最大的促进作用。变温能促进感光性种子的萌发，六月禾种子在每天 20～30℃的变温下可以在暗处发芽，而在 20℃或 30℃的恒温下必须照光才能萌发。

（五）不良条件的影响

不良条件的影响可以使种子产生二次休眠（次生休眠、诱发休眠），二次休眠是相对于原生休眠而言的，即原来不休眠的种子发生休眠或部分休眠的种子加深休眠，即使再将种子移植到正常条件下，种子仍然不能发芽。

已发现许多诱导二次休眠的因素，如光或暗、高温或低温、水分过多或过于干燥、氧气缺乏、高渗压溶液和某些抑制物质等。这些因素在大部分情况下作为不良的萌发条件诱导休眠，在某些情况下也可以使干燥种子发生休眠，如干燥的温度较高或时间较长，可使某些豆类和大麦、高粱种子进入二次休眠；贮藏温度过高也会导致大、小麦产生休眠。莴苣种子在高温下吸胀发芽，会进入二次休眠（热休眠）。根据品种不同，在土壤温度超过 25～32℃时，发芽受到抑制；温度高于 32℃时，很少有种子能发芽。莴苣种子的热休眠可以通过聚乙二醇（PEG）的引发处理而提高。

二次休眠的产生是由于不良条件使种子的代谢作用发生改变，影响到种皮或种胚的特性。休眠解除的时间与休眠深度有关，休眠解除的条件在大部分情况下与原生休眠是一致的。但在有些情况下，能够破除原生休眠的因素或方法，对次生休眠可能无效。

事实上，种子的休眠有的是由一种因素造成的，有的由多种因素共同作用，后者称为综合休眠。综合休眠的实例不少，如野生稻（菱白类）在自然条件下种子落入水中需一年才能发芽，这种种子至少存在 3 种休眠原因：①内外稃中存在萌发抑制物质；②果种皮透气性差；③缺乏萌发所需的激素。因此只有去除内外稃，刺破果种皮，再施加 GA 和 CK，发芽率才能达到最大值。

四、种子休眠的调控机制

种子休眠的调控机制是一个非常复杂的问题，至今很难用一种学说来概括自然界种类繁多、特性不同的植物，这里只介绍几种比较重要的学说。

（一）内源激素调控——三因子学说

Khan 等（1975）提出种子的休眠和发芽由三因子调节，即萌发促进物质赤霉素（GA）、细胞分裂素（CK）和萌发抑制物质脱落酸（ABA）之间的相互作用决定种子休眠与萌发，不同激素状况与不同生理状态之间的关系见图 5-1。模式图表明 8 个组合，其中有的能够萌发，有的只能停留在休眠状态。总的来说，凡是能发芽的种子中均存在生理活性浓度的 GA，但是存在生理活性浓度 GA 的种子不一定都能萌发。如果种子中同时存在 GA 和 ABA，则 GA 诱导萌发的作用就受到抑制，而若 GA、ABA 和 CK 三者同时存在，则 CK 能起解抑作用而使萌发成为可能。因此 GA 是主要的调节因子，而 CK 仅在 ABA 存在时才有必要。种子内的各种激素处于生理有效或无效浓度变化之中，而浓度的改变取决于很多内因和外因。

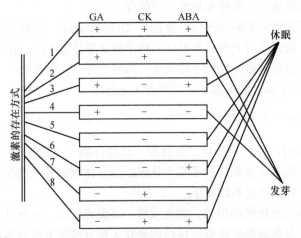

图 5-1　三种植物激素对休眠和发芽的调控作用（毕辛华和戴心维，1993）

"＋"表示激素存在生理活性浓度；"－"表示激素不存在生理活性浓度

一些研究指出 CK 具有减轻逆境（如高温、高渗压、高盐分、干旱、缺氧条件等）所诱导种子二次休眠的作用（在缺乏光或 GA 条件下，数小时即能发生作用，但同时或略迟加入 CK 即可阻止二次休眠发生）。鉴于乙烯的作用与之相似，而且逆境下莴苣种子中乙烯的产生受阻，在加入 CK 后可以得到缓解，从而进一步提出 CK 减轻逆境的作用是通过刺激乙烯产生。这样，三因子学说有了进一步发展，增加了另一种激素——乙烯，并阐明了乙烯与 CK 在解除休眠、刺激发芽方面的联系。

（二）呼吸途径论——磷酸戊糖途径论

比较休眠与非休眠种子，前者的呼吸存在某些欠缺，表现在三羧酸循环过于强烈，消耗了可被利用的有效氧而排斥了其他的需氧过程。一方面，只要增加氧气就能使萌发必需的需氧过程得以进行；另一方面，如果采用三羧酸循环和末端氧化过程的抑制物质降低其需氧量，也同样可以破除休眠。这种萌发必需的需氧过程就是磷酸戊糖途径。所以说，磷酸戊糖途径的顺利进行是种子休眠破除和得以萌发的关键。休眠的破除是从糖酵解途径（包括三羧酸循环）转向磷酸戊糖途径的结果，休眠破除对氧的需要，可解释为与 NADPH 的需要氧化有关，这一辅酶从还原态转化为 $NADP^+$，才能使磷酸戊糖途径顺利地持续进行（图 5-2）。

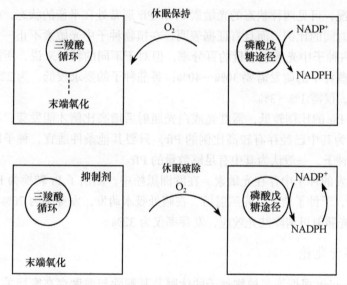

图 5-2 磷酸戊糖途径与休眠破除

（三）光敏素的调控

种子萌发对光的要求和反应，与种子中存在光敏素有关。光敏素有 Pr 和 Pfr 两种状态，Pfr 比例的提高促进发芽，光照条件可以促使种子中 Pr 和 Pfr 相互转化（图 5-3），从而使 Pr 和 Pfr 的比例发生变动，并发现存在缓慢的暗转变和逆暗转变，因此，通过较长时间的贮藏，种子的生理状态可以改变。

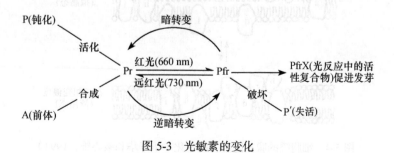

图 5-3 光敏素的变化

图 5-3 光敏素转变情况可以解释如下。

（1）光敏素从一种钝化的状态活化而来。

（2）光敏素从其前身合成。

（3）红光造成光敏素从 Pr 转变为 Pfr。

（4）远红光导致 Pfr 转变为 Pr，这比逆暗转变需要更高的能量。

（5）在暗处 Pfr 转变为 Pr。

（6）在干种子中测得逆暗转变，促使 Pr 即使在暗处也能部分地转变为 Pfr。

（7）酶或其他原因造成 Pfr 的破坏。

（8）Pfr 与种子中的某些未知物质（如某些化合物或膜）起反应，对促进种子萌发具有重要的作用。

根据上述情况，可见两种状态的光敏素 Pr 和 Pfr 通常处在平衡的状态，很多因素可以决定其在某一特定时间的比例，而且有证据表明，在植物种子中光敏素不止一个来源。种子的萌发取决于 Pfr 占种子中光敏素总量的百分率，但对于不同的种子来说，所需的百分率差异很大。例如，莴苣种子的萌发需要 30%～40%；番茄种子的要求较低，为 22%；而黑种草属要求的水平极低，仅需 1%～3%。

需光种子中 Pfr 的比例较低，需红光或白光照射后增高比例才能发芽；不需光照也能发芽的种子一般认为其已经存有较高比例的 Pfr，只要其他条件适宜，种子即能萌发。不需光照就能萌发的种子，一般认为其中有足够数量的 Pfr。

在黑暗中萌发的种子中存在光敏素。在欧洲黑松中，测出了 Pr 转换为 Pfr 及 Pfr 转换为 Pr 的光可逆反应，干种子给予红光照射后，在暗处吸水萌发，发芽率为 70%，而对照则约为 35%。如用远红光照射可消除红光效应，发芽率仅为 32%。

（四）膜相变化论

1982 年，Bewley 根据许多植物种子的休眠及其解除与温度存在密切关系等事实，提出温度导致膜相的变化而影响到休眠状态：细胞膜可因温度改变而致物理状态发生可逆性的变化，低温条件下细胞膜呈凝胶拟晶态；在较高温度下则变为流体状态（液晶态）（图 5-4）。

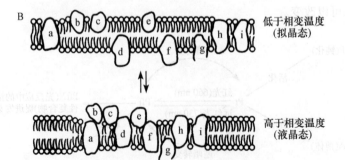

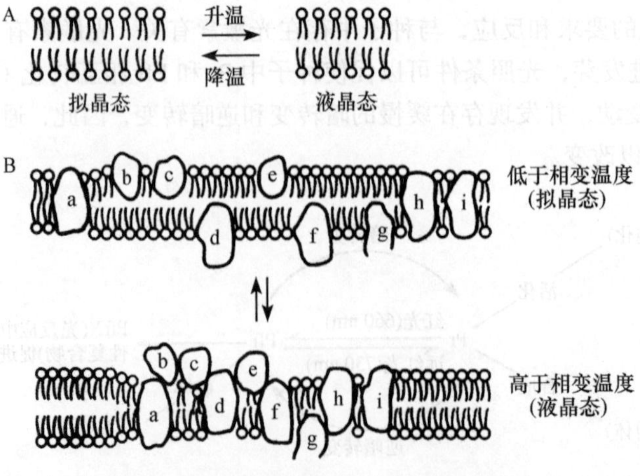

图 5-4　细胞膜的膜相随温度的变化（毕辛华和戴心维，1993）

A. 膜脂从凝胶拟晶态变为液晶态；　B. 相变过程中的蛋白体位移；a～i 代表膜蛋白

膜相的变化促使许多膜结合的酶活性改变，还能使膜蛋白发生位移，并导致细胞膜的透性变化和溶质渗漏，从而影响到与种子萌发有关的许多代谢过程。

图 5-5 表明莴苣种子在某些温度下处于休眠状态而在另一些温度下则能发芽，而且种子在表现休眠时，氨基酸透过细胞膜的渗漏量明显提高。某些生物物理技术（荧光探测仪）测定结果表明，某些温敏感种子在休眠时发生膜相的转变。乙醚、氯仿、丙酮、乙醇等有机溶剂对破除休眠有一定的作用，也认为是它们能改变膜的状况所致，并以此作为休眠与膜相有关的一个旁证。

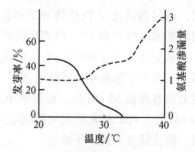

图 5-5　休眠和氨基酸渗漏与温度的关系
（莴苣种子在暗处发芽）
（毕辛华和戴心维，1993）
——发芽率；·······氨基酸渗漏量

五、种子休眠的遗传机制

遗传学、基因组学和分子生物学的快速发展，为种子休眠机制的研究开辟了新途径。遗传学和生理学研究已经表明，ABA 与 GA 两种激素相互拮抗地调控种子休眠，它们在种子从休眠向萌发转换的生理过程中起到了重要的调控作用。因此，ABA 与 GA 合成或信号转导途径的很多突变体都表现出种子休眠程度改变的表型。拟南芥 ABA 缺陷突变体基因 *aba2* 和 *aba3* 能导致种子休眠的下降。光对拟南芥种子萌发的促进主要是提高了种子对 GA 反应的敏感性而不是增加 GA 的生物合成。在拟南芥种子中，Sleepy1（SLY1）已经被推测是种子感受赤霉素信号的一个关键因子，Comatose（CTS）位点促进种子萌发并抑制胚休眠，可能与种子特异性 GA 信号传递有关。在番茄种子中，通过基因工程调节番茄种子玉米黄质环氧化酶（ZEP）的表达，发现此酶的过量表达导致种子休眠程度加深，而通过反义 RNA 技术"敲除"编码这种酶的基因就产生种子休眠减轻的表型。除了 ABA 和 GA，乙烯、茉莉酸调控种子休眠的机制也有一定报道。

种子休眠受到多基因及多种环境因素的影响，表现为典型的数量性状。在种子休眠数量性状基因座（QTL）的定位与基因克隆方面，水稻、小麦、莴苣等作物上有一定报道。在水稻上有 100 多个种子休眠 QTL 被定位，其中水稻休眠基因 *Sdr4* 被克隆，该基因受 *OsVP1* 调控。莴苣种子在高温下易产生二次休眠，近年来一个控制引发处理解除莴苣种子高温二次生休眠的主效 QTL 被精细定位与克隆，该基因（*LsNCED4*）是一个编码脱落酸生物合成途径中关键酶（9-*cis*-epoxycarotenoid dioxygenase）的基因，5-1 拓展阅读 *LsNCED4* 基因的表达是种子产生高温休眠的主要原因之一。

近来，有关调控种子休眠的作用机理的研究有不少进展。比如，种子休眠可能与 DNA 甲基化、组蛋白修饰、染色质重构有关。拟南芥的 *HUB1* 和 *HUB2* 基因编码组蛋白 H2B 泛素化所需的 E3 泛素连接酶，对诱导或维持种子休眠具有重要作用；通过 HUB1 和 HUB2 介导的单泛素染色质重塑，利用调节种子中 ABA 水平和对 5-2 拓展阅读 ABA 敏感性来调控种子休眠程度。水稻 miR156 突变体能通过抑制 miR156 靶基因 *IPA1*（*ideal plant architecture 1*）表达，从而通过 GA 途径调控种子休眠。拟南芥 FLC 和 FT 是感知季节变化的两个重要蛋白质，在生殖发育过程中，母本利用 5-3 拓展阅读 FLC 和 FT 调节后代在温度响应时的种子休眠；FT 通过调控 *FLC* 基因的表达来调控种子休眠，通过激活反义 FLC 转录来调控染色质状态。因此，在拟南芥响应温度变化过程中，相同的基因（*FLC* 和 *FT*）以相反的调控方式控制开花时间和种子休眠。

从分子水平上阐明种子休眠机制具有重要的现实意义，在小麦休眠基因检测研究中发现，玉米种子休眠相关的转录因子 *Vp1* 同源基因可定位于小麦的 3A、3B、3D 号染色体的长臂上离着丝粒 30 cM 处，而控制小麦红皮和限制透气性的 *R* 基因则在 3 号染色体上距离末端 30 cM 处。*Vp1* 和 *R* 基因的精确定位，为今后小麦分子标记辅助选择育种、提高小麦种子休眠、防止穗发芽提供了机会。

第二节　不同作物种子的休眠

一、禾谷类种子的休眠

（一）休眠原因及休眠的起始

新鲜收获的大多数禾谷类种子，在较高的温度下（高于 20℃）都很难发芽，而在低温 0~10℃甚至 15℃条件下才能发芽。经过一段时间的干燥储藏，休眠才会消失。休眠的长短取决于种、品种、收获的时间及种子发育的程度。

禾谷类种子的休眠与种被的影响有关。禾谷类种子是典型的颖果，其果皮和种皮融合在一起。水稻、大麦和燕麦种子的休眠主要是由于稃壳包被籽粒，使萌发时种胚的氧气供应受到阻碍，果种皮对种子发芽也有同样的限制作用。小麦种子外部不带稃壳，休眠是果种皮阻碍了氧气的通透造成的。如果水稻去除稃壳，小麦用机械方法擦伤籽粒的外层，或者采用双氧水（过氧化氢溶液）处理，以改变种被的透性或提供氧气，种子就能很快萌发。

种被限制供氧的原因比较复杂，主要是由于种被中存在大量的易于氧化的酚类化合物，在多酚氧化酶的作用下生成了稳定的物质，阻碍了氧气进入种子内部。这些酚类化合物在种子干藏过程中逐渐变化，到达一定的临界点时，就使种子的萌发成为可能。

关于休眠的起始，在小麦中进行了仔细的观察和研究。小麦品种'W42'的种子成熟时间是 50 天左右，花后 4~26 天收获的种子（经过干燥）不能发芽，但到 28 天时发芽率急剧增高至 100%，这时正是田间种子的含水量开始发生自然降落的阶段。此后种子的发芽率又急剧降低，可以说是陷入了休眠，到 38 天时降至最低点。其他的禾谷类种子如大麦、水稻等也有大致相同的趋势。

（二）休眠期及其影响因素

种子的休眠期是指一个种子群体休眠时间的长短。同一批种子，甚至同一植株或同一花序上产生的种子，休眠期也有差异，因此习惯上常以 80% 种子能正常发芽作为通过休眠的标准（也有采用 50% 等发芽率的）。在测定某一品种某一样品的休眠期时，可以从收获时起，定期测定种子的发芽率。休眠期就是指种子从收获起至发芽率达到 80% 所经历的时间。

种子的休眠期与遗传因素及环境因素有关，且与种子采收的时期和母株的生理因素也有一定关系，后者影响到植株不同部位的种子休眠，使其存在某些差异。休眠期的主要影响因素包括以下几个方面。

1. 遗传因素　禾谷类种子休眠的现象是普遍的，但不同作物种子休眠的深度不一致。

一般而言，以麦类尤其大麦、燕麦的休眠为最明显，水稻和玉米休眠较浅。同一作物不同类型和品种的休眠期也可以相差悬殊，有的没有休眠期，收获后经过干燥的种子就能达到80%以上的发芽率，而另一些品种的休眠期却长达数月。例如，皮大麦种子的休眠期常长于裸大麦；粳稻品种常有休眠期，而原产于热带地区的籼稻品种［如国际稻系统（IR）及非洲稻］及其杂交后代种子休眠性不明显，我国栽培的水稻品种通常不存在休眠期，在高温高湿条件下容易发生穗发芽现象。小麦品种的种皮颜色和休眠期长短存在密切关系，红皮小麦品种的休眠期一般较白皮品种为长。这种差异主要是红皮小麦种皮内存在色素物质，种皮较厚而透性较差的缘故。根据对水稻、大麦、小麦等多种作物种子休眠特性的遗传研究，确定禾谷类种子的休眠特性都是由多基因决定的。

2. 生理因素 不同成熟度的禾谷类种子休眠期存在显著差异，一般从乳熟期起，成熟度愈高，休眠期愈短。例如，小麦乳熟期采收的种子，休眠期比完熟期采收的延长一个月以上。我国的籼稻品种种子一般不存在休眠期，但采收较早、成熟度较差的种子，也可以观察到明显的休眠现象，在一年多次繁育时常会遇到困难。种子着生的部位不同，其成熟度和生理状态有别，休眠深度也有差别。

3. 环境因素 环境因素可以在不同时期影响种子的休眠。成熟期间的环境条件可以决定种子休眠的深度；而贮藏期间的环境条件可以影响种子休眠解除的速率。

种子成熟期间影响休眠期长短最主要的环境因素是温度。研究者认为小麦蜡熟期间的温度是决定休眠深浅的重要因素，温度愈高，休眠期愈短，因此可以根据温度来预测不同品种种子在该年份的休眠深度。事实上有些品种的种子虽具深休眠的遗传特性，但在某些气候反常的年份里因受高温影响，也可使休眠变浅甚至不存在休眠期；如果成熟后期多雨，就会发生严重的穗发芽现象。例如，小麦品种'浙麦1号'的休眠期中等，在杭州的休眠期一般为1.5~3.5个月，但在某些年份休眠却不明显。

在种子贮藏过程中，由于温湿度不同，对种子休眠期的长短有很大影响，高温能加速种子休眠的解除，而低温条件则起相反的作用。例如，水稻种子贮藏在27℃、37℃和47℃条件下，解除休眠的时间分别为50天、15天和5天（以50%发芽率作为通过休眠）。种子贮藏期间湿度很高，一般认为会影响休眠期的长短，并可能导致二次休眠的产生，但与温度相比，湿度的影响较为次要。在含氧量高的大气中，种子的休眠解除较快，如水稻种子在100%的氧中贮藏，较在普通大气中贮藏的种子休眠解除速率可提高一倍，可见休眠解除的过程是需氧代谢。

二、豆类种子的休眠

（一）硬实的生物学意义及分布

自然界具有许多种皮不透水而不能吸胀发芽的种子，称为硬实（hard seed）。硬实这种休眠形式对植物界种的延续和传播极为有利，它不仅能在较长的时期内保持种子的生活力，而且能在种子成熟、收获以后的不同时期内，由于环境条件的作用改变种皮透性，使不同的个体先后获得发芽能力。同一批种子掉落土中，由于种皮透性的差异，能在不同的年份或同一年份中陆续出苗，因而增加其延续种族的可能性。研究种子的硬实问题在农业实践上对控制种子的休眠萌发和延长种子寿命均具重要的指导意义。

硬实在植物界是常见的现象，它广泛分布于豆科、藜科、茄科、旋花科、锦葵科、美人蕉科、苋科、椴树科等栽培作物及杂草种子中。作物中最常见的是豆科作物的硬实，小粒豆科种子的硬实率很高，如紫云英、苕子、苜蓿、草木樨、田菁、三叶草等。未经处理的种子播种后经常发生严重缺苗现象。

农业生产上为了解种子的播种品质，需要测定种子所含硬实百分率，可靠的方法还须经过浸种，检查其中不能吸胀的种子数。不同作物种子硬实的顽固程度不同，有的在浸种的数天内可以吸胀发芽，有的（如某些紫云英种子）甚至在水中浸泡10年以上，仍未能改变其不透水性，但大部分个体的种皮获得透性的时间比较接近。因此测定这类种子的生活力，非经过特殊处理不可。

（二）硬实发生的原因及影响因素

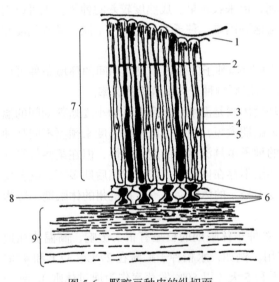

图 5-6　野豌豆种皮的纵切面

1. 角质层；2. 明线；3. 细胞壁；4. 细胞腔；5. 细胞核；
6. 醌类物质；7. 栅状细胞；8. 骨状细胞；9. 压碎的薄壁细胞

1. 硬实发生的原因　硬实是种皮细胞壁或细胞内含物脱水而发生胶体变化所造成的，一般来说，干燥可促进这一变化过程。硬实种皮之所以具有不透水性，与下列情况有一定的关系。

1）种皮中某一层次的细胞壁含有较多的疏水性物质　许多豆类硬实的种皮表层为一层角质层，此层坚密而富有光泽，随成熟度而增厚，难以透水；另一些植物种皮的栅状细胞（在角质层以下）特别坚固致密，在显微镜下观察，可见其外端有一条特别明亮的部分，称为明线（图5-6）。许多学者认为该部分的物理结构和化学成分有别于其他部分，对种皮的不透水性具有特殊的意义，也有人认为栅状细胞内的果胶质或纤维素果胶形成的胶质特性才是硬实不透水的原因。

2）特定部位或特殊的水分控制机制　羽扇豆、三叶草、紫云英等种子脐部有一瘤状突起，称为"种脐疤"，它控制水分进出，起到阀门作用。当种子处于干燥条件下时，种脐疤收缩，通道打开，种子内部的水分可以逸出；而当种子处于潮湿条件下时，则种脐疤吸胀，将通道关闭，于是外界水分难以进入。

"种脐疤"的控水作用可用实验方法予以证实。将碘蒸气混入干燥空气中，可以很容易使种子内部组织染色，而若将碘蒸气混入潮湿空气中，则种子内部组织很难染色，这就证明了"种脐疤"具有启闭的阀门作用。另外，可以创造特定的湿度条件（如把种子密封在透明的塑料袋中，内放干燥剂或湿棉球），在显微镜下直接检查脐部阀门的启闭。

有些植物的种子与紫云英等豆类种子的情况类似，其透水受阻取决于某一部位的构造，如旋花科的一些种通过发芽口吸水，此处通常阻塞；在棉花种子中，内脐（胚珠时为合点）部位有木质素沉淀，称为合点帽，此部分结构控制水分的进入。

2. 硬实发生的影响因素 影响种子形成硬实的因素是很复杂的。首先，硬实和植物的遗传特性有密切关系，对冬苕和甜三叶草进行选种，可分离出硬皮和软皮品系。其次，硬实的形成和种子本身的成熟度有关，未充分成熟的种子不会发生硬实，种子越老熟，则硬实发生的百分率越高。花期较长的作物，不同部位所着生的种子因成熟度不同，硬实百分率也有差异。例如，紫云英按植株不同结实部位分别检查其中硬实率，结果植株上部种子的硬实率最低，中部次之，基部最高。田菁延迟到成熟后期收获，硬实率显著增加，收获后经太阳晒干，硬实率更为提高，可见成熟度及收获后的干燥条件都是影响硬实形成的环境因素（表 5-3）。

表 5-3 不同收获期对田菁硬实的影响

时期	阴干 7 天			阴干后再晒 6 h		
	千粒重 /g	硬实率 /%	发芽率 /%	千粒重 /g	硬实率 /%	发芽率 /%
绿熟期	26.5	0	3	12.3	0	30
黄熟前期	29.0	0	6	14.5	0	62
黄熟后期	20.0	0	68	14.3	25	62
枯熟期	16.5	33	62	13.5	81	3

环境条件对硬实的形成有很大影响。同一品种在不同年份收获的种子，含有不同的硬实率。在同一年中，作物因生长期不同，所含硬实率也有显著差异。例如，秋大豆所含硬实一般比夏大豆多，主要由于秋大豆的成熟期正值干燥季节，对种皮硬化有一定的作用。在低温多湿条件下成熟的种子，含硬实很少或较少。

植株生长环境中缺少某些营养，可能与未熟种子的情况类似，会导致硬实率的降低。据报道，在完全肥料区，特别是氮肥充足时，可增加紫云英的硬实率。可见营养状况造成的植株生育差异，与硬实形成有关。

成熟收获后原非硬实的种子，在贮藏过程中受到环境条件的影响，也有可能造成二次休眠。例如，6℃高湿条件下贮藏的黄羽扇豆种子未曾产生硬实，而在 18℃干燥条件下贮藏则生成许多硬实。在某些地区，紫苜蓿贮藏期间的硬实率发生周期性的变化。这些情况在生产上并不罕见。

硬实的解除和环境条件同样存在密切的关系。一般认为温度的变化、干湿交替和微生物的作用，都是影响硬实解除的因素，温度起着尤为重要的作用。例如，紫云英种子收获后 2~3 个月内，硬实率一般达 80% 以上，在这段时间内变化很小，直到 9 月中旬，接近播种期，硬实率随当时气温的急剧变化而显著下降；但在一些气候反常的年份中，到播种时硬实率还很高，若用未经处理的种子播种，将会造成严重缺苗现象。

三、其他种子的休眠

（一）棉花

棉花种子的休眠期在不同类型和品种之间存在很大差异。海岛棉、亚洲棉、非洲棉几乎没有休眠或休眠很浅，而一般陆地棉种子的休眠却很明显。成熟度低的种子较充分成熟种子的休眠深。成熟和贮藏期间的环境条件都能影响休眠期的长短：低温条件下成熟的种子休眠较深，高温低湿的贮藏条件有利于休眠的解除。

棉花种子的休眠原因主要有两种：①种皮透气性不良，发芽时会阻碍正常的气体代谢，是造成休眠的重要原因；②棉花种子中有一定数量的硬实，硬实率的高低取决于品种类型和特性，造成硬实的原因是进水口（主要是内脐）组织严密而吸水受到阻塞。

上述原因均与种皮有关，因此休眠的棉花种子（棉籽）在剥去或切破种皮以后，都能迅速萌发。

（二）油菜

油菜种子的休眠期在不同类型之间差异悬殊，休眠深度依次为芥菜型、白菜型和甘蓝型油菜，芥菜型的休眠期可长达数月，而甘蓝型的成熟种子休眠常不明显，但未充分成熟的新收获种子发芽率很低，经过干藏以后，发芽率迅速升高。一般绿熟种子的休眠远深于褐熟和完熟种子。

白菜型油菜种子的休眠深度和种皮颜色有关，黑籽品种较黄籽品种休眠期长，种皮中存在的色素影响种皮的透性。休眠种子的透气性较差，挑破种皮可以使之萌发。

成熟期间的环境因素是影响油菜种子休眠和田间萌发的重要条件。油菜果壳中存在的抑制物质和果壳开裂前的透性不良都能阻止种子萌发，成熟期间的高温促进果壳开裂并使抑制物质的含量降低，持续的降雨也可使之流失。

贮藏条件可以影响种子休眠解除的速率，高温条件下种子的休眠期明显缩短。据研究，芥菜型油菜品种'红叶芥'的种子贮藏于 10℃的休眠期是 40 天，但在 20℃、30℃和 40℃条件下贮藏的种子休眠期均可缩短至 20 天以下。

（三）向日葵

向日葵新种子的果种皮中存在萌发抑制物质，导致种子产生休眠。另据报道，向日葵种子还有胚休眠。在种子成熟过程中，休眠逐渐加深并达到峰点；以后种子开始脱水，脱水期间休眠逐渐变浅，收获、干燥后经历一段时间，休眠可以终结而获得发芽能力。

向日葵种子的休眠解除对贮藏条件有特殊的要求和反应，休眠解除的速率是 0℃>24℃>35℃>15℃。低温预措不能使休眠种子发芽，但吸胀 2 天后用乙烯处理，可以破除种子的休眠，而且随着乙烯浓度的提高，发芽率也随之上升。

不良条件可以诱导向日葵种子产生二次休眠，当发芽条件超过 40℃时，不休眠的种子就进入休眠状态，称为高温休眠，此时即使给予适宜发芽条件，种子仍然不能萌发。

（四）甜菜

甜菜的种球（果球）中存在水溶性的抑制物质，主要存在于果皮及花萼中。经鉴定，抑制物质的种类很多，其中重要的是草酸盐及酚类物质，这些物质直接抑制种子发芽，或通过对氧气的掠夺作用影响萌发。适宜的浸种和流水处理可以有效地提高休眠种子的发芽率和发芽速率，揭去果盖（子房帽）也能促使休眠种子萌发。

（五）蔬菜类

蔬菜种类繁多，种子的休眠特性各异，现将主要蔬菜种子的休眠原因列表分述如下（表 5-4）。根据休眠的原因，可以采用适宜的方法予以破除。

表 5-4 主要蔬菜种子的休眠原因

类型和作物	休眠原因
瓜果类	
西瓜、黄瓜、甜瓜等	种皮透气性差
冬瓜	种皮透水性差
印度南瓜	光具促进作用，也有抑制作用（同一波长的光只有一种作用）
番茄	存在抑制物质
根菜类	
甘薯（真种子）	种皮透水性差
马铃薯实生种子（块茎）	种皮透气性差；激素不平衡（休眠块茎内仅含有极少量的生长促进物质，同时存在抑制物质）
胡萝卜	胚未发育完全
萝卜	种皮透气性差
叶菜类	
芹菜	发芽需光
苋菜	发芽忌光
莴苣（生菜）	发芽需光；种皮（包括胚乳）的障碍；种子中存在抑制物质
白菜、芥菜	种皮透气性差；发芽需光
菠菜	吸胀种子（果实）表面的胶液影响透气；果皮中有草酸

（六）观赏植物类

根据种皮的通透性测定发现，观赏树木中椴树和欧洲白蜡树种子的种皮不透气；豆科种子的种皮多透水性不好；而乌桕、花椒等种子的种皮有油、蜡质，既不透气也不透水。根据对种子的结构解剖观察，紫椴种子的种皮纤维素木质化，种皮外表有角质层，栅栏组织排列很紧密，有一条不透水的明线；元宝枫种皮的厚角组织细胞形成大量的果胶质和石细胞，细胞壁上的微团在轴面方向上是有规律的鱼鳞坑结构，妨碍气体的交换，降低氧的交换率。

根据对种子的胚结构解剖观察到，欧洲白蜡树、水曲柳、银杏等种子采收时，种胚尚未发育完全。有许多树木种子的胚在形态上已成熟，但并未完成生理后熟。很多草本花卉种子在种子脱离母株后，种胚并未成熟，如毛茛科、罂粟科种子，该休眠属于种胚发育不完全型——处于原胚时期这一类型；伞形花科、欧石南科、报春科植物种子的胚休眠是处于直线型的种胚——鱼雷形胚时期；而兰花种子的种胚为一团未分化细胞。

解除这些种子休眠的方法有很多，如化学药剂处理、层积、激素处理及一些物理的方法。

（1）化学药剂处理：用浓 H_2SO_4 处理种子可使种皮软化和破裂，加快水分的吸收和氧气的交换，对无透性的硬粒种子很有效。例如，浓 H_2SO_4 处理刺槐种子 1 h，种子发芽率从 15% 提高到 73%。用盐酸处理月季种子可以提高种子的发芽率，用 KNO_3 处理种子可以改善种子的物理性状，增强种皮透性，增加氧气透入种子的能力。

（2）层积有变温层积和低温层积两种，变温层积可以模拟自然环境条件。例如，欧洲白蜡树、刺槐、冬青、水曲柳、红松和牡丹等种子先在 15～25℃ 层积一段时间，后再经 0～5℃ 层积，比单独用 0～5℃ 层积好。低温层积对强迫休眠和生理休眠都适宜，如银杏、椴树、白蜡、苹果、花椒、桃和杏都可用 0～7℃、湿度为 60% 左右的条件层积。

（3）用外源激素 GA、CK 等处理休眠种子，可促进种子发芽，用 GA$_3$＋BA（苄氨基腺嘌呤）浸种 48 h 后层积，8 周后可使玉兰种子的发芽率达 73%。

（七）药用植物类

1. 种皮不透水性、不透气性和机械障碍引起的休眠 东北红豆杉种皮坚硬，表面角质化，通气和透水性极差，严重影响种子吸胀和萌发。机械磨损种皮或浓硫酸处理后，能很快吸水。而在自然条件下，东北红豆杉种子需要经过两冬一夏、冷暖交替、雨水冲洗，以及土壤微生物的作用，坚硬种皮遭受破坏后才吸水萌发。

2. 种皮（或果皮）阻碍抑制剂从胚中排出或种皮本身存在抑制剂 有相当多的药用植物种子种被中存在活性比较高的抑制物质。例如，山葵种子种皮有抑制物质，去除种皮可使山葵种子发芽率提高到 98%；用 6-BA、GA$_3$、BR 处理可提高山葵种子的发芽率。南方红豆杉新鲜种子内含有发芽抑制物质，对新鲜种子用 25℃层积 36 周、5℃层积 12 周的模式效果最好，能消除种子内的发芽抑制物质，打破种子休眠，促进胚的纵向生长，发芽率达 64%～82%。

3. 同时需要胚形态后熟和生理后熟 人参种子刚收获时，胚呈原胚状态，而西洋参果实收获时，其种胚仅长 0.4～0.5 mm，它们都要求高温至低温的层积处理来完成形态后熟和生理后熟。百合科药用植物种子成熟时往往形态还未成熟（胚未发育，停留在原球胚阶段），其胚的发育与温度密切相关，完成胚后熟需要先高温后低温的阶段。

第三节　种子休眠的调控

种子休眠对农业生产既有有利的一面，又有不利的一面，因此在不同的情况下可以根据需要进行调控——加深休眠，防止发芽；或破除休眠，促进种子萌发。

一、延长种子的休眠期

（一）品种选用

在种子成熟期间多雨或贮藏期间容易发芽的条件下，延长种子休眠期或加深种子休眠是减少损失的重要措施，可以根据需要选育具有一定休眠期的品种，如禾谷类作物、豆类作物和油菜等均可采用这种方法。小麦的红皮品种一般比白皮品种休眠期长，若从一些优良的白皮品种中选取红皮的变异个体，经繁殖固定，就能得到休眠期较长的新品种。

（二）药剂调控

田间喷药是调控休眠的一项可行的措施。例如，小麦于花后 18 天用 0.1%～0.2% 青鲜素（MH）喷施可以抑制种子发芽，也可用催熟剂 1% 促麦黄（乙基黄原酸钠）于完熟前 10 天（大麦于完熟前 7 天）喷雾，可促进成熟，提早收获，实现避过雨季而降低穗发芽的目的；水稻可用 0.1% 乙烯利在齐穗至灌浆初喷洒催熟；油菜则用 0.2%～0.4% 乙烯利在终花后一周施用。

二、缩短种子的休眠期

（一）种子处理

采用未通过休眠期的种子播种，往往出苗率很低，出苗时间延长，耽误生产季节，因此必须采用各种处理，以提高种子的播种品质。在种子检验工作中，也必须采用适宜方法破除种子休眠，以测定休眠种子的发芽力。

种子处理的方法很多，有化学物质处理、物理处理、机械方法处理、干燥处理（包括自然干燥及人工加温干燥）等，可以根据不同作物的休眠原因和种子的数量选用适宜的方法。

破除休眠的化学物质种类很多，适用的范围并不一致（表5-5）。最常用的有赤霉素、细胞分裂素和乙烯等生长调节物质，尤其是赤霉素能破除多种作物种子的休眠（表5-6）。此外，采用氧化剂处理种皮透气性差的休眠种子，常能取得良好效果，过氧化氢溶液是最常用的一种氧化剂。不同作物种子由于种皮组织及透性的差异，应分别采用适宜浓度的药液。

表 5-5　破除种子休眠的化学物质及其适用范围

化学物质种类		适用范围
生长调节物质	赤霉素	对胚休眠及种皮透气性不良的种子和需光种子有效，有效范围为 $10^{-5}\sim$ $10^{-3}\,mol/L$
	细胞分裂素	在弱光下（非暗处）才能对莴苣有效；能抵消抑制物质尤其是 ABA 的作用
	乙烯	对花生及某些杂草种子有效，有效范围为 $0.1\sim200\,\mu L/L$。也可破除苋菜等光敏感种子休眠
氧化剂	次氯酸盐、双氧水、氧	对种皮透气性不良的种子及抑制物质容易氧化的种子有效
含氮化合物	硝酸、亚硝酸、羟胺、硫脲	对许多禾本科种子、双子叶杂草种子有效，也可破除光敏感种子休眠
呼吸抑制剂	氰化物、叠氮化合物、丙二酸盐、硫化氢、一氧化碳、氟化钠、碘乙酸、二硝基酚、羟胺	对胚休眠及种皮透气性不良的种子有效
有机溶剂	丙酮、乙醇、甲醇、氯仿	对种皮透性不良的种子（如某些禾本科杂草、牧草、豆科等硬实）有效
硫氢化合物	2-巯基乙醇、2,3-二巯基丙醇、二硫苏糖醇	对大麦和燕麦种子解除休眠有效，可促进戊糖磷酸途径，降低 C_6/C_1 值
植物产物	梭壳孢菌素等	对抑制物质 ABA 引起休眠的莴苣种子有效，也能加速玉米、萝卜和棉花种子萌发
其他	二氧化碳、亚甲基蓝、酚类羟基、喹啉、丁二酮肟	40% 以上浓度 CO_2 对莴苣有效。亚甲基蓝对减少大麦种子休眠有效，它是一种电子接受体

表 5-6　赤霉素破除作物种子休眠的有效浓度

作物	有效浓度 /（mg/L）	处理方法	作物	有效浓度 /（mg/L）	处理方法
小麦	800	浸种 24 h	棉花	500	浸种 24 h
水稻	100	浸种 24 h	向日葵	25	浸种 24 h
大麦	$100\sim200$	浸种 24 h	莴苣	$10\sim100$	浸种 24 h
萝卜	500	浸种 24 h			

机械处理可以改变种皮结构的状况和消除种皮对萌发的阻碍作用。切割、针刺、去壳等都是行之有效的方法。这类方法如能很好地掌握，能使休眠种子立即萌发而并不伤及种胚，因此通常用于测定休眠种子的生活力。

温度处理可根据需要进行高温处理、低温处理（或冷冻处理）及变温处理，前者有较广泛的实用价值。晒种或人工加温干燥实际上也是一种温度处理的方式，在农业生产上常用于处理种皮透气性差而致休眠的种子。

硬实是一种特殊的休眠形式，其休眠的破除在于改变种皮的透水性，因此可采用多种方法损伤种皮，以达到促进萌发的目的，如温度处理（高温、冷冻、变温等，温汤浸种或开水烫种）、切破种皮、机械碾磨擦伤种皮、浓硫酸处理腐蚀种皮、有机溶剂浸渍去除种皮上的脂类物质等。硬实和种皮透气性不良是农作物种子休眠的重要原因，破除休眠方法的相同之处是均可以采用物理机械方法改变种皮状况，不同之处是硬实不能用激素或一般的化学物质进行处理，因为这些物质无法透过种皮。

现将主要作物种子休眠的破除方法列于表 5-7。

表 5-7　主要作物种子休眠的破除方法

作物	休眠破除方法
水稻	播前晒种 2～3 天；40～50℃ 7～10 天；机械去壳；0.1 mol/L HNO_3 浸 16～24 h；3% H_2O_2 浸 24 h；赤霉素处理
大麦	播前晒种 2～3 天；39℃ 4 天；低温预措；针刺胚轴（先撕去胚部稃壳）；1.5% H_2O_2 浸 24 h；赤霉素处理
小麦	播前晒种 2～3 天；40～50℃数天；低温预措；针刺胚轴；1% H_2O_2 浸 24 h；赤霉素处理
玉米	播前晒种，35℃发芽
棉花	播前晒种 3～5 天；去壳或破损种皮；硫酸脱绒（92.5% 的工业用硫酸）；赤霉素处理
花生	40～50℃ 3～7 天；乙烯处理
各种硬实	日晒夜露；通过碾米机；温汤浸种或开水烫种（如田菁用 96℃ 3s）；切破种皮；浓硫酸处理（如甘薯用 98% H_2SO_4 处理 4～8 h；苕子用 95% H_2SO_4 处理 5～9 min）；红外线处理
油菜	挑破种皮；低温预措；变温发芽（15～25℃，每昼夜在 15℃保持 16 h，25℃保持 8 h）
马铃薯（块茎）	切块或切块后在 0.5% H_2SO_4 中浸 4 h；1% 氯乙醇中浸 0.5 h；赤霉素处理
甜菜	20～25℃浸种 16 h；25℃浸 3 h 后略使干燥，在潮湿状态下于 25℃中保持 33 h 剥去果帽（果盖）
菠菜	0.1% KNO_3 浸种 24 h；剥去种皮，沙床发芽
莴苣	赤霉素处理，PEG 引发破除热休眠

注：赤霉素处理浓度见表 5-6；低温预措是将种子置于湿润发芽床上，在 8～10℃保持 3 昼夜，再移置 20℃条件下发芽

（二）种子后熟处理

在实际生产中，通常利用种子后熟处理，即将种子在室温、干燥条件下贮存数月破除种子休眠。大多植物种子需要最短几周、最长 60 个月的干燥后熟作用，才能打破种子休眠。后熟破除种子休眠的速度是由贮存环境温度和种子自身含水量共同决定的，种子 5%～15% 含水量是最佳后熟处理条件，过高或过低的含水量都会降低后熟作用效果。种子经后熟处理后，其生理状态进入一个新阶段，种子发芽力由弱转强，即发芽率有显著提高，适用于生产上的播种。

（三）改变发芽条件

许多作物的休眠种子并非绝对不能发芽，而是其萌发温度不同于非休眠种子，而且发芽的温度范围偏窄。若将它们置于一定温度条件下，可以提高其发芽率或使之发芽良好。例如，大麦、小麦和油菜种子经过低温预措后再发芽（将种子置于湿润的发芽床上，保持8～10℃ 3昼夜，再移置20℃条件下发芽），玉米用35℃高温发芽，水稻种子用35～37℃高温发芽，也可在一定程度上提高发芽率。

有些作物的休眠种子需要光照才能发芽，应当注意这类种子的光反应，给予适当强度和一定时间的光照。

小　　结

种子休眠是自然界中一个相当普遍的生物学现象，但是其休眠原因和机制较复杂，至今尚未有明确的定论。不同种类的种子，其休眠的原因各不相同，尚需进行更广泛深入的研究。根据农业生产实际需要，可以对休眠种子进行调控——加深休眠，防止发芽；或破除休眠，促进种子萌发。

思　考　题

1. 自然休眠与强迫休眠有何区别？
2. 硬实种子和硬壳的种子有什么区别？怎样调节产前硬实种子种皮休眠的因素？
3. 说明水稻和棉花种子休眠的原因。
4. 描述种子的原生休眠，列出可以解除这种休眠状态的4种方法。
5. 举例说明种皮控制种子休眠的3种途径，举出破除这种休眠的两种方法。

第六章 种子萌发

【内容提要】种子萌发是指具有生活力的种子通过休眠或解除休眠后，在适当的环境条件下发芽，并形成具有正常根、茎、叶的幼苗的过程。种子萌发受遗传控制，在此期间发生各种生理生化变化，贮藏物质逐步地被分解和利用。种子萌发受到水分、温度、氧气、光照等外界环境因素的影响。

【学习目标】通过本章的学习，掌握种子萌发的过程、机理及其影响因素，为提高种子成苗率和促进农业生产奠定基础。

【基本要求】掌握种子萌发的过程及类型；理解种子萌发过程中的物质代谢特点；熟悉影响种子萌发的因素。

第一节 种子萌发的过程及类型

种子萌发（seed germination）是种胚从生命活动相对静止状态恢复到生理活跃状态的生长发育过程，标志着植物新生个体生长的开始。种子萌发受其内部和周围环境条件的影响，涉及一系列的生理生化和形态上的变化，从而表现出复杂的过程和不同的类型。

一、种子萌发的过程

种子萌发的主要过程是种胚恢复生长和形成一株正常构造的幼苗。所有有生命力的种子，当它已经完成后熟，脱离休眠状态之后，在适宜条件下，都能开始它的萌发过程，继之以营养生长。种子从吸胀开始的一系列有序的生理过程和形态发生过程，大致可分为吸胀、萌动、发芽和成苗4个阶段。

（一）吸胀

吸胀（imbibition）是指种子吸水而体积膨胀的现象。吸胀是种子萌发的起始阶段，是种子萌发的开端。成熟种子贮藏期间的含水量一般为8%~14%，各部分组织比较坚实紧密，细胞内含物呈干燥的凝胶状态。当种子浸于水中、落到潮湿的土壤中或在较高湿度的空气中，则很快吸水而膨胀（少数种子例外）。直到细胞内部的水分达到一定的饱和程度，细胞壁呈紧张状态，种子外部的保护组织趋向软化，才逐渐停止。

吸胀并非活细胞的一种生理现象，而是胶体吸水体积膨大的物理作用。由于种子的化学组成主要是亲水胶体，即使种子丧失生活力后，这些胶体的性质也不会发生显著变化。因此，不论是活种子还是死种子均能吸胀。在某些情况下，活种子也会因种皮不透水而不能吸水膨胀，如豆科的硬实种子。因此，种子吸胀是种子萌发过程中所必须经过的一个最初阶段，本章介绍的吸胀专指有生活力种子的吸胀。

影响种子吸胀能力强弱的主要因素是种子的化学成分、种皮的结构和吸胀温度。一般来说，高蛋白种子的吸胀能力远强于高淀粉种子。例如，豆类作物种子的吸水量大致接近其至超过其本身的干重，而禾本科作物种子吸水一般约占其干重的1/2；油料作物种子的吸水量则主要取决于其含油量的多少，在其他化学成分相似时，油分越多，吸水力越弱。

在种子萌发过程中，活种子水分吸收可分为3个阶段：开始吸水阶段、滞缓阶段和重新大量吸水阶段（图6-1）。吸胀开始时吸水较快，然后逐渐减慢，之后又重新加快。种子吸胀时，由于所有细胞体积增大，对种皮产生很大的膨压，使种皮变软或破裂，种皮对气体等的通透性增加，随之萌动开始。当种子吸水达到一定量时，吸胀的体积与其干燥状态的体积之比，称为吸胀率。一般淀粉种子的吸胀率为130%～140%，而豆类种子的吸胀率可达200%甚至更多。

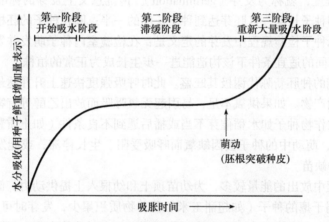

图 6-1　种子萌发过程中水分吸收的典型模式（Bewley and Black，1994）

种子在吸胀过程中会释放一定的热量，称为吸胀热，吸胀热的释放与呼吸作用无关，也并非活细胞的一种生理现象，而是干燥的胶体物质吸水后放热的物理作用，绝对干燥的胶体放热最多，随着种子膨胀度的提高，放热逐渐减少直至停止。

（二）萌动

萌动（protrusion）是种子萌发的第二阶段（图6-1）。种子吸胀后，吸水一般要停滞数小时甚至数天。吸水虽暂时停滞，但种子内部的代谢活动开始活跃，转入一个新的生理状态。此时，在生物大分子、细胞器活化和修复基础上，种胚细胞迅速生长。当种胚体积增至一定程度，胚根尖端突破种皮，这一现象即种子的萌动。种子萌动在农业生产上俗称"破胸"或"露白"，而种子生理上把萌动看成是种子萌发的完成。

一般来说，种子萌动时首先冲破种皮的是胚根，因为其尖端正对着种孔（发芽口）。当种子吸胀时，水分从种孔进入种子，胚部优先获得水分，并且最早开始活动。种子萌动时，胚的生长随水分供应情况不同而存在差异。当水分相对少时，胚根先出；而当水分过多时，胚芽先出。这是因为胚根对水多缺氧条件的反应比胚芽更为敏感。在少数情况下，有些无生命力的种子在充分吸胀后，胚根也会因体积膨大而伸出种皮以外，这种现象称为假萌动或假发芽。

种子从吸胀到萌动所需的时间，因植物种类的不同而不同。在适宜的萌发条件下，小麦和油菜种子仅需1天左右，水稻和大豆种子则需2天左右，玉米和西瓜种子则需3天左右。

一般来说，林木类植物种子萌动所需时间更长，少则1周，多则数周或数月。

种子开始萌动后，其生理状态与休眠期间相比，有了显著的变化。胚部细胞的代谢机能趋向旺盛，而对外界环境条件的反应非常敏感。如遇到环境条件的急剧变化或各种理化因素的刺激，就可能引起生长失常或活力下降，严重的会导致死亡。在适当的范围内，给予或改变某些条件，会对整个萌发过程及幼苗的生长发育产生一定的效应。

（三）发芽

种子萌动后种胚细胞开始或加速分裂与分化，生长速度明显加快。当胚根、胚芽伸出种皮并发育到一定程度，就称为发芽（germination）。传统意义上发芽的标准是：禾谷类作物种子的胚根应达到种子长度，且胚芽达到种子长度的一半；圆粒种子的胚根与胚芽应达种子的直径长度。国际种子检验规程中发芽的定义是：在检验室内种子萌发并发育形成具有正常构造的幼苗，在田间的适宜条件下该构造能进一步生长成为正常的植株。

处于这一时期的种胚新陈代谢极其旺盛。此时呼吸强度快速上升并达最高限度，会产生大量的能量和代谢产物。如果供氧不足，易引起无氧呼吸而放出乙醇等有害物质，导致种胚窒息甚至死亡。农作物种子如水稻催芽不当或播后遇到不良条件（如土质黏重、覆土过深或雨后表土板结等），萌动中的种子会因缺氧而呼吸受阻、生长停滞，或能发芽但幼苗无力顶出土面，导致烂种缺苗。

种子发芽过程中放出的能量较多，为幼苗顶土和幼根入土提供动力。健壮饱满的种子出苗快而整齐，瘦弱干瘪的种子（如超甜玉米）营养物质积累少，发芽时可利用的能量不足，即使播种深度适宜，也常常无力顶出土壤出苗而死亡；有时虽能出土，但因活力很弱，如遇恶劣条件或者病原物的侵袭，同样容易引起死苗。这种情况多发生在大豆、花生、棉花等大粒种子或活力低的种子中。

（四）成苗

种子发芽以后长出根、茎、叶，形成幼苗。幼苗的主要构造是由种胚在发育期间分化出来的组织衍生而来。幼苗的主要构造通常由下列一些构造所组成：① 根系，主要是初生根，禾本科的水稻、小麦、玉米等作物称为种子根；② 幼苗中轴，包括上胚轴（子叶着生点到第一片真叶之间的一段胚轴）、下胚轴（子叶着生点到胚根之间的一段胚轴），禾本科中的水稻、玉米、高粱表现为中胚轴（盾片到胚芽鞘之间的一段胚轴）；③ 子叶（一至数枚）；④ 胚芽鞘（禾本科所有属）。但单子叶植物和双子叶植物幼苗的主要构造存在一定的差异（表6-1）。

表6-1 幼苗主要构造比较

构造		单子叶植物	双子叶植物
根		须根系（有的不定根发达，也有的种子根发达）	直根系（侧根发达）
胚轴	上胚轴	几乎看不到伸长，但石刁柏属较长，还有鳞叶	出土型的很短，肉眼难以看见（菜豆例外）；而留土型的很长，偶尔还长出鳞片（如豌豆）
	中胚轴	禾本科中伸长很明显，也有的不明显，也有的不伸长	不存在
	下胚轴	很短，几乎难以辨认	出土型很长（仙客来属特殊，形成块茎）；留土型的很短或不伸长

构造	单子叶植物	双子叶植物
子叶	单子叶通常是变型的，如盾片。子叶大部分留土，极少出土型。留土型都变型，如石刁柏变成吸器，禾本科为盾片和胚芽鞘；出土型如葱属，圆管状，参与光合作用	双子叶通常两片；也有的一片，如仙客来属、春美草属；也有的三片，如石蒜属等。大部分出土，部分留土。出土型长时间保留并参与光合作用（但菜豆不久枯萎）。留土型子叶呈半球形和肉质状
营养叶	一片，禾本科为胚芽鞘内长真叶，在葱属中为子叶基部长出	两片或更多

资料来源：全国农作物种子标准化技术委员会，2000

二、种子萌发的类型

种子发芽后，根据子叶出土状况，通常可将种子萌发的类型分为子叶出土型和子叶留土型。

（一）子叶出土型

出土型萌发（epigeal germination）是指由于下胚轴伸长而使子叶和幼苗伸出地面的一种发芽类型。出土型植物种胚初生根伸出后，下胚轴显著伸长，初期弯曲成弧形，拱出土面后逐渐伸直，最后将子叶和胚芽鞘带出土面，子叶变绿，展开并形成幼苗的第一个光合作用器官，随后上胚轴和顶芽生长（图6-2）。单子叶植物中只有少数属于出土型萌发，如葱蒜类；而90%的双子叶植物种子萌发均属这种类型，常见的有大豆、菜豆、棉花、油菜、黄麻、烟草、蓖麻、向日葵、西瓜等。

这类植物幼苗下胚轴的生长快慢和长度与出苗率常有密切关系。出土型萌发的优点是幼苗出土时顶芽包被在子叶中受到保护，子叶出土后即能进行光合作用，继续为生长提供能量。例如，大豆的子叶能进行数日的光合作用，而棉花、萝卜等子叶能保持数周的光合作用。某些植物的子叶与后期生长发育有关。例如，棉花的子叶受到损害时，以后会减少结铃数，甚至完全不结铃；若烟草的子叶受伤，则真叶长出和生长速度明显变慢；丝瓜的子叶受伤后，对开花期子房的发育会产生抑制作用。因此，在作物移植或间苗操作过程中，应注意保护子叶的完整，避免机械损伤。

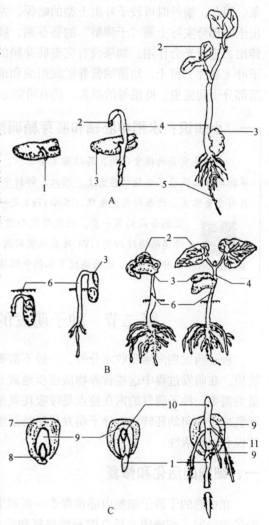

图 6-2　发芽种子的幼苗类型

A. 子叶留土型幼苗（蚕豆，双子叶）；B. 子叶出土型幼苗（菜豆，双子叶）；C. 子叶留土型幼苗（玉米，单子叶）
1. 胚根；2. 第一真叶；3. 子叶；4. 上胚轴；5. 初生根；6. 下胚轴；7. 胚乳；8. 胚根鞘；9. 盾片；10. 胚芽鞘；11. 不定根

（二）子叶留土型

留土型萌发（hypogeal germination）是指子叶或变态子叶（盾片）留在土壤和种子内的一种发芽习性。留土型植物种子萌发期间下胚轴几乎不伸长，子叶或变态子叶（盾片）留在土壤中的种皮内，直至内部养料耗尽而逐渐解体；种子发芽时，胚芽鞘和中胚轴伸长，几乎看不到上胚轴伸长，首先进行光合作用的是初生叶或胚芽中长出的第一片真叶（图6-2）。大部分单子叶植物如禾本科植物水稻、小麦、玉米等，和少部分双子叶植物如蚕豆、豌豆等属于这种类型。

留土型种子萌发时，穿土力较强，即使在黏重的土壤中，一般也较少发现不能出苗的现象。因此，播种时可较子叶出土型的略深，尤其在干旱地区更为必要。禾谷类植物种子幼苗出土的部分实际上是"子弹型"的胚芽鞘，胚芽鞘出土后在光照下开裂，内部的真叶才逐渐伸出，进行光合作用。如果没有完整胚芽鞘的保护，幼苗出土将受到阻碍。由于子叶或变态子叶（盾片）留土，幼苗的营养贮藏组织和部分侧芽仍保留在土中，因此即使土壤上面的幼苗部分受到昆虫、低温等的损害，仍有可能重新从土中长出幼苗。

> **小知识：水稻中胚轴和胚芽鞘调控机制**
>
> 水稻是重要的粮食作物，其幼苗主要由根、中胚轴、胚芽鞘以及真叶组成。其中，中胚轴和胚芽鞘的伸长促进了水稻幼苗出土。因此，解析中胚轴和胚芽鞘伸长的机制，对于培育直播水稻品种具有重要意义。近来研究者发现，水稻 GY1 是一个定位于叶绿体的磷脂酶 A1 蛋白，作用于茉莉酸生物合成的第一步。功能研究和遗传分析结果表明，OsEIN2 和 OsEIL2 介导的乙烯信号通路通过抑制 GY1 及其他茉莉酸合成途径基因的表达来下调茉莉酸的含量，促进了细胞的伸长，进而调控了水稻中胚轴和胚芽鞘的长度。
>
>
> 6-1 拓展阅读

第二节　种子萌发的生理生化及遗传基础

种子萌发期间除吸收水分外，一般不需要外来营养物质，因为种子内部含有丰富的营养物质，在萌发过程中这些营养物质逐步地被分解和利用，可以满足种子萌发过程中物质和能量的需要。种子萌发的内在特点是呼吸耗氧量激增，酶类活性增加，贮藏物质分解，开始从胚乳或子叶向幼胚转移。种子萌发代谢是新生命活动的开始，它能有效地反映出种子的遗传特性和生命活性。

一、细胞的活化和修复

在成熟的干种子细胞内部预存着一系列生命代谢和与合成有关的生化系统，在种子萌发的最初阶段，细胞吸水后立即开始修复和活化过程。种子内部活化的系统有酶、细胞器等。种胚细胞一接触水分，呼吸强度就明显增高，但刚活化的细胞代谢系统的反应效率一般不高，如线粒体的呼吸效率（消耗单位氧气产生 ATP 的量）较低。另外，种子刚接触水时细胞内含物透过膜的外渗较多，表明干种子内部细胞膜系统存在着某些损伤。除了细胞膜系统之外，在干种子中还发现 DNA、RNA（特别是 mRNA）分子也存在着损伤，有待修复。因此，种子在吸胀时细胞会发生相应的修复性代谢变化。正常的细胞膜中，磷脂和膜蛋白的排列整齐，结构完整。在种子成熟和干燥过程中，由于种子脱水，磷脂的排列发生转向，膜的连续界面不能再保持，膜成为不完整状态，以致种子吸水以后，细胞膜失去其正常的功能，无法防止溶质从细胞内渗漏出去。吸胀一定时间以后，种子内修补细胞膜的过程完成，膜就恢复了正常的功能，溶质的渗出就得到了阻止。吸胀细胞也合成新的磷脂分子，在高水分下磷脂和膜蛋白分子在细胞膜上排列趋向完整。随着种子吸胀的进行，线粒体内膜的某些缺损部分重新合成并恢复完整，电子转移酶类被整合或活化并嵌入膜中，结果氧化磷酸化的效率逐渐恢复正常。

DNA分子损伤的修复由DNA内切酶、DNA多聚酶和DNA连接酶来完成。修复的一般方式是首先由内切酶切去受到损伤的片段，接着由多聚酶重新合成相应片段，再由连接酶连接到相应DNA分子上。而一般的DNA分子裂口可由连接酶作直接的接合。干种子中缺损的RNA分子一般被分解，而由新合成的完整RNA分子所取代。相关研究表明，DNA连接酶Ⅵ、LIG6蛋白、烟酰胺酶、甲酰嘧啶-DNA-糖基化酶、8-氧化鸟嘌呤DNA糖基化酶等均参与DNA修复过程。在成熟的野生型拟南芥种子中，编码烟酰胺酶的基因 *NIC2* 表达水平较高，但是在敲除的突变体 *nic2-1* 种子中烟酰胺酶活性显著降低，从而导致种子萌发延迟；进一步研究发现这是由于NIC2调控烟酰胺酶，减轻了烟酰胺对多聚腺苷二磷酸-核糖聚合酶活性的抑制作用，从而允许DNA进行修复过程。此外，有研究表明，在种子萌发早期，甲酰嘧啶-DNA-糖基化酶和8-氧化鸟嘌呤DNA糖基化酶基因表达均出现显著上调，同时发现如果DNA连接酶Ⅵ失活，种子萌发将会出现延迟。另外，蛋白质修复在种子萌发中也是至关重要的。在拟南芥中，过多积累蛋白质L-异天冬氨酸-甲基转移酶Ⅰ会使异天冬氨酸含量减少，从而促进种子萌发。并且在拟南芥T-DNA插入突变体新采收的成熟干种子中，蛋白质L-异天冬氨酸-甲基转移酶Ⅰ积累显著增加，提高了种子在非生物逆境下的萌发效率。以上的研究表明，蛋白质L-异天冬氨酸-甲基转移酶Ⅰ是蛋白质修复过程中的关键酶。

6-2 拓展阅读

细胞的活化和修复能力，除受到环境条件的影响外，还与种子的活力有密切关系。有研究比较了发芽率95%和52%两种不同活力的黑麦种子，放在放射性胸腺嘧啶中培养，从放射性胸腺嘧啶的渗入量测定DNA的损伤和修复数量。结果表明，高活力黑麦胚渗入量随着发芽时间的延长而增加，说明高活力的种子修复能力强，而低活力的种子则相反。低活力的种子活化迟缓，修复困难。因为低活力的种子不仅修复能力降低，而且损伤的程度比高活力的种子大得多，活力降低到一定水平，就无法修复，种子也就失去了萌发能力。

二、种胚的生长和合成代谢

种子萌发最初的生长在种胚细胞内主要表现在活化和修复基础上细胞器和膜系统的合成增殖。如前所述，修复时原有线粒体的部分膜被修补整合，呼吸酶数量增加，呼吸效率显著提高；紧接着细胞中新线粒体形成，数量进一步增加。同时，细胞的内膜系统——内质网和高尔基体也大量增殖，高尔基体运输多糖到细胞壁作为合成原料；内质网可以产生小液泡，小液泡的吸水胀大以及液泡间的融合，使胚根细胞体积增大。在许多情况下，胚根细胞的伸长扩大，就可直接导致种子萌动。

种胚细胞具有很强的生长和合成能力。以小麦种子为例，吸胀30 min即利用种子预存的 RNA 合成蛋白质；新 RNA 分子的合成在吸胀后 3 h 开始，首先合成的种类是 mRNA。在一定量的新 RNA 积累的基础上，小麦种子中 DNA 的合成于吸胀的第 15 小时开始，在 DNA 复制后数小时，种胚细胞进行有丝分裂。用放射性同位素示踪表明，种子吸水 5 min 后氨基酸代谢已开始，在 10～20 min 后糖酵解和呼吸作用也开始进行，很多酶开始活化，种子吸水至 1 h，种子内贮藏的植酸盐开始水解，为 ATP 的合成准备了无机盐酸盐。

干燥种子细胞内存在着酶蛋白、核糖核蛋白等复合体，在各种吸胀后开始水解参与生化过程。例如，大麦干种子中的 β-淀粉酶是以二硫键与蛋白质结合在一起或以两个双硫键与蛋白质结合在一起形成酶原，种子吸水后经蛋白降解酶水解才能形成活化的 β-淀粉酶。核糖核蛋白复合体经过蛋白水解酶的水解成为自由的 mRNA，在蛋白质合成中发挥翻译作用。对水稻干胚和吸胀胚中核糖体蔗糖梯度进行测定表明，水稻干胚中只发现 1 个峰，即干种子胚中只存在单核糖体，吸胀胚有 3 个峰，出现了 60 S 大亚基和 40 S 小亚基。

此外，生长素在胚根突破种皮方面起到至关重要的作用，生长素与细胞分裂素互作决定胚根顶端分生组织的形成，同时生长素通过调节赤霉素应答反应促进拟南芥根的伸长。

三、贮藏物质的分解和利用

种子内部存在丰富的营养物质，在发芽过程中逐步地被分解和利用，通常称贮藏物质动用。一方面在呼吸过程中转化为能量，用于生长和合成；另一方面通过代谢转化成新细胞组分。在种子吸胀萌动阶段，生长先动用胚部或胚中轴（embryonic axis）的可溶性糖、氨基酸以及仅有的少量贮藏蛋白。例如，豌豆种子胚中轴的贮藏蛋白在发芽前 2～3 天内即被分解利用。但在贮藏组织（胚乳或子叶）中贮藏物质的分解需在种子萌动之后。淀粉、蛋白质和脂肪等大分子首先被水解成可溶性的小分子，然后输送到胚的生长部位被继续分解和利用（图 6-3）。

（一）贮藏糖类的代谢

禾谷类种子萌发时，糊粉层在赤霉素（GA）作用下，分泌出溶解细胞壁的半纤维素酶和溶解淀粉的淀粉酶，使淀粉分解为糖类，供胚利用。该原理已在大麦材料中被揭示，如图 6-4 所示。干种子中 GA 含量很少，萌发前期 GA 含量迅速增加，然后又迅速下降。在GA 与 α-淀粉酶合成之间有一个 20 h 的停滞期，GA 从胚转移到糊粉层的运输过程及引起糊粉层生成酶的反应过程在此停滞期完成。

盾片同样具备分泌淀粉酶的能力，盾片的上皮细胞又能吸收胚乳中的营养物质提供给幼胚，因此禾谷类种子的盾片在萌发期间具有消化和吸收的功能。胚乳中的营养物质的溶解过程最初是从子叶盘邻接的地方开始，然后逐渐扩大到胚乳的全部。

半纤维素酶对半纤维素的分解作用对种子的萌发极为重要。种子萌发过程中，位于胚乳糊粉层下面的细胞壁首先分解，然后逐渐扩大到胚乳中央。胚乳细胞壁的分解促使糊粉层中合成的各种水解酶进入淀粉层，分解胚乳中的营养物质，并将可溶性分解产物迅速转移至正在生长的胚中轴。

淀粉是种子中贮藏的最常见的碳水化合物，也是种子萌发过程中主要的糖类分解代谢物质。淀粉有两条分解代谢途径：水解和磷酸化分解。在种子萌发的初期，磷酸化酶起主要作用。这种酶起作用时不需要消耗腺苷三磷酸（adenosine triphosphate，ATP），相反还产生ATP。该酶的分解效率较低，因此在积累相当能量后，即转入效率较高的水解，淀粉水解主

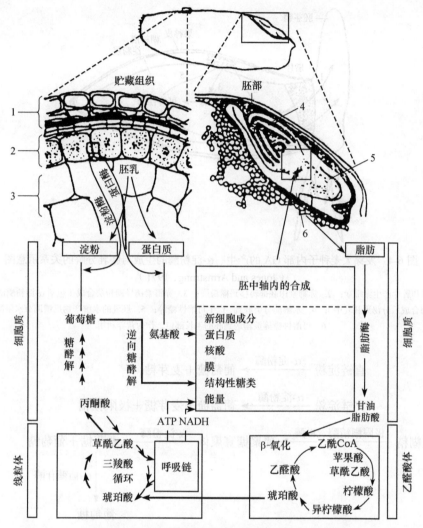

图 6-3 种子贮藏物质分解、转化和利用方式示意图
1. 果种皮；2. 糊粉层；3. 淀粉层；4. 胚芽；5. 胚根；6. 盾片
→表示分解；➤表示合成

要由淀粉酶来完成。

天然淀粉粒中的直链淀粉和支链淀粉首先被 α-淀粉酶水解，释放的低聚糖被 α-淀粉酶进一步水解，直到产生葡萄糖和麦芽糖。但由于 α-淀粉酶不能断裂支链淀粉的 α-1,6-糖苷键，所以经 α-淀粉酶分解的支链淀粉先产生葡萄糖、麦芽糖和极限糊精。

脱支酶包括极限糊精酶和 R 酶，专一性地作用于 α-1,6-糖苷键。极限糊精酶专门分解小单位的极限糊精，但不能分解高分子质量的支链淀粉，R 酶则起双重作用。

另一淀粉酶为 β-淀粉酶，不能直接分解天然淀粉粒，只能在 α-淀粉酶分解的基础上断裂开非还原端的麦芽糖。由 α-淀粉酶和 β-淀粉酶作用产生的麦芽糖，再由 α-葡糖苷酶进一步转化为两个葡萄糖分子。

在磷酸化分解途径中，淀粉磷酸化酶结合一个硫酸盐作用于多聚糖链非还原末端的倒数第二个和最后一个葡萄糖残基之间的 α-1,4-糖苷键，释放一个葡萄糖-1-磷酸分子。直链淀粉

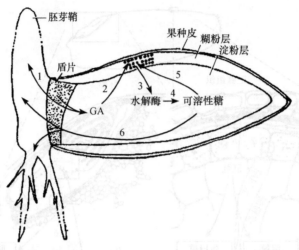

图 6-4 发芽大麦种子内部 GA 的产生、α-淀粉酶的生成与胚乳分解的关系示意图

（Jones and Armstrong, 1971）

1. 胚芽鞘和盾片产生赤霉素； 2. 赤霉素由胚部转移到糊粉层； 3. 赤霉素诱导糊粉层合成（包括 α-淀粉酶的水解性酶类，这类酶合成后分泌到胚乳中）； 4. 水解酶分解胚乳，产生可溶性糖等； 5. 胚乳的水解产物反馈调节水解酶的合成；6. 可溶性糖等被输送到胚的生长部位，作为营养利用

$$\text{直链淀粉} \xrightarrow{\alpha\text{-淀粉酶}} \text{葡萄糖} + \text{麦芽糖}$$

$$\text{支链淀粉} \xrightarrow{\alpha\text{-淀粉酶}} \text{葡萄糖} + \text{麦芽糖} + \text{极限糊精}$$

$$\text{极限糊精} \xrightarrow{\text{极限糊精酶, R酶}} \text{葡聚糖寡聚体} \xrightarrow{\alpha\text{-淀粉酶}} \text{麦芽糖} + \text{葡萄糖}$$

$$\xrightarrow{\alpha\text{-葡糖苷酶}}$$

$$\text{葡萄糖}$$

$$\text{直链淀粉} \xrightarrow{\beta\text{-淀粉酶}} \text{麦芽糖}$$

$$\text{支链淀粉} \xrightarrow{\beta\text{-淀粉酶}} \text{麦芽糖} + \text{极限糊精}$$

$$\text{麦芽糖} \xrightarrow{\alpha\text{-葡糖苷酶}} \text{葡萄糖}$$

$$\text{直链淀粉／支链淀粉} + Pi \xrightarrow{\text{淀粉磷酸化酶}} \text{葡萄糖-1-磷酸} + \text{极限糊精}$$

可被完全磷酸化分解，支链淀粉可被分解成由一个 α-1,6-糖苷键分支连接的 2～3 个葡萄糖分子的极限糊精。该酶不直接作用于淀粉粒，因此淀粉粒首先必须由其他酶部分降解。

两种淀粉酶和淀粉磷酸化酶的相对活性在不同植物的种子中存在差异。禾谷类种子中淀粉磷酸化酶的活性很低甚至可以忽略不计，但在豆科植物中活性很高。豆科植物种子萌发初期，子叶中磷酸化酶活性是淀粉转化的主要因素。与其他禾谷类种子相比，β-淀粉酶在萌发的水稻种子中活性更高。水稻种子中的 α-淀粉酶活性越高，种子发芽速率越快，幼苗地上部和地下部的生物量就越高。

此外，在种子萌发过程中，可溶性糖也可以为种子萌发和胚生长提供能量。可溶性糖含量在种子萌发过程中一般呈现两种变化趋势，一是对于淀粉类种子如玉米、高粱等，萌发过程中可溶性糖含量都呈现增加的趋势；二是对于脂肪类种子如油松种子等则呈现先降低后升高的趋势。有研究表明，种子的萌发率或萌发速率随着种子可溶性糖含量的减少呈现降低趋势。例如，油菜种子中渗出的可溶性糖含量越多，其发芽率和发芽势降低越多，但种子浸出液中可溶性糖含量受细胞内葡萄糖利用率的影响较大。同时发现葡萄糖和寡聚糖含量的升高促进了种子萌发，其中寡聚糖含量的升高主要促进了种子的发育与成熟，进而影响后期的萌发过程。

（二）贮藏脂肪的代谢

植物种子中约有 90% 的脂肪种子含较多的脂肪，如油菜、棉花、大豆、花生、芝麻等。脂肪作为贮藏物质，以小滴形式存在于细胞质脂质体中，即所谓的脂肪体。种子萌发时，脂肪酶将脂肪（多种甘油三酯的混合物）水解为甘油和脂肪酸。

甘油在细胞质中迅速磷酸化，随后氧化为磷酸丙糖，进一步在醛缩酶的催化下转变成六碳糖，最后参与糖酵解反应转变成葡萄糖、蔗糖等。甘油也可能转化为丙酮酸后再进入三羧酸循环（tricarboxylic acid cycle，TCA 循环）。脂肪酸则经过 β-氧化分解为乙酰 CoA 进入乙醛酸循环。乙醛酸循环产生的琥珀酸转移到线粒体中通过 TCA 循环形成草酰乙酸，再经过糖酵解的逆转转化为蔗糖，输送到生长部位（图 6-5）。

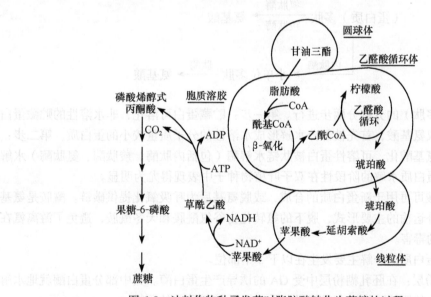

图 6-5　油料作物种子发芽时脂肪酸转化为蔗糖的过程

在种子萌发时水解产生的脂肪酸中，优先被分解利用的一般是不饱和脂肪酸。因此，萌发时随着脂肪的水解，酸价逐渐上升，而碘价逐渐下降。许多植物种子内部预先贮藏一部分有活性的脂肪酶，当种子萌发时，脂肪酶的活性明显上升。在萌发代谢中，一般首先利用的是种子中的淀粉和蛋白质，而脂肪的分解利用发生在子叶高度充水、根芽显著生长的时期。此外，在种子贮藏期间，贮藏条件的变化可能会引起脂肪酶与脂质的直接接触，导致种子脂肪极易发生水解而发生变质。大量的研究表明，脂质氧化酶 Lox3 以及同源蛋白 Lox1 和 Lox2 与水稻种子劣变有关，并认为脂质氧化酶的缺失有利于延长种子的寿命，保持种子的萌发能力。同时，在贮藏期间，种子中产生的不饱和脂肪酸也会发生氧化分解，产生并积累丙二醛等有毒物质，从而使种子萌发能力降低。

（三）贮藏蛋白的代谢

种子蛋白质作为一种贮藏物质，在萌发时分解为氨基酸供幼苗生长之需。种子中约 80% 的蛋白质位于蛋白体中，其余 20% 分布在细胞核、线粒体、原生质体、微粒体和细胞液中。种子的贮藏蛋白为寡聚蛋白，由两个或两个以上的相同或相异的亚基组成，一般是由多基因编码的。

贮藏蛋白（多肽）水解成氨基酸需要蛋白酶的作用，其中一部分蛋白酶作用于整个水解过程，而另一部分只能产生小的多肽，需由肽酶做进一步的降解。蛋白酶按其水解底物的方式分为 3 类。

（1）内肽酶：水解内部的肽键，产生小的多肽。

（2）氨肽酶：从多肽链的氨基端逐个地切下末端氨基酸。

（3）羧肽酶：从多肽链的羧基端逐个地切下末端氨基酸。

氨肽酶和羧肽酶均属外肽酶，即肽链端解酶。

$$
（蛋白质）多肽
\begin{cases}
\xrightarrow[\text{羧肽酶}]{\text{氨肽酶}} 氨基酸 \\
\xrightarrow{\text{内肽酶}} 小单位多肽 \xrightarrow{\text{肽酶}} 氨基酸
\end{cases}
$$

贮藏蛋白（多肽）的分解分两步进行。第一步：贮藏蛋白可溶化，非水溶性的贮藏蛋白不易直接被分解成氨基酸，首先被部分水解形成水溶性的分子质量较小的蛋白质。第二步：可溶性蛋白完全氨基酸化，可溶性蛋白被肽链水解酶（包括内肽酶、羧肽酶、氨肽酶）水解成氨基酸。这种蛋白质水解的阶段性在双子叶植物种子中表现得尤为明显。

水解的氨基酸可再用于新蛋白质的合成，或脱氨基后为呼吸氧化提供碳链。酰胺是氨基酸从贮藏器官向外运输的主要形式，脱下的氨转化为谷氨酰胺和天冬酰胺，避免了游离氨在细胞中可能引起的毒害。

禾谷类种子蛋白质的分解主要发生在以下 3 个部位。

（1）胚乳糊粉层：在胚乳糊粉层中受 GA 的诱导产生蛋白酶。其中部分蛋白酶就地水解蛋白质，分解产生的氨基酸作为合成新蛋白质（如 α-淀粉酶）的原料。

（2）胚乳淀粉层：在胚乳淀粉层中，分解贮藏蛋白的蛋白酶来源于糊粉层或淀粉层本身。它们除了降解贮藏蛋白外，还可能释放和激活预存的一些酶，如 β-淀粉酶，并通过水解葡聚糖与蛋白质成分之间的键，从而促进胚乳细胞壁的溶解。

（3）胚轴和盾片：盾片中的肽酶水解盾片从胚乳吸收的多肽。胚轴也有蛋白酶，能水解少量的贮藏蛋白。此外，在胚中也有一些蛋白酶参与与生长有关的蛋白质更新。

（四）贮藏磷酸的代谢

种子萌发过程中所进行的物质代谢和能量传递都与含磷的有机物质有着密切的关系，如 DNA、RNA、ATP、卵磷脂、糖磷酸酯等。许多种子中肌醇六磷酸（植酸）是主要的磷酸贮藏物，占贮藏磷酸总量的 50% 以上。由于植酸常与 Ca^{2+}、Mg^{2+}、K^+ 等离子结合，以盐的形式存在，因此也称为植酸盐，它既是贮藏磷酸的主要形式，也是这些大量矿质元素的主要来源。植酸盐被植酸酶水解后释放磷酸及其结合的阳离子和肌醇。释放的肌醇常与果胶及某些多糖相连接，用于生长中幼苗细胞壁的合成。其他的磷酸形式如磷酸酯、磷酸蛋白、磷酸核酸等在种子中的数量很少。磷酸酯和磷酸蛋白在水解期间常去磷酸化，供胚轴生长之需。

酸性磷酸酶是蛋白体中存在的一类水解酶，也参与种子萌发过程中的磷酸代谢，消化种子中贮藏的含磷物质。酸性磷酸酶活性随种子的萌发而迅速增加，如玉米种子萌发 24 h 后即显著增加。相似地，豆类种子萌发后酸性磷酸酶活性增加，使得子叶中总的磷酸化合物含量下降。

（五）蛋白质和核酸的合成

在种子发育成熟过程中，大量核酸被合成，并贮存在种子中。胚内的 DNA 保存了该物种的全部遗传信息，通过 DNA 的复制，调控 RNA 的形成，从而合成各种蛋白质，形成新生细胞，促进种胚的生长。mRNA 贮藏在成熟的干燥种子中及胚轴中的细胞核内，它们对种子萌发期间所需大量蛋白质的合成起重要作用。随着种子萌发的进行，大量核酸被消耗利用。有研究表明，小麦和番茄种子萌发后第 3 天的幼苗内（或胚轴内）核酸总含量达到高峰，以后随着萌发时间的延长而降低；DNA 含量均以萌发后第 1 天最高，以后逐渐减少；RNA 的含量在萌发后第 3 天为最高，其后逐渐下降。

成熟种子中贮存的预先合成的 mRNA 仅在萌发时被翻译，并启动一些与萌发有关的酶的重新合成。例如，豇豆种胚中多胺氧化酶（polyamine oxidase，PAO）的 mRNA 已在种子发育过程中合成并贮藏在成熟种子中，萌发开始后这些 mRNA 翻译成 PAO 并大量积累。近年来，有研究者发现甲硫氨酸代谢是水稻、豌豆、拟南芥种子萌发过程中的关键代谢。在拟南芥的胚根突出前，甲硫氨酸合酶的积累显著增加，但在胚根突出时并没有进一步积累。由此可见，甲硫氨酸的合成参与调控种子萌发胚根的突出。此外，通过外源抑制剂如 DL-炔丙基甘氨酸和 9-(S)-（2,3-二羟基)-腺嘌呤可以抑制甲硫氨酸合酶和 S-腺苷高半胱氨酸水解酶，从而导致种子萌发延迟和抑制幼苗生长。但是，在延迟萌发的种子中添加外源的甲硫氨酸，可以使抑制作用被部分恢复。以上的研究表明，甲硫氨酸代谢对种子的萌发具有重要意义。

四、呼吸作用和能量代谢

吸胀种子在萌发过程中主要的呼吸途径是糖酵解、三羧酸循环和磷酸戊糖途径。磷酸戊糖途径也是萌发呼吸的一条重要途径，产生的 NADPH 是还原性生化合成所需的氢和电子的重要供体，该途径的中间产物是许多生化物质如核苷酸、核酸、芳香族化合物合成的重要原料。在水稻种子萌发初期，糖酵解途径的代谢酶活性迅速增加，尤其是己糖激酶、磷酸果糖激酶和丙酮酸激酶。三羧酸循环的多种代谢酶在种子萌发初期便开始表达。随着胚根突破种皮，线粒体的修复和再合成基本完成，三羧酸循环和氧化磷酸化逐渐被活化，使种子萌发过程中的呼吸速率迅速上升，而种子的呼吸途径也迅速由糖酵解途径和无氧呼吸转向三羧酸循环和磷酸戊糖途径。

种子的呼吸基质在萌发初期一般主要是干种子中原来预存的可溶性物质蔗糖以及一些棉子糖类的低聚糖；到种子萌动后，呼吸作用才逐渐转向利用贮藏物质的水解产物。

在种子吸胀后线粒体的活性会明显提高。现已了解到吸胀后线粒体的发育不仅包括干种子中预存线粒体的修复和活化，还包括新线粒体在细胞内的合成和增殖。随着线粒体的发育，不同作物种子体内的 ATP 含量具有相似的变化模式。干种子中的 ATP 含量较低，吸胀后 ATP 含量迅速增加，之后在种子萌动前保持相对稳定（ATP 合成的速率和利用的速率达到平衡）；种子萌动后，ATP 含量进一步上升。ATP 含量与种子代谢强度、活力和萌发条件有密切关系。一般衰老种子吸胀后 ATP 含量增加得很缓慢；萌发条件不良时 ATP 的产生受阻甚至停止。

种子萌发过程中的能量利用受到本身的活力、化学成分以及环境条件的适宜程度等因素的影响，在实践中能量利用的效率可以用物质效率这一指标来衡量。

$$物质效率 = \frac{黑暗条件下长成的幼苗干重}{种子发芽所消耗的干物质重量} \times 100\%$$

$$= \frac{黑暗条件下长成的幼苗干重}{种子发芽前干重 - 发芽后剩余物干重} \times 100\%$$

(6-1)

不同种类种子的比较，油质种子的物质效率较高，而淀粉种子较低。同一种类的作物品种、高活力种子、适宜条件下发芽种子，其物质效率较高。因此，物质效率也是种子活力的有效指标。近年来，有关水稻种子萌发期物质效率的遗传研究也有一些报道。

6-3 拓展阅读

五、种子萌发的遗传基础

种子萌发性状是由多基因控制的数量性状，随着分子标记技术及数量性状基因座（QTL）分析技术的快速发展，控制种子萌发的 QTL 在染色体上的位置以及各位点对表型的相对贡献率都能被确定。种子萌发数量性状基因座分析已在拟南芥、大麦、水稻、玉米、甘蓝、番茄、蒺藜、苜蓿等作物上有报道，并构建了在不同环境条件下（如低温、盐胁迫、深播等）种子萌发性状的遗传图谱。近年来，通过重组自交系、回交自交系、染色体片段置换系和近等基因系等不同遗传群体，结合分子标记鉴定了大量与种子萌发性状相关的数量性状基因座。通过图位克隆法（map-based cloning）和转座子标签技术（transposon tagging）已成功地对一些主效 QTL 或基因进行了分离和克隆。

通过对拟南芥、番茄等的突变体进行研究，鉴定并克隆与种子萌发有关的特异性基因，确定了赤霉素（GA）、脱落酸（ABA）、油菜素内酯（BR）等激素在种子萌发中发挥重要作用。ABA 和 GA 是调控种子萌发最重要的两类激素。近年来，发现 ABA 几乎参与调控种子发育和萌发的全部过程，GA 的作用并不像 ABA 那样广泛，GA 主要在萌发起始和胚根突出时发挥作用。GA 和 ABA 通过调控种子中 α-淀粉酶基因的转录过程从而调节种子的萌发，GA 促进种子萌发和贮藏物质的动员，而 ABA 是以上过程的抑制因子。GA 是通过 DELLA

蛋白依赖的一种方式调控 Myb-like 型转录因子结合到 *α-amylase* 启动子的 GA 应答元件上来激活它们的表达。相反，ABA 是通过诱导 Ser/Thr 激酶 PKABA1，PKABA1 抑制 *GAMyb* 的转录，从而下调 *α-amylase* 的表达。

同时，ABA/GA 值的阈值范围调控种子的萌发，且 ABA 和 GA 彼此抑制对方的合成与分解代谢基因。在 GA 缺陷突变体 *ga1* 中，ABA 合成和分解基因分别出现上调和下调，导致 ABA 的含量显著增加。在 ABA 合成突变体 *cyp707a2* 中，GA 合成基因部分受到抑制，主要有 *GA3ox1* 和 *GA3ox2*，相反，在 ABA 缺陷突变体 *aba2* 中，它们的表达是增强的。此外，有研究表明，SLY1 可能是种子感受 GA 信号的一个关键因子，*CTS* 位点能促进种子萌发势增加并抑制胚休眠，可能与种子特异性 GA 信号传递有关。参与 ABA 信号途径的 SRK2D、SRK2E 和 SRK2I 蛋白激酶是通过广泛地控制基因表达来调控种子发育和休眠的，在种子发育和萌发中发挥着重要作用。

信号分子 ROS 在种子萌发中也起到至关重要的作用。在种子萌发的吸胀阶段，质膜上的过氧化物酶和烟酰胺腺嘌呤二核苷酸氧化酶产生 ROS。ROS 会参与种子休眠的解除，同时使胚乳松弛并动员贮藏物质。而且，ROS 与 ABA 和 GA 存在交互作用，ROS 可以促进 GA 的合成，抑制 ABA 由子叶向胚中的运输，从而改变 ABA/GA 值的阈值，促进种子萌发。但是 ROS 过量积累会变为毒害分子抑制种子萌发，此时就需要氧化系统来清除 ROS，保障种子的正常萌发。此外，MYB 类转录因子往往与其他因子共同调控拟南芥种子的萌发，如 miR159 以及 AtMYB17 的结合位点 LEAFY（LFY）和 AGL15 等。

近来，依靠高通量 RNA 测序技术（high-throughput RNA-seq）、全基因组关联分析（genome wide association study，GWAS）、蛋白质组学（proteomics）技术等方法，可以同时对多个种子萌发相关基因的时空表达进行详细的研究，有助于阐明种子萌发的基因调控网络。以水稻为例，采用蛋白质组学技术的研究者阐述了种子萌发过程中的氨基酸代谢调控网络，氨基酸代谢途径的激活，能介导基本代谢物从碳代谢到氮代谢的转移，这种调控途径对水稻种子萌发至关重要。

种子萌发可能与 DNA 甲基化、组蛋白修饰、染色质重构等有关。近年来发现，镁原卟啉IX甲基转移酶可以与 ABA 受体镁螯合酶亚基 H 形成一个紧密复合物，催化叶绿素生物合成途径中前期几个连续性的步骤，而它们中任何基因发生突变都会影响种子萌发与幼苗建成。植物甲基转移酶可以对 JA、SA、IAA 和 GA 等激素进行 N 位或 O 位的甲基化，生成的甲酯类代谢物活性很低，因此通过甲基化修饰可以调节种子体内激素的活性进而调控种子萌发。异戊二烯化蛋白羧基端半胱氨酸的甲基化是真核细胞中一种重要的翻译后修饰，可促进蛋白质-膜和蛋白质-蛋白质相互作用，过表达异戊烯半胱氨酸甲基转移酶和异戊烯半胱氨酸甲基酯酶的拟南芥，其种子在萌发时对 ABA 的敏感性发生显著变化，说明它们可能参与 ABA 信号的调节。

6-4 拓展阅读

第三节　种子萌发的环境条件

种子是植物个体发育的一个阶段，从受精后种子形成开始，到成熟后种子的休眠和萌发是一个独特的生命历程，它既是上一代的结束，又是下一代的开始。影响种子正常萌发及萌发后发育成正常构造的幼苗的因素很多，主要涉及两个方面：一是种子内部的生理条件，二是种子萌发所需的外部环境条件。只有通过休眠或无休眠且具有生活力的种子，在适宜的环境条件下才能正常地萌发。适宜种子萌发的外部环境条件包括充足的水分和氧气供应、适宜的温度。此外，光照、CO_2、pH、盐分、播种深度等对种子萌发也有一定的影响。

一、水分

种子萌发的第一步是吸胀，种子必须吸收足够的水分才能启动一系列酶的活动。因此，水分是种子萌发的首要条件。

（一）吸水变化

干燥的种子浸没在水中或播种在湿润的土壤中，经过一段时间后，细胞壁、原生质和贮藏的淀粉、蛋白质、纤维素等胶体物质就会吸水膨胀，使种子体积增大。干燥的种子开始吸水很快，主要靠吸胀压（衬质势）吸水，即胶体物质的吸胀作用。1~2 天后种子吸水变缓，为缓慢吸水阶段。当胚根突破种皮时，吸水量又很快上升，标志着种子开始萌发。此时细胞中出现各种液泡，渗透压产生膨压吸水，即渗透势吸水。一般干燥种子萌发过程中的吸水变化为"S"形曲线，参见图 6-1。

（二）吸水程度

种子的吸水程度直接影响萌发率和幼苗的健康状况。不同种子萌发吸水量不同，这取决于种子的化学成分。在种皮透水的情况下，蛋白质类种子的吸水量大于淀粉类和脂肪类种子。例如，豆科的大豆、花生等吸水较多；而禾谷类种子如小麦、水稻等以含淀粉为主，吸水较少。一般种子吸水有一个临界值，在此以下不能萌发，即最低需水量。最低需水量是指种子萌动时所含最低限度的水分占种子本身重量的百分率（也可用含水量表示）。最低需水量因植物种类不同而不同，如高蛋白种子最低需水量高于淀粉种子和油质种子（表 6-2）。如果水分不足，种子不能萌发。但若水分过多会导致缺氧而霉烂（水稻除外）。一般种子要吸收其本身重量的 25%~50% 或更多的水分才能萌发。为满足种子萌发时的水分需要，农业生产上应建设好田间灌溉设施，为种子的萌发创造良好的水资源和灌水条件。

表 6-2　种子发芽的最低需水量（%）

植物种类	最低需水量	植物种类	最低需水量
水稻	22.6	紫苜蓿	53.7
小麦	60.0	向日葵	56.5
玉米	39.8	油菜	48.3
大麦	48.2	大麻	43.9
黑麦	57.7	亚麻	60.0
燕麦	59.8	棉花	50.0
荞麦	46.9	甜菜	120.0
扁穗雀麦	83.7	大豆	107.0
硬雀麦	53.0	蚕豆	157.0
苏丹草	87.6	豌豆	186.0

资料来源：胡晋，2006

（三）影响种子吸水的因素

影响种子吸水的因素有很多，主要由种子化学成分、种皮透水性、种子结构等内因，以及外界水分状况、温度等外因共同决定。

种子化学成分是影响种子吸水量的重要内因，蛋白质类种子的吸水量大于淀粉类和脂肪类种子。不同种子的种皮透水性存在很大差异，也影响种子的吸胀速度。种皮疏松，吸水容易；种皮致密，吸水缓慢。豆类种子水分主要通过种皮的发芽口进入内部，但硬实种子由于种皮不透水而不能萌发。

温度是影响种子吸水的主要外界因素。温度越高，不仅吸水越快，而且吸水量也越大。通常，种子在低温下经过一段时间吸水，吸水量即达到最大限度，此后不再增加，也不能萌发；而在较高温度下吸水过程可持续到种子萌动和发芽。一般情况下，环境温度每提高10℃，水分吸收速度增加50%～80%。

外界水分状况对种子吸水的影响很大。有些种子在相对湿度饱和或接近饱和的空气中就能吸水萌发。在自然条件下，种子可吸收周围直径约1 cm土壤的水分。土壤持水力和土壤溶液浓度能够成为影响种子吸水的限制因素。播种时施用种肥过多，也会延迟种子的萌发，使出苗缓慢。在用化肥拌种时，应当注意不能过量。

（四）种子的吸胀损伤和吸胀冷害

当种子刚接触水分时，由于干种子细胞膜系统的完整性差，细胞内部的糖、蛋白质和氨基酸、酚类物质及无机离子等会发生渗漏现象。如果种子吸胀速度过快，细胞膜将无法得到修复甚至发生更大的损伤，种子内含物外渗进一步加剧，导致种子成苗能力下降并影响到植株的健壮生长，这种现象称为吸胀损伤（soaking injury）。

种子的安全萌发对吸胀的温度也有一定的要求。有些作物干燥种子（水分12%～14%以内，因作物而不同）短时间在0℃以上低温吸水，种胚就会受到伤害，再转移到正常条件下也无法正常发芽成苗，这种现象称为吸胀冷害（imbibition chilling injury）。与吸胀损伤相比，吸胀冷害造成的损伤更为严重，甚至会给作物生产造成毁灭性的灾害。吸胀冷害不仅发生在高寒地带和低温湿润地区，在干旱地区早春播种时也同样发生。大豆、菜豆、玉米、水稻、高粱、甜瓜、辣椒等种子易受到吸胀冷害影响，导致这些作物种子吸胀冷害的温度界限是在15℃或10℃以下。应用PEG引发或吸湿回干预处理等进行渗透调节，是避免种子吸胀冷害的有效措施。这类种子在低温下播种之前，预先用温水浸种（其适宜时间因种类而不同），对克服吸胀冷害也有明显的效果。

二、温度

（一）种子发芽温度的三基点

种子萌发要求一定的温度，各类植物种子萌发对温度要求都可用最低、最适、最高这"三基点"温度来表示。不同植物种子萌发都有一定的最适温度，高于或低于最适温度，萌发都会受到影响。最低温度和最高温度分别指种子至少有50%能正常萌发的最低、最高温度界限，最适温度指种子能迅速萌发并达到最高发芽率所处的温度。通常情况下，最适温度介于最高温度与最低温度之间。大多数植物种子在 10～30℃均能较好地萌发，但不同植物种子萌发的具体要求存在差异（表 6-3）。

表 6-3　主要植物种子萌发对温度（℃）的要求

植物种类	最低温度	最适温度	最高温度	植物种类	最低温度	最适温度	最高温度
水稻	8～14	30～35	38～42	黄瓜	12～15	30～35	40
高粱、粟、黍	6～7	30～33	40～45	西瓜	20	30～35	45
玉米	5～10	32～35	40～45	甜瓜	16～19	30～35	45
麦类	0～4	20～28	38～40	辣椒	15	25	35
荞麦	3～4	25～31	37～44	葱蒜类	5～7	16～21	22～24
棉花	10～12	25～32	40	萝卜	4～6	15～35	35
大豆	6～8	25～30	39～40	番茄	12～15	25～30	35
小豆	10～11	32～33	30～40	芸薹属蔬菜	3～6	15～28	35
菜豆	10	32	37	芹菜	5～8	10～19	25～30
蚕豆	3～4	25	30	胡萝卜	5～7	15～25	30～35
豌豆	1～2	25～30	35～37	菠菜	4～6	15～20	30～35
紫云英	1～2	15～30	39～40	莴苣	0～4	15～20	30
牧草	0～5	25～30	35～40	茼蒿	10	15～20	35
黄花苜蓿	0～5	15～30	35～37	杉木	8～9	20～25	32
圆果黄麻	11～12	20～35	40～41	马尾松	12～15	21～26	32
长果黄麻	16	25～35	39～40	欧洲赤松	8～9	21～25	35～36
烟草	10	24	30	扁柏	8～9	26～30	35～36
亚麻	2～3	25	30～37	红豆树	16～20	28～32	40～45
向日葵	5～7	30～31	37～40	山茱萸	6～8	10～19	21～25
油菜	0～3	15～35	40～41	桑树	20～22	25～30	34～35

资料来源：胡晋，2006

　　自然界中，种子萌发对温度的要求与植物的生育习性以及长期所处生态环境有关。一般喜温或夏季植物种子萌发温度的三基点分别是 6～12℃、30～35℃、40℃，而耐寒或冬季植物种子萌发温度的三基点分别是 0～4℃、20～25℃、40℃。一般植物种子能在较大的温度范围内萌发，但也有一些植物种子的萌发对温度要求严格。例如，蚕豆种子萌发的最适温度为 25℃，菠菜、莴苣种子萌发的最适温度在 15～20℃，因此这些冬季或耐寒植物种子在夏季高温条件下难以萌发。水稻、玉米、西瓜、甜瓜种子萌发的适宜温度在 30℃以上，辣椒种子萌发温度不能低于 15℃，这类夏季或喜温植物种子在早春播种时应满足萌发对温度的需求。

　　同一植物的不同亚种、类型甚至不同品种种子的萌发温度也不尽相同。籼稻种子萌发最适温度为 30～35℃，而粳稻种子萌发仅限制在 30℃。此外，种子生理状态对萌发的温度也有一定的影响，处于休眠状态的种子发芽温度特殊而且偏窄，种子活力较低的种子适应的温度范围变小，在不适温度下容易受害。总之，种子萌发对温度的要求和反应，不仅与该种植物的地理分布有密切的关系，还在很大程度上影响农作物种子在田间的萌发和出苗。一般春播时温度较低,影响喜温作物(夏作)种子的萌发和出苗率;有些作物种子的萌发适宜温度较低,在高温季节播种,难以获得理想的田间密度。

此外,有研究者发现,收获前种子遇到高温胁迫时,一方面,种子会通过降低碳损失、光抑制伤害、铵伤害、活性氧伤害和 DNA 损伤,以及增加贮藏性精氨酸量、氨基酸合成、戊糖和 NAD(P)H 生产、铵回收和病虫害抗性等方式来应对高温胁迫。另一方面,高温胁迫会降低种子的细胞周期性和氮同化,增加蛋白质、光合器官及膜系统的损伤和能力损耗等,导致贮藏蛋白和油脂量的不足,进而显著降低种子萌发率。在持续的高温胁迫下,上述两种作用方式间的平衡逐渐被打破,后者的作用方式逐渐占优势,最终导致种子无法萌发。

(二)恒温与变温萌发特性

恒温萌发是指在一种不变的温度下进行种子萌发,变温萌发是指在两种以上周期性互变的温度下进行种子萌发。目前国际种子检验规程规定多数种子发芽测定时使用恒温,如5℃、10℃、15℃、20℃、25℃、30℃、32℃、35℃等 8 种,其中 20℃恒温最为常见。小麦、硬粒小麦、大麦、燕麦、黑麦、菠菜、大爪草、车轴草、黄麻、莴苣、豌豆、香豌豆、蚕豆、三裂叶野葛、广东丝瓜、芝麻菜、蕹菜、毛蔓豆、山黧豆、银合欢、穿叶春美草、链荚豆、东方山羊豆、洋绒毛花、卷曲米切尔草、紫苜蓿、草木犀、沙松、长叶松、海岸松、侧柏、垂丝丁香、柚木、糖枫、鸡爪槭、欧洲鹅耳枥、美国尖叶扁柏、地中海柏木、欧洲水青冈、美国皂荚、欧洲刺柏、北美圆柏、加拿大铁杉、大花银莲花、仙客来、蔓柳穿鱼、彩虹花、花菱草、小苍兰、银扇草、龙面花、粉蝶花、钟穗花、花毛茛、矮丛肥皂草、绣球小冠花、香堇菜、毛蕊花、肥皂草、天蓝绣球、钟穗花、缕丝花、星辰花、欧洲柳穿鱼、鹰爪豆、大翼豆、白羽扇豆、黄羽扇豆、葱类、栎属、蔷薇属(野蔷薇除外)种子只规定使用恒温。

由于恒温与自然环境相差甚远,如今变温萌发逐渐被人们所采用,因为许多植物种子在昼夜温度交替变化的生态条件下发芽更好。种子萌发要求变温的植物往往是喜温、休眠和野生性状较强的一些种类,如水稻、玉米、茄和许多牧草、林木种子在变温下发芽最佳。变温对促进休眠种子萌发特别有效,因此对未完成后熟的新种子或休眠种子采用变温发芽效果特别显著。此外,变温还能提高一些无休眠种子发芽的速度和整齐度。蓖麻、芝麻、谷子、烟草、爪哇大豆、马铃薯、辣椒、葫芦、番茄、茄、芹菜、赤豆、滨豇豆、咖啡黄葵、冰草、剪股颖、大看麦娘、须芒草、莳萝、黄花茅、车窝草、燕麦草、石刁柏、榆钱菠菜、颠茄、地毯草、孔颖草、信号草、格兰马草、臂形草、雀麦、亚麻荠、葛缕子、藜藜草、菽麻、猪屎豆、孜然芹、瓜儿豆、狗牙根、鸭茅、马蹄金、偃麦草、苔麸、羊茅、茴香、大麻槿、绒毛草、溚草、鸡眼草、葫芦、豆瓣菜、柳枝稷、茴芹、早熟禾、马齿苋、野葛、食用大黄、酸模、龙葵、结缕草以及大多数林木种子只规定使用变温。变温类型有 20～30℃、15～25℃、10～30℃、20～35℃、15～20℃等 5 种,其中 20～30℃变温最为常见。一般在24 h 周期内,在低温黑暗条件下维持 16 h,在高温光照条件下维持 8 h。

关于变温促进种子萌发的机制目前尚未认识清楚。一般认为,低温有利于好气性生理过程,而高温有利于嫌气性生理过程,通过高低温互变促进种子内部酶的生理活动。此外,变温还可以改善种皮透性,促进水分进入和气体交换,有利于增加发芽促进物质和减少抑制物质等。

三、氧气

（一）种子萌发时氧气供应的影响因素

种子萌发是一个非常活跃的需氧生理过程。种子萌发时，有氧呼吸特别旺盛，需要充足的氧气供给，甚至一些酶的活动也需要氧。氧气也是种子必不可少的萌发条件，低氧的气体环境将会使种子细胞窒息死亡，所以提高氧的含量（大于 10%）对种子萌发是有好处的。种子萌发时氧气对种胚的供应受到外界氧气浓度、水中氧的溶解度、种皮对氧的透过性以及种子内部酶对氧的亲和力等的影响。

大气中氧气浓度为 21%，能够充分满足种子萌发的需要。如果土壤太湿或通气不良都会造成缺氧而抑制萌发。水稻虽然能在水中萌发，但当水稻秧田由于灌水过深、种子较长时间缺氧时，也不能进行正常萌发。一般植物种子正常萌发需要氧气浓度在 10% 以上，低于这个浓度许多种子的萌发都会受到抑制，如小麦、玉米、大豆等。当氧气浓度低于 5% 时，大多数植物种子不能萌发。

一般来说，限制氧气供应的主要因素是水分和种皮。水分过多，当种子刚吸胀时由于表皮水膜增厚，氧气向种胚内部扩散的阻碍增加。有些种子如大麦、西瓜、南瓜、菠菜等的种皮透气性本来就差，发芽环境中水分过多，氧气供应进一步受阻，导致种子萌发更加困难。种皮透气性差而阻碍种子萌发的典型例子是豆科植物中的硬实现象，如豌豆、蚕豆、菜豆等。种皮阻氧原因有两种：一是种皮结构致密角质化，另一种是种皮内含有单宁、酚类化合物等抑制物质。

（二）不同植物种子萌发对氧气需要的差异

种子发芽时需氧量与该植物的系统发育有关，长期生长在水田的水稻比长期生长在旱地的麦类需氧少得多。但种子如果长时间置于无氧的淹水条件下，即使已经萌发的种子（如水稻），出苗仍会受到严重影响，淹水时间越长，深度越深，则受害越严重。在生产实践中，油料种子适宜浅播，这是因为油料种子的贮藏物质中，碳、氢较多，含氧较少，呼吸时需吸收更多的氧。棉花播种过深或播后遇雨造成土壤板结，就难以顺利出苗，甚至会引起种子的大量霉烂。针对上述情况，应进行"破板"透气。

（三）种子萌发过程需氧量的变化

种子正常的吸氧规律同吸水相似：首先伴随吸湿迅速吸氧，时间较短；随之吸氧缓慢，时间较长；开始萌发再次加速吸氧。干燥吸胀种子或休眠种子休眠状态解除期间，呼吸耗氧量相对较低。当种子处于吸水滞缓期时，其需氧量也较多，但当胚根突破种皮时，其需氧量又明显增加。如此时氧气供应不足，且又处于高温条件下，种子即会陷入缺氧呼吸，产生乙醇而杀伤种胚。水稻催芽过程中如操作不当会发生这种事故，应注意防范。

四、光照

根据种子对光照反应的不同，可将种子分为需光种子（light-requiring seed）、中性种子（non-photoblastic seed）和忌光种子（negatively-photoblastic seed）。

（1）需光种子：又称喜光种子，它包括光敏感种子和光促进种子两种类型。光敏感种子（light-sensitive seed）是指在缺光条件下不会萌发或很少萌发的种子，光对该类种子的萌发起决定性作用，为萌发必不可少的因素，如烟草、莴苣、早熟禾、秋海棠、泡桐、香果树、欧洲赤松等。光促进种子（light-promotive seed）是指在缺光条件下能够萌发，光照虽然对萌发有一定的促进作用，但不是萌发所必需的因素，如金银莲花、桑树、桉树、光叶天料木和松柏科植物中的许多种。

（2）中性种子：又称非感光种子，是指对光不敏感，光照条件对它们的萌发无明显影响的种子，大多数植物种子都属此类，如水稻、小麦、玉米、大豆、杉木、樟树等的种子。

（3）忌光种子：又称负感光萌发种子，是指光照对萌发起抑制作用的种子，如番茄、洋葱、苋菜、鸡冠花、老枪谷、黑种草、宝盖草、门氏喜林草及葫芦科植物等的种子。

五、其他条件

（一）二氧化碳

二氧化碳（CO_2）在大气中约占总体积的0.03%，在土壤中其浓度通常维持在2%以下，因此它对种子萌发影响不大。当CO_2增至一定的浓度（0.5%～5%）时，它对种子的萌发有利，如可促进丝瓜、苦瓜、黄瓜、西瓜、西葫芦等蔬菜种子的萌发。

只有当萌发环境的CO_2增至更高的浓度（10%及以上）时，它才会显著抑制种子萌发，浓度太高时种子丧失发芽能力。有些植物种子萌发受CO_2的抑制需要更高的浓度。例如燕麦种子，当CO_2达17%时仍能正常萌发，增至30%时种子萌发才受到抑制，达37%时种子完全不发芽；CO_2达30%时，水稻种子萌发受阻，达50%时不能发芽。

高浓度CO_2抑制萌发，但不如缺氧那么严重，缺氧可致种子死亡，而高浓度CO_2易使萌发受抑制。此外，CO_2对萌发的抑制作用与温度及氧的浓度有关，当环境温度不很适宜时或含氧较低的情况下，其阻碍效应尤为明显。

（二）土壤酸碱度

过酸或过碱会抑制种子内物质的转化，导致呼吸作用、光合作用、蒸腾作用、酶活性、可溶性糖含量等的降低，从而抑制种子萌发和幼苗生长。大量研究结果表明，pH是影响种子萌发和幼苗生长的重要因子之一。

油菜种子萌发和幼苗生长的最适pH是6.0，此时种子脂肪酶、蛋白酶和淀粉酶活力均最高，贮存物质分解速度快，种子呼吸速率高，幼苗生长速度最快。过酸或过碱都会降低油菜种子萌发过程中脂肪酶、蛋白酶、淀粉酶活力，可溶性糖的含量以及贮存物质的分解速度和呼吸速率，抑制光合作用，从而导致种子萌发和幼苗生长减慢。

小麦种子萌发和幼苗生长的最适pH为6.5，pH增大或减小均会降低发芽率和幼苗生长速率。pH大于7.0或小于6.0，小麦种子淀粉酶、蛋白酶、脂肪酶等活力降低，呼吸速率、胚乳分解速度、种子发芽速率、幼苗生长速度减慢，苗期根系活力、硝酸还原酶活力、叶绿素含量、光合速率、蒸腾强度降低。

（三）盐分

盐胁迫是限制植物生产最严重的生态因素之一。世界上约有 20% 的耕地和近一半的灌溉地受到盐胁迫的危害，我国约有 10% 的耕地常年受到盐渍化的危害。随着土地利用方式的转变，大量化肥的施用以及盐渍化区土壤的非循环性使用，土壤盐渍化的程度进一步加重。盐渍化的土壤抑制种子萌发，从而导致农业减产，甚至绝收。

盐分对种子萌发的影响一般归结为渗透效应和离子效应。渗透效应引起溶液渗透势降低而使种子吸水受阻，从而影响种子萌发；离子效应一方面造成直接毒害而抑制种子萌发，另一方面渗入种子，降低种子渗透势，加速吸水而促进萌发。离子效应在低浓度盐分时表现为正效应，能促进某些种子萌发，但对大多数植物种子来说，盐分对种子萌发起抑制作用。在盐分胁迫下，棉花、小麦、玉米、油菜、番茄种子的相对发芽率、相对发芽指数均随盐浓度的增加呈下降趋势。Bordi 等（2010）发现，高于 150 mmol/L 的 NaCl 溶液可显著抑制油菜种子萌发，在 200 mmol/L NaCl 处理下，其发芽率降低 38%。

（四）播种深度

大量研究表明，播种深度对种子萌发的影响很大，随着播种深度的增加，种子发芽率递减或先增后减。玉米和冬小麦种子播种深度一般分别为 2～5 cm 和 4～8 cm，如果进一步提高播种深度，其发芽率将逐渐下降。鹰嘴豆和蚕豆最适宜的播种深度为 5～8 cm，深播后发芽率均降低，而辣椒种子发芽率随着播种深度的增加呈先增加后减小的趋势，辣椒在 2 cm 播深时发芽率最高，为 95.3%；3 cm 播深时降到 70.3%。目前生产上已有耐深播的玉米和小麦品种，如‘抗 38’‘40107’‘旱玉 5 号’等玉米品种和原产于我国黄土高原的红芒麦，播深达 10 cm 以上也能正常萌发出苗，这些耐深播作物品种对促进干旱和半干旱地区的农业生产具有重要意义。

小知识：直播水稻技术

水稻直播就是不进行育秧、移栽而直接将种子播于大田的一种栽培方式。水稻直播免除了传统育秧、移栽用工，并节省秧田，使水稻生产简易轻松，省工省力，有利于发展规模化生产；直播水稻无拔秧伤害和栽后返青过程，因而生育进程加快，生育期一般比同期移栽的水稻缩短 5～7 天。但是，与移栽水稻相比，直播水稻存在着难全苗、草害重、易倒伏三大难题。因此，在育种上需要培育高活力、根系发达、扎根深的水稻品种，提高种子萌发时适应大田不利环境条件的能力；在生产上应特别注意掌握好全苗早发、除草防害、健壮栽培防倒伏等技术措施。

小 结

种子萌发是种胚从生命活动相对静止状态恢复到生理活跃状态的生长发育过程，标志着植物新生个体生长的开始。在形态上，种子萌发表现为种胚恢复生长，并长成具有正常构造的幼苗；在生理上，表现为种子通过休眠或解除休眠吸水后，开始进行呼吸、物质和能量代谢，经过一定时期种胚突破种皮露出胚根；在分子水平上，表现为种子的某些基因表达和酶活化受水分、温度、氧气等因子的诱导，引发一系列与种胚生长萌发相关的反应。种子萌发是种子植物生长周期的起点，是植物为适应环境以保持自身繁殖而形成的一种生物特性，它关系到是否能够保证种群顺利繁衍、进化和农业生产获得丰收，具有非常重要的生物学和生产实践意义。

思 考 题

1. 何谓种子萌发？种子萌发的生物学和生产实践意义是什么？
2. 试分析种子萌发过程中主要贮藏物质的转化途径和方式。
3. 阐述种子萌发过程中的水分吸收特点和影响种子吸水的因素。
4. 何谓种子发芽温度的三基点？阐述变温对种子萌发的促进作用。
5. 简述影响种子萌发的必要环境条件。
6. 试述种子萌发的遗传基础。

第七章 种 子 寿 命

【内容提要】种子生活历程是植物个体发育的一个特定阶段，但其本身也具有完整的生活史，经历从发育、成熟，到逐步衰老、死亡的寿命终结历程。探讨种子寿命的差异及其影响因素，延缓种子衰老的速度，延长种子寿命，是种子生物学的重要内容。

【学习目标】通过本章的学习，掌握控制种子衰老、延长种子寿命的方法，解决农业生产中面临的实际问题。

【基本要求】了解影响种子寿命的因素；掌握种子劣变机理。

第一节 种子寿命的概念及其差异

一、种子寿命的概念

种子寿命（seed longevity）是指种子在一定环境条件下能够保持生活力的期限，即种子存活的时间。实际上，每一粒种子都有它一定的生存期限，但截至目前，尚无法测定每一粒种子的寿命。目前所指的种子寿命是一个群体概念，指一批种子从收获到发芽率降低到 50% 时所经历的天（月、年）数，又称为该批种子的平均寿命，或称为半活期。将半活期作为种子寿命的指标，是因为一批种子死亡点的分布呈正态分布，半活期正是一批种子死亡的高峰。

在农业生产上，用半活期概念作为种子寿命的指标显然是不适宜的。这是因为当一批种子发芽率严重下降时，无法用加大播种量来弥补衰老导致的生产潜力下降所造成的损失。处于半活期的种子，虽然还有 50% 能发芽，但这些种子的活力水平已很低，在田间条件下常常无法长成正常幼苗，已完全失去了种用价值。因此，农业生产上种子寿命的概念或称使用年限，应指在一定条件下种子生活力保持在国家颁布的质量标准以上的期限，即种子生活力在一定条件下能保持 80% 以上发芽率的期限。

二、种子寿命的差异

种子寿命因植物种类不同有很大的差异，短则数小时，长则可达千年、万年，大多数农作物种子的寿命常为几年至十几年。迄今为止，没有人能够对各种作物种子的寿命计算出一个稳定的、绝对不变的数值。由于生产活动的需要，人们主要依据种子在自然条件下的相对寿命进行分类。早在 1908 年，Ewart 就根据 1400 种"最适贮藏条件"下植物种子寿命的长短将种子分为短命、中命和长命三大类。

（1）短命种子的寿命一般在 3 年以内。短命种子多是一些林木、果树类种子，如杨、柳、榆、板栗、扁柏、可可及柑橘类等的种子，农作物中有甘蔗、花生、苎麻、辣椒、茶等的种子。

（2）中命种子也称常命种子，其寿命为 3～15 年。中命种子主要有禾本科如水稻、裸大麦、小麦、玉米、高粱、粟的种子，其次还有豆科如大豆、菜豆、豌豆等的种子，另外还有中棉、向日葵、荞麦、油菜、番茄、菠菜、葱、洋葱、大蒜及胡萝卜等的种子。

（3）长命种子的寿命为 15～100 年或更长。在这些长命种子中，以豆科种子居多，如绿豆、蚕豆、紫云英、刺槐、皂荚等的种子，其他的还有陆地棉、埃及棉、南瓜、黄瓜、西瓜、烟草、茄、芝麻、萝卜等的种子。

实际上，依据种子寿命长短划分的种子类型之间并没有严格的界限，各种植物种子的寿命往往因贮藏条件的变化而发生改变。例如，花生种子在充分干燥后贮藏在密闭条件下，种子生活力可以保持 8 年以上不降低。短命的美国榆树种子，含水量降至 3% 时置于 -4℃ 密封保存，可成功地保存达 15 年。

农业种子寿命的长短与其在农业生产上的利用年限呈正相关，即农业种子的寿命越长，其在农业生产上的利用年限也就越长。种子寿命长，可以减少繁种次数以降低种子生产费用，同时有利于保持种质的典型性和纯度，可以合理调节余缺，减少报废损失。

> ── **小知识："千年不死"的种子** ──
>
> 　　植物种子的寿命，短的只有几天，甚至几小时，一般的有几个月、几年，寿命超过 15 年，已算是长命的了。那么，世界上有没有千年不死的最长命的种子呢？有的，世界上最长命的种子属北极的羽扇豆，据美国科学家 1967 年的测估资料报道为 1 万年。我国的古莲籽也是千年不死的长命种子。1953 年，北京植物园栽种的从我国辽宁省普兰店泡子屯村的泥炭层中挖掘的古莲籽，推断其已在地下静静地睡了 1000 年左右，在 1955 年夏天就开出了粉红色的荷花，沉睡千年的古莲籽被人们唤醒。古莲籽的寿命为什么有这样长呢？这与种子本身的构造及贮藏条件的好坏有着密切的关系。古莲籽外面有一层坚韧的硬壳，又深深埋藏在较干燥的泥炭层里，这是古莲籽长寿千年的秘密。

第二节　种子寿命的影响因素

种子寿命的长短受遗传特性、种子发育状况及贮藏条件等多种内外因素的影响。深入了解种子寿命的影响因素，可以有效地延长种子寿命。

一、影响种子寿命的内在因素

种子本身的遗传特性、种被结构、种子的化学成分、种子的生理状态及种子的物理性质等因素都与种子寿命的长短息息相关。

（一）种子本身的遗传特性

种子寿命受遗传因素的影响很大。在同一植物种内，不同品种或基因型间的种子寿命差异也很大。1953 年，Haterkamp 测定了同一条件下贮藏 32 年的 5 种谷类作物种子的发芽率，结果表明大麦＞小麦＞燕麦＞玉米＞黑麦；同时，贮藏 32 年后壮苗率在 3 个小麦品种中为 96%、80% 和 72%，5 个玉米品种中分别为 70%、53%、23%、19% 和 11%。随着生物技术的快速发展，通过基因工程将长寿命的相关基因转入中寿命或短寿命的植物中，或通过缺失一些影响贮藏的基因如脂氧合酶（lipoxygenase，LOX）的基因，以获得长寿命植物种子，此类研究预计在不远的将来会有所突破。

7-1 拓展阅读

（二）种被的结构

种被包括种皮、果皮及其附属物，是种子内外气体、水分、营养物质交换的通道，也是微生物、害虫侵害种子的天然屏障。种被结构坚韧、致密，具有蜡质、角质层的种子，特别是硬实，其寿命较长。具有历史记载的长命种子，如古莲籽、苋菜籽、羽扇豆等都具有透水性、透气性不良的种皮。反之，种被薄、结构疏松、无保护结构和组织的种子，其寿命较短。花生与黄瓜种子含油量都较高，但花生种子远不如黄瓜种子的寿命长，这是因为花生种子种皮薄而脆，而黄瓜种子种皮相对比较坚硬。花生种子以荚果的形式贮藏，其寿命会比以种子的形式贮藏明显延长。

种被的保护性能也影响到种子收获、加工、干燥、运输过程中遭受机械损伤的程度，凡遭受严重机械损伤的种子，其寿命将明显下降。

（三）种子的化学成分

种子中的化学成分主要有水分、脂类、蛋白质和糖类四大类，它们与种子寿命密切相关。

种子水分的提高，使呼吸作用增强，贮藏物质水解作用加快，物质消耗加速，同时促进了微生物和仓虫的活动，如果超过一定限度，还会使种子发热甚至萌动，种子寿命缩短。反之，种子寿命延长。1972 年 Harrington 曾指出：当种子水分在 5%～14% 时，每上升 1% 的水分，种子寿命缩短一半（后经 Roberts 等修正为每上升 2.5% 水分，寿命缩短一半）。因此，对于正常型种子来说，充分干燥并贮存于干燥密封条件下是延长种子寿命的基本条件。据研究，对许多正常型植物种子来说，最适宜于延长种子寿命的种子水分为 1.5%～5.5%，因植物种类而不同。顽拗型种子在贮藏期间需要有较高的水分才能保持其生命力，水分过少则会缩短种子寿命。例如，某些顽拗型林木果树种子贮藏时需要较高水分，茶籽需保持水分在25% 以上，橡实需保持水分在 30% 以上。

种子的脂类包括脂肪和磷脂，前者以贮藏物质的状态存在于细胞中，后者则是细胞膜的重要组分，它们容易水解和氧化，常产生许多有毒物质如丙二醛、游离脂肪酸等。磷脂水解氧化后，细胞膜的透性大大增加，种子很容易死亡，种子寿命变短。丙二醛、游离脂肪酸等对细胞有强烈的毒害作用。据研究，豌豆种子中若丙二醛浓度增加到 0.5 mol/L，蛋白质合成速度将下降一半；棉花种子中游离脂肪酸若达到 5%，种子全部死亡。因此，含油量高的脂肪类种子比淀粉和蛋白质类种子难贮藏，寿命短。例如，绿豆、豇豆与花生、大豆相比，前者因其脂肪含量少，寿命明显长于后者。禾谷类作物中，玉米种子的胚较大，且含脂肪多，因此较其他禾谷类种子难贮藏。含油酸、亚油酸等不饱和脂肪酸较多的脂肪类种子，寿命更短，因为含不饱和脂肪酸较多的脂更易氧化分解。据报道，脂氧合酶基因（*Lox*）缺失的种子，由于种子中脂肪的氧化酸败不易发生，因而有利于种子寿命的保持。

蛋白质含有较多的亲水基团，蛋白质含量高的种子，其吸湿性一般较强。这类型的种子含水量容易变高，高含水量导致呼吸作用加强且易受微生物的侵染，从而种子寿命变短。

种子中可溶性糖含量较高，种子的生理活动比较活跃，有利于微生物的活动和蔓延，加速了生活力的降低速度，种子寿命比较短。

在大豆、菜豆等多种作物种子中，种皮的颜色影响到种皮的致密程度和保护性能，凡深色种皮的品种，其种子寿命较浅色品种为长。

（四）种子的生理状态

种子寿命长短与种子成熟度、休眠状态及受冻受潮等生理状态有密切关系。生理状态活跃的种子，其呼吸强度增强，种子寿命短。凡未充分成熟的种子、受潮受冻的种子、已处于萌动状态的种子和发芽后又重新干燥的种子，均由于旺盛的呼吸作用而寿命大大缩短。

（五）种子的物理性质

种子大小、硬度、完整性、胚的大小、吸湿性等因素均会对种子寿命产生影响，因为这些因素最终影响着种子的呼吸强度。小粒种子、瘦瘪种子及破损种子，因其表面积大，且种皮破损降低了对种胚的保护能力，呼吸强度明显高于大粒、饱满完整种子，造成贮藏物质大量消耗而缩短了种子寿命。胚部含有大量可溶性营养物质，是种子呼吸的主要部位。例如，大麦胚的呼吸强度（CO_2）为 715 $mm^3/(g \cdot h)$，而胚乳（主要是糊粉层）的呼吸强度（CO_2）为 76 $mm^3/(g \cdot h)$，胚的呼吸强度几乎是胚乳的 10 倍。此外，胚部结构松软，水分高，很容易遭受仓虫和微生物的侵袭。因此，大胚种子往往寿命比较短。吸湿性强的种子，种子含水量相对较高导致呼吸作用加强且易受微生物的侵染，寿命往往较短。

二、影响种子寿命的环境条件

种子贮藏的环境因子如湿度、温度、光、气体等均对种子寿命有很大的影响，其中湿度和温度影响最大。种子在贮藏期间若处于适宜的环境中，种子寿命就可以延长。相反，若贮藏条件变劣，种子寿命就会变短。

（一）空气相对湿度

贮藏环境中空气的相对湿度是影响种子寿命的关键因素。种子具有很强的吸湿性，种子水分随着贮藏环境湿度的变化而变化。当贮藏环境湿度较高时，种子将会吸湿而使水分增加。种子水分的提高，使呼吸作用增强，贮藏物质水解作用加快，物质消耗加速，同时促进了微生物和仓虫的活动，如果超过一定限度，还会使种子发热甚至萌动，寿命缩短。反之，空气湿度较低时，种子的含水量比较少，种子寿命长。因此，对于正常型种子来说，充分干燥并贮存于干燥密封条件下是延长种子寿命的基本条件。

不同作物的种子由于其化学成分不同，在同一温度、同一相对湿度下，其种子平衡水分是不同的，一般蛋白质含量高的种子，其平衡水分会高些。对许多正常型植物种子来说，最适宜于延长种子寿命的种子水分为 1.5%～5.5%，其对应的空气相对湿度为 10%～11%。

（二）温度

贮藏温度也是影响种子寿命的关键因素。研究表明，在 0～50℃时，种子贮藏环境温度每升高 5℃，种子寿命降低一半（后经 Roberts 等修正为温度每上升 6℃，种子寿命降低一半）。在水分得到控制的情况下，贮藏温度越低，正常型种子的寿命就越长。低温状态下贮藏的种子呼吸作用非常微弱，物质代谢水平特别缓慢，能量消耗极少，细胞内部的衰老变化也降到最低程度，从而能较长时期保持种子生活力不衰而延长种子寿命。相反，若种子贮藏在高温状态下，呼吸作用强烈，尤其在种子含水量较高时，呼吸作用更加强烈，造成营养物质大量消耗，仓虫和微生物活动加强及脂质的氧化。严重时可引起蛋白质变性和胶体的凝聚，使种子的生活力迅速下降，导致种子寿命大大缩短。

种子干燥时的温度也会影响种子寿命。温度过高时种子失水太快，会给种胚细胞造成无形的内伤而导致种子寿命缩短。据报道，小麦种子在60℃条件下干燥发芽率下降，80℃条件下干燥则发芽率仅为7%～14%，在100℃条件下干燥，种子将全部死亡。水稻种子在45℃条件下干燥1 h，爆腰率为12%左右，而在55℃条件下干燥1 h，爆腰率为26%左右。爆腰后，种子受到破坏损伤，种子的寿命缩短。

种子含水量和贮藏温度在影响种子寿命时存在互作效应。种子含水量高，但贮藏温度较低时，种子寿命仍较长；种子含水量高且贮藏温度较高时，种子寿命较短。表7-1表明了在各种温湿度条件下，不同作物种子的寿命变化趋势。显然，在高温高湿条件下，种子寿命缩短。

表7-1 不同温湿度条件下三种作物种子贮藏一年后的发芽率（%）

作物	原始发芽率	相对湿度	5℃	10℃	20℃	30℃
莴苣	63	35	67	53	32	2
		55	50	22	3	0
		76	36	0	0	0
洋葱	66	35	55	35	29	15
		55	53	16	3	4
		76	27	13	1	0
番茄	93	35	94	91	90	91
		55	90	89	89	83
		76	88	76	45	10

（三）气体

除湿度和温度外，与种子呼吸作用关系密切的CO_2和O_2等气体对种子寿命也有一定的影响。例如，将水稻种子贮于不同气体中，2年后发芽率的检验结果表明，在纯O_2中不到1%，空气中为21%，纯CO_2气中为84%，纯N_2中为95%。氧气的存在促进了种子呼吸作用，加速了种子内部物质消耗及有害物质的积累，所以不利于种子的安全贮藏。相反，增加CO_2、N_2等气体浓度，降低O_2浓度，不但能抑制种子呼吸，还能有效地抑制仓虫和微生物活动，从而延长种子的寿命。在低温低湿条件下采取密闭贮存，可以使种子的呼吸代谢维持在最低水平，延长种子寿命。但当种子水分和贮藏温度较高时，密闭会迫使种子转入缺氧呼吸而产生大量的有毒物质，使种子窒息死亡。遇到这种情况，应该立即通风摊晾，使种子水分和温度迅速下降。

（四）其他因素

光、微生物和仓虫的活动及用于种子处理的一些化学物质对种子寿命也有一定的影响。

强光对种子的危害主要发生在干燥过程中。夏日的强光曝晒，会使小粒色深的种子胚部细胞受伤，大粒的豆类裂皮，另一些如水稻等则易爆腰，不但种子活力降低，且不耐贮藏，缩短寿命。所以强光高温时不宜在柏油路、水泥地等地方晒种。

一般田间真菌和贮藏真菌均会侵染种子。田间真菌如果对种子的结构没有很大伤害，将不会对种子的寿命有很大的影响，因为田间真菌生长常需要高的湿度（一般要求90%～95%）或者高的种子含水量，种子贮藏期间很少有这些湿度条件。如果田间真菌破坏种子结构，则有可能使种子寿命缩短。贮藏真菌往往会缩短种子寿命，因为空气的相对湿度在65%～90%时，贮藏真菌就可以生长，生长的贮藏真菌可以分泌一些毒素杀死种子细胞，也可以产生呼吸热和水分，促进种子呼吸作用。

仓虫破坏种子结构，呼吸时产生水分。因此，如果仓虫太多，种子的寿命会缩短。

利用化学物质处理种子，延长种子寿命，也是一个较好的技术措施，特别是对油脂种子。有人曾用氯乙醇、氯丙醇等药剂处理亚麻种子和棉籽，以抑制游离脂肪酸的产生以及预防种子在大量贮藏期间的发热现象。

第三节　种子衰老及其机理

种子是一个活的有机体，它的形成、发展到衰老死亡，是不可抗拒的自然过程。一旦种子达到生理成熟后，便开始经历衰老过程，活力逐渐降低。不管贮藏条件如何理想，贮藏时间超过一定限度，种子生命便会终止。种子生命力从旺盛时期经历逐渐衰老过程导致最后死亡，其间是一个复杂的从量变到质变的连续过程。种子衰老也是一个种子生活力不断下降的渐进和积累的过程，伴随着种子生活力下降，所表现出的形态、物理化学反应、生理生化代谢以及遗传上的一系列变化或综合效应称为种子衰老。

一、种子衰老的形态特征

发生衰老的种子，往往在种子和幼苗的形态方面出现衰老的特征。许多作物种子随着衰老，其种皮颜色逐渐加深，光泽度降低，暗淡无光，而油脂种子有"走油"现象。衰老种子的发芽率往往比较低，发芽迟缓，对不良环境的抵抗力降低，幼苗生长缓慢，最终表现为出苗率降低，苗期延长，弱苗、小苗、白化苗和畸形苗增多等现象。

在超微结构方面，随着种子衰老，细胞内各种细胞器均发生一系列变化。线粒体在衰老早期，其间质表现色浓而稠密，外形不规则，内部出现空隙。当衰老进一步加重时，线粒体内膜和网壁连接在一起，内脊收缩变小，更为严重时，双层膜破损，线粒体出现膨胀，间质表现为稀薄色淡。质体受衰老的影响，轻度衰老时外膜变形，在发芽初期能恢复正常，但随着衰老的加深变为肿胀、内膜损伤、间质密度下降，固有功能丧失。在种子衰老时，高尔基体也有解体现象，数量减少。

二、种子衰老的生理生化基础

目前关于种子劣变的原因与机制有许多解释，可大致归纳为以下几种。

（一）膜系统的损伤

随着生物膜理论和研究技术的快速发展，膜系统与种子衰老的关系日益受到科学工作者的重视。研究表明，膜脂的过氧化是膜结构被破坏进而导致种子衰老死亡的重要原因之一。

膜脂是所有细胞膜系统的主要组分，膜脂的过氧化是指生物膜中不饱和脂肪酸在自由基诱发下发生的过氧化反应。脂肪酸的过氧化发生在不饱和脂肪酸的双键上，氧化的结果是使双键断裂，会导致膜脂分解，膜相分离，破坏膜的正常功能，反应中还伴随丙二醛的产生。衰老种子中活性氧的积累是导致膜脂过氧化的主要原因（图7-1），但另有研究表明，衰老的干燥种子中同样存在着非酶促的膜脂自动氧化过程。

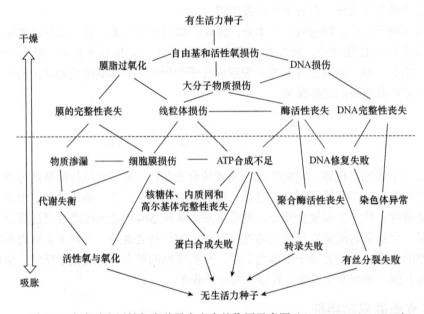

图 7-1 自由基和活性氧在种子劣变中的作用示意图（Bewley et al., 2013）

膜脂的过氧化反应直接导致膜的选择通透性加大。研究表明，随着种子劣变，出苗率下降，种子浸提液电导率增大。胞内大量可溶性营养物质及生理活性物质外渗，一方面导致细胞代谢紊乱，另一方面由于糖和电解质等的渗出，造成微生物大量繁殖，使种子老化和劣变加深。据报道，人工加速老化的花生、小麦、水稻等种子，其浸提液电导率，K^+、氨基酸、可溶性糖及蛋白质、芥子碱等含量明显增加。

膜结构的破坏导致一些具有膜结构的细胞器如线粒体、内质网及高尔基体等发生衰退、破裂甚至解体，从而丧失了生理功能并放出各类水解酶及有机酸，加速了种子衰老。研究者发现，老化大豆线粒体膜的变质，使呼吸过程的氧化磷酸化逐步解偶联，产生的 ATP 量减少，细胞合成过程所需能量不足，加速了种子衰老的发展（图7-1）。同时，膜脂过氧化反应产生的自由基、丙二醛及其类似物会进一步攻击生物大分子，引起恶性的连锁反应，如引起蛋白质变性、酶钝化或使染色体发生突变及破坏重要细胞器等，直接或间接地对种子造成危害。

（二）生物大分子变化

在种子贮藏过程中，核酸、蛋白质等生物大分子的变化与种子的衰老有关。衰老种子中核酸的变化主要表现为原有核酸的解体及新核酸合成的受阻（图7-1）。有研究表明，老化的大豆种子与新鲜种子相比，DNA、RNA 的合成能力下降；水稻种子丧失生活力时，RNA 总量与 poly（A）RNA 含量降低；老化的木豆种子的 DNA 和 RNA 含量降低；人工老化玉米种子的发芽率和活力的降低与种子萌发早期（0～24 h）DNA 的合成降低显著相关。

种子衰老往往伴随着蛋白质含量的降低（图 7-1）。在水稻、油菜、大葱种子贮藏的生理生化变化研究中，都有可溶性蛋白质含量随贮藏时间延长而减少的报道。据推测，种子衰老过程中，蛋白质含量下降可能有以下原因：蛋白质发生降解，蛋白质合成能力降低。衰老的种子中，蛋白质分子也常发生变性。蛋白质的主要结构是由氨基酸组成的肽链，但蛋白质的二级或三级高级空间结构则是由二硫键、氢键、酯键等次级结构键维持的，从而具有一定的功能。但这些次级键易受高温、脱水、射线或某些化学物质刺激，使原有的严密有序的空间结构变得疏松、紊乱，最终导致蛋白质变性。1973 年 Harrington 指出，构成染色体的组蛋白变性将阻碍 DNA 的功能，酶蛋白变性使酶活力丧失，膜蛋白变性使生物膜的半透性丧失。

衰老种子中，酶的活性也发生了变化。大多数研究者认为，衰老种子中易丧失活性的酶主要有 DNA 聚合酶、RNA 聚合酶、超氧化物歧化酶、过氧化氢酶、过氧化物酶、ATP 酶、脱氢酶、细胞色素氧化酶及谷氨酸脱羧酶等。而某些水解酶如核酸酶、蛋白酶、酸性磷酸酯酶、磷酸化酶、肌醇六磷酸酶和多胺氧化酶等活性反而增强。

（三）有毒物质的积累

种子衰老过程中，由种子内部代谢功能失调而引起的有毒物质的逐渐积累，使正常生理活动受到抑制，是导致种子老化劣变的原因之一。脂肪氧化产生的醛、酮、酸类物质，蛋白质分解产生的多胺，脂质过氧化产生的丙二醛等均会对种子活细胞产生毒害作用。其他的代谢产物，如游离脂肪酸、乳酸、香豆素、肉桂酸、阿魏酸、花椒碱等多种酚类、醛类、酸类化合物和植物碱，均对种子有毒害作用。另外，微生物分泌的毒素对种子的毒害作用也不能低估，尤其在高温高湿条件下更是如此。例如，贮藏真菌分泌的黄曲霉素能诱发种子染色体畸变。胚是有毒物质积累的主要场所，其次是胚乳。

（四）内源激素不平衡

种子衰老过程中往往伴随着内源激素的剧烈变化。1973 年，Harrington 认为促进种子萌发的各种内源激素（赤霉素、细胞分裂素和乙烯）生成能力的下降和丧失是种子老化的基本过程。衰老的花生种子中脱落酸积累多，而未衰老的花生种子中则赤霉素和乙烯含量高。棉花、油菜等种子衰老时也与内源乙烯减少有关。

（五）其他方面

种子衰老的原因和机制还有多种。国外近十几年的研究证实，干燥种子细胞质由于其高浓度的糖及其他生物大分子，黏度增高，因而以玻璃态形式存在。在这种状态下，分子运动速度变慢，各种生理生化反应被限制到极点，使种子在贮藏期间呼吸代谢降低到最低水平，膜脂过氧化被部分抑制，而抗氧化系统保持良好。当种子细胞质的玻璃态由于高温、含水量增加或其本身玻璃态的稳定剂降解等原因受到破坏，各种生理生化反应加剧，种子逐步衰老。

还有一些研究表明，种子中存在被称为美拉德反应（Maillard reaction）和阿马多里反应（Amadori reaction）的非酶促反应，这些反应可以在种子水分含量极低的条件下发生，其产物在种胚内的积累成为种子衰老的原因，而且其机制可能是通过降低抗氧化酶的活性，修饰蛋白质、核酸的结构和功能，影响种子中糖代谢等途径进而引起种子衰老。

三、种子衰老的遗传基础

在种子中调控种子衰老的基因主要有两种类型，一种是植物本身所带有的与衰老有关的基因，另一种是由基因突变所引起的衰老。

在种子衰老期间既有新蛋白质的合成，也有原有蛋白质种类的增减。目前的研究证明，衰老期间绝大多数基因的表达是被抑制的，少数基因的表达是增强的。目前，很多学者已从拟南芥、玉米、番茄等植物中克隆出多个与种子衰老有关的基因。比如，植物中的蛋白质异天冬氨酸甲基转移酶基因 *PIMT1* 与种子活力和耐储藏性相关；半胱氨酸过氧化物还原酶R1C-PRX/NnPER1 能抵御活性氧对种子的氧化；编码玉米棉子糖合成酶的基因 *ZmRS* 对种子抗老化具有重要作用。

另外，很多研究者报道在种子衰老时会有基因突变的现象发生。有些研究表明，劣变种子中 DNA 含量下降，片段变小，而且不能像好的种子那样在吸胀时得到修复。拟南芥 *LIG4/LIG6* 基因编码 DNA 连接酶，能修复种子劣变过程中产生的 DNA 单链和双链的损伤，对防止基因突变和 DNA 损伤具有重要作用。基因突变和 DNA 损伤都会导致种子萌发和幼苗生长的延迟，从而增加微生物袭击的机会和不良环境的影响程度。

在种子劣变过程中经常能观察到染色体的畸变，它们大多出现在分生组织特别是幼根的分生组织中。劣变种子中的染色体畸变包括残断、联桥等。染色体畸变的发生严重影响细胞的有丝分裂，使细胞周期延长。染色体的畸变会随种子劣变过程而积累，贮藏时间越长，种子劣变越严重，当染色体的畸变达到一定程度时，种子就会死亡。

目前对种子衰老的遗传基础的研究并不是很多，并且也主要集中在水稻、玉米等主要农作物中。不同物种的种子寿命差异显著，其由多种因素协调构成精确复杂的交叉调控网络，包括环境因素、种皮结构、遗传因素、植物激素、活性氧以及能量物质的储备、转化与利

7-2 拓展阅读

用等。随着现代分子遗传学技术的飞速发展，相信人们对种子衰老的遗传基础将会有更深入的了解，这对今后延长种子寿命、改进种子贮藏技术等具有重要意义。

小知识：棉子糖在种子抗衰老中的作用

7-3 拓展阅读

棉子糖半乳糖苷系列寡糖主要包括棉子糖、水苏糖和毛蕊花糖，是种子中最广泛的低分子质量 α-半乳糖苷。许多植物正常型种子的发育伴随着棉子糖半乳糖苷系列寡糖的积累，这些糖的积累已被认为在种子脱水耐性获得、种子活力中起重要作用。肌醇半乳糖苷合成酶（GOLS）、棉子糖合成酶（RS）和水苏糖合成酶（STS）是参与棉子糖半乳糖苷系列寡糖生物合成的关键酶。近来，科学家发现在玉米种子中仅检测到棉子糖，玉米棉子糖合成酶基因（*ZmRS*）对种子抗老化具有重要作用；但是在拟南芥中，水苏糖和毛蕊花糖与棉子糖相比，在种子抗衰老方面具有更大的作用。

四、陈种子的利用

陈种子是指经过较长时间（一般一年以上）贮藏的种子。陈种子能否在生产上应用，首先取决于种子的衰老程度。在最适条件下，有些种子经过长期贮藏而仍然保持旺盛的生活力，种子发芽率达到90%以上。据报道，在4℃干燥条件下贮藏13年的番茄种子，播种后仍能长成正常的植株；而同样的种子在室温经13年贮藏后，发芽率已降低到6%，所长成的植株发育畸形。发芽率已降低到50%或更低的衰老大麦种子，在成长植株中发现含有4%的绿体突变。因此，对于长时间贮藏的种子，如果发芽率没有明显降低，仍可以在生产上应用。但这里必须强调，当种子发芽率显著下降，特别是下降到50%以下时，种子已经衰老，其存活的部分可能含有一定频率的自然突变，不能在生产上作种子使用，但作为育种材料，有一定的利用价值，因为育种家有可能从自然突变的群体中选出更好的品种。

第四节　种子寿命的预测

一、根据温度和水分预测种子寿命

（一）预测方程式

一个种子群体中所有种子死亡期是呈正态分布的，如已探明前半期的变化规律，就可推测到后半期的变化趋势。1972年，Roberts和Ellis根据贮藏期间农作物种子在各种不同温度和水分条件下寿命的变化规律，应用数理统计的方法，推导出一个预测正常型种子寿命的对数直线回归方程式：

$$\lg P_{50} = K_V - C_1 m - C_2 T \qquad\qquad (7\text{-}1)$$

式中，P_{50}为种子半活期即平均寿命（天）；m为贮藏期间的种子含水量（%）；T为贮藏温度（℃）；K_V、C_1、C_2均为常数，是随作物不同而改变的常数（表7-2）。

表7-2　几种作物种子的 K_V、C_1、C_2 常数值

作物	K_V	C_1	C_2
水稻	6.531	0.159	0.069
小麦	5.067	0.108	0.050
大麦	6.745	0.172	0.075
蚕豆	5.766	0.139	0.056
豌豆	6.432	0.158	0.065

根据上述方程式，可从贮藏温度和水分的任何一种组合求出保持种子50%生活力的期限；或者根据所预期要求保持生活力的期限，求出所需的贮藏温度或种子水分。

农业生产上要求保持较高的种子生活力（如90%种子能正常发芽），则需要根据相应的贮藏试验结果，推导出保持90%发芽率的方程式。然后根据不同的种子水分和贮藏温度求出预先计划的贮藏期限，或者反过来推算种子水分或贮藏温度。

（二）预测列线图

为了查用方便，根据上述方程，可将各种作物种子的生活力与其相应的种子水分和贮藏温度的比例关系，绘制成各种作物的列线图。从列线图查得某一作物种子在不同水分和贮藏温度组合下，生活力降低到某一水平的时间；或者在所要求时间内保持某一生活力水平以上的各种贮藏温度和种子水分的组合。现将最常用的两种使用方法介绍如下。

（1）计算任何一组温度和水分的组合，生活力降低到任一水平的时间。用一支直尺搁在所给的温度（比例尺 A）和水分（比例尺 B）上，记下在比例尺 C 上所示的数值［平均存活期（天）］。以比例尺 C 上的一点为轴心，把直尺转到比例尺 E 上所指的数值就是生活力降低到所选百分率所需的时间。

（2）查出所要求贮藏时间内，保持所要求生活力以上的各种温度和水分的组合，在比例尺 E 上选取所要求生活力的最低水平，在比例尺 D 上选取所要求的贮藏时间，用一直尺通过这两点，并记下在比例尺 C 上所示数值。以比例尺 C 上的一点为轴心，把直尺转到比例尺 A 和 B，其尺上所指的位置就是所要求的贮藏时间内生活力降低到所选取数值时的贮藏温度（比例尺 A）和种子水分（比例尺 B）数值的组合。显然，当贮藏温度和种子水分二者中的一个确定，另一个数值也就确定了。

水稻、小麦、蚕豆种子生活力列线图见图 7-2～图 7-4。

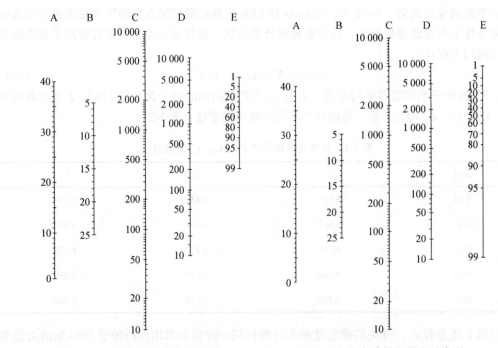

图 7-2　水稻种子生活力列线图　　　图 7-3　小麦种子生活力列线图
　A. 温度（℃）；B. 含水量（湿重 %）；C. 平均存活　A. 温度（℃）；B. 含水量（湿重 %）；C. 平均存活
　（天）；D. 生活力降低到指定百分率时期（天）；E. 存活　　期（天）；D. 生活力降低到指定百分率时期（天）；
　百分率（%）　　　　　　　　　　　　　　　　　　E. 存活百分率（%）

二、修正后的种子寿命预测方程式和列线图

（一）预测方程式

1972 年，Roberts 和 Ellis 提出的上述种子寿命预测方程式和列线图，由于仅仅考虑到水分和温度这两个影响种子寿命的重要因素，没有顾及入库时种子本身质量的重要性，因而预测结果不够精确。1980 年，Ellis 和 Roberts 提出了修正后的方程式：

$$V=K_i-\frac{P}{10K_E-C_W\lg m-C_H t-C_Q t^2} \qquad (7\text{-}2)$$

式中，V 为贮藏一段时间后的生活力概率值（%）；K_i 为原始生活力（%）；P 为贮藏天数；m 为种子含水量（%，湿重）；t 为贮藏温度（℃）；K_E、C_W、C_H、C_Q 均为常数。

已经证明，此方程式具有普遍适用性。表 7-3 是目前已测定的几种作物种子的 4 个常数值。

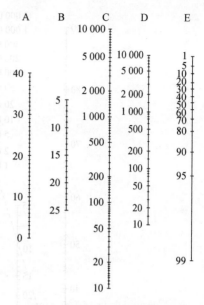

图 7-4 蚕豆种子生活力列线图
A. 温度（℃）；B. 含水量（湿重%）；C. 平均存活期（天）；D. 生活力降低到指定百分率时期（天）；E. 存活百分率（%）

表 7-3 几种作物种子生活力常数值

作物	K_E	C_W	C_H	C_Q
大麦	9.983	5.896	0.040	0.000 428
鹰嘴豆	9.070	4.820	0.045	0.000 324
豇豆	8.690	4.715	0.026	0.000 498
洋葱	6.975	3.470	0.400	0.000 428
大豆	7.748	3.979	0.053	0.000 228

（二）预测列线图

为了简化计算过程，根据上述方程式可以绘制成各种作物种子寿命预测列线图，图中共由 8 个比例尺组成，可以做多种预测。大麦、大豆、豇豆种子生活力列线图见图 7-5～图 7-7。

图 7-5 中虚线表示原始发芽率为 99.5%、水分为 10% 的大麦种子，贮藏在 4℃ 条件下，预测 20 年后的生活力。用一直尺搁在比例尺 A 的 4℃ 处和比例尺 B 的 10% 水分处，延长线相交于比例尺 C 上平均寿命为 8400 天处；以该点为轴心，把尺转到比例尺 D 上的 7300 天（20 年）处，其延长线相交于比例尺 E 上的 0.8 处；在比例尺 F 上找出相同数值 0.8，再以该点为轴心转动尺子；在比例尺 H 上找出该种子的原始发芽率为 99.5%，两点连线相交于比例尺 G 上的 96% 处，即预测到 20 年后该批种子生活力为 96%。若另一批大麦种子的原始发芽

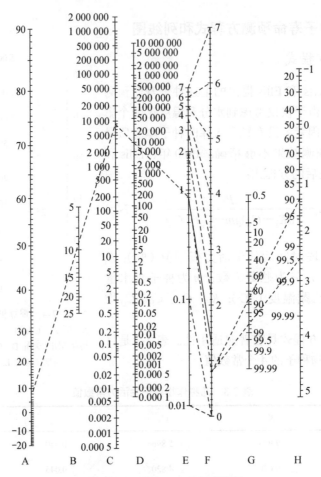

图 7-5　大麦种子生活力列线图

A. 温度（℃）；B. 水分（湿重 %）；C. 平均寿命（天）；D. 贮藏年限（天）；E. 标准值（对数尺）；F. 偏离值（线性尺）；G. 最终生活力（%）；H. 原始生活力（K_i，%）

率为 90%，在比例尺 H 上找出 90%，则比例尺 F 上的 0.8 处和 90% 的连线相交于比例尺 G 上的 70% 处，即预测到 20 年后该大麦种子生活力仅为 70%。

假如贮藏温度是变动的，可用下列公式进行修正：

$$T_e = \dfrac{\lg\left\{\dfrac{\sum [W \times \text{anti log}\,(TC_2)]}{100}\right\}}{C_2} \qquad (7\text{-}3)$$

式中，T_e 为有效温度（℃）；T 为记录温度（℃）；W 为每种温度所处时间的百分率（%）；C_2 为常数。常见作物 C_2（常数）值如下：水稻 0.069，大麦 0.075，小麦 0.050，蚕豆 0.056，豌豆 0.065。

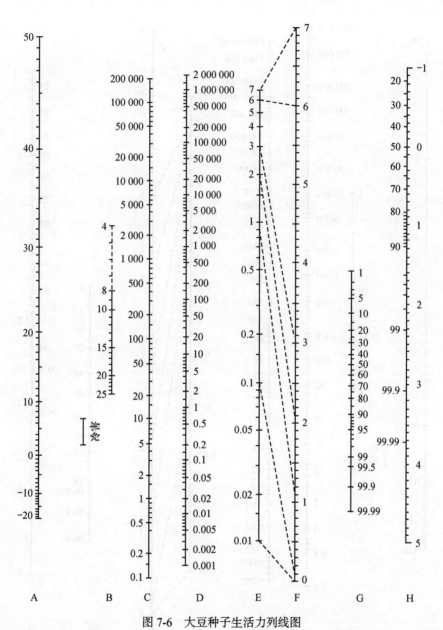

图 7-6　大豆种子生活力列线图

A. 温度（℃）；B. 水分（湿重%）；C. 平均寿命（天）；D. 贮藏期限（天）；E. 标准值（对数尺）；F. 偏离值（线性尺）；G. 最终生活力（%）；H. 原始生活力（K_i，%）。B 尺上 4~8 的虚线是作为干裂损伤的警告；A 和 B 尺之间的冷害也仅是一种警告

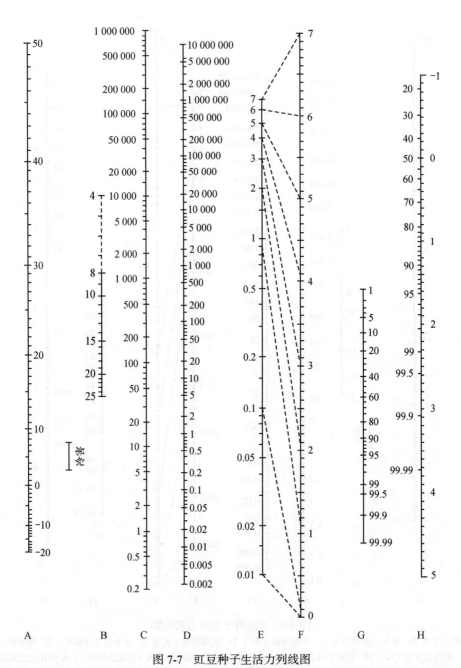

图 7-7 豇豆种子生活力列线图

A. 温度（℃）；B. 水分（湿重%）；C. 平均寿命（天）；D. 贮藏期限（天）；E. 标准值（对数尺）；F. 偏离值（线性尺）；G. 最终生活力（%）；H. 原始生活力（K_i，%）。B 尺上 4～8 的虚线是作为干裂损伤的警告；A 和 B 尺之间的冷害也仅是一种警告

小知识：种子耐贮藏性研究

作物种子的耐贮藏性不仅影响种子田间活力，而且与种子的生产和管理密切相关。因此，开展作物种子耐贮藏性研究，培育耐贮藏品种，对保障我国粮食安全，以及提供高活力优质种子等均具有重要意义。人工老化和自然老化是目前研究种子耐贮藏性常用的两种方法。自然老化是指种子在自然贮藏或种质保存条件下，进行耐贮藏性研究的方法。该方法比较符合种子贮藏的自然特性，但由于其历时较长，因此难以广泛应用于实际研究中。人工老化是指利用高温高湿加速种子老化速度来研究其耐贮藏性的方法，其克服了自然老化所需时间较长的不足，所以被大量应用于种子的耐贮藏性研究。

小 结

种子寿命与作物生产的关系十分密切，若在种子生产、贮藏和播种等实践中忽视种子寿命而造成的损失是不可估量的。掌握延长和预测种子寿命的方法，可以有力地促进现代农业生产。但是，有关种子衰老劣变导致种子寿命缩短的遗传机制至今尚不清楚，有待进一步研究。

思 考 题

1. 什么是种子寿命？怎样延长种子寿命？
2. 哪些因素会影响种子的寿命？
3. 种子衰老的机制是什么？

第八章　种　子　活　力

【内容提要】种子活力是种子播种质量的重要指标，也是种用价值的主要组成部分，与农业生产关系十分密切。种子活力又是种子生命活动中极为重要的特征之一，它与种子发育、成熟、萌发、贮藏寿命和劣变等生理生化过程有着紧密的联系。

【学习目标】通过本章的学习，了解提高种子活力的有效途径，掌握种子活力测定方法。

【基本要求】了解影响种子活力的因素；掌握常用的种子活力测定方法。

第一节　种子活力的概念和意义

一、种子活力的概念

（一）种子活力的定义

种子生活力（viability）是指种子的发芽潜在能力和种胚所具有的生命力，通常是指一批种子中具有生命力（活的）种子数占种子总数的百分率。种子发芽力是指种子在适宜条件下（国标或国际规程规定条件下）发芽并长成正常植株的能力，通常用发芽率和发芽势表示。而种子活力是描述若干特性的综合概念，不同学者对种子活力（seed vigor）的定义有差异。

1977 年，国际种子检验协会将种子活力定义为：种子活力是决定种子或种子批在发芽和出苗期间的活性水平和行为的那些种子特性的综合表现。种子表现良好的为高活力种子。1980 年，美国官方种子分析家协会（AOSA）采用了较为简单直接的定义：种子活力是指在广泛的田间条件下，决定种子迅速整齐出苗和长成正常幼苗潜在能力的总称。以上两个定义的基本内容十分相似。概括来说，种子活力就是种子的健壮度。健壮的种子（高活力种子）发芽和出苗整齐、迅速，对不良环境抗耐能力强。健壮度差的种子（低活力种子）在适宜条件下虽能发芽，但发芽缓慢，在不良环境条件下出苗不整齐，甚至不出苗。

因此，与种子活力有关的各方面特性表现有：①种子发芽和幼苗生长的速度与整齐度；②田间表现，包括出苗、生长速度和整齐度；③贮藏、运输后的表现，特别是发芽能力的保持。活力强度可持续影响后续作物生长整齐度、产量和产品质量等。

小知识：国际种子检验协会

国际种子检验协会（International Seed Testing Association, ISTA）是一个由各国官方种子检验室（站）和种子技术专家组成的世界性的政府间非营利性组织。它成立于 1924 年，其主要目标和任务是：制订、修订、出版和推行国际种子检验规程，促进在国际种子贸易中广泛采用一致性的标准检验程序；召开国际性种子会议，讨论和修订国际种子检验规程，交流种子科技研究成果；组织与举办种子技术培训班、讨论会和研讨会；加强与其他国际机构的联系和合作；编辑和出版发行 ISTA 刊物；颁发国际种子检验证书。

（二）种子活力与种子生活力（发芽力）的关系

关于种子活力与发芽力之间的关系，Isely 已于 1957 年以图解表示（图 8-1）。图 8-1 中那条最长的横线是区别种子有无发芽力的界线，也是活力测定的分界线。在此线以上的种子为较高活力种子，发芽试验结果显示为正常幼苗，进行活力测定，可将这些种子分为高活力和低活力种子。在此横线以下的种子为缺乏活力种子，部分种子虽能发芽，但发芽试验结果显示为不正常幼苗；部分种子并非死亡，但不能发芽；部分种子完全死亡，后两种种子发芽试验结果显示均为死种子。种子活力与种子发芽力（生活力）对种子劣变的敏感性有很大的差异（图 8-2）。当种子劣变达 X 水平时，种子发芽力并不下降，而活力则有所下降；当劣变发展到 Y 水平时，发芽力开始下降，而活力则表现严重下降；当劣变至最后一根纵线时，其发芽力尚有 50%，而活力仅为 10%，此时种子已没有实际应用价值。

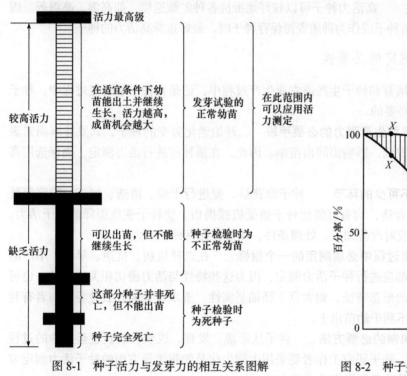

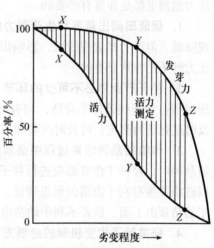

图 8-1 种子活力与发芽力的相互关系图解 　　图 8-2 种子劣变过程中发芽力（生活力）与活力的相互关系图解

二、种子活力的重要意义

（一）高活力种子的生产优越性

种子是农业生产的基本生产资料，种子活力是种子重要的品质，高活力种子具有明显的生长优势和生产潜力，对农业生产具有十分重要的意义。

1. 提高田间出苗率 高活力种子播到田间后出苗迅速、均匀一致，保证全苗、壮苗和作物的田间密度，为增产打下良好的基础。

2. 节约播种费用 高活力种子的成苗率高，因此比低活力种子的播种量少。而低活力种子田间出苗率低，播种后往往缺苗、断垄，必须重播，会增加播种费用。高活力种子播后一次全苗，可以省工、省种、省时。

3. 抵御不良环境条件　　高活力种子由于生命力较强，对田间逆境具有较强的抵抗能力。例如，在干旱地区，高活力种子可适当深播，以便吸收足够的水分而萌动发芽，并有足够的能量顶出土面，而低活力种子则在深播情况下无力顶出土面。

4. 增强对病虫杂草竞争能力　　高活力种子由于发芽迅速、出苗整齐，可以逃避和抵抗病虫害。同时由于幼苗健壮、生长旺盛，具有和杂草竞争的能力。

5. 增加作物产量　　高活力种子不仅可以全苗、壮苗，而且可以提早和增加分蘖及分枝，增加有效穗数和果枝，因而可以明显增产。据美国对大豆、玉米、大麦、小麦、燕麦、葛芭、萝卜、黄瓜、南瓜、青椒、番茄、芦笋、蚕豆等13种作物的统计资料，高活力种子可以增产20%～40%。

6. 提高种子耐藏性　　高活力种子可以较好地抵抗各种贮藏逆境，如高温、高湿等。因此，当需要较长时期贮备种子或作为种质资源保存种子时，最好选择高活力的种子。

（二）种子活力测定的必要性

无论在作物新品种培育和种子生产或农业生产过程中，还是在种子学研究过程中，种子活力的测定都是非常有必要的。

1. 保证田间出苗率和生产潜力的必要手段　　开始老化劣变的种子，其发芽率尚未表现降低，但活力却表现较低，影响田间出苗率。因此，在播种前进行活力测定，确保选用高活力种子是非常必要的。

2. 种子产业中必不可少的环节　　种子收获后，要进行干燥、清选、加工、贮藏等处理过程。如某些条件不合适，均有可能使种子遭受机械损伤，使种子变质而降低种子活力。及时进行活力测定，可及时改善加工、处理条件，保持和提高种子活力。

3. 作物新品种培育过程中必须测定的一个指标　　在选择抗病、抗逆、早熟、丰产的新品种时，育种工作者都应进行种子活力测定，因为这些特性与活力密切相关。此外，也可以选择某些有利于出苗的形态特征，如大豆下胚轴坚实性、玉米胚芽鞘开裂性等，前者有利于幼苗顶出土面，后者不利于幼苗出土。

4. 研究种子劣变机制的必要方法　　种子从形成、发育、成熟、收获直至播种的过程中，无时无刻不在变化，种子研究工作者要采用生理生化及细胞学等方面的种子活力测定方法，研究种子劣变机制及改善和提高活力的方法。

　　小知识：直播稻生产对高活力种子的需求

8-1 拓展阅读

　　　　　随着我国经济和城镇化的快速发展，农村劳动力日益缺乏。直播稻等轻简栽培生产方式，因其具有省工、省力、劳动生产率高、更适于规模经营、经济效益好等优点，近年得到快速发展。直播稻方式主要有湿直播，即催芽的种子播种在湿润的土上；水直播，即干种子直播在灌水的稻田；旱直播，即干种子播种在干土上或土下。因此，直播稻生产对种子田间出苗能力的要求极高，亟须培育种子高活力的水稻品种，促进种子田间快速发芽、成苗，提高种子耐低温、低氧、耐旱发芽能力等，以满足直播稻生产需要。

第二节　种子活力的生物学基础

一、影响种子活力的因素

（一）遗传因素

植物遗传的特性（基因型）对种子和幼苗活力有明显影响。

1. 种子大小　种子大小受基因控制，不同作物和不同品种的种子即使发芽率相同，田间出苗率或成苗率也常会不一样。通常大粒种子萌发期间具有丰富的营养物质、较高的能量，幼苗顶出土面的能力较强。

2. 杂种优势　杂种优势在种子活力方面也有明显表现。通常杂种 F_1 种子的活力高于双亲种子，杂交玉米、杂交水稻、杂交小麦及白菜等作物均有相似的表现。

关于种子活力所表现的杂种优势，分析其原因可能主要是种子萌发和幼苗生长过程中线粒体的互补作用，促进蛋白质、RNA 和 DNA 的迅速合成。另外一种解释认为可能是杂种具有更为经济合理的呼吸代谢效率。目前有关种子活力杂种优势相关基因也有报道。

3. 种皮破裂性和种皮颜色　种皮对种子具有保护作用，某些豆科作物种子如大豆、菜豆等，当种子成熟后有种皮自然破裂的特性，降低了种皮保护作用，导致种子老化变质，从而降低了活力。这种性状受基因控制，是可以遗传的。与此有关的另一性状是种皮的颜色，通常白色种皮与种皮破裂性有连锁遗传关系，如白色菜豆种皮有自然破裂特性，而有色菜豆则种皮不易破裂，种子活力较强。

4. 子叶出土型　通常子叶出土型与子叶留土型是受两个基因控制的。双子叶植物子叶出土型的种子，如大豆、菜豆等，具有两片肥大的子叶，遇黏重、板结土壤就难于顶出土面或者子叶易被折断，降低了田间出苗率，这类种子不适宜于深播。子叶留土型的种子，如蚕豆、豌豆，虽然也有两片肥大子叶，但由于子叶不出土，由形似针矛状的幼芽顶出土面，受黏重、板结土壤的影响小，故出苗率高。一般情况下，子叶留土型种子活力较子叶出土型种子活力强。

5. 硬实　在许多情况下硬实并非人们所需要的特性，因种皮具有不透水性，而使种子吸水缓慢，发芽延迟，发芽整齐度及出苗率降低，种子活力低。近年来，育种工作者将硬实基因引入某些品种，增强种皮保护作用，使种子老化延缓，并防止种子吸胀时营养物质的渗出。硬实性可通过选择育种进行改变，比如可以选择硬实性较低的品种或者选择具有一定硬实性的品种。

6. 对机械损伤的敏感性　当种子采用机械收获和加工时，对机械加工的敏感性因作物或品种而不同，是受遗传基因控制的。机械损伤因种皮性质和种子形态而受影响。芝麻种皮薄且软，易受机械损伤，亚麻则种皮厚且坚硬，能抗机械损伤。从种子形状看，扁平形的种子（芝麻、亚麻等）较圆形种子（芸薹属）易受机械损伤。芸薹属种子不仅种子圆形且子叶折叠，能保护生长组织（胚根、胚轴），减少机械损伤。大豆种子大小影响机械损伤程度，大粒品种较小粒品种更易损伤。种子机械损伤降低了种子耐藏性、田间出苗率及种子活力。因此，有人提出建议，应该通过育种途径，选择具有抵抗损伤性能的品种，促进和改善种子的品质。

7. 化学成分 为了改进玉米营养品质，提高了玉米赖氨酸含量，但往往导致其种子小而皱缩，活力降低。因此育种工作者企图探索一种既能控制营养品质而又不降低活力的基因。有研究者发现，在玉米中凡带有 $A1$ 基因的种子较缺少这种基因的种子具有更高的活力。玉米种子的含糖量也会影响种子活力，甜玉米种子含糖分多，胚乳皱缩，不耐贮藏，种子活力低。

8. 幼苗形态结构 某些作物或品种的幼苗形态特性会影响到田间出苗率。大豆幼苗下胚轴特性会影响种子的活力，有的大豆品种具有下胚轴较为坚实的遗传特性，使子叶易于顶出土面，有利于出苗和成苗。有的玉米品种具有胚芽鞘开裂的遗传特性，使种子难于出土，降低田间出苗率，并影响到以后植株的生长发育。因此，育种工作者应注意选择有利的特性，淘汰不利的特性，提高种子活力。

9. 低温发芽性 不同作物或品种对低温的适应能力不同，有的品种低温发芽时胚根易裂开而影响出苗，有些大豆和玉米品种萌发期间抗寒力强，低温发芽性好，田间出苗率高。

10. 作物成熟期 育种工作者培育新品种时，常常会注意一个影响种子产量和品质的遗传特性——作物成熟期，应选育适合当地气候条件的适当成熟期的品种。有的品种成熟期较迟，可能产量有所增加，但活力则会降低。因成熟期延长，遭受不良环境条件的机会增加，如成熟期遇高温或低温、多雨或干旱均会使种子发育成熟受到影响，或加速种子老化劣变而降低种子活力。

（二）环境因素

种子发育成熟期间或收获之前的环境因素对种子质量有十分重要的影响。

1. 土壤肥力和母株营养 一般认为土壤肥力对种子活力的影响不大，氮、磷、钾肥料三要素在土壤中的含量对作物产量的影响较大。但是，有关小麦田土壤肥力与幼苗活力关系的研究表明，适当提高土壤中含氮量，可以提高种子蛋白质含量，增加种子大小和重量，提高种子活力和产量。

其他矿物元素对种子活力也有一定的影响，当土壤缺硼时，豌豆种子不正常幼苗增加；当土壤中钼的含量较高时，大豆种子活力降低。花生种子对矿物质特别敏感，当土壤中缺硼和钙时，其种子发育不正常，子叶发生缺绿现象，幼苗下胚轴肿胀；土壤缺锰会使豌豆胚芽损伤、子叶空心。土壤缺钙、缺镁条件下产生的种子幼根易发生破裂和种皮破裂，降低种子活力。

母株缺乏营养会影响种子发芽力和活力。当辣椒母株在明显缺氮、磷、钾、钙的培养液中生长时，除磷以外缺乏其他元素均明显降低了种子活力。豌豆植株于低磷培养液中生长，其产生的种子含磷量低，活力也降低。来自缺钙母株的大豆、菜豆、蚕豆种子，其幼苗易遭受茎腐病，认为这是由于胚部分生组织中不能动员足够数量的钙，使下胚轴和胚芽细胞缺钙所致。母株缺钼、缺镁均会使后代种子活力降低。

2. 栽培条件 栽培密度与种子质量密切相关。农业生产上常密植以增加株数、穗数，从而增加作物产量。但密植对留种田块并不适宜，通常密植会降低种子大小和重量，降低种子活力；更为严重的是密植会影响田间通风透光，增加田间温湿度和病害蔓延，引起植株早衰，致使种子发育不良而降低种子活力。适当灌溉会促进作物生长发育和种子饱满度，提高种子活力。种子发育期间过分干旱，且缺乏灌溉，则使种子变轻和皱缩而影响种子活力。

3. 种子发育成熟期间的气候条件　　凡是影响母株生长的外界条件对种子活力及后代均有深远影响。种子成熟期间的温度、水分、相对湿度是影响种子活力的重要因素。为了生产优质种子，必须选择环境适宜的地区建立专门的种子生产基地，宜选择种子成熟季节风和雨少、天气晴朗、土壤肥沃、适当灌溉的地区。

4. 种子成熟度　　大量资料表明种子成熟度与种子某些特性，如种子大小、重量和活力密切相关。一般种子活力水平随着种子发育进程而上升，至生理成熟时达最高峰。例如，甜瓜种子开花后 22～47 天分期采收，种子发芽力随着种子成熟度的提高而增加。

种子成熟度与开花顺序密切相关，因此不同部位的种子成熟度也有差异。芹菜、胡萝卜等伞形花序，通常低位花成熟度高，种子发育好，粒大，而高位花则成熟度较低，粒小。十字花科等无限花序，其种子不同部位的成熟度有差别：下部＞中部＞上部。种子活力的差别与成熟度相同。

棉花不同部位采收的种子活力水平也不同，通常下部果枝的棉铃成熟早，但又未及时采收，暴露于田间条件下为时过长。因此，植株上种子自然老化而活力降低。中部棉铃则成熟充分，及时采收，种子质量好而活力高。植株上部棉铃则成熟度差，活力低，不宜留种，故在实践中均以腰花（中部花）留种。

5. 种子机械损伤　　种子在收获后，有干燥、精选、装袋、运输和贮藏等过程，这期间都可引起种子间或种子与金属设备的碰撞而造成机械损伤。种子机械损伤的程度往往与收获时的种子水分有关。据试验，玉米种子水分为 14% 时，机械损伤仅为 3%～4%，当水分为 8% 时损伤达 70%～80%。另一试验表明，玉米水分在 14%～18% 时损伤较轻，种子水分较低（8%～12%）和较高（20%）时损伤均较重。大豆情况相似，水分 12%～14% 时损伤较轻，水分 8%～12% 及 18%～20% 时损伤较重。这是因为种子水分低，质地较脆易破损或折断，种子水分过高则种子质软易擦伤或碰伤。机械损伤严重则会损坏种胚，使种子不能发芽或幼苗畸形，轻则破损种皮，降低种皮保护作用，加速种子老化劣变，并易遭微生物仓虫为害，最终导致种子失去生活力和活力。

6. 种子干燥　　种子成熟采收后应及时进行干燥，延迟干燥和干燥温度过高将使种子活力降低。常用干燥方法是提高温度，降低环境相对湿度，使种子水分下降。作为种质资源保存的种子，往往采用干燥剂降低种子环境相对湿度使种子水分降低。但如干燥不当（干燥温度过高或干燥剂比例过高），会使种子脱水过速，导致种子胚细胞损伤及种子活力降低。

7. 种子贮藏　　种子贮藏的时间、方法和贮藏期间的环境条件（温度、湿度和氧气等的水平不同）对种子活力均有影响。在种子贮藏期间，由于种子本身带有微生物和病菌，促进呼吸作用加强和有毒物质积累，加速种子劣变，导致活力下降。

8. 种子的健康度　　种子传播的病害在种子萌发期间侵害种胚，使幼苗腐烂，影响田间出苗率，特别是在低温、潮湿土壤中发芽，为害更为严重。种子虫害直接破坏种子完整性，并促进种子的呼吸代谢，加速种子老化变质过程，严重时使种子失去发芽和出苗能力。

二、种子活力与种子劣变的关系

种子是活的有机体，它与其他生物一样有生长、发育和衰老过程。种子活力与种子的老化劣变存在密切关系，即种子活力水平高则种子劣变程度就低。因此，种子活力与种子劣变之间的关系是种子活力测定的主要生物学基础。种子达到生理成熟即具有最高的生活力和活力，由于种子本身的遗传特性和环境条件不同，种子活力的降低和劣变程度的增加会发生明显差异。

（1）种子活力和种子劣变是相互作用的两个方面，种子劣变增强，则活力下降。

（2）种子劣变不可避免，它从生理成熟就开始（甚至在发育期间遇到不良条件活力就会降低），最终活力下降程度视环境条件而异。控制种子本身的状态和环境条件，可延缓活力降低的速度。

（3）种子劣变是逐渐加深和伤害积累的结果。在劣变前期，种子通过某些处理，可以进行修复，恢复活力，但当劣变程度很深时，种子就失去修复能力，最终丧失活力。

（4）种子劣变的基础是细胞膜、细胞器和细胞核内物质作用能力的改变。

（5）种子劣变程度较低时，即在失去发芽力之前，表现为发芽速率和生长速率及整齐度、健壮度均逐渐下降，且出苗时对环境条件的敏感性增加，即抵抗逆境能力下降。当劣变程度较低时，对种子生活力和发芽的影响不大，而对活力则有影响。因此，可用活力测定的方法了解种子劣变的程度。

（6）种子劣变的结果表现在生产性能降低，最终和最大的危害是种子失去发芽能力，而从种子检验角度来看是失去长成正常幼苗的能力。

种子老化、劣变导致种子活力下降以致生活力丧失，其机制相当复杂（图8-3）。从图8-3中可见种子活力的降低及生活力丧失的机制，可概括为两方面，一是外因的直接作用或间接影响；二是内在的演变过程。二者又有密切联系，外因为内部变化的诱发因子和条件。归根到底，老化、劣变的实质在于细胞结构与生理功能上的一系列错综复杂的变化，既有物理的又有生理生化的变化，一种变化与另一种变化可能是互为因果的，也可能是并列的。另外，老化、劣变不能一概归结为从膜的损伤开始。实际上，自然老化尤其是在高温、高湿和缺氧情况下，其原发初始阶段是以代谢失调或代谢受破坏，以致有毒物质积累占主导地位。因此，要积极有效地控制种子活力，就必须从细胞学、生理学等多角度出发，全面系统地研究和了解种子老化、劣变的实质所在。

三、高活力种子形成机制

由上述内容可见，种子活力高低往往由遗传、种子发育期间的环境条件及贮藏条件等因素共同决定。种子活力是在种子发育过程中形成的，贮藏物质的积累是种子活力形成的基础。种子活力在生理成熟期达到最高，其后活力开始发生不可逆的下降，即种子劣变。种子劣变涉及蛋白质、糖、核酸、脂肪酸、挥发性物质如乙醛、膜的透性、酶的活性、呼吸强度、脂质过氧化、修复机制等方面的变化。种子活力在种子萌发期表现在发芽率、苗长、根长、鲜重、干重、低温发芽能力等诸多方面，而这些性状均是多基因控制的数量性状，因此对它的遗传分析较为困难。可见，种子活力是一个非常复杂的综合性状，因此对种子活力的研究应从发育、萌发、贮藏各阶段入手，综合考虑种子活力形成和调控机制。

随着DNA分子标记和基因组作图技术的发展，种子活力的QTL定位近年来也取得了很大的研究进展，已经成为种子科学方面的一个研究热点，目前的研究主要集中在水稻、拟南芥、大豆、番茄、莴苣等作物。尤其是采用分子生物学、基因组学和蛋白质组学方法，对水稻、拟南芥等模式作物种子活力相关的分子机制进行了初步研究。水稻异丙基苹果酸合酶

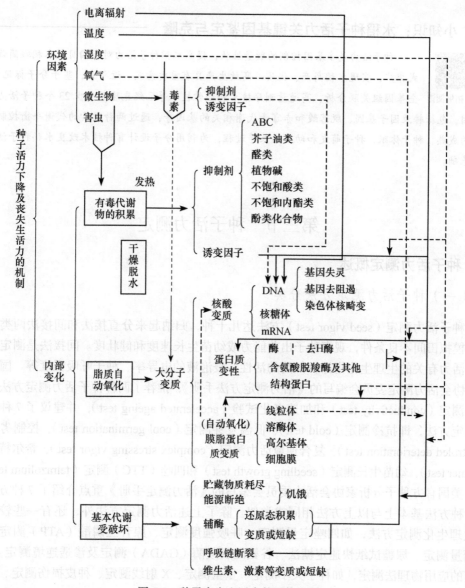

图 8-3　种子丧失生活力的可能机制

基因 *OsIPMS1* 通过提高种子萌发过程中游离氨基酸的生物合成促进赤霉素合成，从而增强糖酵解和三羧酸循环生化反应，提高种子活力；水稻吲哚乙酸糖基转移酶基因 *OsIAGLU* 通过调控种子萌发过程中生长素、脱落酸含量，引起下游脱落酸信号因子表达变化，决定水稻种子活力水平等。今后，如果能够找到控制种子活力的基因，通过分子辅助选择育种方法或基因编辑和转基因方法等聚合多个基因，可以增加种子田间萌发和出苗对环境胁迫的耐受能力，这可能是将来作物育种的一个重要方向。

8-2 拓展阅读

8-3 拓展阅读

┌───┐
小知识：水稻种子活力关键基因鉴定与克隆

8-4拓展阅读　　种子活力是多基因控制的数量性状，提高水稻种子活力对我国目前水稻轻简栽培模式推广，实现水稻高产、优质、高效生产具有重要意义。近年来，基于分子标记技术、全基因组关联分析、高通量测序技术和组学技术等已经克隆了至少23个种子活力关键基因，包括转录因子基因、脱落酸和赤霉素代谢相关的基因等，通过两种激素的代谢平衡控制种子胚的成熟、种子休眠、种子萌发和幼苗生长等过程，为利用分子设计育种技术改良水稻种子活力提供基础。
└───┘

第三节　种子活力测定

一、种子活力测定概述

（一）种子活力测定方法分类

种子活力测定（seed vigor test）方法达几十种，归纳起来分直接法和间接法两类。直接法是模拟田间不良条件，观察种子出苗能力或幼苗生长速度和健壮度。间接法是测定某些与种子活力有关的生理生化指标，如酶的活性、浸泡液的电导率、种子呼吸强度等。国际种子检验协会活力测定委员会编写的《活力测定方法手册》，推荐了两种子活力测定方法，即电导率测定（conductivity test）和加速老化试验（accelerated ageing test），并建议了7种种子活力测定方法，即抗冷测定（cold test）、低温发芽测定（cool germination test）、控制劣变测定（controled deterioration test）、复合逆境活力测定（complex stressing vigor test）、希尔特纳测定（Hiltner test）、幼苗生长测定（seedling growth test）和四唑（TTC）测定（tetrazolium test）。

美国官方种子分析家协会活力委员会编写的《活力测定手册》重点介绍了7种方法，其中6种方法基本上与以上方法相同或类似。除了上述活力测定方法外，还有一些较为常用的生理生化测定方法，如四唑定量测定、呼吸强度测定、腺苷三磷酸（ATP）测定、浸泡液糖量测定、尿糖试纸快速定糖法、谷氨酸脱羧酶（GADA）测定及渗透逆境测定。此外，还有的应用物理法测定，如种子大小测定、重量测定、X射线测定、种皮损伤测定、发芽力测定等。

也有的将种子活力测定方法分成3种类型：一是基于发芽行为的单项测定，如发芽速率、幼苗生长和评价、抗冷测定、低温发芽测定、希尔特纳测定、加速老化和控制劣变测定；二是生理和生化测定，如电导率测定、四唑测定、呼吸活性、ATP含量和谷氨酸脱羧酶活性；三是多重测定，如在玉米、小麦上进行的复合逆境活力测定，是将抗冷测定与加速老化试验相结合。此类评估种子活力的指标基于一种以上的测定活力原理，旨在更准确地反映种子的活力水平。

（二）选用活力测定方法的原则和要求

1. 选用原则　　根据当地土壤气候条件选用适宜的方法。例如，低温测定方法适合早春播种季节低温气候条件，不适合于早春温暖地区；希尔特纳测定，也称砖砂试验（brick grit test），适用于黏土地区或雨后土壤板结情况，不适用于土壤较为疏松地区，欧洲土壤黏重，应用砖砂试验较多，而美国则很少应用，仅作为推荐方法。应根据作物的特性选用适宜的方法。例如，低温和冷发芽测定法适用发芽期间耐寒性较差的喜温作物（如玉米、大豆等），不适用于耐寒性较强的作物（如大麦、小麦、油菜等）；电导率测定是豌豆种子的典型测定方法，其测定结果与田间出苗率高度相关，但对其他作物种子并非合适。

2. 选用要求　在采用一种活力测定方法时，应考虑当地气候条件和作物的种类。生产者和用户适用的活力测定方法应具备以下几种特点。

（1）节约费用：活力测定的仪器不能太昂贵。

（2）简单易行：测定技术不应太复杂，测定时不必进行特别的训练就能掌握其测定方法。

（3）快速省时：在短期内获得活力测定结果。

（4）结果准确：能真正表明该批种子的活力水平，且与田间出苗率有良好的相关性。

（5）重演性好：在同一实验室和不同实验室的测定结果比较接近或一致。

二、常用的种子活力测定方法

（一）幼苗生长特性测定

幼苗生长特性测定主要包括幼苗生长测定、幼苗评定测定、种子发芽速率测定、发芽指数测定和活力指数测定等方法。这类测定方法是根据高活力种子幼苗生长快、幼苗健壮、生长正常、幼苗株大和重量较重等生长特性，来评定种子活力水平的方法，而低活力种子则相反。

1. 标准发芽试验法　这是一种经典且简单的测定方法，适用于各种作物的种子活力测定。其方法是采用标准发芽试验，每日记载正常发芽种子数（牧草、树木等种子发芽缓慢，可隔日或隔数日记载）。然后按公式计算各种与发芽速率有关的指标。表示发芽速率的方法很多，如初期发芽率、发芽指数、发芽平均日数，以及到达规定发芽率（90% 或 50%）所需的日数等，还可用发芽指数结合幼苗生长率（活力指数）表示。

（1）初期发芽率：可计算发芽势或初次计算发芽率（%）。

（2）发芽日数：发芽达 90% 所需日数或达 50% 所需日数测定，后者可适用于发芽率较低的种子样品。

（3）发芽指数（germination index，GI）：

$$GI = \sum \frac{Gt}{Dt} \tag{8-1}$$

式中，Dt 为发芽日数；Gt 为与 Dt 相对应的每天发芽种子数。

（4）活力指数（vigor index，VI）：

$$VI = GI \times S \tag{8-2}$$

式中，GI 为发芽指数；S 为一定时期内幼苗长度（cm）或幼苗重量（g）。

（5）简易活力指数（simple vigor index，SVI）：

$$SVI = G \times S \tag{8-3}$$

式中，G 为发芽率；S 为一定时期内幼苗长度（cm）或幼苗重量（g）。

此法适用于发芽快速的作物种子，如油菜、黄麻等。

（6）平均发芽天数（mean germination time，MGT）：

$$MGT = \frac{\sum Gt \times Dt}{G} \tag{8-4}$$

（7）相对发芽率：此法适用于发芽缓慢的树木或牧草种子。先计算峰值（peak value，PV），然后计算平均发芽率（mean day germination，MDG），最后计算发芽值（germination value，GV）。

$$峰值（PV）= \frac{达峰值的积累发芽率}{达峰值的天数} \tag{8-5}$$

$$平均发芽率（MDG）= \frac{总发芽率}{发芽结束时的天数} \tag{8-6}$$

$$发芽值（GV）= PV \times MDG \tag{8-7}$$

2. 幼苗生长测定　本法适用于具有直立胚芽和胚根的禾谷类与蔬菜类作物种子。其测定方法是取试样4份，各25粒种子。取发芽纸3张（30 cm×45 cm），取其中1张画线，先在纸长轴中心画一条横线，距顶端15 cm，并在其上、下每隔1 cm画一条平行线。在中心线上每隔1 cm标一个点，共25点，在每点上放1粒种子，胚根端朝向纸卷底部，再盖两层湿润发芽纸，纸的基部向上折叠2 cm，将纸松卷成4 cm直径的筒状，用橡皮筋扎好，将纸卷竖放入容器内，上用塑料袋覆盖。置于黑暗恒温箱内培养7天，温度为正常发芽所规定温度，然后统计苗长；计算每对平行线之间的胚芽或胚根尖端的数目，按下列公式求出幼苗平均长度。

$$L = \frac{n_1 x_1 + n_2 x_2 + \cdots + n_n x_n}{N} \tag{8-8}$$

式中，L 为胚芽平均长度（cm）；n 为每对平行线之间的胚芽尖端数；x 为中点至中线之间的距离（cm）；N 为发芽总粒数。

发芽试验中不正常幼苗不统计长度。

直根作物种子可用直立玻板发芽法测定其幼根长度：取滤纸2张，其中一张划一条中线，用水湿润贴在玻璃板上。将25粒种子等距排列在中心线上，将另一张滤纸湿润后盖上，将玻璃板以70°角直立置于水盘内，放在25℃黑暗下培养3天后测量根的长度，计算平均值。

3. 幼苗评定试验　幼苗评定试验适用于大粒豆类种子，这些种子不能用幼苗长度表示活力，因其细弱苗可达相当的长度。此法是采用标准发芽方法，幼苗评定时分成不同等级。豌豆种子试验方法如下：取试样4份，各50粒种子，种子置于砂床中，于20℃、相对湿度95%～98%、光照12 h、光强度12 000 lx培养，经6天后取出幼苗洗涤干净，进行幼苗评定。

先将种子分成发芽和不发芽两类，再将幼苗分成3级。

（1）健壮幼苗：胚芽强壮、深绿色。初生根强壮或初生根少而有大量次生根。

（2）细弱幼苗：胚芽短或细长，初生根少或较弱，但属正常幼苗。

（3）不正常幼苗：根或芽残缺或根芽破裂，苗色褪绿等。第一级为高活力种子，第二级为低活力而具有发芽力的种子，一二级相加即种子发芽率。

4. 胚根伸长计数测定　种子老化最初表现为发芽速率减缓，这也是活力降低最主要的原因。例如，玉米种子发芽早期的胚根伸长计数可以准确反映种子的发芽情况，并且这种单一计数结果与其他发芽指数相关性很高。发芽早期的胚根伸长计数越高说明种子活力越高；计数越低则说明活力越低。玉米种子按纸卷发芽试验要求，设8个重复，每个重复25粒种子。种子置于发芽纸上，胚根朝下。一般种子按两排放置在发芽纸上，一排12粒，一排13粒。纸卷竖直放置在塑料袋中以防止干燥。将塑料袋放置在规定温度下，温度一般为（20±1）℃或（13±1）℃。胚根伸长计数的时间与测试的温度有关：在20℃条件下，开始发芽后66 h±15 min开始计数；在13℃条件下，开始发芽后（144±1）h开始计数。记录每试验重复中胚根伸长超过2 mm的种子。最后，计算平均胚根伸出比率。

（二）逆境抗性测定

这类测定方法包括抗冷测定、低温发芽试验、加速老化试验和控制劣变测定等方法。其测定原理是根据高活力种子在逆境条件下，抗逆力强，经受逆境袭击仍能保持较高发芽力，幼苗生长正常，反之为低活力种子。

1. 抗冷测定　　抗冷试验适用于春播喜温作物种子，如玉米、棉花、大豆、豌豆等。而秋播作物种子如大麦、小麦、油菜等种子，在发芽时具有忍耐低温的能力，故不宜应用此法测定活力。抗冷测定是将种子置于低温和潮湿的土壤中经一定时间处理后，移至适宜温度下生长，模拟早春田间逆境条件，观察种子发芽成苗的能力。通常采用土壤卷法和土壤盒法。

1）土壤卷法　　取面积为30 cm×60 cm的发芽纸3张，取种子50粒，4次重复。每一重复的种子排放在双层的经充分吸湿并在10℃条件下预冷的纸巾上，种子在距纸巾顶边6 cm和12 cm处排成两行，每行25粒。然后覆盖土壤（从所需测定作物的地里取土），保证所有种子直接与土壤接触。再用一张吸湿的发芽纸覆盖在上面，并将播有种子和土壤的发芽纸松卷成筒状，竖放在内有金属线分隔器的塑料桶或其他容器内，保证纸巾卷互不接触。在塑料桶或容器顶部套盖上塑料袋防止水分散失。将容器置于10℃低温黑暗下处理7天，再移至25℃黑暗下生长5天。按照标准发芽试验的标准评价幼苗。也可以将幼苗按强壮、细弱等进行分类。

2）土壤盒法　　取玉米或大豆种子50粒，重复4次，播于装有3～4 cm深的土壤盒内，然后盖土2 cm，在10℃的低温下处理7天后，移入适宜温度下培养。玉米、水稻于30℃条件下经3天，大豆、豌豆于25℃条件下经4天计算发芽率，凡正常幼苗作为高活力种子计算。此法程序简单，但所占空间较大。

2. 低温发芽试验　　此法主要适用于棉花，采用18℃低温模拟田间低温条件，其试验方法与标准发芽试验基本相同。种子置砂床后于18℃、黑暗条件下发芽，培养6天（硫酸去绒）或7天（未去短绒），检查幼苗生长情况，凡苗高达4 cm或以上的即高活力种子。

此法也可用纸巾卷发芽，用30 cm×45 cm的湿润发芽纸一张，放置50粒种子（类似于纸间发芽），上盖一张湿润的发芽纸，将两层纸松卷成筒状，筒直径约为4 cm，用橡皮筋扎住筒两端，斜放在桶或盒内，容器上顶留有10 cm的空间，用塑料袋套住容器，用橡皮筋扎紧。将容器置于18℃黑暗条件下处理7天，然后将种子分成正常幼苗和不正常幼苗，计算正常幼苗从根尖到子叶着生点的距离，凡达到4 cm或以上的即高活力种子。

3. 加速老化试验　　采用高温（40～50℃）、高湿（100%相对湿度）处理种子，加速种子老化。高活力种子经老化处理后仍能正常发芽，低活力种子则产生不正常幼苗或全部死亡。

大豆种子试验方法如下。首先，准备老化外箱和内箱。外箱最好是保持高湿的恒温箱如水温恒温箱，切忌用干燥箱作外箱，使箱温调节至40℃。内箱最好是有盖塑料或玻璃容器（勿用金属容器）。内箱中有一支架，上放一个金属丝框，于内箱中加水，距框6～8 cm。将种子放在框内，有200多粒，须使框底铺满，然后加盖密封。将内箱置于外箱的支架上，然后关闭外箱，保持密闭，经72 h取出种子用风扇吹干，进行发芽试验。取试样50粒，4次重复，按标准发芽试验规定进行发芽，将长出正常幼苗的种子作为高活力种子。此法也适用于其他作物种子。

4. 控制劣变测定　此法适用于小粒蔬菜种子，原理和加速老化试验相似，但对种子水分及变质的温度要求更为严格。具体方法如下。

首先，测定种子水分，然后称取足够的种子样品（400多粒）。将种子置于潮湿的培养皿内让其吸湿至规定的种子水分（也可在底部有水的干燥器内吸湿达规定水分）：芜菁甘蓝、花椰菜、抱子甘蓝、葛苣、萝卜为20%；羽衣甘蓝为21%；白菜、糖用甜菜、胡萝卜为24%；洋葱为19%；红三叶为18%。经常用称重法检查种子水分，达到规定要求后将种子放入密封的容器中，于10℃条件下过夜，使种子水分均匀分布。然后将种子放入铝箔袋内，加热密封，将盒浸入45℃水浴槽中的金属网架上，经24 h取出种子按标准发芽试验进行发芽。胚根露出的种子即作发芽计算。发芽率高者活力也高。此法试验结果与田间出苗率明显相关，且重演性好，但仅适用于小粒种子。

（三）生理生化测定

这类方法包括种子浸出液电导率测定、四唑染色测定、糊粉层四唑染色测定、种子浸出液光密度测定和ATP含量测定等方法。其测定原理是根据种子正常生理生化特性的变化伴随着种子活力降低。例如，随着种子劣变和衰老，细胞膜透性增加，内容物外渗也随之增多，种子浸出液中的电解质增加，因而电导率升高。这里介绍种子浸出液电导率测定方法和四唑染色测定方法。

1. 种子浸出液电导率测定　此法已成功应用于豌豆种子活力测定，其他种子如大豆、菜豆、玉米等也可采用。其原理是种子吸胀初期，细胞膜重建和损伤修复的能力影响电解质和可溶性物质外渗的程度，重建膜完整性的速度越快，外渗物越少。高活力的种子，重建膜的速度和修复损伤的程度快于和好于低活力种子。因此，高活力种子浸泡液的电导率低于低活力的种子。电导率与田间出苗率呈明显的负相关。豌豆种子电导率测定的典型方法如下。

取试样两份各50粒种子，称重至小数点后2位。取出玻璃烧杯3个，用热水和去离子水洗净。将试样放入杯内，加250 mL去离子水，另一杯内加去离子水作对照，于20℃浸泡24 h，然后用清洁塑料网取出种子。用电导仪测出浸泡液和对照的电导率，再将样品电导率减去对照电导率。按以下公式求出两份试样平均电导率 $[\mu s/(cm \cdot g)]$。

$$电导率 = \frac{\dfrac{样品1的值}{样品1的50粒种子重量} + \dfrac{样品2的值}{样品2的50粒种子重量}}{2} \tag{8-9}$$

两份样品电导率差值超过4时则应重做试验。当电导率高于30时，则容许差距为5。试验证明电导率与田间出苗率呈明显负相关。但试验结果受许多因素如种子大小、完整性、种子水分、容器大小、溶液体积等的影响，应予以注意。

2. 四唑染色测定　其测定原理是无色的三苯基四氮唑被胚部活细胞中脱氢酶还原成为红色的三苯基甲䐶，高活力种子胚部脱氢酶活性强，染色面积较大。小麦种子测定方法如下：取试样100粒，4次重复，浸入水中于室温放置18 h。用解剖刀将种胚从胚乳上切下，去除胚表面的淀粉、胚乳碎片和种皮，注意避免胚受损伤。将胚浸入 1% 四唑溶液，在 30℃ 黑暗中保持 5 h，用水清洗后放在扩大镜下检查。根据染色图谱，高活力种子可分为 3 组：①种胚全部染色；②除胚根尖外，种胚全部染色；③除一个种子根外，种子胚全部染色。若种子根上有大面积不染色斑点，则这些种子有生活力，但活力较低。

三、种子活力测定技术的研究展望

（一）室内活力测定与田间生产性能的相关分析

种子活力测定的目的是为预测田间成苗、增产和产品优质潜力。因此，研究室内活力测定与田间生产性能的关系是很有意义的。以往研究表明，认为活力指数、电导率、低温出苗率、淀粉酶活性和过氧化物酶活性等指标能较好地预测田间生长性能。

（二）人工老化和自然老化本质差异的研究

在种子活力测定方法中，人工加速老化是一种重要的种子活力测定方法。其测定结果能否反映自然老化种子的活力水平呢？研究者认为，人工老化和自然老化种子在苗期后的生长发育特性存在本质差异。自然老化种子活力能持续地影响到田间整个生育过程的生产性能，最终影响到产量，而人工老化种子活力只影响植株早期生产性能，随着生长发育而逐渐修复，对后期生产性能几乎没有影响。但对大豆和玉米进行分子标记多态性分析，自然老化和人工老化种子未发现存在差异。目前也有蛋白质组学研究表明，人工老化与自然老化存在一定的差异，人工老化并不能完全代替真正的自然老化。

（三）研究和开发能更为准确预测田间性能的新活力测定方法

虽然目前种子活力测定方法有很多，但由于影响田间生产性能和潜力的因素复杂，尚缺少准确有效预测田间生产潜力的测定方法。所以，ISTA 活力测定委员会提出，希望今后研究和开发出能准确预测并能用数量关系表示种子活力的新测定方法。近来，我国在非破坏性和快速种子活力检测方面也有一定进展，主要通过 X 射线、红外线、电子鼻、近红外光谱、高光谱技术等对种子进行性状、颜色、大小、热力图、挥发性气体、物质含量的监测，来判断种子活力的高低。

小知识：高通量种子活力测定仪

荷兰 ASTEC 公司育种专家与国际植物研究中心、Growlnlt 及多家种子公司共同研发了目前全球最先进的种子活力测定和分析技术——Q2 技术。Q2 测定的基本原理是通过测定种子萌发过程中的呼吸耗氧情况来判定种子的活力状况。测量时，将单粒种子分别放入试管中，再盖上盖子。每个盖子内侧都含有荧光材料，它可以根据不同的氧气浓度改变荧光性质。传感器射出的蓝光被荧光材料吸收，荧光材料产生红光再返回传感器，而试管中的氧气可以消耗一部分红光。因此，当密闭试管中的种子开始萌发时，种子呼吸作用增强，密封试管中的氧气浓度降低，试管盖子内侧的荧光材料返回的红光随之增强，通过测定红光强度来测量氧气浓度的变化情况，从而判断种子活力高低。该技术还可以对种子发芽进行深度分析，对种子的一致性进行判断，对种子加工及处理过程进行监控，对库存种子的老化进行方便快速地监测，检查种子受细菌和真菌感染的水平等，为育种行业、种子经营部门和种子管理部门提供帮助。

小 结

种子活力是种子重要的品质，是反映种子在各种条件下具有的潜在萌发与出苗能力及贮藏性能等。高活力种子具有明显的生长优势和生产潜力，可以提高田间出苗率，节约播种费用，增强抵御不良环境的能力，增加作物产量，提高种子耐藏性，对农业生产具有十分重要的意义。目前，有关种子活力的遗传机制及其测定方法有待进一步研究。

思 考 题

1. 种子活力与种子生活力有何区别和联系？
2. 根据影响种子活力的因素及种子劣变机制，论述获得高活力种子的途径与措施。
3. 种子活力测定的常用方法有哪些？

第九章 种子加工与贮藏

【内容提要】种子收获后的加工贮藏是提高和保持种子活力,提升种子质量的一项重要措施,科学的种子加工技术与适宜的贮藏条件可以延长种子的寿命,提高种子的播种品质,为农业增产打下良好的基础。

【学习目标】通过本章的学习,掌握种子加工与贮藏的基本理论与方法。

【基本要求】掌握种子加工的基本原理和方法;理解种子贮藏期间的变化;了解主要作物种子的贮藏方法。

第一节 种 子 加 工

种子加工是指从收获到播种前对种子所采取的各种处理,包括种子清选、种子干燥、种子精选分级、种子处理(包衣、种子包装等)一系列工序。种子加工的目的是提高种子质量,保证种子安全贮藏,促进田间成苗及提高产量。

一、种子清选

种子清选是种子加工的核心。清选的目的是按种子的物理特性(如宽度、厚度、长度、密度、临界悬浮速度、颜色等)除去种子中的杂质和劣质种子,如未成熟的、破碎的及遭受病虫害的种子和杂草种子;获得发芽率高、生命力旺盛的种子,用以繁殖后代。目前,种子加工主要是根据种子的外形尺寸、种子空气动力学特性、种子密度和种子颜色等特性进行清选,主要设备有风筛清选机、窝眼筒清选机、比重(重力式)清选机、色选机等。

(一)按种子外形尺寸分选

1. 种子的外形尺寸及其分布 种子的外形大小主要用长、宽、厚3个尺寸来表示,对于同一个品种来说,种子的长度、宽度和厚度也是存在差异的,并在一定的尺度范围内呈正态分布,而其中的混杂物(如杂草种子)也有其相应的尺寸及变化范围。在选用筛子及确定筛孔规格前,必须了解种子与混杂物的尺寸分布曲线。在制作分布曲线时,先计量出一定数量的种子样品,测量不同长度(或宽度,或厚度)的种子数占种子总数的百分比,以此百分比为纵坐标,以长度(或宽度,或厚度)为横坐标绘制成曲线,即可以绘制成种子某一指定尺寸变化曲线。图 9-1 为小麦种子长度变化曲线。采用计算机图像处理技术可以快速批量提取种子的长度、宽度、投影面积,以及颜色信息如 RGB(红色、绿色、蓝色),Lab(L 为亮度,a 为从红色到绿色的范围,b 为从蓝色到黄色的范围),HSB 值(H 为不同波长的光谱值,S 为颜色的深浅,B 为颜色的明暗程度)。在对种子进行进一步的精选分级时,某一指标在种子批中的变异系数越大,且与种子活力相关性越高,精选分级效果越好。

对于任何一批需要清选的种子,其中都会含有好种子、混杂物或杂质;根据种子与杂质的尺寸差异,可分为5种类型(图 9-2)。

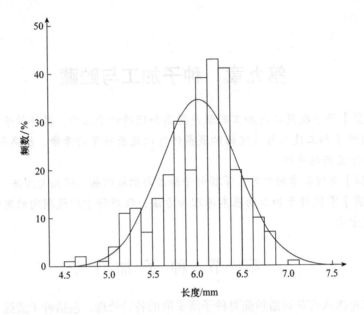

图 9-1 小麦种子长度变化曲线（孙群，2016）

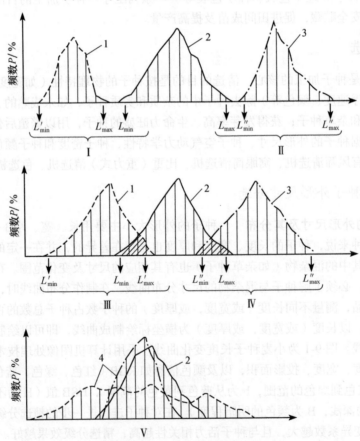

图 9-2 种子和混杂物尺寸的分布（谷铁城和马继光，2001）

1. 小夹杂物；2. 谷物；3. 大夹杂物；4. 草籽

Ⅰ：混杂物的尺寸小于种子的最小尺寸 L_{min}。

Ⅱ：混杂物的尺寸大于种子的最大尺寸 L_{max}。

Ⅲ：混杂物的最大尺寸 L'_{max} 大于种子的最小尺寸 L_{min}。

Ⅳ：混杂物的最小尺寸 L''_{min} 小于种子的最大尺寸 L_{max}。

Ⅴ：混杂物和种子的尺寸分布全部重叠。

Ⅰ、Ⅱ两种情况可以很容易地将种子与混杂物分离开；Ⅲ、Ⅳ两种情况虽然也可以将种子与混杂物分离，但是效果要差于前两种情况，应根据分选后种子质量的要求来选择筛孔规格；在Ⅴ情况下，种子与混杂物的尺寸相似，如果按种子外形尺寸分选则无法清除杂质。也就是说，用筛选的方法对种子外形尺寸进行分选时，只能除去与种子外形尺寸差异较大的大夹杂物和小夹杂物，而与种子尺寸相近的杂质则无法清除，必须采用其他方式进行清除。

2. 筛子的种类、形状 种子外形尺寸分选主要是利用冲孔筛或编织筛。冲孔筛是在镀锌板上冲出排列有规律的、有一定大小与形状的筛孔；筛孔形状主要有圆孔、长孔、三角形孔、鱼鳞孔、波纹孔等。筛板的厚度多为 0.3~2.0 mm，冲孔筛坚固耐磨不易变形，适用于清理大型杂质及用于种子分级；但是筛孔有效面积较小，工作效率较低。编织筛由坚实的钢丝编织而成，根据筛孔的形状可分为方孔筛、长孔筛和菱孔筛。钢丝的直径为 0.3~0.7 mm，编织筛有效面积大，杂质容易通过，适合清理细小杂质；缺点是筛孔易变形，筛面的坚固性较差。

3. 筛孔形状和尺寸的选择 在种子分选过程中，筛孔形状与尺寸的选取是否合理，直接影响种子外形尺寸的分选效果。在选择筛子时，应根据被分离物的形状、尺寸和最终成品的要求来确定筛孔的形状和尺寸。

（1）按种子的宽度进行分离时应选择圆孔筛（图9-3）。筛孔的直径应小于种子长度而大于种子厚度，在筛选过程中，种子颗粒可以竖起并通过筛孔，因此种子厚度和长度尺寸不受圆筛孔直径尺寸的限制。圆孔筛只能限制种子的宽度，种子宽度大于筛孔直径的，留在筛面，小于筛孔直径的，则通过筛孔落下。

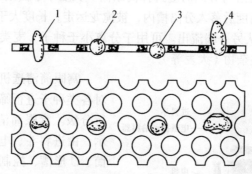

图 9-3 圆孔筛清选种子的原理图（胡晋，2001）

1~3. 种子宽度小于筛孔直径（能通过筛孔）；4. 种子宽度大于筛孔直径（不能通过筛孔）

（2）根据种子的厚度进行分离时应选择长孔筛（图9-4）。筛孔的宽度应大于种子厚度、小于种子宽度，种子侧立时即可按厚度从筛孔落下，筛孔长度应大于种子的长度（2倍左右），在筛选过程中，种子不需竖起来就可以通过筛孔。因此，种子长度和宽度不受筛孔尺寸的限制。长孔筛只能限制种子的厚度，种子厚度大于筛孔宽度的，留在筛面，小于筛孔宽度的，则通过筛孔落下。长孔筛可用于不同饱满度种子的分离。

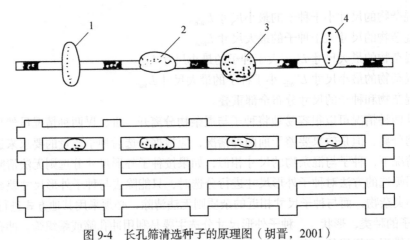

图 9-4　长孔筛清选种子的原理图（胡晋，2001）

1~3. 种子厚度小于筛孔宽度（能通过筛孔）；4. 种子厚度大于筛孔宽度（不能通过筛孔）

种子筛选机主要利用种子宽度或厚度的差异对各类种子进行筛选试验或对少量种子进行分级，配备的筛片为圆孔筛（根据宽度分选）及长孔筛（根据厚度分选）。种子筛选机的结构如图 9-5 所示，由进料斗、电磁振动给料器、筛箱、传动系统、控制面板、接料斗等组成，筛箱中安装上、中、下三层筛片。进料斗中的物料在电磁振动给料器的驱动下均匀下落到筛箱中第一层筛面上，随着筛面的运动，小于筛孔尺寸的籽粒穿过筛孔落到第二层筛面上，大于筛孔尺寸的籽粒沿着倾斜筛面向前运动，直至从大粒排料口排出；在第二层筛面上，小于筛孔尺寸的籽粒穿过筛孔落到第三层筛面上，而大于筛孔尺寸的籽粒沿着倾斜筛面运动，直至从次大粒排料口排出；在第三层筛面上，小于筛孔尺寸的破碎籽粒、小杂质等穿过筛孔落到筛箱底层光板上，由小杂排料口排出，而大于筛孔尺寸的好种子则沿着倾斜筛面运动，直至从好种子排料口排出。

（3）根据种子的长度进行分离时应选择窝眼筒。长度小于窝眼口径的，就落入圆窝内，随圆筒旋转上升到一定高度后落入分离槽内，被搅龙运走，长度大于窝眼口径的，不能进入窝眼，沿窝眼筒的轴向从另一端流出。可用于分离小于种子（麦类）长度的夹杂物（草籽等）或大于种子长度的夹杂物（大麦等）。

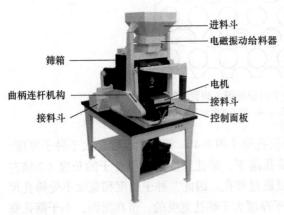

篩箱
曲柄连杆机构
接料斗

进料斗
电磁振动给料器
电机
接料斗
控制面板

图 9-5　种子筛选机

窝眼筒清选机主要利用种子长度差异对各类种子进行筛选试验或对少量种子进行分级。窝眼筒清选机的结构如图 9-6 所示，由进料斗、电磁振动给料器、窝眼滚筒、U 形槽、控制面板、机架、接料斗等组成。长度小于窝眼直径尺寸的籽粒完全进入窝眼中，随着滚筒旋转上升到一定高度，靠自身重量落入滚筒内的 U 形槽中，随着 U 形槽沿滚筒轴线方向的前后振动，由排料口排出；长度大于窝眼直径尺寸的籽粒则不能进入或只能部分进入窝眼中，只能随着滚筒的转动，沿着筒壁逐步向排料口移动,从而将该批种子原料按长度尺寸分为两部分。

筛孔尺寸的大小应根据种子和杂质的尺寸分布、成品净度要求及获选率的要求进行选择。由于种子的形状和外形尺寸、混杂物的形状和尺寸及清选要求不同,或即使同一个作物品种的种子,也可能因为产地或生产年份的不同,种子外形尺寸存在一定程度的差异,所选择的筛孔尺寸也应随之变化。因此,筛孔孔形与筛孔尺寸应经过简单的筛选试验进行确定。在确定筛孔孔形与筛孔尺寸前,可通过手筛或电动筛进行少量种子筛选试验,通过发芽试验确定不同层种子的质量;也可取少量种子,通过相应的图像处理软件批量检测种子长度、宽度的尺寸分布范围,通过单粒发芽试验确定某一尺寸的变异系数及其与种子活力的相关性,从而对筛孔形状和尺寸进行精确选择。

9-1 视频

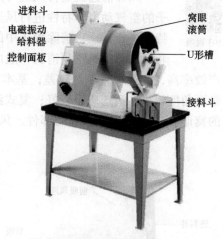

图 9-6 窝眼筒清选机

(二)按种子空气动力学特性分选

这种分选方法是按照种子和混杂物与气流相对运动时受到的作用力进行分离的。种子与气流相对运动时受到的作用力 P 可用下列公式表示。

$$P = k\rho F v^2$$

式中,k 为阻力系数;ρ 为空气的密度(kg/m³);F 为种子在垂直于相对速度方向上的最大截面积(迎风面积)(m²);v 为种子对气流的相对运动速度(m/s)。

如果种子处在上升的气流中,当 $P > G$(种子的重量)时,种子向上运动;当 $P < G$ 时,种子落下;当 $P = G$ 时,种子即飘浮在气流中,达到平衡状态,此时的气流速度等于飘浮速度(v_p)。飘浮速度是指种子在垂直气流的作用下,当气流对种子的作用力等于种子本身的重力而使种子保持飘浮状态时气流所具有的速度(也称临界速度),可用来表示种子的空气动力学特性。

种子气流清选就是采用低于种子的飘浮速度而高于种子中轻杂的飘浮速度的气流速度,使轻杂沿着气流方向运动,而种子则靠重力落下,从而达到分离的目的。在轻杂、种子和重杂三者之间,若飘浮速度的分布无重叠或有少量的部分重叠,则利用风选,就能达到比较理想的分选效果;若重叠量大,则风选效果差或无法分选。

按空气动力学特性清选种子的常用设备主要有风选机、气流清选机。风选机主要由进料斗、电磁振动给料器、工作箱体、前吸风道、后吸风道、控制面板、接料斗等组成(图9-7)。种子在落下的过程中,临界漂浮速度小的杂质及瘪粒

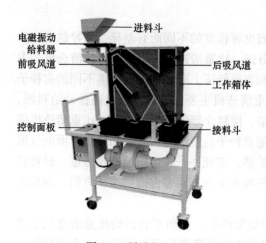

图 9-7 风选机

9-2 视频

9-3 视频

上升最高，被后吸风道吸到最右侧箱体中；好种子则在下落过程中保持悬浮状态，被前吸风道吸到中间箱体；而临界漂浮速度大的石子或大粒种子则直接下落到接料斗中。

风筛清选机是将风选与筛选装置有机地结合在一起组成的机器，主要利用种子的空气动力学特性进行风选，清除种子中的颖壳、灰尘；利用种子的外形尺寸特性进行筛选，清除种子中的大杂、小杂。风筛清选机分为预清机、基本清选机和复式清选机。预清机一般由一个风选系统和两层筛片组成，筛面倾角较大，生产效率高，清选质量相对较差；基本清选机由一个或两个风选系统和三层以上筛片组成，筛面角度较小，清选质量较好；复式清选机是在基本清选机的基础上，加配了按长度分选的窝眼筒或其他分选原理的部件。风筛清选机由进料斗、电磁振动给料器、前后风选系统、筛箱体、机架、传动系统、控制面板、接料斗等组成（图 9-8），进料斗中的种子在电磁振动给料器的驱动下均匀进入筛箱时，前吸风道将一部分尘土及轻杂、秕粒吸入旋风除尘器，其余种子进入上筛，大杂留在筛面上并由出料口排出，其他种子落入中筛，其中的大粒种子经筛箱振动，由出料口排出，小于中筛筛孔尺寸的种子进入下筛，小粒、破碎粒、土粒等小杂穿过下筛由废料口排出，中筛与下筛之间的种子流经后吸风道时，种子中的秕粒、轻杂等被后吸风道吹入沉降室，集聚在集杂盒中，而合格的种子由主出料口排出。通过调节筛箱振动频率旋钮，可以调节种子在筛面上的运行速度；前、后吸风道可以清除种子中的灰尘、轻杂和秕粒；筛箱中安装上、中、下三层筛片，分别用于分离大杂、大粒种子、小杂及小粒种子。

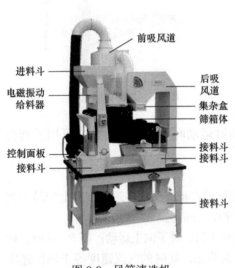

图 9-8 风筛清选机

前吸风道
进料斗
电磁振动给料器
后吸风道
集杂盒
筛箱体
接料斗
接料斗
控制面板
接料斗
接料斗

（三）按种子密度（比重）进行分选

种子的比重因作物种类、饱满度、含水量及病虫害程度的不同而有差异，差异越大，分离效果越明显。在生产上多采用比重清选机进行分选，比重清选机（也叫重力式清选机）主要用于清除混在种子中与好种子形状、外形尺寸和表面特征上非常相近而比重不同的劣种子或杂质，如虫蛀的、变质的、发霉的种子等。比重清选机主要由进料斗、电磁振动给料器、工作台面、传动系统、鼓风系统、控制面板、机架、接料斗等组成（图 9-9）。比重清选机使种子按籽粒的重量分层以及轻重种子之间分离。随着种子的连续均匀喂入和穿过台面的气流与台面振动力的共同作用，分层区在台面上逐步扩展，实现种子与杂质的有效分层，轻籽粒漂浮在上面，向台面较低的位置移动，而较重的籽粒在下方，顺着台面的振动方向，向台面较高的位置移动，直至完全分离。

比重清选机的工作台面有三角形和矩形两种，三角形台面的比重清选机重杂的工作行程长，分离重杂效果较好，可用于淘汰蔬菜种子中的泥土或石子颗粒；

9-4 视频

矩形台面的比重清选机轻杂的工作行程长，分离轻杂效果较好，可用于淘汰谷物种子中的虫蛀粒或发芽、霉变籽粒等。

　　液体分选是一种非常传统的种子分选方法，与机械比重分选相比，其分选效果更为精确。过去我国老百姓就知道采用盐水或泥水进行选种，将种子放入一定比重的液体中搅拌后静置，如果种子的比重大于液体的比重，则种子下沉，如果小于液体的比重，则浮于液体的表面，从而把比重大的种子选出来作为播种材料。但用这种方法处理后，种子需要及时洗净晾干，比较费时费力。

图 9-9　比重清选机

　　荷兰生产的液体比重分选机采用一种特殊的可挥发液体作为分选介质，液体对种子无害，不存在种子吸水的问题，种子分选结束后，液体介质可马上回收重复利用，这种设备需要完全密封，以防止液体挥发。在欧洲，液体比重分选机主要应用于蔬菜种子的精选。

（四）根据种子颜色进行分选

　　有些作物种子的颜色跟成熟度密切相关，如棉花种子、十字花科作物种子等。成熟度差的种子颜色一般较浅。种子霉变后颜色也会发生一定的变化。采用光电分选机，也称色选机，可根据种子表面颜色的不同，将成熟度好的籽粒与成熟度较差的籽粒分离开，或将好种子与病变的种子分开。色选机由进料斗、溜槽（或履带）、光电系统、喷射系统、操作面板等组成（图 9-10，图 9-11）。种子在下落过程中，通过光电系统拍照识别，通过预先建立的模型可对每粒种子进行优、劣种子的实时判别，随之喷气阀将劣质种子喷射出去，实现优、劣种子的高速分离。色选机在棉花种子的精选中已经得到广泛应用，近年来在水稻、蔬菜、药用植物种子的分选中应用越来越广泛。

9-5 视频

（五）其他

　　如果种子和杂质与介质的摩擦系数差异较大时，可选用带式分选机、帆布滚筒或绒辊机（也称绒毛清选机）进行清选。例如，大豆饱满籽粒的表面光滑，在倾斜平面上滑动或滚动的速度很快，而大豆种子中的扁粒、瘪粒、破碎粒及其他杂质（土块、石块、杂草籽、茎秆等）的摩擦系数大，滚动和滑动的速度低，利用这个特征，可以用帆布滚筒或带式分选机进行分选。在加工紫苜蓿种子时，绒辊机可以将表面光滑的种子与表面粗糙的杂质分开。

　　磁力清选机是结合种子表面特性的差异，对被加工物料表面实施铁粉预处理后，清选过程中很容易将表面粗糙、带孔、带裂纹的籽粒与表面光滑的籽粒分离开，棉花种子轧花脱绒后产生的破损籽粒，可用磁力清选机进行清选去除。

　　螺旋分离机是根据种子的弹性特征和表面形状的差异分离种子与杂质，可用于分离豌豆、大豆或白菜、甘蓝等圆形种子中的杂质。

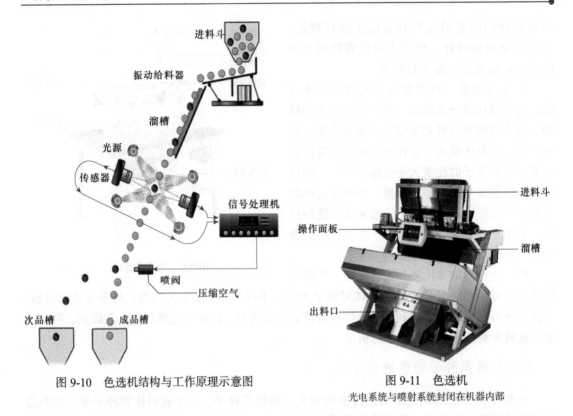

图 9-10　色选机结构与工作原理示意图

图 9-11　色选机

光电系统与喷射系统封闭在机器内部

叶绿素分选仪根据种皮中叶绿素含量的高低去除成熟度差即低活力的种子。通过 X 射线观察其内部胚结构，结合计算机图像识别技术，将胚结构完整即高活力的种子分选出来，主要应用于蔬菜种子的清选。

二、种子干燥

种子干燥（seed drying）是指利用一定的自然条件或机械设备，使种子内部水分不断向外扩散，并通过蒸发降低种子含水量的过程。种子收获后必须及时采取干燥措施，将种子水分降低到安全包装和安全贮藏的程度，以保持种子旺盛的生命力和活力，提高种子的商品性能和种用价值。

（一）影响种子干燥的因素

（1）相对湿度：在一定温度条件下，相对湿度越小，越有利于种子表面水分的蒸发。同时，空气的相对湿度也决定了干燥后种子的最终含水量。

（2）干燥温度：干燥的温度高，一方面可以降低空气的相对湿度，另一方面能使种子温度升高，促使种子内部水分迅速蒸发。但是，温度也不宜过高，否则种子容易出现破皮、爆腰现象，温度过高时还会影响种子的发芽率。

（3）气流速度：种子表面的空气流通速度快，可将种子表面的湿气带走，有利于种子的干燥。在种子的干燥过程中，温度、相对湿度和气流速度之间存在着一定关系。温度越高，相对湿度越低，气流速度越高，则干燥效果越好；在相反的情况下，干燥效果就差。种子干燥时，必须确保种子的生命力，否则即使种子能干燥，也失去了种子干燥的意义。

（4）种子生理状态：刚收获的种子含水量较高、新陈代谢旺盛，进行干燥时宜缓慢，或先低温后高温进行两次干燥。如果采用高温快速一次干燥，反而会破坏种子内的毛细管结构，引起种子表面硬化，内部水分不能通过毛细管向外蒸发。在这种情况下，种子持续处在高温中，会使种子体积膨胀或胚乳变为松软，丧失种子生活力。

（5）种子的化学成分：水稻、小麦等淀粉类种子的胚乳由淀粉组成，组织结构较疏松，籽粒内毛细管粗大，传湿力较强，因此容易干燥，可以采用较高的干燥温度，干燥效果也较明显。大豆等蛋白质种子的组织结构较致密，毛细管较细，传湿力较弱，但这类种子的种皮却疏松易失水。如果高温快速干燥，子叶内水分蒸发缓慢，种皮内水分蒸发很快，易使种皮破裂，给贮藏工作带来困难。而且在高温条件下，蛋白质容易变性，影响种子生活力，因此必须采用低温慢速的条件进行干燥。油菜等油质种子中含有大量的脂肪，为不亲水性物质，其余大部分为蛋白质。相对来讲，这类种子的水分比上述两类种子容易散发，并且有很好的生理耐热性，因此可以用高温快速的条件进行干燥。

（6）种子大小和种层厚薄：种子籽粒大小不同，吸热量也不一致，大粒种子需热量多，小粒则少。种子颗粒越小，种层越薄，干燥越容易。

（二）种子干燥技术

种子干燥的方法非常多，主要有自然干燥、通风干燥、热风干燥、除湿干燥、辐射式干燥等几种方法。

1. 自然干燥　自然干燥就是利用日光、风等自然条件，或稍加一点人工条件，使种子的含水量降低，达到或接近种子安全贮藏的水分标准。一般情况下，水稻、小麦、高粱、大豆等作物种子采取自然干燥即可达到安全水分标准。玉米种子完全依靠自然干燥往往达不到安全水分标准，自然干燥可以作为机械烘干的补充措施。

进行自然干燥时，为了防止上层干、底层湿的现象，在晾晒时种子不可摊得过厚，一般可摊成 5～20 cm 厚。大粒种子可摊铺 15～20 cm 厚；中粒种子可摊铺 10～15 cm 厚；小粒种子可摊铺 5～10 cm 厚。如果阳光充足，风力较大，种子可摊铺厚些。另外，晒种子最好摊成波浪形，形成种子垄，这样晒种子比平摊效果好，在晒种时应经常翻动，使上下层干燥均匀。在南方炎夏高温天气，应避免在中午或下午在水泥晒场或柏油场地上晒种，因其表面温度太高，易伤害种子。

自然干燥方法可以降低能源消耗，降低种子加工的成本。但这种传统的方法要求有大面积的晒场；干燥周期长；劳动强度大；干燥速率较难控制；易受虫、蝇、鸟的污染和雨水的袭击，造成霉烂变质，影响产品外观质量，从而降低商品种用价值。

2. 通风干燥　对新收获的含较高水分的种子，遇到阴雨天气或没有热风干燥设备时，可利用通风设备将外界凉冷干燥空气吹入种子堆中，把种子堆间隙的水汽和呼吸热量带走，以达到不断吹走水汽和热量，避免热量积聚导致种子发热变质，达到种子干燥和降温的目的。这是一种暂时防止潮湿种子发热变质，抑制微生物生长的干燥方法。一般只有当外界相对湿度低于 70% 时，采用通风干燥才是最为经济和有效的方法。

3. 热风干燥　热风干燥是利用热空气直接流过种子层表面，将种子水分汽化带走，从而干燥种子的方法。在温暖潮湿的热带、亚热带地区，特别是大规模种子生产单位或长期贮藏的蔬菜种子，需利用热风干燥方法。热风干燥速度比通风干燥速度快，目前是种子干燥的主要方法。

种子干燥按作业方式可分为批量式和连续式两种。批量式种子干燥又按种子流动与否分为堆放式和循环式两种。堆放式种子干燥是指气流对静止种子层干燥，种子静止不动，加热气体通过静止的种子层以对流方式进行干燥，用这种方法加热气体温度不宜太高。根据干燥机类型、种子原始水分和不同季节，温度一般可高于大气温度 11～25℃，但加热的气流最高温度不宜超过 43℃。批量循环式种子干燥是指一定量的种子在干燥设备内经过不断的循环和缓苏的过程达到干燥的目的。

连续式种子干燥是指潮湿种子不断加入干燥机，经干燥后又连续排出的干燥方式。这种干燥方式可使种子受热均匀，提高生产率和节约燃料。按种子与干燥介质（热空气）间的运动方向不同，连续式种子干燥可分为横流式、顺流式、逆流式、混流式 4 种基本形式，在生产中也可以是两种或两种以上基本形式的组合方式。该类型干燥气流温度较高，各种干燥设备结构不同，对温度的要求也不一致；如果种子含水量高，应采用多次干燥。

用热风干燥种子时应注意：①切忌种子与加热器直接接触，以免种子被烤焦、灼伤而影响其生活力。②严格控制种温。水稻种子水分在 17% 以上时，种温掌握在 43～44℃。小麦种子温度一般不宜超过 46℃。大多数作物种子烘干温度掌握在 43℃，并随种子水分的下降可适当提高烘干温度。③经烘干后的种子需冷却到常温后才能入仓。

4. 除湿干燥 除湿干燥是利用常温或高于常温 3～5℃，相对湿度很低（通常到 15%）的空气作为干燥介质进行干燥的方法。根据除湿方式的不同，可分为吸附除湿干燥（干燥剂干燥）和热泵种子干燥（机械除湿干燥）两种方式。

1）吸附除湿干燥 吸附除湿干燥是一种利用干燥剂的吸湿能力，先将空气通过干燥剂将空气中的水分吸附出来，然后将空气通入种子层进行干燥，直至达到平衡水分为止的干燥方法。用干燥剂干燥种子比较安全，不会使种子发生老化，可使种子水分降到相当于相对湿度 25% 以下的平衡含水量。此法特别适于少量种子或种质资源的保存。

当前使用的干燥剂主要有氯化锂、硅胶、氯化钙、生石灰等。硅胶的成分主要是 SiO_2，玻璃状半透明，无味，无臭，无害，化学性质稳定，不溶于水，直接接触水后便成碎粒不再吸湿。每千克硅胶吸水 0.4～0.5 kg，吸湿后硅胶在 150～200℃或在其以下加热脱水后干燥性能不变，仍可重复使用，但烘干温度超过 250℃时则开裂粉碎，丧失吸湿能力。在普通硅胶中常加入氯化锂或氯化钴成为变色硅胶，干燥的变色硅胶呈深蓝色，随着逐渐吸湿而呈粉红色。氯化钙是一种白色固体，吸潮后变为液体，加热后水分蒸发，冷却后可继续使用。一般每千克氯化钙吸水 0.7～0.8 kg。生石灰通常是固体，吸湿后分解成粉末状的氢氧化钙，失去吸湿作用，不能重复使用，一般每千克生石灰吸水 0.25 kg。

2）热泵种子干燥 热泵种子干燥装置的原理是从干燥室出来的湿空气在风机的作用下经过冷冻除湿系统中的蒸发器时，被降温除湿，空气中的部分水分析出。析出了水分的低温空气从冷凝器中吸取热量，提高了温度，降低了相对湿度，成为需要的干燥介质。这些干燥介质又由风机送入干燥室，与湿种子进行湿热交换，温度降低，湿度增加。从干燥室出来的湿空气再次经过蒸发器重新开始下一次循环。热泵种子干燥机的优点是节能，无污染，干燥后种子发芽率高。

5. 辐射式干燥 利用可见光和不可见光的光波传递能量使种子升温干燥的技术称为

辐射式干燥。这种干燥技术目前主要有以下几种。

1）太阳能干燥技术　该技术利用太阳能集热器（平板式及弧面集交式）将太阳辐射的热量转换给空气，并将热空气引入低温干燥设备进行通风干燥。太阳能干燥技术具有节能、生产成本低和干燥质量好的优点，但其设备投资较大，占地面积也较大，因而目前应用不多，发展的速度也不快。

2）远红外干燥技术　远红外干燥是利用由发射器发出的波长为 5.6～1000 μm 的远红外不可见光波对种子进行照射，使种子的水分子产生剧烈的振动而升温，从而达到干燥的目的。该技术具有干燥速度快、干燥质量好的优点，但由于以电能供热，干燥成本较高。

3）高频与微波干燥技术　高频干燥机与微波干燥机的工作原理基本相同，都是利用频率为几兆赫兹的高频电场或几亿赫兹的微波电场所产生的电磁波对种子进行照射，高频电磁波或微波电磁波使种子中的水分子产生快速极性交换从而产生热效应，使种子水分发散以达到干燥的目的。这类干燥机都有干燥速度快和干燥质量好的优点，但由于以电能为热源的干燥成本较高，目前在农业物料的干燥中应用甚少。

┃ 小知识：种子加工成套设备

种子加工成套设备是对能够完成种子加工全部要求的设备的总称。为了指导种子企业选购种子加工成套设备，提高种子加工水平，我国制定了《种子加工成套设备》国家标准。种子加工成套设备包括与种子加工要求相适应的加工设备及配套附属装置，应当能够连续完成种子清选机、包衣、计量包装等加工工序。加工设备主要包括风筛清选机、窝眼筒清选机、比重清选机、分级机、包衣机、计量包装设备，以及烘干、棉种脱绒、预加工设备等，还包括配套、附属装置，如输送系统、除尘系统、排杂系统、贮存系统、电控系统等。种子加工成套设备及配套附属装置的生产、安装、种子加工质量等也应符合国家相关标准规定。

三、种子处理

种子处理（seed treatment）是指在种子加工过程中或者在种子播种前对种子进行的各种物理、化学和生物等处理。种子处理的目的是改善种子品质、提高适播性和增强幼苗期抗病、抗虫能力，最终提高产量。种子处理已是当前农业生产中不可缺少的一项种子加工技术，也是提高种子商品性的重要手段之一。

（一）种子处理方法分类

1. 物理方法　物理方法主要是对种子进行光、电、磁、热、射线等处理，目的是防治病虫、解除种子休眠、促进种子萌发生长和防止种子衰老。光、热处理是传统的方法，种子热处理的方法主要有温汤浸种、烤种和晒种，在我国 18 世纪中叶已有记载；而电、磁、射线处理则是近代种子处理方法，能够消灭种子内外病菌。

2. 化学方法　化学方法是指播种前或在种子加工过程中，使用各种化学药剂对种子进行处理，是目前应用最广的处理方法。化学处理可以杀死或抑制种子外部附着的病菌及潜伏于种子内部的病菌，同时，保护种子及幼芽免受土壤中害虫和病菌的侵害。通过种子吸收药剂并输导给植株地上部分，保护地上部分在一定时期内免受某些害虫和病菌的侵害。此外，不少杀菌剂还有刺激种子发芽和幼苗生长的作用，增产效果很显著。目前生产上应用的药剂处理方法有浸种、拌种、闷种、包衣、丸化、热化学法、湿拌法和熏蒸等。

3. 生物学方法 生物学方法是指利用微生物及其代谢产物处理种子，来抑制或杀死种传病原物。随着人们环境保护意识的增强，化学农药的使用在逐渐减少，促进了对生物防治技术的研究。在我国，用于种子处理的抗生素有"5406"、"农抗769"、"11874"、内疗素、链霉素，以及天然的木霉菌等。例如，棉种用抗生素"5406"拌种，可有效地防治棉苗炭疽病菌和立枯病菌的侵害，并能刺激作物生长；用抗生素"农抗769"种子处理剂拌种，对种传的禾谷类黑穗病的防治效果可达90%以上。

4. 种子引发 种子引发也称渗透调控技术，控制种子缓慢吸水使其停留在吸胀的第二阶段，让种子进行预发芽的生理生化代谢和修复作用，促进细胞膜、细胞器、DNA的修复和活化，使其处于准备发芽的代谢状态，但防止胚根的伸出。种子引发的方法主要有渗调引发、滚筒引发、起泡柱引发、搅拌器生物反应器引发、固体基质引发、水引发和生物引发。种子引发技术已经在各类作物种子的活力改善中得到普遍重视。

（二）种子包衣和丸化

种子包衣和丸化是在传统浸种、拌种的基础上发展起来的一项种子加工处理新技术。种子包衣和丸化是指按照一定的目的在种子的表面黏附某些非种子物质材料，以改善种子播种性能的各种处理，统称为种子包衣处理。目前生产上主要有种子丸化和种子薄膜包衣两种。

1. 种子丸化 种子丸化（seed pelleting）是指利用黏着剂，将杀菌剂、杀虫剂、染料、填充剂等非种子物质黏着在种子外面，做成在大小和形状上没有明显差异的，具有一定强度、表面光滑的球形单粒种子单位，一些长形、尖形的种子也可以被包成近似的形状。

种子丸化可以改变种子的形状、重量、体积、表面结构，使不规则种子（如扁平、有芒、带刺等）表面光滑和球形化，以及小粒种子（通常指千粒重在10 g以下的种子）体积增大、重量增加，以适应播种机的要求，防止种子漂浮流失。另外，种子丸化也可携带营养和生长刺激物质等，包括生长调节剂，以达到病虫兼治、促进作物生长的目的。种子丸化主要适用于油菜、烟草、胡萝卜、葱类、白菜、甘蓝和甜菜等小粒农作物。

2. 种子薄膜包衣 种子薄膜包衣（seed film coating）是利用成膜剂，将杀菌剂、杀虫剂、微肥、染料等非种子物质包裹在种子外面，形成一层薄膜。种子经包膜后，基本上仍保持原来种子形状，但其大小和重量的变化范围，因种衣剂类型有所变化。一般这种包衣方法适用于大粒和中粒种子，如玉米、棉花、大豆、小麦、水稻等。

9-6 视频

经过包衣的种子，能有效地防治农作物苗期病虫害，促进幼苗生长、苗齐苗壮，达到增产增收的效果。同时，苗期用药方式由开放式施药改变为隐蔽式施药，一般播种后30～50天不需用药，这样就推迟了喷施药剂时间，减少了用药次数，从而避免了空气污染。虽然种衣剂中含有部分高毒农药，但加入成膜剂后形成衣膜，使之低毒化，而不影响药效；同时，药剂处理目标准确、隐蔽，保护了生态环境与非目标生物。

3. 种衣剂的化学成分　目前使用的种衣剂大体由两部分组成，一部分为活性成分，另一部分为非活性成分。种衣剂的活性成分即有效成分，主要包括杀虫剂、杀菌剂、除草剂、生长调节剂、营养元素、有益微生物及生物农药等，是种衣剂中直接发挥作用的有效成分，其种类、组成及含量直接反映种衣剂的功效。种衣剂的非活性成分即配套助剂，主要包括成膜剂、乳化湿润悬浮剂、抗冻剂、酸度调整剂、胶体保护剂、缓释剂、消泡剂、渗透剂、黏度稳定剂、扩散剂、警戒色素、填充物质等。这些助剂的选择要根据活性成分的性质、配方及种衣剂理化性状的要求来确定。

4. 种衣剂理化性状的基本要求

1）成膜性好　成膜性是种衣剂的关键物理性状，也是衡量种衣剂质量好坏的重要指标。好的种衣剂，在自然状况下进行种子包衣能够迅速固化成膜，并牢固地附着在种子表面，不脱落、不粘连、不成块，种子包衣质量好。种衣剂在种子表面的固化成膜时间一般不超过 15 min。

2）种衣牢度高　种衣牢度是指种衣剂薄膜在种子表面黏附的牢固程度，一般用脱落率来表示，要求脱落率不高于 0.7%。脱落率的测定方法是，把包衣种子放在以 1000 r/min 运转的振荡器上进行模拟振荡，以种衣剂脱落量占种衣剂总干重的百分比来表示。

3）黏度适当　黏度是影响种衣剂牢度的重要特性，不同加工季节和不同种子所要求的黏度不同。如果种子表面光滑或是在炎热夏季进行包衣，黏度要求则略高；如果种子表面粗糙不平或在气候寒冷时期包衣，黏度要求则略低。一般棉花种子要求黏度在 250～400 cP（1 cP＝10^{-3} Pa·s），玉米种子要求为 150～250 cP，小麦、大豆种子要求为 180～270 cP。

4）细度合理　细度是成膜好坏的基础。种衣剂成分的粒子很细，平均粒径为 2～4 μm，且要求粒径为 2 μm 的微粒占 95% 以上，粒径小于 4 μm 的微粒占 97% 以上。种衣剂的这种超微细度是保证其黏附性能和成膜效果的关键因素。生产种衣剂所用的原药和助剂粒径较大，因此种衣剂在生产中需要进行充分超微研磨，使粒径达到所要求的细度，才能保证种衣剂的质量。

5）缓释性强　包衣种子播种后，药效一般可维持 45～60 天，有的能够维持 90 天，在较长时期内有效地防止病虫害和促进作物生长发育。

6）纯度高　纯度指原料纯度。种衣剂所含有的活性组分的有效成分要高，如多菌灵原粉纯度要达到 97% 以上。如果有杂质含量过大，就会降低种衣剂的质量，影响使用效果甚至造成药害。

7）酸碱度适宜　种衣剂的适宜 pH 在 4.5～7.2，即呈现为酸性至中性，过碱会直接影响种衣剂内农药的效力，过酸则影响种子发芽和贮存稳定性。

8）贮存稳定性好　种衣剂的性能、成分及其效力持久不变的特性称为种衣剂的稳定性。符合质量标准的种衣剂一般可以贮存两年，贮存期间内有效成分分解率不高于 2.5%。如果种衣剂加工细度不够、助剂选用不当或原药质量差，则都容易产生絮凝成块和黏土化现象，造成使用困难，药效降低。

9）安全性和生物活性较高　是指对种子的高度安全性和对防治对象较高的生物活性，即种衣剂包衣后，种子发芽率和出苗率不受影响，但对病虫害具有较高的生物活性。

┌─ **小知识：智能型种子丸化** ─────────────────────────

随着种子技术的不断发展，国内外已经开展智能型和功能型丸化种子的研制。例如，浙江大学开发了智能温控抗寒型丸化种子。普通丸化种子的有效抗寒成分从种子播种开始即开始释放，有时种子还未遇到低温逆境，有效成分流失殆尽，失去抗低温逆境的效果。而智能温控抗寒型丸化种子，只有在外界温度低于将对种子发芽和幼苗生长产生危害的临界温度值时才响应式快速释放抗寒剂，以提高种子的抗低温能力。在此，临界低温值作为释放抗寒剂的"开关"，且"开关"温度可以根据不同作物的需要人为控制。

└──

第二节 种子贮藏

种子贮藏是指采用先进的贮藏设备和科学的贮藏技术，人为地控制贮藏条件，使种子的生活力和活力保持在尽可能高的水平，使种子数量的损失降到最低限度，为农业生产提供高质量的种子，为植物育种家提供丰富的种质资源。

一、种子的呼吸作用和后熟作用

（一）种子的呼吸作用

种子呼吸作用（seed respiration）是指种子内活的组织将其贮藏的有机物质，在一系列酶的参与下，逐步氧化分解成为简单物质，并释放能量的过程。种子成熟脱离母体之后，即使处于非常干燥或休眠状态，仍然进行着呼吸作用。种子的呼吸作用状况是贮藏期间种子维持生命活动的集中表现，种子呼吸作用的强度高低与种子的安全贮藏关系极为密切，也与其寿命长短直接相关。

种子中的活组织包括胚部和糊粉层细胞，是种子呼吸的部位。例如，禾谷类植物种子胚部的体积虽然仅占整粒种子的 3%～13%，但它是种子呼吸最活跃且最集中的部位，其次是糊粉层细胞。果（种）皮和胚乳经脱水干燥后，细胞已经死亡，因而不存在呼吸作用。但果（种）皮是种子内外交流的屏障，故会对种子呼吸的类型、强度及性质产生直接影响。

种子呼吸可以划分为有氧呼吸（aerobic respiration）和无氧呼吸（anaerobic respiration）两类。种子呼吸的性质随环境条件、物种及种子品质不同而异。干燥的、果（种）皮紧密的、完整饱满的种子处在干燥低温、密闭缺氧的条件下，以无氧呼吸为主。种子贮藏过程中，无论在有氧还是无氧条件下，呼吸强度增加，都会加速种子老化，使其活动逐渐衰退，直至发生劣变。

1. 呼吸对种子贮藏的影响 呼吸作用对种子贮藏有两方面的影响，其有利方面是呼吸作用可以促进种子的后熟作用，但通过后熟的种子还是要设法降低种子的呼吸强度。在种子充分干燥和密闭贮藏的情况下，种子自体呼吸降低 O_2 浓度，增加 CO_2 浓度，一方面可以达到驱虫和抑制霉菌繁殖的目的；另一方面可以抑制种子的呼吸作用，起到所谓"自体保藏"的效果。不利方面是，在贮藏期间种子呼吸强度过高会产生如下许多问题。

1）贮藏种子养分的消耗　　旺盛的种子呼吸消耗了大量贮藏类有机物质，特别是含水量、温度较高时，呼吸造成的贮藏物质的消耗尤为显著。据计算每释放 1 g CO_2 必须消耗 0.68 g 葡萄糖，大量贮藏物的降解会影响种子的重量及种子活力。

2）种堆发热和种子水分增加　　在有氧呼吸过程中，每消耗 1 g 葡萄糖就可产生 0.5 g 水分，并释放出 3.76 kcal 的呼吸热量，其中约 44% 的呼吸热被释放在种子堆中。由于种子堆是热的不良导体，这些热量不能尽快地散失出去而使种子堆湿度增大，温度增高。造成水分和热量重新被种子吸收，使种子呼吸强度进一步升高，如此恶性循环的结果是种子逐渐老化、劣变，从而丧失了生活力。在种子贮藏过程中，若遭遇高湿、高温等不良条件，呼吸热会使种堆温度迅速增高，造成发热、霉变等情况发生。

3）有毒物质的积累　　在密闭贮藏条件下，随着 O_2 的不断消耗，种子的呼吸必然转入无氧呼吸。无氧呼吸的产物，如醛、醇、酸类化合物，大量积累后会毒害种胚，引起种子活力下降，甚至丧失生活力。

4）促使仓虫和微生物大量繁殖　　种子呼吸释放的热量和水汽，为仓虫和微生物的大量繁殖提供了有利条件。仓虫和微生物自身生命活动释放出大量的水汽和热量，又被种子吸收后，间接地促进了种子呼吸强度的升高，从而加速了种子的劣变。

2. 影响种子呼吸强度的因素　　种子呼吸强度的大小，因作物、品种、收获期、种子大小、完整度和生理状态而存在差异，同时还受环境条件的影响，其中水分、温度和通气状况的影响尤为显著。

1）水分　　在一定范围内，种子呼吸强度随含水量的增加而提高。种子中的水分包括自由水和束缚水，随着种子内自由水含量的增加，自由水/束缚水值增大，水解酶、呼吸酶活性加强，使种子的呼吸强度和贮藏物质的降解大大加强，因此贮藏种子时应严格控制含水量。

2）温度　　呼吸作用温度三基点分别为：最低温度（−10～0℃）、最适温度（25～35℃）、最高温度（35～45℃）。在接近 0℃时，种子呼吸速率很低，随着温度升高，呼吸强度不断增强。但当温度超过最高温度时，酶失活，原生质遭到破坏，呼吸速率急剧下降。

3）通气状况　　种子贮藏期间通风或密闭可以影响呼吸强度与呼吸方式。无论种子水分高低，在通气条件下的呼吸强度均大于密闭贮藏。高水分种子，若贮藏于密闭条件下，由于呼吸旺盛，很快便会把种子堆内部间隙中的氧气耗尽，被迫转向无氧呼吸，结果造成醇、醛、酸等积累，对种胚产生毒害，导致种子迅速死亡。因此，高水分种子要特别注意通风。干燥的种子呼吸作用非常微弱，对氧气的消耗很慢，即使在密闭条件下，也能长期保持种子生活力。生产上为了长期有效地保持种子生活力，除干燥低温外，进行合理的密闭或通风也是必要的。

4）种子自身状态　　种子自身状态对呼吸强度也有明显影响。凡是未充分成熟的、不饱满的、损伤的、冻伤的、发过芽的、小粒的和大胚的种子，呼吸强度都高，反之呼吸强度就低。

5）仓虫和微生物　　如果贮藏种子感染了仓虫和微生物，一旦条件适宜，仓虫和微生物便大量繁殖。由于仓虫和微生物生命活动会放出大量的热能和水汽，间接地促进了种子呼吸强度的升高。

（二）种子的后熟作用

有些种子收获后，还要经过一段时间才能达到生理成熟，这个过程称为种子后熟作用（after-ripening effect），即在各种酶的参与下，一些比较简单的可溶性有机物质继续缓慢地进行着合成的过程，如氨基酸合成蛋白质，进而形成蛋白质聚合体，脂肪酸与甘油合成脂肪，可溶性单糖、双糖合成淀粉，且合成的同时释放出水分。在种子后熟阶段，同时进行着呼吸作用和后熟作用。完成后熟作用的种子在物理性质方面表现为体积缩小、比重增加、硬度增大、种皮透气性和透水性增强。

不同作物种子后熟期长短有差异。冬小麦种子后熟期较长，有的可达 2 个月以上；油菜种子后熟期则短，在田间已完成后熟作用，这种差异是由作物品种的遗传特性和环境条件影响而形成的。种子后熟对种子贮藏的影响主要表现在以下 3 个方面。

1. 后熟引起种子贮藏期间的"出汗"现象 由于新入库的农作物种子后熟作用尚在进行中，细胞内部的代谢作用仍然比较旺盛，其结果使种子水分逐渐增多，一部分蒸发成为水汽，充满种子堆的间隙，一旦达到过饱和状态，水汽就凝结成微小水滴，附在种子颗粒表面，这就形成种子的"出汗"现象。当种子收获后，未经充分干燥就进仓，同时通风条件较差，这种现象就更容易发生。

2. 后熟造成仓内不稳定 种子在贮藏期间如果发生"出汗"现象，局部种子的呼吸作用加强，如果没有及时发现，就会引起种子回潮发热，同时也为微生物创造有利的条件，严重时种子就可能霉变结块甚至腐烂。因此，贮藏刚收获的种子，在含水量较高而且未完成后熟的情况下，必须采取有效措施，如摊晾、曝晒、通风等以控制种子细胞内部的生理生化变化，防止积聚过多的水分而发生上述各种不正常现象。入库后 1 个月内应勤检查，适时通风，降温散湿。

3. 后熟期种子抗逆力强 种子在后熟期间对恶劣环境的抵抗力较强，此时进行高温干燥处理或化学药剂熏蒸杀虫，对生活力的损害较轻。例如，小麦种子的热进仓，就是利用未通过后熟的小麦种子抗热性强的特点，采用高温曝晒种子后进仓，起到杀死仓虫的目的。

二、种子入库及贮藏期间的变化

（一）种子仓库

种子仓库（seed storehouse）是保存种子的场所，也是种子贮藏的生存环境。种子进入贮藏状态后，环境条件从自然状态变为种子仓库的条件。种子仓库的好坏对种子生活力的保持尤为重要。同时，也必须做好入库前的种子准备（种子质量检验、种子干燥、清选分级）和仓库准备（仓房维修、清仓消毒）工作。

1. 种子仓库类型 目前我国应用较多的种子仓库类型有房式仓、机械化圆筒仓和低温仓。

1）房式仓 房式仓是我国目前建仓数量最多、容量最大的一种仓库。外形如一般住房，房式仓的建筑形式及结构比较简单，造价较低，是我国目前最主要的种子仓库类型。房式仓机械化程度较低，为了提高劳动效率，最好配置移动式机械设备。房式仓跨度一般为 10～20 m，长度可根据需要和实际情况而定。目前，大部分的房式仓是钢筋水泥结构。这类房式仓比较牢固，密闭性能较好，能够达到防鼠、防雀、防火的要求。房式仓适宜于贮藏散装或包装的种子。房式仓容量一般在 15 万～150 万 kg。

2）机械化圆筒仓　机械化圆筒仓一般由十多个筒体排列组成，仓体比较高大，一般筒仓高 15 m，半径 3～4 m，呈筒形。机械化圆筒仓一般配有遥测温湿仪、进出仓房的输送设备、自动过磅装置、通风装置和除尘装置等机械设备。这类仓房机械化程度高，一切均为机械化作业；高度密闭，可防除鼠害、鸟害、虫害，仓库消毒方便，贮藏种子效果好；能够充分利用空间，占地面积小，仓容量大。其缺点是造价高，技术性要求高。每筒仓可贮藏种子 20 万～25 万 kg，一般大的种子公司或种子加工、生产基地有此类仓库。

3）低温仓　低温仓是依据种子安全贮藏的基本条件（低温、干燥、密闭等）建造的，是利用人为或自动控制的制冷设备及装置保持和控制种子仓库内的温度、湿度稳定，使种子长期贮藏在低温干燥的条件下，延长种子寿命、保持种子活力的一种种子仓库类型。仓房的形状、结构基本与房式仓相同，但构造严密，其内壁四周与地坪不仅有防潮层，而且墙壁及天花板都有很厚的隔热层，低温仓不能设有窗。仓房内设有缓冲间，备有降温和除湿机械，以保证种温控制在 15℃以下，相对湿度在 65% 左右。低温仓是目前较理想的种子库。一般用于贮藏原种、自交系、杂交种等价值较高的种子。低温仓造价比较高，需配有成套的制冷降温设备。

2. 种仓标准

1）仓房要牢固　种子仓库能承受种子对地面和仓壁的压力，同时能防止风力和不良气候的影响。散装种子对仓壁能承受的压力要求更高一些。

2）具有防潮性能　种子具有很强的吸湿性，要求仓库具有一定的防潮能力。通常最易引起种子返潮的部位是地面、墙壁及墙根，因此，这些部位要采用隔潮性能好的建筑材料。仓库要建在高燥处，四周排水通畅，仓内地面要高于仓外 30 cm 以上，屋檐要有适当的宽度，仓外沿墙脚砌泄水坡，并经常保持外墙及墙基干燥，防止雨水积聚渗入仓内。

3）具有隔热性能　仓库的建造需要具有良好的隔热能力，以减少外界气温对种子的影响。大气热量传入仓内的两个主要途径是屋顶和门窗，因此对屋顶的隔热要设顶棚，建隔热层，对仓壁的隔热可在墙表面粉刷白色或浅色涂料。建仓材料从房顶、房身到墙基、地坪，都要采用隔热防湿材料。

4）具有密闭和通风性能　密闭的目的是隔绝雨水、潮湿和高温等不利气候对种子的影响，并能使药剂熏蒸杀虫的效果良好。通风的目的是散发出仓房内的水汽和热量，防止种子长期处在高温、高湿条件下，降低种子生活力。

5）具有防虫、防杂、防鼠、防雀等性能　仓房内房顶要有天花板，房内壁需平整，内不留缝隙，既可防止害虫栖息，又便于清理种子，防止混杂。仓房门要装防鼠板，窗户要装铁丝网，以防鼠雀进入。

6）具有必要的其他设备　仓房附近要设晒场、保管室和检验室等建筑物，此外，为了提高管理人员的工作效率、技术水平，减轻劳动强度，种子仓库需配备相应的检验设备、装卸输送设备、机械通风设备、种子加工设备及熏蒸和消防设备等。

（二）种子入库

种子一旦入库存放以后，一般来说会在一个相对稳定的条件下贮存较长的时间，因此在种子尚未入库以前，做好必要的准备工作直接影响到贮藏期间种子的安全贮藏。前期工作分为两部分：一是对种仓进行维修、清理和清毒；二是种子的准备，包括种子的干燥和清选分级。种子入库前的工作直接影响到贮藏期间种子的安全贮藏，因此对这一部分的工作要引起重视。

1. 种仓准备

1）种仓检查　种仓使用前要全面检查和维修，查看种仓是否安全、门窗是否完好、防鼠防雀等措施是否到位。首先，仔细观察仓房是否有下陷、倾斜等迹象；其次，从仓外到仓内逐步地进行检查，查看房顶是否有渗漏、仓内地坪是否保持平整光滑，如发现房顶有渗漏，地坪有渗水、裂缝、麻点等现象时，必须补修。修补完后，要刷一层沥青，使地坪保持原有的平整光滑。检查内墙壁是否光滑洁白，如有缝隙应予嵌补抹平，再用石灰刷白。

2）清仓　清仓是防止品种混杂和病虫滋生的基础。清仓包括清理种仓和种仓内外整洁两方面工作。清理种仓就是将种仓内的异品种种子、杂质、垃圾等清除干净，同时清理仓具，修补墙面，嵌缝粉刷，铲除仓外杂草，排去污水，清理垃圾，使仓内外环境保持清洁。

3）消毒　在清仓工作完成以后，为了彻底消灭害虫，还必须进行消毒处理。不论是旧种仓还是新种仓，都必须做好消毒工作。其方法有喷洒和熏蒸两种。由于新粉刷的石灰，在干燥前碱性很强，易使喷洒和熏蒸的药物分解失效，因此消毒工作要在补修墙面和嵌缝粉刷前进行。空仓消毒可用敌百虫等处理。

4）计算仓容　计算仓容是为了有计划地贮藏种子，合理使用和保养种仓。在不影响种仓使用工作的前提下，准确地计算出种仓的可使用面积、种子可堆高度、种仓容积等，再根据存放种子的种类确定种仓容量。

2. 种子准备　种子入库的标准可参考国家市场监督管理总局、国家标准化管理委员会颁布的农作物种子质量标准。长城以北和高寒地区的水稻、玉米、高粱的水分允许高于13%，但不能高于16%，调往长城以南的种子（高寒地区除外）水分不能高于13%。对不符合标准的种子，不要急于进库，应该重新处理，进行清选、干燥或分级，检验合格后，才能入库贮藏。

3. 种子入库　种子入库是在清选和干燥后进行的，入库前还要做好标签和卡片。标签上要注明作物、品种、等级、生产年月和经营单位等，并将其挂牢在包装袋外。卡片上填写好作物、品种、纯度、净度、发芽率、水分、生产日期和经营单位后装入种子袋里，或放置在种子堆内。

种子在入库时，也要过磅、登记，按种子分批、分开原则分别堆放，防止混杂，注意要做到"五分开"：①不同的作物、不同品种要分开存放，以利于种子加工保管，防杂保纯；②不同含水量的种子要分开存放；③不同等级的种子要分开，不可混合贮藏；④品质不同的种子要分开，入库种子应按不同的纯净度、不同的成熟度分开堆放；⑤新陈种子要分开，新种子有后熟作用，陈种子品质较差，新陈种子混堆，必将要降低品质。种子入库前的分批、分开贮藏，对种子的安全贮藏十分重要。

种子入库后的堆放方式有袋装贮藏（bagged storage）和散装贮藏（bulk storage）两种。

1）袋装贮藏　　种子包装有普通包装和防湿包装两种。多数短期贮藏的农作物种子采用普通包装，许多蔬菜种子和长期贮藏的种子采用防湿包装。种子包装材料有普通包装的麻袋、布袋、纸袋和编织袋，防湿包装有不透性的塑胶袋、塑胶编织袋、沥青纸袋、铝箔袋、塑胶桶（罐）和金属材料制成的桶或罐等。包装容量按种子数量的需要而定。农作物种子多半用麻袋大包装，贮藏、运输的容量有 50 kg 和 100 kg。蔬菜种子有大包装、小包装和几十克的包装等。袋装堆放多适用于大的包装种子，主要是使种仓内放置多而整齐，并便于种仓管理。

2）散装贮藏　　在种子的数量较多、种仓容量不足等条件下，多采用散装贮藏。这种贮藏方式对种子要求严格，只适用于存贮净度高和充分干燥的种子。

（三）种子贮藏期间的变化

种子在贮藏期间基本上处于低温干燥密闭的状态，生理活动非常微弱，呼吸作用放出的热量和水分比较低，在正常情况下对种子的影响很小。但是种子本身具有较强的吸湿性，并且容易发生病虫害，如果管理措施得当，可以把这些外界的影响降到最低限度；管理不当，就会发生结露、发热、霉变、结块等现象，严重影响到种子的活力和发芽力。为了防止种子贮藏过程中的劣变现象，必须了解各种变化规律和影响条件，以采取相应措施做好种子的安全贮藏工作。

1. 种子贮藏期间温度和水分的变化　　一般情况下，大气温湿度的变化首先影响到仓库的温湿度，仓内的温湿度又影响到种子堆的温度和种子水分。大气温湿度、仓内温湿度和种堆温湿度（水分）统称为"三温三湿"，了解、掌握"三温三湿"的变化规律，对种子的安全贮藏有着非常重要的意义。

1）温度变化　　种子堆的温度可随着外界温度而变化，如果仓库密闭性能好，变化幅度会小一些。在一天当中，种子最高温度和最低温度出现的时间一般要比大气的最高温度和最低温度出现时间晚 2～3 h，一般来说每天上午 6～7 时种子温度最低，至下午 5～6 时种子温度升到最高，以后又逐渐下降。上午 10 时左右气温、仓温和表层种温相近。种温日变化仅对种子堆表层 15～30 cm 和沿壁四周有影响，变化幅度较小，一般为 0.5～1℃。种子表层 30 cm 下几乎没有什么变化。与日变化相比，种温年变化较大，其最高温度和最低温度一般比气温慢半个月到 1 个月，当气温开始回升时，种温还在继续下降，气温开始下降时，种温还在继续升高。每年气温是 1～2 月最低，最低种温出现在 3 月或 3 月以后，7～8 月气温最高，最高种温出现在 9 月或 9 月以后。种温的年变化在种子堆的各个层次也是不同的，其变化幅度范围受种子堆的大小、堆放方式（包装或散堆）、仓库结构严密程度及作物种类的不同而异，种子堆小、包装堆放、大粒种子及仓库密闭性能差的，种温易受气温变化的影响，种堆各层次间的温差幅度较小，基本上随着气温在同一幅度内升降。与此相反，各个部位的温差较明显。一般来说，上层种温升降较快，每月可升降 5～6℃，中层次之，下层最慢，每月的变化幅度为 3～4℃。因此，在一年当中，1～3 月下层种温最高，中层次之，上层最低；6～10 月上层种温最高，下层种温最低；其他的月份这 3 层种温基本平衡。

2）水分的变化　　种子水分受空气湿度的影响反应较快，变化也较大，一天中以每日早晨 2～4 时最高，下午 4～6 时最低，在种子堆表面 15～20 cm 变化，30 cm 以下影响较小。

种堆内的水分主要受大气相对湿度的影响，一年中的变化随季节而不同，在正常情况下，低温和梅雨季节的种子水分较高，夏、秋季节的种子水分较低。各层次种子水分变化也不同，上层受影响最大，影响深度一般在 30 cm 左右。表面的种子水分变化尤其突出，中层和下层种子水分变化较小，但是下层近地面 15 cm 的种子易受地面的影响，种子水分上升较多。实践表明，表面层和接触地面的种子易受大气温湿度的影响，水分增多时会发生结露，甚至发芽、发热、霉烂现象。种子结露现象多发生在每年 4 月和 11 月前后，在每年的这个时候要注意这种不良现象的发生。

2. 种子结露及其预防　　当湿热的空气和较低温度种子层相遇，种粒间的水汽量达到饱和状态时，水汽便凝结在种子表面，形成与露水相似的水滴，这就是种子的结露。种子结露是种子贮藏过程中一种常见的现象。种堆出现结露可使局部种子含水量急剧增加，造成种子的发热和霉变。结露形成的原因主要是温差，只要空气与种子之间存在温差，达到一定程度时就会发生结露现象。空气湿度越大，越容易引起结露。种子水分越高，结露的温差越小；反之，种子越干燥，结露的温差越大，种子越不易结露（表9-1）。

表 9-1　种子水分与结露温差的关系

种子水分 /%	结露温差 /℃	种子水分 /%	结露温差 /℃	种子水分 /%	结露温差 /℃
10	12～14	13	7～8	16	3～4
11	10～12	14	6～7	17	2
12	8～10	15	4～5	18	1

1）易发生结露的情况、时间与部位　　种子贮藏期间，以下情况易引起种子与周围环境温差过大，引起结露。

（1）种仓的密闭性能差时，仓库内的温湿度易受外界环境的影响，在种子上容易发生结露。春天气温回升时，空气温度较湿热，进入仓库后首先与种子堆的表面相遇，而此时种子堆的温度较低，这时引起种子表面结露，深度一般在 3 cm 左右。在秋冬季节时，气温下降，表层种子受影响较大，而中下层种子温度较高，湿热空气上传，遇到上层冷种子，二者造成温差引起上层结露，其部位距表面 20～30 cm 处。

（2）如果种仓建筑材料的隔热性能差，则易在墙壁与种子之间发生垂直结露。夏天一般是在靠南面的墙壁，因为墙壁传热快，种子传热慢而引起结露；冬天一般是在靠北面的墙壁，墙壁温度低，种子温度高。

（3）种仓中害虫或微生物大量发生时，易形成窝状结露。仓库害虫或微生物放出的热量要远远高于种子呼吸放出的热量，形成一个热点，与其他部分的种子产生较大的温差，形成结露。这种结露的隐蔽性较强，不易察觉。

（4）种子入库时种温过高。夏季曝晒过的种子或机械烘干后的种子未充分冷却，直接入库，这时种子温度比较高，而地面的温度较低，易在地面及与地面 2～4 cm 的种子上发生结露。

（5）种子入库时种子批之间的温度或含水量存在差异，造成层状结露。种子堆内各个层次的温度差异如果过大，就会形成层状结露。而且水汽会从高温部位向低温部位移动。造成种堆内部水分转移和局部水分增高。种堆内温差越大，时间越长，情况就越严重。

（6）机械通风条件控制不当时，易发生各种不同情况的结露。例如，空气通路比过大，则会以通风道为轴心形成"V"形结露；通风技术掌握不当，易形成"U"形结露；利用存气箱通风时，易引起斜面结露；中途停止通风，则易引起层状结露；种质不匀或通风口附近处理不当，则易形成局部结露。

2）种子结露的预防　　防止种子结露，关键在于设法缩小种子与空气、接触物之间的温差。另外，种子水分的高低也是结露与否的关键，水分低，即使温差较大，也不容易结露。因此，入库时一定要严格掌握种子的水分。对夏季入库或过夏后种温较高的种子，在秋冬季节要适时降温通风，减少内外的温差，在春暖前对低温的种子要加强密闭，防止外面温、湿侵入，以免由温差造成结露。对经过烘晒的热种子一般要冷却后才能入仓。仓库易返潮的部位，要经常检查，发现已结露的局部种子，立即移出晾晒，分层处理，以免造成不应有的损失。具体措施如下。

（1）保持种子干燥：种子越干燥，结露温差越大，越不容易产生结露。种子入库前一定要充分干燥，降到安全水分以下才能入库。

（2）密闭门窗保温：季节转换期间，气温变化大，这时要密闭门窗，对缝隙要进行处理，糊2~3层纸条，尽可能少地出入仓库，以隔绝外界湿热空气进入仓内。

（3）表面覆盖移湿：春季在种子堆表面覆盖1~2层麻袋片，可起到一定的缓解作用，即使结露也是发生在麻袋片上，到天晴时将麻袋晒干再使用。

（4）翻动表面层散热：秋末冬初季节气温下降，经常耙动种子面层20~30 cm，必要时扒沟散热，可防止上层结露。

（5）种子冷却入库：曝晒或经过机械烘干的种子，都必须冷却，才能入库存放，可以防止地坪结露。

（6）围包柱子：有柱子的仓库，把柱子用麻袋或报纸包扎，可防止柱子周围的种子结露。

（7）通风降温排湿：气温下降后，如果种子堆内温度过高，可采用机械通风的方法降温，可防止上层结露。

（8）仓内空间增温：在气温上升时，采用灯泡照明，适当增温，也可以防止结露。

（9）冷藏种子增温：冷藏种子刚出库时，由于温差过大，非常容易结露。通过逐步增温的方法（每次增温不超过5℃）可防止结露。

种子一旦发生结露，要及时采取补救措施，主要是要降低种子水分，以防发热霉变。通常采用的方法是倒仓曝晒或烘干。也可以根据结露部位的大小进行处理，如果只是表层结露，可将结露部分的种子揭去50 cm进行处理。如果发生在下层或内部，采用机械通风排湿，最好采用压入式通风的方法。也可采用就仓吸湿的方法，将生石灰袋埋入种子堆内，经过4~5天取出。

3. 种子发热及其预防　　在正常情况下，种温随着气温的升降而变化，如果种温不符合这种变化规律，发生异常高温时，这种现象称为发热。在种子发热过程中，由于种子本身生理活性和微生物活动的加剧，消耗营养物质并产生有毒代谢物质，使种子品质下降，甚至完全丧失生活力。因此，经过发热的种子，一般不能作为种用。

发热是种子本身的生理生化特点、环境条件和管理措施等综合造成的结果。新收获的或受潮的种子、微生物和害虫迅速生长和繁殖时、仓房条件差或管理不当时均会出现发热现象。可从以下几个方面入手预防种子发热。

（1）严格掌握种子入库的质量：种子入库前必须严格进行清选、干燥和分级，不达标准不能入库，入库时，种子必须经过冷却。

（2）做好清仓消毒工作，改善仓贮条件：仓房必须具备通风、密闭、隔湿、防热等条件，以便在气候剧变阶段和梅雨季节做好密闭工作，而当仓内温湿度高于仓外时，又能及时通风，使种子长期处于干燥、低温、密闭的条件下，确保安全贮藏。

（3）加强管理，勤于检查：及时检查，及早发现问题，采取对策，加以制止。种子发热后，应根据种子结露发热的严重情况，采用翻耙、开沟等措施排除热量，必要时进行翻仓、摊晾和过风等降温散湿。发过热的种子必须经过发芽试验，凡是丧失生活力的种子，均应改作他用。

4. 种子霉变及其预防　　种子霉变的过程就是微生物分解和利用种子有机物质的生物化学过程，种子受潮后霉菌在其表面或内部滋生、繁殖，使种子变质。在适宜的温度和湿度下，微生物大量繁殖，直接侵害和破坏种胚组织，由于胚部含有大量的亲水基，营养丰富，保护性又比较差，一般胚部先受到侵害。微生物分解种子有机物质，形成各种有害产物，造成种子正常生理活动的障碍。另有一些微生物（如黄曲霉菌）可分泌毒素，毒害种子。随着种子霉菌的增多，以及霉变程度加深，种子的发芽率不断下降。

如果种子贮藏条件不当，仓库内渗水、漏水或是有结露、发热等现象未及时进行处理，容易造成种子温度和含水量增加，造成微生物的大量繁殖。可从以下几个方面入手进行预防。

（1）入仓前种子应充分干燥，并做到无虫害、无草籽、无破损粒及其他杂物。

（2）要有良好的仓贮条件，使种子保存在低温、干燥、洁净的环境中。

（3）种子的堆放要合理，按规定做好湿、温、虫害及发芽率的检查工作。

（4）一旦发现种子出现初期霉变迹象，要及时翻动种子，采用自然通风、机械通风，以降低种子的温度和湿度。

种子入库后，种子受本身的生命活动和环境条件的影响而不断地发生变化，容易出现结露、发热、霉变等现象。为了掌握种情，发现问题，及时处理，防止损失，在种子贮藏期间必须做好定期检验工作，使种子处于低温、干燥环境下，延长种子寿命。检查的内容主要有种温、水分、发芽率、虫霉、鼠雀、仓库设施等项目。

三、主要农作物及蔬菜种子贮藏方法

（一）玉米种子贮藏方法

玉米播种面积大，产量高，在我国各地几乎都有种植。玉米种子胚大，生活力旺盛，且胚中脂肪含量高，在贮藏期间极易出现发热霉变等现象。此外在我国北方，玉米属于晚秋作物，一般收获较迟，由于种子水分高，入冬前来不及充分干燥，易发生低温冻害。因此，安全贮藏玉米种子具有重要意义。

玉米种子贮藏方法有果穗贮藏和籽粒贮藏两种，可根据各地气候条件、仓房条件和种子品质等情况选择采用。一般常年相对湿度低于80%的丘陵山区和我国北方，以果穗贮藏为宜，常年相对湿度较高的地区可采用籽粒贮藏。但考虑到果穗贮藏占仓容较大和运输上的困难，种子仓库多以籽粒贮藏为主。

1. 果穗贮藏　　果穗贮藏有三大优点：一是新收获的玉米果穗穗轴内的营养物质可以

继续向籽粒运送，使种子达到充分成熟，且可在穗轴上继续进行后熟。二是果穗贮藏孔隙度大（达50%以上），堆内湿气和热量较易散发。高水分玉米果穗，经过一个冬季自然通风，可将种子水分降至安全标准以下。三是籽粒在穗轴上排列紧密，外有坚韧而又光滑的果皮，具有一定的保护作用。除果穗两端的少量籽粒外，对绝大部分种子能起到防虫、防霉作用，直到播种前再脱粒可保持很高的发芽率。但果穗贮藏的缺点是占地面积大，只适用小品种的贮藏。

果穗贮藏要注意控制水分，以防发热和冻害。果穗水分高于20%，在温度−5℃的条件下便受冻害而失去发芽率。水分高于17%，在−5℃时也会轻度受冻害，在−10℃以下便失去发芽能力；水分大于16%时，果穗易受霉菌危害；水分在14%以下才有利于抑制霉菌生长。所以，在冬季果穗水分应控制在14%以下为宜。干燥果穗的方法可采用站秆扒皮、日光曝晒和机械烘干。曝晒法一般比较安全，烘干法对温度应作适当控制，种温在40℃以下，连续烘干72~96 h，一般对发芽率无影响，高于50℃对种子有害。

果穗贮藏分挂藏和玉米仓堆藏两种。挂藏是将果穗苞叶编成辫，挂在避雨通风的地方，也可采用搭架挂藏法，即将玉米苞叶连接后围绕在树干上挂成圆锥体形状，并在圆锥体顶端披草防雨等。玉米仓堆藏则是在露天地上用高粱秆编成圆形通风仓，将剥掉苞叶的玉米穗堆在里面越冬，次年再脱粒入仓，在我国北方采用此法较多。

2. 籽粒贮藏　　籽粒贮藏即玉米种子脱粒后入库贮藏。该法可提高仓库容量，但空气在籽粒堆内流通性比果穗堆内相对较差。如果仓房密闭性能较好，可以减少外界温、湿度的影响，能使种子在较长时间内保持干燥，在冬季入库的种子，则能保持较长时间低温。据试验，利用冬季低温，种温在0℃时将种子入库，面上盖一层干沙，到6月底种温仍能保持在10℃左右，种子不发霉、不生虫，并且无异常现象。

对于采用籽粒贮藏的玉米种子，当果穗收获后不要急于脱粒，应先将果穗贮藏一段时间为好。这样对促进种子后熟、提高品质及增强贮藏稳定性都非常有利。玉米种子的后熟期因品种而不同，一般经过20~40天即可完成，而经过15~30天贮藏之后，就可达到最高的发芽率。粒藏种子的水分，一般不宜超过13%，南方则在12%以下才能安全过夏。

（二）水稻种子贮藏方法

1. 常规稻种的贮藏技术　　水稻种子稃壳外面包裹有内外稃，对种胚及胚乳具有较好的保护作用，同时在一定程度上保护种子免受外界环境条件变化的影响及虫霉的危害；种子散落性较差，适宜高堆；通气性好，有利于稻谷在贮藏期间的通风换气或熏蒸消毒；稻种的耐热性相对较差，用人工机械干燥或利用日光曝晒时，都须勤加翻动，以防局部受温偏高，影响原始生活力。

稻种有稃壳保护，较耐贮藏，只要适时收获，及时干燥，控制种温和水分，注意防虫，一般可达到安全贮藏的目的。

1）适时收获，及时干燥，冷却入库，防止混杂　　稻种成熟阶段应根据品种的成熟特性适时收获，过早收获的种子成熟度差，瘦秕粒多而不耐贮藏。过迟收获的种子，在田间日晒夜露呼吸消耗多，甚至穗发芽，这样的种子同样不耐贮藏。

种子脱粒后，要立即干燥到安全水分标准。在生产上，一般对早稻种子的入库水分应掌握严一些。因为早稻种子须经过高温夏季，而且曝晒条件较好，种子容易降低水分含量。对晚稻种子，尤其是晚粳稻种子的入库水分，可适当放宽一些。这是根据晚稻种子入库时气温较低，干燥条件比较困难，粳稻种子又不易降低水分等具体情况而放宽的。晚稻种子的水分一般不能超过 15%，而且还须在晴天时进行翻晒降水。经过高温曝晒或加温干燥的种子，应冷却后才能入库。否则，种子堆内部温度过高，时间一长引起种子内部物质变性而影响发芽率，热种子遇到冷地面还可能引起结露。

2）治虫防霉　　我国产稻地区高温多湿，仓虫容易滋生。通常在稻谷入仓前已经感染，如贮藏期间条件适宜，就迅速大量繁殖，造成极大损失。水稻种子主要的害虫有玉米象、米象、谷蠹、麦蛾、谷盗等。仓贮害虫可用药剂（如磷化铝）进行熏杀，也可采用低温低湿条件贮藏抑制其生命活动。稻谷充分干燥、空气相对湿度较低时，霉菌生长缓慢。

3）加强稻种入库后的管理　　新入库的早稻种子种温较高，在入库后的 2～3 周内须加强检查，并做好通风降温工作。在傍晚打开门窗通风，经常翻动面层种子，以利于散发堆内热量。晚稻种子受气候条件限制，入库时水分偏高，种子入库后要做好进一步通风降湿的工作，把水分降到 13% 以内。

做好"春防面，夏防底"的工作，是指春季要预防面层种子结露，夏季要预防底层种子霉烂。经过冬季贮藏的稻种，温度已经降得较低。当春季气温回升时，种温与气温形成较大的温差，易在表层种子发生结露。所以，开春前要做好门窗密闭工作，尽可能预防潮湿的暖空气进入仓内。对于水分低于 13%、温度又在 15℃ 以下的稻谷，可采用压盖密闭法贮藏，既可预防上层种子结露，又可延长低温时间，有利于稻种安全过夏。到了夏季，地坪和底层温度低，湿热扩散现象使底层稻种水分升高，易使底层种子霉烂。

2. 杂交水稻种子的贮藏技术　　杂交水稻种子颖壳闭合差，对种子的保护性较差；同时胚乳发育较差，组织疏松，其耐热性要低于常规水稻种子，干燥或曝晒温度控制失当，均能增加杂交稻种子的爆腰率，降低发芽率；杂交水稻生产过程中赤霉素的使用，易造成其种子内部可溶性物质增加，可溶性糖分含量比常规种子高，生理代谢强，呼吸强度较大，不利于种子贮藏。因此，杂交水稻种子的贮藏条件要比常规水稻种子更为严格。

1）干燥清选　　种子收购进仓时一定要严格控制好含水量，即春制夏收种子的含水量为 11%～12%；中制和秋制秋冬收购种子的含水量应在 12.5% 以下，种子含水量控制得越严格越有利于贮藏。此外，必须对进库种子进行清选，除去种子秕粒、虫粒、虫子、杂质，减少病虫害，提高种子贮藏稳定性，提供通风换气的能力，为降温、降湿打下基础。

2）密闭贮藏　　选择密闭性能好的仓库，种子含水量在 12.5% 以下时，可采用密闭贮藏，使种子呼吸作用降到最低水平。密闭贮藏的最大特点是可以防止种子吸湿，节省处理和翻晒种子的费用和时间，而且可以减少外界温度对种子的影响。

3）夏季注意控制温湿度　　外界温湿度可直接影响种堆的温湿度和种子含水量。长期处于高温高湿季节，往往造成仓内温湿度上升。如果水分较低，温度变幅稍大，对种子贮藏影响不大。在 6 月下旬至 8 月下旬可采取白天仓内开除湿机，除去仓内高湿。晚上 10 时后或早上 8 时左右，采取通风、换气、排湿、降温，使仓内一直保持相对的低温、低湿，以顺利通过炎热夏季。

4）采用低温仓贮藏　　有条件的地方，应采用低温仓贮藏，可以较好地保持种子的生活力。在低温仓条件下（15℃ 以下）种子的水分控制在 13% 以下，可以安全度夏而保持其原有的生活力水平。

（三）小麦种子贮藏方法

小麦在我国种植面积大，用种量多，种子收获时正逢高温多湿季节，给安全贮藏带来一定困难。即便经过充分干燥的种子，入库后如果管理不当，仍易吸湿回潮、生虫、发热、霉变。因此，对小麦种子的贮藏安全必须引起足够的重视。

小麦种子果皮、种皮较薄，通透性好，种子胚乳内淀粉含量高，且含有大量的亲水物质，在干燥条件下容易释放水分，在空气湿度较大时容易吸收水分。小麦种子具有较长的休眠期，未通过休眠期的种子入库初期贮藏不稳定，需加强检验；但未通过休眠的种子，耐热性很强，根据小麦种子这一特性，实践中可采用热进仓的方法防治害虫。但是，小麦陈种子及通过休眠期的种子耐高温能力下降，不宜采用高温贮藏，否则会降低种子发芽率。为害小麦种子的仓库害虫主要有麦蛾、玉米象、谷蠹、印度谷蛾等，特别是麦蛾和玉米象为害最为严重。被害的籽粒往往有孔洞或被蛀蚀一空，完全失去使用价值。针对以上情况，小麦种子的贮藏应做好以下几点。

1. 充分干燥　种子入库水分应掌握在 10.5%～11.5%，贮藏期间应控制在 12.0% 以下。种子水分低于 12.0%，种温不超过 25℃，小麦种子可安全贮藏。

2. 密闭防潮贮藏　根据小麦种子吸湿性强的特点，种子入库后应严密封闭，防止外界水分进入仓库和种子堆。对于贮藏量较大的仓库，除密闭门窗外，散装种子应先将种子堆表面耙平，然后用经过曝晒和清洁消毒处理的麻袋、草苫等物或编织袋、塑料布覆盖，以起到防潮和防虫作用。

压盖时间与效果有密切关系，一般在入库以后和开春之前效果最好。如在开春之前采用压盖，应根据各地不同的气温状况，在越冬麦蛾羽化之前压盖完毕。在冬季每周进行面层深扒沟一次，压盖后能使种子保持低温状态，防虫效果更佳。

3. 热进仓贮藏　由于仓虫在 48～52℃ 处于热昏迷状态，而干燥的麦种可耐 54℃ 高温，热进仓贮藏就是利用小麦种子具有耐热性而采用的一种贮藏方法。热进仓贮藏既有杀虫和促进种子后熟的作用，又具有方法简便、节省能源、不受药物污染和一般不会影响种子发芽率等优点。具体做法：选择晴朗天气，预热晒场，进行强烈的日光曝晒，使种子含水量降至 12% 以下，且种温达到 46℃ 以上而不超过 52℃。将麦种聚集、堆闷半小时，在种温达到 46℃ 以上迅速将种子入库堆放，覆盖麻袋 2～3 层并关闭门窗密闭保温。将种温保持在 44～46℃，经 7～10 天后掀掉覆盖物，开始通风散热直至接近仓温为止，然后进入常规贮藏阶段。

为了防止结露，麦种入库前须打开门窗使地坪增温，或铺垫经曝晒过的麻袋和砻糠（谷壳），以缩小温差。通过后熟期的麦种不宜采用热进仓贮藏，这是因为通过后熟作用的麦种耐热性降低，经高温处理后虽能达到杀虫目的，但是对发芽率会有较大影响。所以，热进仓贮藏应在麦种收获后立即进行较为适宜。

（四）棉花种子贮藏方法

棉花种子的种皮厚而坚硬，且种皮内含有约 7.6% 的鞣酸物质，对种子具有很强的保护作用。但是，棉花种子中脂肪含量较多，容易酸败；种子带有短绒，贮藏期间如果仓贮条件差，高湿空气侵入种子堆空隙中，会使种子水分增加，呼吸增强，放出大量的热能，积累在种子堆中不能散发，可引起发酵、发热。通常，下霜前开花结实的棉花种子，胚饱满，种壳坚硬，含水量较低，棉绒长，比较容易保藏，若在低温密闭干燥条件下，种子寿命可达10年以上；而下霜后开花结实的种子，种皮软、种仁瘦瘪，生理成熟度差，在相同条件下，水分含量较霜前种子高，生理活性也较强，不易安全贮藏。

棉花种子的籽粒大，有短绒，壳与种子之间有空隙。因此，种子堆的空隙大，容重相应较小，占用仓库容积大，故大量仓贮很不经济。为了减少或消灭棉籽带菌，防止种子吸湿，提高贮藏的安全性和稳定性，对棉花种子常常采用稀硫酸或泡沫酸进行脱绒处理。在处理过程中，用水冲洗酸液的同时，又可进行一次种子水洗，将秕种、破种、未成熟种子剔除，待晾晒后再入库，这有利于种子安全贮藏。也可用脱短绒机进行机械脱绒。

目前，棉花种子大批量贮藏方法主要是种子库常温贮藏，贮藏措施主要有以下几点。

1. 控制入库种子质量　首先，选择饱满成熟的棉花种子，其种皮结构致密而坚硬，外有蜡质可防御外界温、湿度的影响，未成熟的棉花种子不耐贮藏，所以应选择下霜前开花结实的棉籽作种用。其次，剔除破损粒、霉烂粒、病虫粒等不健康的棉花种子，严格控制棉花种子入库指标：华北地区种子水分不超过12%，华中、华南地区种子水分不超过11%；种子净度不低于99.5%，种子发芽率在80%以上。

2. 熏蒸杀虫　棉花种子在贮藏前如果发现有棉红铃虫，可在轧花后，采用热熏法熏蒸。这种方法不但可以杀死棉红铃虫，同时也可促进棉籽后熟和干燥，有利于安全贮藏。热熏时，将55～60℃的热蒸汽通入种堆约30 min，使整个种堆受热均匀，待检查幼虫已死，即可停止。也可用溴甲烷熏蒸，熏蒸方法与熏蒸谷类种子一样。此外，还可用杀螟松、马拉硫磷等药剂拌种。

3. 种子入库　种子库内不宜堆放散装种子，必须堆放时，只可装到仓容的一半以下。不要将种子踩踏实，并在种子堆内设置通气装置，便于通风换气。袋装种子垛的体积也不宜过大，只可装到仓库容积的一半左右，至多不能超过70%。袋装种子须堆垛成行，行间留走道，垛与垛之间要隔出相应的距离。一般而言，小包装好于大包装，大包装好于散装。无论是散装还是包装，小垛好于大垛。

4. 控制温、湿度，密闭贮藏　一般情况下，棉花种子入库后，贮藏期间正值低温季节，只需采用密闭贮藏，防止湿度较大的空气侵入，即可达到安全贮藏的目的。

（五）大豆种子贮藏方法

大豆种子含有较高的蛋白质（38%～42%），加上种皮较薄、种孔（发芽口）较大，所以种子吸湿性很强。大豆种子晒干后，必须在低于70%的相对湿度条件下贮藏，否则易超过安全水分标准，影响种子安全贮藏。在高温干燥或烈日曝晒的情况下，大豆种皮易破裂；大豆种子中的油脂（多由不饱和脂肪酸构成）在高温高湿条件下，极易变性和酸败，影响种子生活力、加工品质和食用品质。

1. 红变和浸油　大豆种子在贮藏期间除了常见的发热、生霉、结露、生虫、酸败、变质等现象外，还会发生某些大豆种子所特有的变化，比较突出的就是"红变"和"浸油"。

大豆种子"红变"和"浸油"是在贮藏过程中常常遇到的一种不正常变化。当水分超过13%、温度达25℃以上时，即使种子还未发热生霉，但经过一段时间，豆粒会发软，两片子叶靠近脐的部位呈现深黄色甚至透出红色（一般称为红眼）。以后随种温逐渐升高，豆粒内部红色加深并逐步扩大，即所谓的"红变"，严重时有明显的浸油脱皮现象，子叶呈蜡状透明，即所谓的"浸油"。这一变化不仅严重影响种子的生活力，还大大降低食用价值，导致出油率下降，油色变深，制成的豆制品带有酸味，豆浆颜色发红等。

大豆发生"红变"和"浸油"现象的原因，一般认为是在高温高湿的作用下，蛋白质凝固变性，破坏了脂肪与蛋白质共存的乳化状态。脂肪中的色素逐渐沉积以至引起子叶变红，发生"红变"，同时脂肪渗出呈游离状态，发生"浸油"现象。从外观看，大豆的"红变"和"浸油"也是一个逐渐发展的过程。首先，是种皮光泽减退，种皮与子叶呈斑点状粘连，略带透明，习惯上称为"搭皮"；再进一步发展到脱皮，稍加压碾，种皮即破碎脱落，而子叶内面出现红色斑点，逐步扩大，呈明显的蜡状透明，带赤褐色。在整个"红变"过程中，种皮色泽不断加深，由原来的淡黄色发展成为深黄、红黄以至红褐色。

大豆"红变"和"浸油"与吸湿发霉之间存在一定的关系，即"红变"和"浸油"可以单独出现，而不伴随着吸湿发霉，而吸湿发霉的发展过程中都会出现"红变"和"浸油"现象。根据实践经验，大豆水分超过13%、种温超过25℃时，就会发生"红变"。"红变"的程度随保持高温时间的延长而增加，但发展速度较发霉变质要慢一些。

2. 大豆种子贮藏的技术要点

1）充分干燥　　一般要求长期安全贮藏的大豆种子水分必须控制在12%以下，如超过13%，就有霉变的危险。大豆种子首先要注意适时收获，通常应等到豆叶枯黄脱落，摇动豆荚时互相碰撞发出响声时收割为宜。收割后，带荚干燥，在晒场上铺晒2～3天，荚壳干透，有部分爆裂再行脱粒，这样可防止种皮发生裂纹和皱缩现象。晒干以后，应先摊开冷却，再分批入库。

2）低温密闭　　大豆种子由于导热性差，在高温情况下又易产生"红变"，因此应该采取低温密闭的贮藏方法。一般可趁寒冬季节，将大豆转仓或出仓冷冻，使种温充分下降后，再入仓密闭贮藏，最好表面加一层压盖物。加覆盖的与未加覆盖的相比，通常种子堆表层的水分含量要低，种温也低，并且能保持种子原有的正常色泽和优良品质。贮藏大豆对低温的敏感程度较差，因此很少发生低温冻害。

3）及时倒仓过风散湿　　我国夏大豆区和北方春大豆区新收获的大豆正值秋末冬初季节，气温逐步下降，大豆入库后，还需进行后熟作用，放出大量的湿热，如不及时散发，就会引起发热霉变。为了达到长期安全贮藏的要求，大豆种子入库3～4周，应及时进行倒仓过风散湿，并结合过筛除杂，以防止出汗发热、霉变、红变等异常情况的发生。

（六）蔬菜种子贮藏方法

蔬菜种类繁多，除少数用营养器官（如马铃薯、山药、大蒜、百合等）作播种材料外，绝大多数是用种子繁殖后代。其中有些蔬菜种子价值很高，如贮藏不当，造成人为混杂或者丧失发芽率，对生产者、经营者及市场供应均会带来巨大损失。

蔬菜种子种类繁多，形态特征和生理特点也不一样，对贮藏条件的要求也不相同。蔬菜种子的颗粒大小悬殊，大多数种类蔬菜的籽粒比较细小，如各种叶菜、番茄、葱类种子，而且大多数蔬菜种子含油量较高。蔬菜大多数为天然异交作物或常异交作物，在田间很容易发生生物学变异。因此，在采收时应严格进行选择，加工处理时严防机械混杂。

瓜类种子由于具有坚硬的种皮保护，寿命较长，番茄、茄种子一般在室内贮藏3年以上仍有 80% 以上的发芽率。含芳香油的大葱、洋葱、韭菜及某些豆类蔬菜种子易丧失生活力，属短命种子。对于这一类种子，必须年年留种，或者将种子置于低温干燥密闭的条件下，也可以延长贮藏期限。例如，洋葱种子一般贮藏 1 年就变质，但如果含水量低于 6.3%，在 −4℃的条件下密闭贮藏，7 年以后测其发芽率仍可达到 94% 以上。

种子在贮藏过程中，常因品种多而错乱混杂，或吸收潮气而发热霉烂，或传带病虫害。因此，贮藏保存蔬菜种子时，必须做到下列几点。

1. 精选防杂　有些蔬菜种子外形相似，很难区别。在收获、脱粒、翻晒过程中要严防人为和机械混杂，用过的工具、场地、容器要认真清理，而且要分品种用标签写上名称、产地、日期，以免错乱和遗忘。在收打过程中，清除泥沙、秕壳等杂质，以防病菌侵入。

2. 充分干燥　刚收获脱粒的种子要充分干燥，使种子含水量降至标准，如豆类不超过 14%，白菜等不超过 12%。种子含水量每下降 1%，温度每下降 5.6℃，种子寿命可延长 1倍。种子可在干燥器内干燥，温度控制在 45～50℃，也可在通风干燥的地方晾晒。晾晒潮湿种子时，不宜在烈日下曝晒，否则会损伤种子，应先于通风处晾干，后在日光下晒，晒后需经冷却，才可贮藏，否则也会有损种子。尤其是辣椒、葱蒜类种子，最忌强光下曝晒，需盖纱布晒或阴干。

3. 普通仓内贮藏　对耐贮藏、价值较低和贮藏时间较短的种子，可以在普通种子仓库内贮放，一般贮藏时间不要超过 1 年。这类种子在入库前要清仓消毒，合理堆放，科学管理。对入库的种子要严格清选、干燥，保证入库质量。

4. 低温干燥条件下贮藏　对一些价值较高的种子采用低温、干燥贮藏，可以较长时间地保持种子的活力。充分干燥的种子在低温条件下贮藏效果最好，即使是在室温下只能保存 1 年寿命最短的葱、韭菜类种子，在−4℃时，18 年后仍有种子会发芽。目前，国内外先进的种子贮藏库都采用防潮、绝热性能高的材料建成，并用冷冻机和空气调节器配合使用，少量种子可放在干燥器内保存。如果种子放在密封容器内或用铝箔袋、塑胶袋小包装，种子含水量应以 5% 左右为宜。

5. 吊藏、挂藏和罐藏　将收获或购买的种子写上名称放入布袋内，吊挂在阴凉通风处。雨季要勤翻晒防止霉变或生虫，也可用瓦罐等容器贮藏，但需在罐内放入生石灰、氯化钙或硅胶等吸湿剂，再放入种子盖紧盖严，可长期保存。袋装种子或用剩的种子可重新密封好放入冰箱冷藏室保存。

有些蔬菜种子可以荚藏（豇豆）、果藏（丝瓜），但必须挂在通风干燥的地方。

第三节　种子加工与贮藏的信息技术管理

一、种子加工的信息技术管理

（一）种子加工车间的计算机控制与管理系统

传统种子加工线的控制系统多为带指示屏的电控柜，这种控制方式存在的问题有：不能对操作者进行身份确认；必须手动按钮控制设备，不能自动启闭生产线的所有或若干设备；不能自动记录操作步骤；不能向操作者适时提出操作指导和建议；不能按要求自动记录、分析生产状况；不能与种子加工中心的信息系统相连，实现信息共享；设备运行状态指示呆板，缺乏吸引力。

种子加工车间计算机控制与管理系统是一套应用计算机控制与管理原理来改进种子加工线的操作和管理模式，实现了种子加工线的自动化控制，能自动显示设备的运行情况、生产状况、考勤记录、用户信息等，以及信息的记录、管理、统计和报表输出，极大地促进了操作的规范化和管理的现代化（图9-12）。具体可实现以下功能。

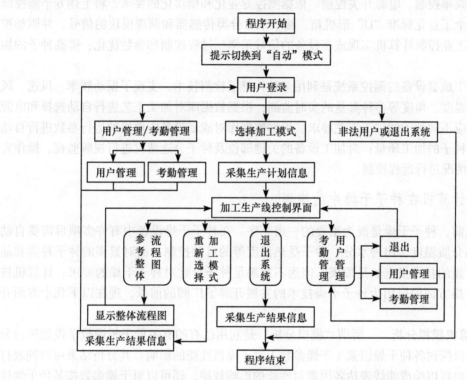

图9-12　"种子加工车间计算机控制与管理系统"软件流程示意图（冷宏杰，2002）

（1）对进入系统的操作者进行身份确认，并记录操作者的考勤状况，操作者的管理、登录、考勤和报表输出；系统管理员可以随时管理合法操作者的相关信息。

（2）鼠标点取并选择不同工艺流程，计算机按照预定顺序启动相关设备，通过软、硬件结合的方式防止操作失误，实现规范化的操作。

（3）详细记录操作时间和内容，便于分析总结、提高效率、改善质量；实时向操作者提出操作指导和建议，切实保证生产安全。

（4）自动记录操作过程及生产情况，自动记录加工品种、产量和报表输出，可以与上一级管理信息系统相连，实现信息共享。

（5）用显示器取代"指示屏"，动态显示设备运行状态，可以对生产线的多个关键部位进行图像监控，可以随时放大和记录特定图像，以保证生产安全，分析设备故障原因。

（二）种子加工成套设备的计算机测控系统

种子加工是提高种子质量的一个关键环节，其加工成套设备一般包括烘干机、初清机、风筛清选机、窝眼筒清选机、比重清选机、包衣机、计量包装秤及其附属设备。成套设备的加工质量在很大程度上取决于设备的工作参数，自动化监测与控制能更好地优化参数，发挥设备的最佳加工功能。

种子加工智能化控制系统是根据加工设备的工作原理和种子加工的工艺流程来设计的，主要任务是检测关键参数和实施优化控制。根据种子加工中各工艺参数的性质，可将其检测与控制分为6个部分：模拟信号采集、数字信号采集、状态信号采集、视频信号采集、转速和振动频率控制、电源开关控制。依据测控专业化和模块化的要求，将上述6个测控部分设计为6个工业化标准"U"形机箱，接收来自分类传感器和调理模块的信号，并驱动控制单元，由工业控制计算机实现成套设备的信号采集、过程控制和参数优化，提高种子的加工质量。

种子加工成套设备的测控系统是利用多种传感器检测技术，实现了振动频率、风速、风量、转速、温度、角度等多种变量的实时监测；根据数据库对加工工艺进行自动选择和电源控制，以适应不同种子的加工工艺要求；根据数据库对成套设备中单机的运行参数进行自动调节，提高种子的加工质量；对加工设备的关键部位及种子分选情况进行视频监视，操作者可根据视频情况进行远程控制。

（三）计算机在种子干燥中的应用

在仓贮前，种子干燥是极为重要的一道工序。在种子干燥设备中有许多项目需要自动控制，如热介质温度、出种水分、种子受热温度等的自动控制。面对繁多的种子种类和品种，种子干燥的技术虽有长足发展，但远不能满足种子仓贮对种子干燥的要求。计算机技术在种子干燥方面的应用为种子干燥技术的发展开辟了广阔的前景，现在以下几个方面开展应用。

1. 计算机模拟分析　所谓"模拟分析"是利用已有的有关种子干燥数学模型进行分析与计算，以探讨各种干燥因素（干燥参数）对干燥机性能的影响。其分析结果可以列表打印出数字，也可以绘成曲线表达各因素对性能的影响规律，还可以对干燥参数按某种干燥性能要求，进行优化处理。计算机模拟分析和参数优化的数据，可作为干燥机设计或使用的科学依据。计算机模拟分析所用的数学模型，有来源于试验的"数学模型"及来源于理论推导的"理论模型"两种。

2. 计算机绘图与设计　在已确定的设计方案、设计参数和结构参数的基础上，可用计算机进行辅助设计，即编制计算机绘图、设计程序及用计算机进行绘图与设计。这种方法在国外已部分地应用于设计工作中，国内在种子干燥机设计方面也开始采用。由于该项作业事先需要编制大量的计算机程序，一般都应用于产品改进或已定型系列产品的新产品开发上，对全新原理或全新结构的机型设计则很少采用。

3. 自动控制与自动化管理　在种子干燥设备中有许多项目需要自动控制，如热介质温度自动控制、出种水分自动控制及种子受热温度自动控制等。这些项目的自动控制系统，一般都是用各种传感器（温度传感器、湿度传感器和粮食水分传感器等）从设备的某个部位引出信号并输入计算机（或单板机），通过内部编制好的程序发出指令，使有关机构（油炉的油量调节机构、风量配风机构或出种生产率调节机构等）采取相应措施，以达到控制的目的。

二、种子贮藏的信息技术管理

（一）种子仓库的计算机控制与管理系统

目前，国内种子仓库应用计算机的调控系统是从粮食部门嫁接过来的技术体系，它的主要作用是对种子仓库的温度、湿度、水分、氧气等因子实行自动检测，进而对仓库的干燥、通风、密闭运输和报警等设备实行自动化管理与控制。用计算机控制各种种子仓库的贮藏条件，给予不同情况的种子以最适合的贮藏环境，促进种子贮藏质量。应用种子仓库的计算机控制与管理系统，促使种子贮藏工作迅速地向自动化、现代化方向发展。

1. 种子库存管理 种子库存管理系统是种子库存管理的主体。它利用数据库系统管理种子的品种、种子数量、种子质量、种子产地、种子存放位置、种子盛装方式及库容情况，保证种子存放位置直观、准确，同时提供种子存放示意图。

2. 种子销售管理 种子销售管理为用户提供种子的入库时间、入库量、出库时间、出库量、销售计划和统计汇总、销售区域分布等信息，为用户提供很多辅助功能，如填写好数据后打印各种单据，查询种子的各项统计报表等。

3. 库房内部环境管理 库房内部环境管理，包括库房内温度、湿度、病虫鼠害情况的管理。它调用原有温湿度监测系统软件，运用先进的监测设备全方位地对库房进行监控。

应用种子仓库管理系统，减少了工作人员工作量。通过计算机管理库房，在计算机上可直接读取到库内温、湿度及种子的摆放位置和数量，改变了以往工作人员到库房内读取库内温、湿度计数据的工作。有些仓库的温、湿度条件要求比较严格，可安装温、湿度巡检仪，分别检测库内主要点位的温、湿度数据，各点的测量数据传送到计算机进行处理和显示，当测量值超出规定范围时，计算机发出警示信息，提醒管理人员进行处理。有条件的仓库可由计算机自动启动库房内的调温、调湿设备，使库房温、湿度恢复到规定的范围内。此外，有些种子在库内存放的时间较长，且每年销售量较大，通过计算机管理，只要输入销售或入库数量，计算机会自行计算出结存量，提高了计算的准确性和速度。

（二）种子安全贮藏专家系统的开发和应用

种子安全贮藏专家系统开发是从影响种子安全贮藏的诸多环境因素的信息采集入手，通过系统的实验室试验、模拟试验和实仓试验，以及大量调查研究资料收集处理分析，获得种子安全管理的特性参数和基本种情参数。然后将这些参数模型化，并建立不同的子系统，集合成为"种子安全贮藏专家系统"软件包。它能起到一个高级贮种专家的作用，可为管理者和决策者提供一整套完整、系统、经济有效和安全的最佳贮种方案，是最终实现种子贮藏管理工作科学化、现代化和自动化的重要环节之一。目前，开发中的安全贮种专家系统由4个子系统组成（图9-13）。

1. 种情检测子系统 该子系统是整个系统的基础和实现自动化的关键，通过该系统将整个种堆内外生物和非生物信息量化后，输入计算机储存。管理者能通过计算机了解种堆内外的生物因素，如昆虫、微生物的数量及危害程度等，非生物因素，如温度、湿度、气体、杀虫剂等状态和分布等，随时掌握种子堆中各种因子的动态变化过程。该系统主要由传感器、模/数转换接口、传输设备和计算机等部分组成。

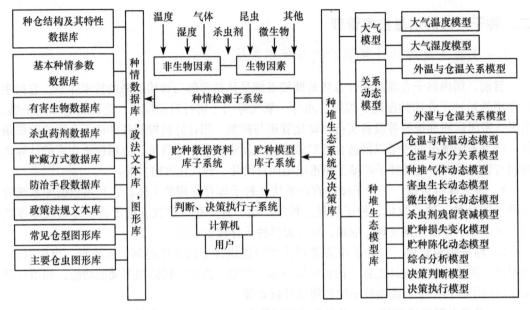

图 9-13 种子安全贮藏专家系统（颜启传，2001a）

2. 贮种数据资料库子系统 该子系统是专家系统的"知识库"。它将各种已知贮种参数数据、知识、公认的结论、已鉴定的成果、特性数据、图谱、有关政策法规等资料数据，收集汇总，编制为统一的数据库、文本库和图形库，用计算机管理起来，随时可以查询、调用、核实、更新等，为决策提供依据。其内容主要包括以下几点。

（1）种仓结构及特性参数数据库和图形库，以图文并茂的方式提供我国主要种仓类型的外形、结构特性、湿热传导特性、气密性等。

（2）基本种情参数数据库，包括种子品种重量、水分、等级、容重、杂质和品质检验数据，以及来源、去向和用途等。

（3）有害生物基本参数数据库、图形库，以图文并茂的方式提供我国主要贮种有害生物的生物学、生态学特性，经济意义和地理分布，包括贮藏种子带有的昆虫种类（含害虫和益虫）、虫口密度（含死活数）、虫态、对药剂抗性，以及其他生物如微生物、鼠、雀的生物学和生态学特性等参数。

（4）杀虫剂基本参数数据库，包括杀虫剂的种类、作用原理、致死剂量、半衰期、残留限量，杀虫剂商品的浓度、产地、厂家、单价、贮存方法、使用方法和注意事项等。

（5）防治措施数据库，包括生态防治、生物防治、物理机械防治、化学防治等防治方式的作用、特点、费用、效果、使用方法、操作规程和注意事项等。

（6）贮藏方式数据库，包括常规贮藏、气控贮藏、通风贮藏、"双低"贮藏、地下贮藏、露天贮藏等贮藏方法的特点、作用、效果、适用范围等。

（7）政策法规文本库，包括有关种子贮藏的政策法规技术文件、操作规范、技术标准等文本文件。

3. 贮种模型库子系统 将有关贮种变化因子及其变化规律模型化，组建为计算机模型，然后以这些模型为基础，根据已有的数据库资料和现场采集来的数据，模拟贮种变化规律，并预测种堆变化趋势，为决策提供动态的依据。其内容主要包括大气模型、关系模型和种堆模型等。

（1）大气模型：包括种堆周围大气的温度和湿度模型。

（2）关系模型：包括种堆与大气之间、气温与仓温和种温之间、气湿与仓湿和种子水分之间、温度与湿度和贮种害虫及微生物种群生长为害之间的关系模型。

（3）种堆模型：包括整个种堆中各种生物、非生物因素的动态变化，如种温变化、水分变化、种仓湿度变化、种堆气体动态变化、害虫种群、生长动态变化、微生物生长模型、药剂残留及衰减模型等。

4. 判断、决策执行子系统 该子系统是种子安全贮藏专家系统的核心。它通过数据库管理系统和模型库管理系统将现场采集到的数据存入数据库，比较并修改已有的数据，然后用这些数据作为模型库的新参数值，进行种堆的动态变化分析，预测其发展趋势；另外，根据最优化理论和运筹决策理论，对应采用的防治措施和贮藏方法进行多种比较和分析判断，提出各种方案的优化比值和参数，根据决策者的需要，推出应采取的理想方案，并计算出其投入产出的经济效益和社会效益。

（三）计算机在种质资源管理上的应用

1. 种质资源保存意义 种质资源（germplasm resource）或遗传资源（genetic resource）在中国习惯称为作物品种资源。它包括古老的地方品种、栽培品种、新育成的品种和品系，以及各种作物的突变体、稀有种和近缘野生种等。在形态上，作物种质资源包括有性繁殖的种子和无性繁殖的块根、块茎等器官，以至植物的组织和单个细胞。作物种质资源是人类赖以生存的极为珍贵的农业遗产和自然资源，是发展农业生产和实现农业现代化的物质基础，在农业生产上起着决定性作用。因此，对其进行收集和保存是当前十分紧迫的任务。

2. 计算机在种质资源管理上的应用概况 计算机在种质资源管理上得到了广泛的应用。美国马里兰州贝尔茨维尔的农业部农业研究中心的种质资源研究室，较早建立了遗传资源情报记录管理系统，应用计算机对保存的种质材料进行情报管理。美国科罗拉多州的国家种子贮藏实验室设立了计算机中心，进行品种资源的情报管理。日本在筑波科学城建立了现代的种子贮藏室，利用计算机管理170多种作物的种质，其数据库已储存30多万个品种信息，实现全国联机检索。在墨西哥的国际玉米和小麦改良中心等也都建立了一套完整的种质资源数据库的管理系统。国际水稻研究所（IRRI）现已保存8万种以上的水稻种质材料，建立了国际水稻基因库的信息系统（IRGCIS），该系统可以有效地协助管理基因库的种质，它涵盖了基因库的整个运作范围，包括种质的接收、繁殖、保存、更新和分发。基因库的数据对全世界用户免费开放。

我国在"七五"期间建成了农作物种质资源数据库。我国作物种质资源数据采集网由全国400多个科研单位、2600多名科技人员组成，包括一个信息中心（中国农业科学院作物科学研究所），20个作物分中心（中国农业科学院蔬菜研究所、果树研究所、油料研究所、麻类研究所、水稻研究所、棉花研究所、草原研究所，中国热带农业科学院等）。目前，中国农业科学院牵头创建了世界上唯一的多维种质资源保存体系，即集长期库、复份库、中期库、种质圃、离体库、超低温库、DNA库、原生境保护点有机融合的农作物种质资源保存设施体系，确保了我国各类种质资源的战略安全保存；通过艰辛努力，收集、整理编目和入库保存了350多种作物47万余份种质资源（2386个物种），保存总量位居世界第二；通过日复一日的不断鉴定评价，100% 的保存资源的目录性状得到了科学鉴定，8% 资源得到了精准鉴定评价，并建立了数据库，有力地支撑了我国作物育种和现代种业发展。

小知识："种子的诺亚方舟"

雅库茨克是俄罗斯远东的一座城市，地处北纬 62°，距离北冰洋极近，被称为世界上最寒冷的城市，冬季的平均温度是－34℃。在这样一座城市下，竟埋藏着日后能够拯救人类的地下版"诺亚方舟"。科学家利用西伯利亚永久冻土层的自然冷藏保存能力，将 150 多万种植物和蔬菜的种子装在瓶子里，保存在地下室中。2008 年，由挪威政府和全球农作物多样性信托基金（The Global Crop Diversity Trust）在挪威的斯瓦尔巴德岛建立了一座类似的地下全球种子库，可以贮存来自 100 个国家的 1 亿种作物种子。比较而言，挪威的地下温度是－18℃，还需要其他电子冷却设备来辅助冷却。但是，在西伯利亚的雅库茨克的种子室不使用任何风扇和空调设备，而是依赖于高纬度的自然冷空气来保持地下的温度，因此它的经营成本十分低。这个创新性设备被称作"种子的诺亚方舟"，是不受任何灾难的种子安全贮藏系统，可将种子完好无损地保存长达 100 年之久。

小　结

科学技术的进步，促进了种子科技的发展，也带动了种子加工处理技术的发展。通过种子加工，可以提高种子净度、发芽力、品种纯度、种子活力，提高种子贮藏性、抗逆性，增强种子价值和商品特性。种子贮藏任务就是采用合理的贮藏设备和先进的、科学的贮藏技术，人为地控制贮藏条件，使种子劣变降低到最低限度，最有效地保持较高的种子发芽力和活力，从而确保种子的播种价值。

思 考 题

1. 种子干燥的目的和意义是什么？
2. 简要介绍种子干燥的几种方法。
3. 种子清选的目的与意义是什么？
4. 简要介绍种子清选的基本原理。
5. 种子包衣与丸化的概念、目的是什么？
6. 种衣剂的理化性状包括哪些？其标准是什么？
7. 影响种子呼吸强度的因素有哪些？呼吸对种子贮藏的影响是什么？
8. 简要介绍种子后熟及其与种子贮藏的关系。
9. 种子仓库的建仓标准是什么？
10. 简要介绍"三温三湿"的变化规律。
11. 简述种子结露、发热、霉变的原因、部位及预防措施。
12. 简要介绍水稻、小麦、玉米、棉花、大豆和蔬菜种子的贮藏特性及技术。

第十章 种子检验

【内容提要】种子检验是农业生产上鉴定、监测和控制种子质量的重要手段。本章紧密结合国际和我国农作物种子检验规程，介绍种子检验的意义、内容、程序及种子检验原理和方法。

【学习目标】通过本章的学习，掌握种子检验原理和先进的实用技术，力求学以致用。

【基本要求】了解种子检验的重要意义；掌握种子检验的主要方法。

第一节 种子检验的概念和意义

一、种子检验的概念

种子检验（seed testing）是指应用科学、先进和标准的方法对种子样品的质量进行正确的分析测定，判断其质量的优劣，评定其种用价值的一门科学技术。

种子质量（seed quality）是由种子不同特性综合而成的一种概念。农业生产上要求种子具有优良的品种特性和优良的种子特性。通常包括品种质量和播种质量两个方面的内容。品种质量（genetic quality）是指与遗传特性有关的品质，可用真、纯两个字概括。播种质量（seeding quality）是指种子播种后与田间出苗有关的质量，可用真、纯、净、壮、饱、健、干、强8个字概括。

（1）"真"是指种子真实可靠的程度，可用真实性表示。如果种子失去真实性，不是原来所需要的优良品种，为害小则不能获得丰收，为害大则延误农时，甚至颗粒无收。

（2）"纯"是指品种典型一致的程度，可用品种纯度表示。品种纯度高的种子具有该品种的优良特性，因而可获得丰收；反之则明显减产。

（3）"净"是指种子清洁干净的程度，可用净度表示。种子净度高，表明种子中杂质（杂质及其他作物和杂草种子）含量少，可利用的种子数量多。

（4）"壮"是指种子发芽出苗齐壮的程度，可用发芽力、生活力表示。发芽力、生活力高的种子发芽出苗整齐，幼苗健壮，同时可以适当减少单位面积的播种量。

（5）"饱"是指种子充实饱满的程度，可用千粒重（或容重）表示。种子充实饱满表明种子中贮藏物质丰富，有利于种子发芽和幼苗生长。

（6）"健"是指种子健康的程度，通常用病虫感染率表示。种子携带病虫害则直接影响种子发芽率和田间出苗率，并影响作物的生长发育和产量。

（7）"干"是指种子干燥的程度，可用种子水分百分率表示。种子水分含量低，有利于种子的安全贮藏，并保持种子的发芽力和活力。

（8）"强"是指种子强健的程度，通常用种子活力表示。活力强的种子，抗逆性强，可早播，出苗迅速且整齐，成苗率高，增产潜力大，产品质量优，经济效益高。

由此可见，种子检验就是对品种的真实性和纯度，种子的净度、发芽力、生活力、活力、健康状况、水分含量和千粒重等质量指标进行分析检验的过程。

二、种子检验的重要意义

种子是农业生产中最基本的生产资料，而种子检验是确保种子质量的重要环节，可从下述 8 个方面来进一步理解种子检验的重要意义。

1. 保证种子质量，提高产品产量和质量　　优良品种是指具有高产、多抗、优质等特性的品种；优质种子应具有纯度高、活力强和健康等特性。只有具备优良品种的前提条件，以优质种子为基础，加上科学栽培的保证，才能达到优质高产的目的。

2. 贯彻优质优价政策，促使种子质量的提高　　通过种子检验，对种子质量作出正确的评价，才能按国家种子质量分级标准，按质论价，优质高价，劣质低价，鼓励种子生产单位和农户繁育更多的优质种子，并且还可对质量欠好的种子，针对检验结果所发现的问题，提出处理意见，采用适当的处理措施，改善和提高种子质量。

3. 控制种子质量，保证种子贮藏运输的安全　　种子是有生命的生物有机体，只有在一定水分和温度条件下，才能安全贮藏和运输。通过种子检验，掌握种子的水分、杂质和病虫等情况后，就可根据贮藏条件、运输路线和目的地的气候条件等因素作出判断。例如，种子从低温干燥地区运输到高温潮湿地区时，当种子水分超过运输途中和目的地安全水分要求时，就应先将种子干燥后，再合理地防湿包装后再装运，才能确保种子贮藏运输的安全。

4. 防止伪劣种子流通，保护国家和农户的利益　　国家对播种用种子质量均有严格的要求，但是有些不法分子以假冒真，以次充好，贩卖伪劣种子，从中牟取暴利，坑国害民。所以，只有严格执行《中华人民共和国种子法》和种子检验制度，才能防止这类事件的发生。

5. 防止病虫和有毒杂草的传播蔓延，保护生产和人畜安全　　执行严格的检验和检疫制度，一旦发现调运的种子和苗木等带有检疫对象，就禁止调运或入境。如带有一般非危害性的病虫和杂草，需经适当处理杀灭后，再允许调入。

6. 避免伪劣种子播种，节约种子和费用　　全国各地常发生伪劣种子播种造成重大经济损失的事件，如果播种用的种子都经过准确的检验，就可避免这种事故的发生，既节约了种子，又减少了损失。

7. 推行种子标准化和实施《中华人民共和国种子法》的保证　　从世界上许多国家的经验看，任何一个国家要想组织生产和销售优质种子，就必须认真建立种子检验体系和种子质量管理法规，强化种子检验工作，规定市场流通的所有种子批均需经过检验，达到标准，才能销售。

8. 确保种子质量，维护国家声誉　　对出口种子进行严格准确的检验，将符合质量要求的种子出口，才能为进口国所接受，为国家争取外汇和声誉。同时，从国外进口的种子，经过严格准确的复验，对不符合合同要求的种子要求退货或索赔，为国家挽回损失。

第二节　种子检验的内容和程序

一、种子检验的内容

种子检验规程是一种对种子质量测定的原则定义、仪器设备、检测程序、结果计算和容许差距作出明确规定的技术标准。种子检验内容可分为扦样、检测和结果报告3部分。

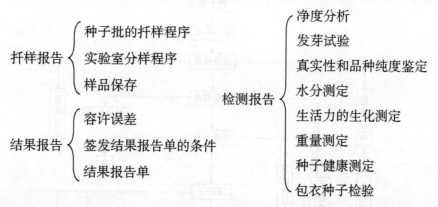

其中检测部分的净度分析、发芽试验、真实性和品种纯度鉴定、水分测定为必检项目，生活力的生化测定等其他项目检验属于非必检项目。最后出具种子检验结果报告单，如表10-1所示。

表 10-1 种子检验结果报告单

字第　　号

送检单位		产地	
作物名称		代表数量	
品种名称			
净度分析	净种子/%		其他植物种子/%	杂质/%
	其他植物种子的种类及数目： 杂质种类：			完全/有限/简化检验
发芽试验	正常幼苗/%	硬实/%	新鲜不发芽种子/%	不正常幼苗/%	死种子/%
	发芽床：_____；湿度：_____；试验持续时间：_____；发芽前处理和方法：_____			
纯度	实验室方法_____；品种纯度_____%； 田间小区鉴定_____；本品种_____%；异品种_____%			
水分	水分_____%			
其他测定项目	生活力_____% 重量（千克）_____kg 健康状况：			

检验单位（盖章）：　　　　　　检验员（技术负责人）：　　　　　　复核员：

填报日期　　年　　月　　日

二、种子检验的程序

种子检验时应遵循的操作程序如图10-1所示，不能随意改变。

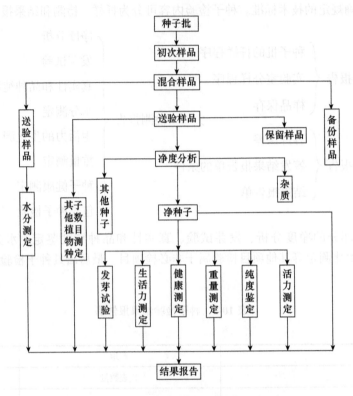

图 10-1　种子检验程序（胡晋，2015）

根据测定要求的不同，图中健康测定有时是用净种子，有时是用送验样品的一部分

第三节　扦　样

一、扦样的原则

扦样（sampling），通常是利用一种专用的扦样器具，从袋装或散装种子批取样的工作。扦样的目的是从一批大量的种子中，扦取适当数量的有代表性的样品供检验用。扦样是否正确，样品是否有代表性，直接影响到种子检验结果的正确性。因此，对扦样工作要予以高度重视，必须尽量设法保证送到检验室（站）的样品能准确地代表该批被检验种子的成分；同样，在实验室分样时，也要尽可能设法使获得的试验样品能代表送验样品。

种子批（seed lot）是指同一来源、同一品种、同一年度、同一时期收获和质量基本一致，并在规定数量之内的种子。根据扦样原理，首先，用扦样器或徒手从种子批取出若干个初次样品，然后将全部初次样品混合组成混合样品，再从混合样品中分取送验样品，送到种子检验室。在检验室，再从送验样品中分取试验样品，进行各个项目的测定。

样品的定义和组成详细说明如下。

（1）初次样品（primary sample）：是指从一批种子的某个扦样点，用扦样器或徒手每次扦取出来的少量种子。

（2）混合样品（composite sample）：是指从一批种子中所扦取出的全部初次样品合并混合而成的样品。

（3）送验样品（submitted sample）：是指从混合样品中分取一部分相当数量的种子送至检验室作检验用的样品。

（4）试验样品（working sample）：简称试样，是指由送验样品中分出一定量的种子，供检验种子品质的个别项目用的样品。

（5）半试样（half sample）：是指将试验样品分减成一半重量的样品。

扦样的每个步骤都应牢牢把握样品的代表性。为此，扦样应遵循以下原则。

（1）种子批的均匀度。由于我国种子生产单位较小，其生产的种子批量也较少，一个扦样的种子批可能由数个单位生产的种子所组成，这就可能存在种子质量的差异。如果是散装种子批，种子具有自动分级特性，也会造成种子批内的差异。种子质量不均匀或存在异质性的种子批，应拒绝扦样；对种子批的均匀度发生怀疑，可测定其异质性。

（2）扦样点的均匀分布。考虑到种子批的不同部位，其质量可能存在差异，扦样点应均匀分布在种子批的各个部位，以能扦到各个部位的种子样品。

（3）各个扦样点扦出的种子数量应基本相等。从各个扦样点扦出数量相等的种子样品，就能较好地代表整个种子批。

（4）合格扦样员扦样。扦样只能由受过专门扦样训练，具有实践经验的扦样员担任，以确保按照扦样程序，扦取代表性样品。

二、仪器设备

扦样所用的仪器设备包括扦样器和分样器两种。常用的扦样器主要有单管扦样器、双管扦样器、长柄短筒圆锥形扦样器、圆锥形扦样器、气吸式扦样器及取样勺等（图10-2）。常用的分样器有圆锥形分样器、横格分样器等（图10-3）。为适应不同种类种子分样的要求，每种分样器都有多种规格和型号。

三、扦样方法

1. 扦样前了解种子状况　为了正确扦样，在扦样前必须向有关人员了解该种子的来源、产地、品种名称、种子数量，以及贮藏期间种子翻晒、虫霉、漏水和发热等情况，以供分批和扦样时参考。

2. 划分种子批　按种子批的概念，必须是同一作物品种的种子，且种子质量基本一致并在规定数量之内，才能划分为一个种子批。表10-2规定了主要作物种子批的最大种子重量。超

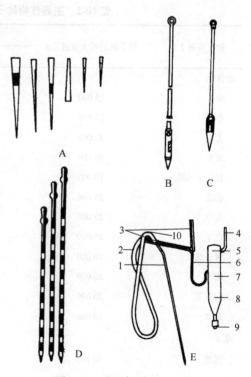

图 10-2　种子扦样器的种类

A. 单管扦样器；B. 长柄短筒圆锥形扦样器；C. 圆锥形扦样器；D. 双管扦样器；E. 气吸式扦样器

1. 扦样管；2. 皮管；3. 支持杆；4. 排气管；5. 电动机；6. 曲管；7. 减压室；8. 样品收集室；9. 玻质观察管；10. 连接夹

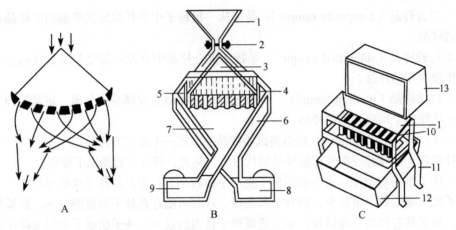

图 10-3 分样器

A. 圆锥形分样器的分样原理示意图；B. 圆锥形分样器；C. 横格分样器

1. 漏斗；2. 活门；3. 圆锥体；4. 流入内层各格；5. 流入外层各格；6. 外层；7. 内层；8, 9. 盛接器；10. 格子和凹槽；11. 支架；12. 盛接器；13. 倾倒盘

过此限量，应另划种子批，分别从每批种子中扦取送验样品。

表 10-2 主要作物种子批的最大重量和样品最小重量

种（变种）名	种子批的最大重量 /kg	样品最小重量 /g		
		送验样品	净度分析试样	其他植物种子计数试样
农作物				
稻	25 000	400	40	400
小麦	25 000	1 000	120	1 000
大麦	25 000	1 000	120	1 000
玉米	40 000	1 000	900	1 000
甘蓝型油菜	10 000	100	10	100
棉花	25 000	1 000	350	1 000
大豆	25 000	1 000	500	1 000
花生	25 000	1 000	1 000	1 000
紫云英	10 000	70	7	70
甜菜	20 000	500	50	500
向日葵	25 000	1 000	200	1 000
烟草	10 000	25	0.5	5
蔬菜				
洋葱	10 000	80	8	80
葱	10 000	50	5	50
韭菜	10 000	100	10	100
苋菜	5 000	10	2	10
菠菜	10 000	250	25	250

续表

种（变种）名	种子批的最大重量 /kg	样品最小重量 /g		
		送验样品	净度分析试样	其他植物种子计数试样
芹菜	10 000	25	1	10
结球甘蓝	10 000	100	10	100
花椰菜	10 000	100	10	100
辣椒	10 000	150	15	150
冬瓜	10 000	200	100	200
西瓜	20 000	1 000	250	1 000
甜瓜	10 000	150	70	150
黄瓜	10 000	150	70	150
南瓜	10 000	350	180	350
西葫芦	20 000	1 000	700	1 000
番茄	10 000	15	7	15
萝卜	10 000	300	30	300
茄	10 000	150	15	150
长豇豆	20 000	1 000	400	1 000

3. 扦取初次样品的方法 由于种子包装和堆放方式不同，其扦样方法也有些差异。现将袋装种子扦样法和散装种子扦样法介绍如下。

1）袋装种子扦样法 计算扦样袋数：按表 10-3 计算扦取袋（容器）数。另外，当种子装在小容器中，如金属罐、铝箔袋、塑料袋，或零售包装时，则建议用以下方法进行扦样，即以 100 kg 种子的重量作为扦样的基本单位，小容器合并组成的重量不得超过此重量（100 kg），如 20 个 5 kg 的容器，33 个 3 kg 的容器，或 200 个 1 kg 的容器。为了便于扦样，将每个"单位"作为一个"容器"，再按上述规定扦样。

表 10-3 袋装的扦样袋（容器）数

种子批的袋数（容器数）	扦取的最低袋数（容器数）
1～5	每袋都需扦取，至少扦取 5 个初次样品
6～14	不少于 5 袋
15～30	每 3 袋至少扦取 1 袋
31～49	不少于 10 袋
50～400	每 5 袋至少扦取 1 袋
401～560	不少于 80 袋
561 及以上	每 7 袋至少扦取 1 袋

注：本表为我国的扦样标准

在收购、调运、加工、装卸过程中扦样，可每隔一定袋数设置扦样点。在种子仓贮堆垛的情况下，扦样点应均匀分布于堆垛的上、中、下各个部分。扦取初次样品根据种子的大小、形状，选用不同的袋装扦样器。中、小粒种子，选用单管扦样器自袋口一角向斜对角插入，插入时扦样器凹槽向下，至扦样器全部插入后将凹槽向上，然后抽出扦样器，并拨好扦样孔，防止漏种，从扦样器的手柄出口孔流出种子。大粒种子可拆开袋口，一角用双管扦样器扦样。插入前关闭孔口，插入时孔口朝上，插入后旋转外管打开孔口，种子即落入孔内，再关闭孔口，抽出袋外，缝好麻袋拆中。棉花、花生种子，必须拆开袋口徒手扦样，或倒包扦样。倒包扦样时，下垫一块清洁的塑料或布，拆开袋口缝线，用两手掀起袋底两角，袋身倾斜 45°，徐徐后退 1 m，将种子全部倒在清洁的布或塑料纸上，保持原来层次，然后，分上、中、下不同位置徒手取出初次样品。

2）散装种子扦样法　　根据种子批散装的数量，确定扦样点数（表 10-4）。在划分好的种子批内，按照扦样点数进行设点。一般扦样点要均匀分布在散装种子批表面，四角各点要距仓壁 50 cm。种子堆高不足 2 m 时，分上、下两层。堆高 2～3 m 时，分上、中、下 3 层。上层在距顶部以下 10～20 cm 处，中层在种子堆中心，下层距底部 5～10 cm 处。堆高 3 m 以上再加一层。初次样品的数量根据散装种子批的数量而定。扦样方法：用散装扦样器，根据扦样点位置，按一定扦样次序扦样，先扦上层，后扦中层，最后扦下层，以免搅乱层次而失去代表性。

表 10-4　散装种子批的扦样点数

种子批大小 /kg	扦样点数
50 及以下	不少于 3 点
51～1 500	不少于 5 点
1 501～3 000	每 300 kg 至少扦取 1 点
3 001～5 000	不少于 10 点
5 001～20 000	每 500 kg 至少扦取 1 点
20 001～28 000	不少于 40 点
28 001～40 000	每 700 kg 至少扦取 1 点

注：本表为我国的扦样标准

四、混合样品的配制

将从一批种子各个点扦取出来的初次样品充分混合，就组成一个混合样品。在混合这些各部位点的初次样品以前，须把它们分别倒在桌上、纸上或盘内，加以仔细观察，比较这些样品形态上是否一致。颜色、光泽、水分及其他在品质方面有无明显差异，若无明显差异，即可合并在一起组成一个混合样品；如发现有些样品的品质有显著差异，应把这一部分种子从该批中分出，作为另一批种子，单独扦取混合样品。如不能将品质有显著差异的种子从该批种子中划分出来的，则应停止扦样或把整批种子经必要处理（如清选、干燥、混合），然后扦样。

五、送验样品的分取

通常混合样品与送验样品规定数量相等时，即将混合样品作为送验样品。但混合样品数量较多时，可从中分取规定数量的送验样品，其样品数量是根据种子大小和作物种类及检验项目而定的。据研究，供净度分析的送验样品约为 25 000 粒种子就具有代表性，将此数量折成重量，即送验样品的最低重量。主要农作物、蔬菜种子净度分析的送验样品最低重量见

表 10-2。而供其他植物种子粒数测定的样品通常是上述数量的 10 倍（表 10-2）。供水分测定的送验样品需磨碎 100 g 测定种子，其他项目测定送验样品为 50 g，供品种鉴定的样品数量见表 10-2。送验样品的分取可利用圆锥形分样器、横格分样器或分样板进行分取，将混合样品减少到规定的重量。

六、送验样品的包装和发送

经分样后，通常取得两份送验样品，一份用作净度分析及发芽试验；另一份则供水分和病虫害检验之用。两份送验样品的包装要求不同，供净度分析用的样品，最好用经过消毒的坚实布袋或清洁坚实的纸袋包装并封口，切勿用密封容器包装，以免影响种子发芽率；供水分测定及虫害测定的种子样品，必须装在清洁、干燥、能密封防湿的容器内，并使容器装满，防止种子水分发生变化，再加以封缄。

包装封缄后应尽快送至检验室，不得延误，并注意样品绝不能交给种子所有者、申请者及其他人员手中。送验样品发送时，必须附有扦样证书，样品上的标签必须和种子批上的标签相符，标签可贴在样品上或放入样品中。样品包裹上必须印有表格并填写有关扦样的说明，包括扦样单位（检验站）名称、检验站（室）名称、种子批的记号和印章、种子批容器数或袋数、送验样品重量、扦样日期、检验项目、检验站收到样品日期及样品编号等。

七、样品的保存

收到样品应当天就开始检验，如果有延误，需将样品保存在凉爽通风的室内，使种子质量的变化降到最低限度。为了便于进行复验，送验样品应在适宜条件下保存一年，使种子质量的变化降到最低限度。检验站对种子质量所发生的变化不承担责任。

第四节 净 度 分 析

一、净度分析的目的与意义

净度分析（purity testing）时将试验样品分为净种子、其他植物种子和杂质 3 种成分，并测定净种子百分率，同时测定其他植物种子的种类及含量。从净种子百分率可了解种子批的利用价值；从其他植物种子的种类和含量，了解其他植物种子的种类和数量，可确定种子批的取舍。因为其他植物种子混入会影响机械收获、产量和产品质量，许多有害或有毒杂草含有有毒物质，会造成人畜中毒。杂质种类和含量的测定，可为进一步清选加工提供依据，确保种子安全贮藏，提高种子利用率。所以说，净度分析是种子检验的重要项目之一，对现代农业生产有着重要的意义。

二、净种子、其他植物种子和杂质区分总则

（一）净种子

下列构造凡能明确地鉴别出它们是属于所分析的种，即使是未成熟、瘦小、皱缩、带病或发过芽的种子单位（已变成菌核、黑穗病孢子团或线虫瘿除外）都应作为净种子。

（1）完整的种子单位。在禾本科中，种子单位如是小花，需带有一个明显含有胚乳的颖

果或裸粒颖果（缺乏内外稃）。

（2）大于原来大小一半的破损种子单位。

根据上述原则，在个别的属或种中有一些例外。

（1）豆科、十字花科，其种皮完全脱落的种子单位应列为杂质。

（2）即使有胚芽和胚根的胚中轴，并超过原来大小一半的附属种皮，豆科种子单位的分离子叶也列为杂质。

（3）甜菜属复胚种子超过一定大小的种子单位列为净种子。

（4）在燕麦属、高粱属中，附着的不育小花不须除去而列为净种子。

（二）其他植物种子

其鉴定原则与净种子相同，但有一些例外。

（1）明显不含真种子的种子单位。

（2）复粒种子单位应先分离，然后将单粒种子单位分为净种子和无生命杂质。

（3）菟丝子属种子易碎，呈灰白至乳白色，列入无生命杂质。

（三）杂质

（1）甜菜属的种子单位作为其他种子时不必筛选，可用遗传单胚的净种子定义。

（2）甜菜属复胚种子单位大小未达到净种子定义规定最低大小的。

（3）破裂或受损伤种子单位的碎片为原来大小的一半或不及一半的。

（4）按该种的净种子定义，不将这些附属物作为净种子部分或定义中尚未提及的附属物。

（5）种皮完全脱落的豆科、十字花科的种子。

（6）脆而易碎，呈灰白色、乳白色的菟丝子种子。

（7）脱下的不育小花、空的颖片、稃壳、茎叶、球果、鳞片、果翅、树皮碎片、花、线虫瘿、真菌体（如麦角、菌核、黑穗病孢子团）、泥土、砂粒、石砾及所有其他非种子物质。

三、净度分析方法

（一）重型混杂物检查

凡颗粒与供检种子在大小或重量上明显不同且严重影响结果的混杂物，如土块、石块或小粒种子中混有大粒种子等，均属于重型混杂物。因此，在净度分析时，首先要检查送验样品中是否混有重型混杂物。如果存在，就应拣出这类物质，并从中分出其他植物种子和杂质，分别称重和记录，以便最后换算时应用。

（二）试验样品的分取和称重

1. 试样重量　净度分析时试样重量太小会缺乏代表性，太大则费时。经研究，大约25 000 粒种子（折成重量）即具代表性。主要作物都有规定的试样最低重量（表 10-2）。

2. 试样分取　从送验样品中用分样器或分样板分取规定重量的试样两份或规定重量一半的试样（称半试样）两份。第一份试样取出后，将所有剩下部分重新混匀再分取第二份试样。

3. 试样称重 当试样分至接近规定的最低重量时即可称重。试样称重的精确度（小数保留位数）因试样重量而异（表10-5）。

表10-5 称重与小数位数

试样或半试样及各种成分重量 /g	小数位数	试样或半试样及各种成分重量 /g	小数位数
1.0000 以下	4	100.0～999.9	1
1.000～9.999	3	1 000 或 1 000 以上	0
10.00～99.99	2		

资料来源：ISTA，2009

（三）试验样品的鉴定、分析和分离

为了更好地将净种子与其他成分分开，需借助筛子。一般选用筛孔适宜的筛子两层。上层为大孔筛，筛孔大于分析的种子，用于分离较大成分；下层为小孔筛，筛孔小于分析的种子，用于分离细小物质。筛理时在小孔筛下面套一筛底，上套大孔筛，将试样倒入其中，盖上筛盖筛理，最好置于电动筛选机上筛动2 min。落入筛底的有泥土、砂粒、碎屑及细小的其他植物种子等；留在上层筛内的有茎、叶、秤壳及较大的其他植物种子等；大部分试样则留在小孔筛中，它包括净种子和大小相近的其他成分。对于甜菜属（单胚品种除外），规定用筛孔为1.5 mm×20 mm、大小为200 mm×300 mm的长方形筛子筛理1 min，留在筛上的种球归为净种子，通过筛孔的则属杂质。

筛理后，对各层筛上物分别进行分析。分析工作通常在玻璃面的净度分析桌上（下面垫黑布或黑纸）或桥式净度分析台上进行。最好配有反光镜、放大镜，以便检查空壳及黑麦草等属的颖果长度。

分析时将样品倒在分析桌（或台）上，利用镊子或小刮板按顺序逐粒观察鉴定。将净种子、其他植物种子、杂质分开，并分别放入相应的容器或小盘内。

当分析瘦果、分果、分果卝等果实和种子时（禾本科除外），只从表面检查。若用按压，或用放大仪、透视仪及其他特殊仪器检查发现其中明显无种子的，则把它列入杂质。

净种子定义中所提及的种子单位，如没有损伤到种皮或果皮，则不管饱满与否均作为净种子（或其他植物种子）。如种皮或果皮有一裂口时，必须判断留下部分是否超过原来大小的一半。超过一半者可归为净种子（或其他植物种子）。如不能迅速作出这种判断，则将其列为净种子（或其他植物种子），没有必要将每粒种子翻过来观察其下面是否有洞或其他损伤。

草地早熟禾与鸭茅必须采用均匀吹风法进行分析。试样经吹风3 min后分别鉴定其轻的部分和重的部分。

（四）结果计算和表示

1. 称重计算 试样分析结束后将每份试样（或半试样）的净种子、其他植物种子和杂质分别称重。称量的精确度与试样称重时相同。然后将每份试样各成分的重量相加，并计算各成分所占百分率。百分率的计算应以分析后各成分的重量之和为基数，而不用试样原来的重量。各成分重量总和应与原试样重进行比较，核对在分析过程中重量有无增减或其他差错。如果两者之间重量差异超过原试样重的5%，表明可能有差错，必须重新分析，并取用

重新分析的结果。

2. 分析两份半试样的结果计算　　根据两份半试样分析结果，分别计算 3 种成分的重量百分率，并求出平均值，按种子有无稃壳，两份半试样之间各项成分的百分率相差不能超过规定的容许差距（表 10-6）。如超过容许范围，则需重新分析成对试样，直至得到各成分的差距均在容许范围为止，但最多不超过 4 对。若某成分的差距达容许值的两倍，则将其所属成对试样的分析结果弃去。最后，用留下的全部数值来计算加权平均百分率。

表 10-6　种子净度分析不同测定之间容许差距（%）

两次分析结果的平均值		不同测定之间容许差距			
		半试样		试样	
50% 以上	50% 以下	无稃壳种子	有稃壳种子	无稃壳种子	有稃壳种子
99.95~100.00	0.00~0.04	0.20	0.23	0.1	0.2
99.90~99.94	0.05~0.09	0.33	0.34	0.2	0.2
99.85~99.89	0.10~0.14	0.40	0.42	0.3	0.3
99.80~99.84	0.15~0.19	0.47	0.49	0.3	0.4
99.75~99.79	0.20~0.24	0.51	0.55	0.4	0.4
99.70~99.74	0.25~0.29	0.55	0.59	0.4	0.4
99.65~99.69	0.30~0.34	0.61	0.65	0.4	0.5
99.60~99.64	0.35~0.39	0.65	0.69	0.5	0.5
99.55~99.59	0.40~0.44	0.68	0.74	0.5	0.5
99.50~99.54	0.45~0.49	0.72	0.76	0.5	0.5
99.40~99.49	0.50~0.59	0.76	0.80	0.5	0.6
99.30~99.39	0.60~0.69	0.83	0.89	0.6	0.6
99.20~99.29	0.70~0.79	0.89	0.95	0.6	0.7
99.10~99.19	0.80~0.89	0.95	1.00	0.7	0.7
99.00~99.09	0.90~0.99	1.00	1.06	0.7	0.8
98.75~98.99	1.00~1.24	1.07	1.15	0.8	0.8
98.50~98.74	1.25~1.49	1.19	1.26	0.7	0.9
98.25~98.49	1.50~1.74	1.29	1.37	0.9	1.0
98.00~98.24	1.75~1.99	1.37	1.47	1.0	1.0
97.75~97.99	2.00~2.24	1.44	1.54	1.0	1.1
97.50~97.74	2.25~2.49	1.53	1.63	1.1	1.2
97.25~97.49	2.50~2.74	1.60	1.70	1.1	1.2
97.00~97.24	2.75~2.99	1.67	1.78	1.2	1.3
96.50~96.99	3.00~3.49	1.77	1.88	1.3	1.3
96.00~96.49	3.50~3.99	1.88	1.99	1.3	1.4
95.50~95.99	4.00~4.49	1.99	2.12	1.4	1.5
95.00~95.49	4.50~4.99	2.09	2.22	1.5	1.6

续表

两次分析结果的平均值		不同测定之间容许差距			
		半试样		试样	
50%以上	50%以下	无稃壳种子	有稃壳种子	无稃壳种子	有稃壳种子
94.00~94.99	5.00~5.99	2.25	2.38	1.6	1.7
93.00~93.99	6.00~6.99	2.43	2.56	1.7	1.8
92.00~92.99	7.00~7.99	2.59	2.73	1.8	1.9
91.00~91.99	8.00~8.99	2.74	2.90	1.9	2.1
90.00~90.99	9.00~9.99	2.88	3.04	2.0	2.2
88.00~89.99	10.00~11.99	3.08	3.25	2.2	2.3
86.00~87.99	12.00~13.99	3.31	3.49	2.3	2.5
84.00~85.99	14.00~15.99	3.52	3.71	2.5	2.6
82.00~83.99	16.00~17.99	3.69	3.90	2.6	2.8
80.00~81.99	18.00~19.99	3.86	4.07	2.7	2.9
78.00~79.99	20.00~21.99	4.00	4.23	2.8	3.0
76.00~77.99	22.00~23.99	4.14	4.37	2.9	3.1
74.00~75.99	24.00~25.99	4.26	4.50	3.0	3.2
72.00~73.99	26.00~27.99	4.37	4.61	3.1	3.3
70.00~71.99	28.00~29.99	4.47	4.71	3.2	3.3
65.00~69.99	30.00~34.99	4.61	4.86	3.3	3.4
60.00~64.99	35.00~39.99	4.77	5.02	3.4	3.6
50.00~59.99	40.00~49.99	4.89	5.16	3.5	3.7

资料来源：GB/T 3543.3—1995《农作物种子检验规程》

注：本表列出的容许差距适用于同一实验室来自相同送验样品的净度分析结果重复间的比较，适用于各种成分。使用时先按两次分析结果的平均值从栏1或栏2中找到对应的行，根据有无种壳类型和半试样或全试样，从栏3或栏4之一行，查出其相应的容许差距

3. 分析两份或两份以上试样的结果计算 如果在某种情况下有必要分析第二份试样时，那么两份试样各成分的实际差距不得超过表 10-6 中所示的容许差距。若所有成分都在容许范围内，则取其平均值；若超过，则再分析一份试样；若分析后的最高值和最低值差异没有大于容许误差两倍时，则填报三者的平均值。如果其中的一次或几次显然是由差错造成的，那么该结果须去除。

4. 含有重型混杂物送验样品净度分析的结果换算

净种子（P_2）：

$$P_2 = P_1 \times \frac{M-m}{M} \times 100\%$$

（10-1）

其他植物种子（OS_2）：

$$OS_2 = OS_1 \times \frac{M-m}{M} + \frac{m_1}{M} \times 100\% \qquad (10\text{-}2)$$

杂质（I_2）：

$$I_2 = I_1 \times \frac{M-m}{M} + \frac{m_2}{M} \times 100\% \qquad (10\text{-}3)$$

式中，M 为送验样品的重量（g）；m 为重型混杂物的重量（g）；m_1 为重型混杂物中的其他植物种子重量（g）；m_2 为重型混杂物中的杂质重量（g）；P_1 为除去重型混杂物后的净种子重量百分率（%）；I_1 为除去重型混杂物后的杂质重量百分率（%）；OS_1 为除去重型混杂物后的其他植物种子重量百分率（%）。

最后应检查 $P_2 + I_2 + OS_2$ 是否为 100.00%。

（五）其他植物种子数目测定

1. 测定方法

1）完全检验　　试验样品不得小于 25 000 粒种子单位的重量或表 10-2 所规定的重量。借助放大镜、筛子和吹风机等器具，按规定逐粒进行分析鉴定，取出试样中所有的其他植物种子，并数出每个种的种子数。当发现有的种子不能准确确定所属种时，允许鉴定到属。

2）有限检验　　有限检验的检验方法同完全检验，但只限于从整个试验样品中找出送验者指定的其他植物种子。如送验者只要求检验是否存在指定的某些种，则发现一粒或数粒种子即可。

3）简化检验　　如果送验者所指定的种难以鉴定时，可采用简化检验。简化检验是用规定试验样品重量的 1/5（最少量）对该种进行鉴定，检验方法同完全检验。

2. 结果计算　　其他植物种子含量用实际测定试样重量中所发现的其他植物种子数表示，但通常折算为样品单位重量（每千克）所含的其他植物种子数，以便于比较。

其他植物种子含量（粒/kg）＝其他植物种子数÷［试验样品重量（g）×1000］　（10-4）

3. 核查容许差距　　当需要判断同一检验站或不同检验站对同一批种子的两个测定结果之间是否有明显差异时，可查其他植物种子计数的容许差距表（表 10-6）。先根据两个测定结果计算出平均数，再按平均数从表 10-6 中找出相应的容许差距。进行比较时，两个样品的重量须大体相等。

四、结果报告

净度分析的结果应保留一位小数，各种成分的百分率总和必须为 100%。成分小于0.05% 的填报为"微量"，如果一种成分的结果为零，须填"0.0"。

当测定某一类杂质或某一种其他植物种子的重量百分率达到或超过 1% 时，该种类应在结果报告单上注明。

进行其他植物种子数目测定时，应将测定种子的实际重量、学名和该重量中找到的各个种的种子数填写在结果报告单上，并注明测定方法。

在净度分析过程中，注意有稃壳种子的构造和种类。有稃壳的种子是由下列构造或成分组成的传播单位：①易于相互粘连或粘在其他物体上（如包装袋、扦样器和分样器）；②可被其他植物种子粘连，反过来也可粘连其他植物种子；③不易被清选、混合或扦样。

如果稃壳构造（包括稃壳杂质）占一个样品的 1/3 或更多，则认为是有稃壳的种子。

在我国《农作物种子检验规程》中，有稃壳种子的种类包括芹属（*Apium*）、花生属（*Arachis*）、燕麦属（*Avena*）、甜菜属（*Beta*）、茼蒿属（*Chrysanthemum*）、薏苡属（*Coix*）、胡萝卜属（*Daucus*）、荞麦属（*Fagopyrum*）、茴香属（*Foeniculum*）、棉属（*Gossypium*）、大麦属（*Hordeum*）、莴苣属（*Lactuca*）、番茄属（*Lycopersicon*）、稻属（*Oryza*）、黍属（*Panicum*）、欧防风属（*Pastinaca*）、欧芹属（*Petroselinum*）、茴芹属（*Pimpinella*）、大黄属（*Rheum*）、鸦葱属（*Scorzonera*）、狗尾草属（*Setaria*）、高粱属（*Sorghum*）、菠菜属（*Spinacia*）。

第五节　种子发芽试验

一、发芽试验的意义

种子发芽力（germinability）是指种子在适宜条件下发芽并长成正常植株的能力，通常用发芽势和发芽率表示。种子发芽势（germination energy）是指种子发芽初期（规定日期内）正常发芽种子数占供试种子数的百分率。种子发芽势高，则表示种子活力强，发芽整齐，出苗一致，增产潜力大。种子发芽率（germination rate）是指在发芽试验终期（规定日期内）全部正常发芽种子数占供试种子数的百分率。种子发芽率高，则表示有生活力种子多，播种后出苗数多。

种子收购时做好发芽试验，可正确地进行种子分级和定价；种子贮藏期间做好发芽试验，可掌握贮藏期间种子发芽率的变化情况，方便及时改进贮藏条件，确保种子安全贮藏；调种前做好发芽试验，可防止盲目调运发芽率低的种子，节约人力和财力；播种前做好发芽试验，可以选用发芽率高的种子播种，保证齐苗、壮苗和密度，防止浪费种子，确保播种成功。此外，种子发芽率也是计算种子用价的重要指标，做好发芽试验，以便正确计算种子用价和实际的播用种量。因此，种子发芽试验对种子经营和农业生产具有极为重要的意义。

二、发芽试验设备和用品

为了取得正确的发芽试验结果，必须选用各种先进和标准的发芽设备，包括发芽箱（germination box）、发芽室（germination room）、数种设备（seed counting apparatus）、发芽床（germination medium）和发芽容器（germination container）等，以满足种子发芽的各种条件，保证测得正确的发芽力。

三、发芽试验方法

（一）选用发芽床和调节适合湿度

常用的发芽床包括纸上（TP）、纸间（BP）、砂上（TS）和砂床（S）4种。按各种作物种子发芽技术规定，选用其中最适合的发芽床（表10-7）。如水稻种子，可用纸上、纸间、砂床3种发芽床。一般非休眠种子可用纸上或纸间作发芽床，但活力较低的种子以砂床作发芽床的效果为好。

表 10-7　农作物种子发芽技术规定

种（变种）名	发芽床	温度 /℃	初次计数天数	末次计数天数	附加说明，包括破除休眠的建议
农作物					
花生	BP；S	20～30；25	5	10	去壳；预先加热（40℃）
高粱	TP；BP	20～30；25	4	10	预先冷冻
粟	TP；BP	20～30	4	10	
黍（糜子）	TP；BP	20～30；25	3	7	
苦荞	TP；BP	20～30；20	4	7	
紫云英	TP；BP	20	6	12	机械擦伤种皮
燕麦	BP	20	5	10	预先加热（30～35℃）；预先冷冻；GA₃
甜菜	TP；BP；S	20～30；15～25；20	4	14	预先洗涤（复胚 2 h，单胚 4 h），再在25℃下干燥后发芽
油菜	TP	15～25；20	5	7	预先冷冻
黄麻	TP；BP	30	3	5	
荞麦	TP；BP	20～30；20	4	7	
大豆	BP；S	20～30；25	5	8	
小黑麦	TP；BP；S	20	4	8	预先冷冻；GA₃
棉花	BP；S	20～30；25	4	12	
向日葵	BP；S	20～30；25；20	4	10	预先加热；预先冷冻
大麦	BP；S	20	4	7	预先加热（30～35℃）；预先冷冻；GA₃
烟草	TP	20～30	7	16	KNO₃
稻	TP；BP；S	20～30；30	5	14	预先加热（50℃）；在水中或 HNO₃ 中浸24 h
普通小麦	TP；BP；S	20	4	8	预先加热（30～35℃）；预先冷冻；GA₃
玉米	BP；S	20～30；25；20	4	7	
蔬菜					
洋葱	TP；BP；S	20；15	6	12	预先冷冻
葱	TP；BP；S	20；15	6	12	预先冷冻
韭菜	TP	20～30；20	6	14	预先冷冻
苋菜	TP	20～30；20	4～5	14	预先冷冻；KNO₃
芹菜	TP	15～25；20；15	10	21	预先冷冻；KNO₃
冬瓜	TP；BP	20～30；30	7	14	
芥菜	TP	15～25；20	5	10	预先冷冻；KNO₃
甘蓝	TP	15～25；20	5	10	预先冷冻；KNO₃
花椰菜	TP	15～25；20	5	10	预先冷冻；KNO₃
辣椒属	TP；BP	20～30；30	7	14	KNO₃
西瓜	BP；S	20～30；25	5	14	
甜瓜	BP；S	20～30；25	4	8	

种（变种）名	发芽床	温度 /℃	初次计数天数	末次计数天数	附加说明，包括破除休眠的建议
黄瓜	TP；BP；S	20~30；25	4	8	
南瓜	BP；S	20~30；25	4	8	
西葫芦	BP；S	20~30；25	4	8	
番茄	TP；BP	20~30	5	14	KNO₃
萝卜	TP；BP	20~30；20	4	10	预先冷冻
胡萝卜	TP；BP	20~30；20	7	14	
茼蒿	TP；BP	20~30；15	4~7	21	预先加热（40℃，4~6h）；预先冷冻；光照
菠菜	TP；BP	15；10	7	21	预先冷冻
茄	TP；BP	20~30	7	14	
长豇豆	BP；S	20~30；25	5	8	
牧草					
冰草	TP	20~30；15~25	5	14	预先冷冻；KNO₃
草原看麦娘	TP	20~30；15~25；10~30	7	14	预先冷冻；KNO₃
羊草	TP	15~25；20~30	6	20	预先冷冻；KNO₃
黄花茅	TP	20~30	6	14	
扁穗雀麦	TP	20~30	7	28	预先冷冻；KNO₃
无芒雀麦	TP	20~30；15~25	7	14	预先冷冻；KNO₃
鹰嘴豆	BP；S	20~30；20	5	8	
羊茅	TP	20~30；15~25	7	21	预先冷冻；KNO₃
黑麦草	TP	20~30；20	5	14	预先冷冻；KNO₃
紫苜蓿	TP；BP	20	4	10	预先冷冻
毛花雀稗	TP	20~35	7	28	KNO₃；光照
草地早熟禾	TP	20~30；15~25	10	28	预先冷冻；KNO₃
普通早熟禾	TP	20~30；15~25	7	21	预先冷冻；KNO₃
结缕草	TP	20~35	10	28	KNO₃
毛叶苕子	BP；S	20	5	14	预先冷冻

资料来源：GB/T 3543.4—1995

在选好发芽床后，按不同种类种子和发芽床的特性，调节到其适合湿度。

（二）置床前破除休眠处理

按表 10-7 破除休眠的建议，如花生果应先剥壳，预先加热处理；稻属种子经预先加热或硝酸浸种处理等，然后数种置床发芽。破除种子休眠的详细方法见第五章。

（三）数取试样和置床及粘放标签

1. 试样的来源和数量　　从经充分混合的净种子中，用数种设备或手工随机数取 400

粒。通常以 100 粒为一次重复，大粒种子或带有病原菌的种子，可以再分为 50 粒，甚至 25 粒为一副重复。

复胚种子单位可视为单粒种子进行试验，不需弄破（分开），但芫荽例外。

2. 置床的要求和方法 置床的要求是种子试样均匀分布在发芽床上，每粒种子之间留有种子直径 5 倍以上的间距，以防止发霉种子的互相感染和保持足够的生长空间，并且每粒种子应良好接触水分，使发芽一致。置床方法最好采用适合的活动数种板和真空数种器，以提高功效和满足发芽要求。

3. 粘放标签 在发芽皿或其他容器底盘的侧面贴上或内侧放上标签，注明置床日期、样品编号、品种名称及重复次数等，然后盖好容器盖子或套一薄膜塑料袋。

（四）置床后破除休眠处理

按表 10-7 说明，有些种类种子（葱属）按上述方法进行预先冷冻处理，然后移置规定条件发芽培养。

（五）发芽培养和管理检查

按表 10-7 规定的发芽条件，选择适宜的温度，如洋葱有 20℃、15℃；芹菜有 15～25℃、20℃、15℃；稻属有 20～30℃、30℃等，虽然几种温度同样有效，但一般来说，新鲜有休眠种子选用其中的变温或较低恒温发芽较为有利。

在种子发芽期间，应进行适当的检查管理，以保持适宜的发芽条件。发芽床应始终保持湿润，切忌断水，水分也不能过多或过干，以保持适宜的发芽水分。温度应保持在所需温度的 ±1℃范围内，防止因控温部件失灵、断电、电器损坏等意外事故。当发霉种子超过 5% 时，应调换发芽床，以避免霉菌传播；如发现腐烂死亡种子，应将其除去并记录。还应注意氧气的供应情况，避免因缺氧而影响正常发芽。

（六）试验持续时间和观察记载

1. 试验持续时间 每个种的试验持续时间详见表 10-7。试验前或试验间用于破除休眠处理所需时间不作为发芽试验时间的一部分。

如果样品在规定试验时间内只有几粒种子开始发芽，则试验时间可延长 7 天或规定时间的一半。根据试验情况，可增加计数的次数。反之，如果在规定试验时间结束前，样品已达到最高发芽率，则该试验可提前结束。

2. 幼苗鉴定和观察计数 每株幼苗都必须按规定的标准进行鉴定。鉴定要在主要构造已发育到一定时期进行。根据种的不同，试验中绝大部分幼苗应达到：子叶从种皮中伸出（如莴苣属）、初生叶展开（如菜豆属）、叶片从胚芽鞘中伸出（如小麦属）。尽管一些种如胡萝卜属在试验末期并非所有幼苗的子叶都从种皮中伸出，但至少在末次计数时，可以清楚地看到子叶基部的"颈"。

在初次计数时，应把发育良好的正常幼苗从发芽床中拣出，对可疑的或损伤、畸形或不均衡的幼苗，通常留到末次计数。严重腐烂的幼苗或发霉的种子应从发芽床中除去，并随时增加计数。

末次计数时，按正常幼苗、不正常幼苗、新鲜不发芽种子、硬实和死种子分类计数和记录。

（七）重新试验

当试验出现下列情况时，应重新试验。

（1）怀疑种子在休眠（有较多的新鲜不发芽种子），可采用破除休眠的方法进行试验，将得到的最佳结果填报，应注明所用的方法。

（2）由于真菌或细菌的生长蔓延而使试验结果不一定可靠时，可采用砂床或土壤进行试验。如有必要，应增加种子之间的距离。

（3）当正确鉴定幼苗数有困难时，可采用表 10-7 中规定的一种或几种方法在砂床或土壤上进行重新试验。

（4）当发现试验条件、幼苗鉴定或计数有差错时，应采用同样方法进行重新试验。

（5）当 100 粒种子重复间的差距超过表 10-8 最大容许差距时，应采用同样的方法进行重新试验。如果第二次结果与第一次结果相一致，即其差异不超过表 10-9 中所示的容许差距，则将两次试验的平均数填报在结果单上。如果第二次结果与第一次结果不相符合，其差异超过表 10-9 所示的容许差距，则采用同样的方法进行第三次试验，填报符合要求的结果平均数。

表 10-8　同一发芽试验 4 次重复间的最大容许差距（2.5% 显著水平的两尾测定）（%）

平均发芽率		最大容许差距	平均发芽率		最大容许差距
50% 以上	50% 以下		50% 以上	50% 以下	
99	2	5	87~88	13~14	13
98	3	6	84~86	15~17	14
97	4	7	81~83	18~20	15
96	5	8	78~80	21~23	16
95	6	9	73~77	24~28	17
93~94	7~8	10	67~72	29~34	18
91~92	9~10	11	56~66	35~45	19
89~90	11~12	12	51~55	46~50	20

注：本表指明重复之间容许的发芽率最大范围（最高与最低值之间的差异），允许有 0.025 概率的随机取样偏差。欲找出最大容许范围，需先求出 4 次重复的平均百分率至最接近的整数，如有必要可以将发芽箱中靠近放置培养的 50 粒或 25 粒的几个副重复合并成 100 粒的重复。从栏 1 或栏 2 中找到平均值的对应行，即可从栏 3 的对应处读出最大容许范围

表 10-9　同一或不同实验室来自相同或不同送验样品间发芽试验一致性的容许差距（2.5% 显著水平的两尾测定）（%）

平均发芽率		最大容许差距	平均发芽率		最大容许差距
50% 以上	50% 以下		50% 以上	50% 以下	
98~99	2~3	2	77~84	17~24	6
95~97	4~6	3	60~76	25~41	7
91~94	7~10	4	51~59	42~50	8
85~90	11~16	5			

注：本表列出的容许差距适用于正常幼苗、非正常幼苗、死种子、硬实及它们之间任何组合的百分率。发芽试验是用相同或不同送验样品在同一或不同实验室中进行的。为确定两次检验是否一致，需求出它们最接近整数的平均百分率，然后从此表的栏 1 或栏 2 中找到该值的对应行。如果两次检验结果间的差异未超过栏 3 中相应容许值，那就表明这些试验结果是一致的

（八）结果计算和表示

试验结果以粒数的百分率表示。当一个试验的 4 次重复（每个重复以 100 粒计，相邻的副重复合并成 100 粒的重复）正常幼苗百分率都在最大容许差距内（表 10-8），则其平均数表示发芽百分率。不正常幼苗、硬实、新鲜不发芽种子的百分率按 4 次重复平均数计算。正常幼苗、不正常幼苗和未发芽种子百分率的总和必须为 100%。

修约规则：将各类型的平均百分率修约至最近似的整数，0.5 修约进入最大值（一般为正常幼苗百分率）。如果其总和不是 100，则执行下列程序：在不正常幼苗、硬实、新鲜不发芽种子和死种子中，首先找出百分率中小数部分最大者，修约此数至最大整数，并作为最终结果，然后计算其余成分百分率的整数，获得其总和，如果总和为 100，修约程序到此结束，如果不是 100，重复此程序；如果小数部分相同，优先次序为不正常幼苗、硬实、新鲜不发芽种子和死种子。

（九）结果报告

填报结果时，需填报正常幼苗、不正常幼苗、硬实、新鲜不发芽种子和死种子的百分率。假如其中任何一项结果为零，则将符号"0"填入该格中。同时，还须填报采用的发芽床和温度、试验持续时间及为促进发芽所采用的处理方法。

第六节　真实性和品种纯度鉴定

一、真实性和品种纯度鉴定方法

鉴定品种真实性和纯度有田间检验、室内鉴定及田间小区种植鉴定 3 种方法。田间检验是在种子田作物生长期间以分析品种纯度为主，凡符合田间标准的种子田准予收获。这是控制种或品种真实性与纯度最基本、最有效的环节。虽然田间品种纯度符合规定要求，但在收获、脱粒、加工和贮藏过程中，其他作物或同种作物不同品种的机械混杂或人为混杂是难免的。因此，尚需进行室内种子真实性和纯度检测。

室内鉴定通常是指实验室鉴定。在国际种子检验规程和我国农作物种子检验规程中，室内鉴定包括种子形态鉴定、快速鉴定（物理和化学鉴定）、幼苗鉴定和蛋白质电泳鉴定等方法。此外，DNA 分子标记、高效液相色谱法、种子荧光扫描法、免疫血清等技术也有用于品种鉴定的研究。

田间小区种植鉴定是最为可靠、正确的真实性和品种纯度鉴定的方法。它适用于国际贸易及省（自治区、直辖市）间的仲裁检验，并作为赔偿损失的依据。因为进行品种纯度室内鉴定时，虽然有多种方法，但往往难以准确鉴定。在田间小区鉴定时，可以根据植株在生育期间的各种特征、特性将不同品种加以鉴别。这里介绍室内鉴定和田间小区种植鉴定方法。

二、室内鉴定

各种实验室鉴定方法在准确性、经济性和可操作性等方面均有不同程度的差异，可根据实际检验目的和要求选择合适的技术方法。总的原则应是简单、易行、经济、准确而快速地鉴别不同作物品种。品种纯度测定的送验样品的最小重量应符合表 10-10 的规定。

表 10-10 品种纯度测定的送验样品最小重量（g）

种类	限于实验室测定	实验室及田间小区测定
豌豆属、菜豆属、蚕豆属、玉米属、大豆属及种子大小类似的其他属	1 000	2 000
水稻属、大麦属、燕麦属、小麦属、黑麦属及种子大小类似的其他属	500	1 000
甜菜属及种子大小类似的其他属	250	500
所有其他属	100	250

（一）种子形态特征鉴定

1. 鉴定方法 随机从送验样品中数取 400 粒种子，鉴定时需设重复，每个重复不超过 100 粒种子。根据种子的形态特征，必要时可借助放大镜等进行逐粒观察，必须备有标准样品或鉴定图片和有关资料。鉴定时，对种子进行逐粒仔细观察鉴定，区分出本品种和异品种种子，计数，并按下列公式计算品种纯度百分率。

品种纯度＝[（供检种子数－异品种种子数）÷供检种子数]×100% （10-5）

2. 查对容许差距 良种的品种纯度是否达到国家标准中种子质量标准、合同和标签规定的纯度要求可利用表 10-11 进行容许差距判别。

表 10-11 品种纯度的容许差距（5% 显著水平的一尾测定）（%）

标准规定值		样本株数、苗数或种子粒数							
50% 以上	50% 以下	50	75	100	150	200	400	600	1 000
100	0	0	0	0	0	0	0	0	0
99	1	2.3	1.9	1.6	1.3	1.2	0.8	0.7	0.5
98	2	3.3	2.7	2.3	1.9	1.6	1.2	0.9	0.7
97	3	4.0	3.3	2.8	2.3	2.0	1.4	1.2	0.9
96	4	4.6	3.7	3.2	2.6	2.3	1.6	1.3	1.0
95	5	5.1	4.2	3.6	2.9	2.5	1.8	1.5	1.1
94	6	5.5	4.5	3.9	3.2	2.8	2.0	1.6	1.2
93	7	6.0	4.9	4.2	3.4	3.0	2.1	1.7	1.3
92	8	6.3	5.2	4.5	3.7	3.2	2.2	1.8	1.4
91	9	6.7	5.5	4.7	3.9	3.3	2.4	1.9	1.5
90	10	7.0	5.7	5.0	4.0	3.5	2.5	2.0	1.6
89	11	7.3	6.0	5.2	4.2	3.7	2.6	2.1	1.7
88	12	7.6	6.2	5.4	4.5	3.9	2.8	2.3	1.8
87	13	7.9	6.4	5.5	4.5	3.9	2.8	2.3	1.8
86	14	8.1	6.6	5.7	4.7	4.0	2.9	2.3	1.8
85	15	8.3	6.8	5.9	4.8	4.2	3.0	2.4	1.9
84	16	8.6	7.0	6.1	4.9	4.3	3.0	2.5	1.9

续表

标准规定值		样本株数、苗数或种子粒数							
50% 以上	50% 以下	50	75	100	150	200	400	600	1 000
83	17	8.8	7.2	6.2	5.1	4.4	3.1	2.5	2.0
82	18	9.0	7.3	6.3	5.2	4.5	3.2	2.6	2.0
81	19	9.2	7.5	6.5	5.3	4.6	3.2	2.6	2.1
80	20	9.3	7.6	6.6	5.4	4.7	3.3	2.7	2.1
79	21	9.5	7.8	6.7	5.5	4.8	3.4	2.7	2.1
78	22	9.7	7.9	6.8	5.6	4.8	3.4	2.8	2.2
77	23	9.8	8.0	7.0	5.7	4.9	3.5	2.8	2.2
76	24	10.0	8.1	7.1	5.8	5.0	3.5	2.9	2.2
75	25	10.1	8.3	7.1	5.8	5.1	3.6	2.9	2.3
74	26	10.2	8.4	7.2	5.9	5.1	3.6	3.0	2.3
73	27	10.4	8.5	7.3	6.0	5.2	3.7	3.0	2.3
72	28	10.5	8.6	7.4	6.1	5.2	3.7	3.0	2.3
71	29	10.6	8.7	7.5	6.1	5.3	3.8	3.1	2.4
70	30	10.7	8.7	7.6	6.2	5.4	3.8	3.1	2.4
69	31	10.8	8.8	7.6	6.2	5.4	3.8	3.1	2.4
68	32	10.9	8.9	7.7	6.3	5.5	3.8	3.2	2.4
67	33	11.0	9.0	7.8	6.3	5.5	3.9	3.2	2.5
66	34	11.1	9.0	7.8	6.4	5.5	3.9	3.2	2.5
65	35	11.1	9.1	7.9	6.4	5.6	3.9	3.2	2.5
64	36	11.2	9.1	7.9	6.5	5.6	4.0	3.2	2.5
63	37	11.3	9.2	8.0	6.5	5.6	4.0	3.3	2.5
62	38	11.3	9.2	8.0	6.5	5.7	4.0	3.3	2.5
61	39	11.4	9.3	8.1	6.6	5.7	4.0	3.3	2.5
60	40	11.4	9.3	8.1	6.6	5.7	4.0	3.3	2.6
59	41	11.5	9.4	8.1	6.6	5.7	4.1	3.3	2.6
58	42	11.5	9.4	8.2	6.7	5.8	4.1	3.3	2.6
57	43	11.6	9.4	8.2	6.7	5.8	4.1	3.3	2.6
56	44	11.6	9.5	8.2	6.7	5.8	4.1	3.4	2.6
55	45	11.6	9.5	8.2	6.7	5.8	4.1	3.4	2.6
54	46	11.6	9.5	8.2	6.7	5.8	4.1	3.4	2.6
53	47	11.6	9.5	8.2	6.7	5.8	4.1	3.4	2.6
52	48	11.7	9.5	8.3	6.7	5.8	4.1	3.4	2.6
51	49	11.7	9.5	8.3	6.7	5.8	4.1	3.4	2.6
50	50	11.7	9.5	8.3	6.7	5.8	4.1	3.4	2.6

（二）快速鉴定

目前国际上通常把化学鉴定和物理鉴定合称为快速鉴定。

1. 化学鉴定　　该法主要根据不同品种皮壳成分和化学物质的差异，而对不同化学试剂反应显色的差异来鉴定品种。

1）苯酚染色法　　苯酚又名石炭酸，其染色的原理是单酚、双酚、多酚在酚酶的作用下氧化成为黑素（$C_{77}H_{98}O_{55}N_{14}S$）。由于每个品种皮壳内酚酶活性不同，将苯酚氧化呈现深浅不同的褐色。该法主要适用于小麦、水稻和牧草。此法已列入 ISTA 品种鉴定手册。

国际种子检验规程采用的小麦苯酚染色法为：取试样 2 份，各 100 粒，浸于清水中24 h，取出置于 1% 苯酚湿润的滤纸上，经 4 h（室温），鉴定种子染色深浅。通常分 5 级：不染色、淡褐色、褐色、深褐色、黑色。将与基本颜色不同的种子作为异品种，计算品种纯度。另外一种快速的方法是将小麦种子在 1% 苯酚液中浸泡 15 min，倒去药液，将种子腹沟向下置于苯酚湿润过的纸间，盖上培养皿盖，置 30～40℃培养箱 1～2 h，根据染色深浅进行鉴定。

水稻取试样 2 份，各 100 粒，先浸于清水中 6 h，倒去清水，注入 1% 苯酚溶液，浸 12 h，取出用清水冲洗，放在吸水纸上经 24 h，鉴定种子染色程度。谷粒染色分 5 级：不染色、淡茶褐色、茶褐色、深茶褐色、黑色。此法可以鉴别籼粳稻，一般籼稻染色深，粳稻不染色或染成浅色。本法实际上还可用于鉴定品种，因籼、粳型不同品种染色均有深浅之分。但有一点可以肯定，凡不染色者均属粳稻。

2）愈创木酚法　　愈创木酚（$C_7H_8O_2$）法的原理是大豆种皮内具有过氧化物酶，能使过氧化氢分解而放出氧，使愈创木酚氧化而产生红棕色的 4-邻甲氧基酚，由于不同品种过氧化物酶的活性不同，溶液颜色也有深浅之分。鉴定方法：取大豆种子 2 份，各 50 粒，剥下每粒种皮，分别放入小试管内，加入蒸馏水 2 mL，于 30℃浸种 1 h 使酶活化，然后滴入0.5% 的愈创木酚 10 滴，经 10 min，加 0.1% 的过氧化氢 1 滴，经数秒后溶液即呈现颜色，立即鉴定。溶液可分无色、淡红色、橘红色、深红色、棕红等不同等级，可根据不同颜色鉴别品种，并计算纯度百分率。

3）碱液（NaOH 或 KOH）处理　　该方法可用于十字花科种子真实性鉴定。取试样2 份，各 100 粒，将每粒种子放入直径为 8 mm 的小试管中，每管加入 10% NaOH 3 滴，于25～28℃放置 2 h，然后取出鉴定浸出液颜色，如结球甘蓝为樱桃色，花椰菜为樱桃至玫瑰色，抱子甘蓝、皱叶甘蓝为浓茶色，油菜、芥菜、芸薹为浅黄色，芜菁为淡黄至白色，饲用芜菁为淡绿色。

2. 物理鉴定　　目前应用较广泛的物理鉴定法是荧光分析法。其原理是根据不同品种种子和幼苗含有荧光物质的差异，利用紫外线照射物体后有激发光的现象，将不可见的短光波转变为可见的长光波。由于光的持久性不同可分成两种类型：一种称荧光现象，紫外线连续照射后物体能发光，当停止照射时，被激发的光也随之停止；另一种称磷光现象，当紫外线停止照射后，激发生成的光在或长或短时期内可继续发光。这里主要应用荧光法鉴定品种。因不同品种和类型的种子，其种皮结构和化学成分不同，在紫外线照射下发出的荧光也不同。鉴定的方法有两种。

1）种子鉴定法　　取试样 4 份，各 100 粒，分别排列在黑纸上，放于波长为 365 nm 的紫外分析灯下照射，试样距灯泡最好为 10～15 cm。照射数分钟后即可观察，根据发出的荧光鉴别品种或类型。例如，蔬菜豌豆发出淡蓝色或粉红色荧光，谷实豌豆发褐色荧光；白皮燕麦发淡蓝色荧光，黄皮燕麦发暗色或褐色荧光；无根茎冰草发淡蓝色荧光，伏枝凉草（有害杂草）发褐色荧光。十字花科不同种发出的荧光不同：白菜为绿色，萝卜为浅蓝绿色，白芥为鲜红色，黑芥为深蓝色，田芥为鲜蓝色。

2）幼苗鉴定法　　该方法在国际上主要用于黑麦草与多花黑麦草的鉴别。取试样 2 份，各 100 粒，置于无荧光的白色滤纸上发芽，粒与粒之间保持一定距离，于 20℃恒温或 20～30℃变温培养。黑暗或漫射光，发芽床保持湿润，经 14 天即可鉴定。将培养皿移到紫外灯下照射，黑麦草根迹不发光，多花黑麦草根迹发蓝色荧光。羊茅与紫羊茅也可用同样的方法进行鉴定。但幼苗鉴定前发芽床上先用稀氨液喷雾，然后置于紫外灯下照射，羊茅的根发蓝绿色荧光，而紫羊茅则发黄绿色荧光。

（三）幼苗形态鉴定

在温室或培养箱中，提供植株能加速发育的条件（类似田间小区鉴定，只是所需时间较短），当幼苗达到适宜评价的发育阶段时，对全部或部分幼苗进行鉴定；另一种途径是让植株生长在特殊的逆境条件下，通过测定不同品种对逆境的不同反应来鉴别。

1. 利用幼苗胚芽鞘颜色等标记性状鉴别真假杂种　　利用双亲和一代杂种在苗期表现的某些植物学性状（如幼苗胚芽鞘颜色），在苗期可以准确地鉴别出杂种和亲本苗（假杂种），这种容易目测的性状称为"标记性状"或"指示性状"。利用该法可鉴别真假杂种，母本带有苗期隐性性状，而父本带有相应的显性性状，这样杂交所得的杂种表现显性方可与其母本区别。同时该性状还不易受环境条件影响，最好是由一对基因控制的质量性状，如果是数量性状则双亲差异应该明显。

2. 根据子叶与第一真叶形态鉴定　　十字花科的种或变种在子叶期根据子叶大小、形状、颜色、厚度、光泽、茸毛等性状鉴别。第一真叶期根据第一真叶形状、大小、颜色、光泽、茸毛、叶脉宽狭及颜色、叶缘特性鉴别。也可通过控制环境条件，诱导幼苗显现出品种之间遗传特性的差异。

鉴定方法：取试样 4 份，各 100 粒，将种子播于水分适宜的砂盘内，粒距 1 cm，于 20～25℃培养，出苗后置于有充足阳光的室内培养，发芽 7 天后鉴定子叶性状。10～12 天鉴定真叶未展开时性状。15～20 天鉴定第一真叶性状。

3. 玉米幼苗形态鉴定　　根据杂种优势原理和质量性状遗传理论，将被检验种子放入恒温（30℃）发芽，观察测定种苗的生长势和质量性状，以鉴定种子纯度。在已知品种前提下区别自交系与杂种较为可靠。

（四）蛋白质电泳鉴定

由于个体或群体间蛋白质成分的差异，电泳方法提供了一种进行蛋白质比较的绝好方法，对品种鉴定是非常有用的。另一种类似的方法是采用特殊染色剂揭示某种酶的多种分子形式（同工酶）。因此，在大多数作物中不难找到适宜的种子蛋白质或同工酶标记，以用于作物品种鉴定。目前常用的几种鉴定作物品种的蛋白质电泳方法如下。

国际种子检验规程中规定了鉴定小麦和大麦品种醇溶蛋白聚丙烯酰胺凝胶电泳标准参照程序、鉴定豌豆属和黑麦草属的 SDS-聚丙烯酰胺凝胶电泳标准参照方法、超薄层等电聚焦电泳测定杂交玉米和种子纯度的标准参照方法等，在全世界推广应用。

国际植物新品种保护联盟将分析小麦高分子质量麦谷蛋白的 SDS-聚丙烯酰胺凝胶电泳方法、分析大麦醇溶蛋白 SDS-聚丙烯酰胺凝胶电泳方法、分析大麦 B-醇溶蛋白和 C-醇溶蛋白的酸性聚丙烯酰胺凝胶电泳方法及分析玉米同工酶的淀粉凝胶电泳方法列入 DUS［特异性（distinctness）、一致性（uniformity）和稳定性（stability）］检测应用。

我国 GB/T 3543.1—1995～GB/T 3543.7—1995《农作物种子检验规程》中已将 ISTA 规程的鉴定小麦和大麦品种的聚丙烯酰胺凝胶电泳标准参照方法列入应用。目前，我国各地常用品种鉴定的电泳方法有：玉米种子盐溶蛋白聚丙烯酰胺凝胶电泳、西瓜种子的 SDS-聚丙烯酰胺凝胶电泳、水稻和蔬菜幼苗的等电聚焦电泳、水稻和玉米的同工酶电泳鉴定等。

（五）DNA 分子标记指纹图谱鉴定

分子标记技术直接反映 DNA 水平上的差异，因而成为当今最先进的遗传标记系统。DNA 指纹图谱技术主要有限制性片段长度多态性（restriction fragment length polymorphism，RFLP）、随机扩增多态性 DNA（random amplified polymorphic DNA，RAPD）、扩增片段长度多态性（amplified fragment length polymorphism，AFLP）、小卫星 DNA（minisatellite DNA）、微卫星 DNA（microsatellite DNA）、简单序列重复（simple sequence repeat，SSR）和简单重复序列间区标记（inter-simple sequence repeat，ISSR）等。

电泳结束后，常采用紫外线下的荧光法观察 DNA 区带。因而在凝胶中必须加入荧光染料，常用的荧光染料为溴化乙锭，它用量少、染色方法简便，只要在凝胶中滴入微量的溴化乙锭，就可插入核酸的碱基对之间在紫外线照射下发出橙色荧光。但溴化乙锭浓度过高，DNA 刚性增加，迁移率下降，一般凝胶中溴化乙锭以 0.1～0.5 μg/mL 为宜。最后，通过拍照获得分子标记图谱，作为品种鉴定之用。

三、田间小区种植鉴定

1. 标准样品的作用和要求　为了鉴定品种真实性，应在鉴定的各个阶段与标准样品进行比较。标准样品应代表品种原有的特征特性，最好是育种家种子。标准样品的数量应足够多，以便能持续使用多年，并在低温干燥条件下贮藏，更换时最好从育种家处获取。

2. 土地选择、种植密度和栽培管理措施　为使品种特征特性充分表现，试验的设计和布局上要选择气候环境条件适宜的、土壤均匀、肥力一致、前茬无同类作物和杂草的田块，并有适宜的栽培管理措施。行间及株间应有足够的距离，大株作物可适当增加行株距，必要时可用点播和点栽。

3. 鉴定种植株数　为了测定品种纯度百分率，试验设计的种植株数要根据国家标准种子质量标准的要求而定。一般来说，若品种纯度标准为 $X=(N-1)\times100\%/N$（N 为鉴定株数），种植株数 $4N$ 即可获得满意结果，如标准规定纯度为 98%，即 N 为 50，种植 200 株即可达到要求。

4. 鉴定时期　许多品种在幼苗期就有可能鉴别出品种真实性和纯度，但成熟期（常规种）、花期（杂交种）和食用器官成熟期（蔬菜种）是品种特征特性表现时期，必须进行鉴定。

5. 观察鉴定　检验员应拥有丰富的经验，熟悉被检品种的特征特性，能正确识别植株是属于本品种还是变异株。变异株应是遗传变异，而不是受环境影响所引起的变异。

6. 结果计算和表示 将所鉴定的本品种、异品种、异作物和杂草等均以所鉴定植株的百分率表示。

7. 品种合格和淘汰的评判 国家标准种子质量标准规定纯度要求很高的种子，如育种家种子、原种，可利用淘汰值（reject）决定其是否符合要求。淘汰值是在考虑种子生产者利益和有较少可能判定失误的基础上，把在一个样本内以观察到的变异株数与质量标准比较，决定接受符合要求的种子批或淘汰该种子批，其可靠程度与样本大小密切相关（表 10-12）。

表 10-12 符合 99.9% 标准接收含有变异株种子批的可靠程度

样本大小/株数	淘汰值	接收种子批的可靠程度 /%		
		1.5/1 000*	2/1 000*	3/1 000*
1 000	4	93	85	65
4 000	9	85	59	16
8 000	14	68	27	1
12 000	19	56	13	0.1

* 是指每 1000 株中所实测到的变异株

不同规定标准与不同样本大小的淘汰值见表 10-13，如果变异株大于或等于规定的淘汰值，就应淘汰该种子批。

表 10-13 不同规定标准与不同样本大小的淘汰值（0.05% 显著水平）

规定标准 /%	不同样本（株数）大小的淘汰值						
	4 000	2 000	1 400	1 000	400	300	200
99.9	9	6	5	4	—	—	—
99.7	19	11	9	7	4	—	—
99.0	52	29	21	16	9	7	6

注：—表示样本的数目太少

淘汰值 R 可按下列公式进行计算。

$$R = x + 1.65\sqrt{x} + 0.8 + 1 \tag{10-6}$$

式中，x 为杂株数，计算时舍去小数。

8. 结果报告 田间小区种植鉴定结果除品种纯度外，还可能填报发现的异作物、杂草和其他栽培品种的百分率。

第七节 种子水分测定

一、种子水分测定的重要性

种子水分含量高低直接关系到安全的种子包装贮藏、运输，对保持种子生活力和活力具有十分重要的意义。种子研究和生产实际经验表明，种子水分与种子成熟度、收获的最佳时间、安全包装、人工干燥的合理性、人为和自然伤害（热伤、霜冻、病虫为害）、机械损伤等因素有密切的关系，所以测定并控制种子水分是保证种子质量的重要条件。

种子水分用按规定程序把种子样品烘干所失去的重量占供检样品原始重量的百分率表示。通常用湿重为基数的水分百分率来表示。

$$种子水分 = \frac{试样烘前重（g）-试样烘后重（g）}{试样烘前重（g）} \times 100\% \tag{10-7}$$

本节主要介绍我国《农作物种子检验规程》中的种子水分测定的标准方法和电子水分仪速测法。

二、种子水分测定的标准方法

国际种子检验规程和我国《农作物种子检验规程》规定的种子水分测定方法为恒温烘箱的种子样品烘干减重法，包括低恒温烘干法、高恒温烘干法和高水分预先烘干法 3 种测定方法。

（一）水分测定仪器设备

测定种子水分通常需配下列仪器设备。

（1）恒温烘箱：可选用机械对流（强制通风）的电热干燥箱。由恒温调节器或导电表（继电器）控制，绝缘性良好，使整个烘箱内各部分温度保持均匀一致，并使烘架平面上保持规定的温度。烘箱温度控制在 0~200℃或 50~200℃。

（2）粉碎（磨粉）机：需用不吸湿的材料制成；其构造要成为密闭系统，以使待磨碎的种子和后来的磨碎样品在磨碎过程中尽最大可能地避免受室内空气的影响；磨碎速度要均匀，不致因转速太快使磨碎成分发热；空气对流会引起水分丧失，应降低其最低限度；磨粉机需备有孔径为 0.5 mm、1.0 mm、4.0 mm 的金属丝筛子。

（3）干燥器和干燥剂：干燥器主要用于样品烘干后冷却，防止回潮，以免影响测定结果的准确性。目前我国广泛使用的干燥剂为变色硅胶，吸湿后由蓝色变成粉红色，可用 130℃加热除湿复原重用。

（4）天平：采用电子天平，精确度达 0.001 g。

（5）其他用具：样品盒由金属（常用铝盒）制成，并有一个合适的紧凑盖子，可使水分的吸收和散发降到最低限度。盒子基部边缘呈弧形，底部平坦，沿口水平。所用样品盒，要求试样样品在盒内的分布每平方厘米不超过 0.3 g（建议铝盒规格为直径 55 mm，高度 15 mm）。盒与盖应当标明相同的号码。使用之前，把样品盒预先烘干（130℃，1 h），并放在干燥器中冷却（为了检验是否达到恒重，有人建议重复两次，两次重复的重量相差不超过 0.002 g）。其他的还有玻璃瓶、匙、坩埚钳、手套、标签等。

（二）预防要求

由于自由水易受外界环境条件的影响，应采取一些措施尽量防止水分的丧失。例如，送验样品必须装在防湿容器中，并尽可能排除其中的空气；样品接收后立即测定；测定过程中的取样、磨碎和称重须操作迅速，避免磨碎蒸发等。磨碎种子的这一过程所需的时间不得超过 2 min。

（三）测定程序

1. 低恒温烘干法

1）适用种类　　葱属、芸薹属、辣椒属、棉属以及花生、大豆、向日葵、亚麻、萝卜、蓖麻、芝麻、茄等。该法必须在相对湿度 70% 以下的室内进行。

2）取样磨碎　　供水分测定的送验样品必须符合 GB/T 3542.2—1995 的要求。用下列一种方法进行充分混合：用匙在样品罐内搅拌；或将原样品罐的罐口对准另一个同样大小的空罐口，把种子在两个容器间往返倾倒，并从此送验样品中取 15～25 g。

烘干前必须磨碎的种子种类及磨碎细度见表 10-14。进行测定需取两个重复的独立试验样品。必须使试验样品在样品盒的分布为每平方厘米不超过 0.3 g。取样勿直接用手触摸种子，而应用勺或铲子。

表 10-14　必须磨碎的种子种类及磨碎细度

作物种类	磨碎细度
燕麦属、水稻、甜荞、苦荞、黑麦、高粱属、小麦属、玉米	至少有 50% 的磨碎成分通过 0.5 mm 筛孔的金属丝筛，而留在 1.0 mm 筛孔的金属丝筛子上不超过 10%
大豆、菜豆属、豌豆、西瓜、巢菜属	需要粗磨，至少有 50% 的磨碎成分通过 4.0 mm 筛孔
棉属、花生、蓖麻	磨碎或切成薄片

资料来源：GB/T 3543.6—1995《农作物种子检验规程》

3）烘干称重　　先将样品盒预先烘干、冷却、称重，并记下盒号，取得试样两份（磨碎种子应从不同部位取得），每份 4.5～5.0 g，将试样放入预先烘干和称重过的样品盒内，再称重（精确至 0.001 g）。使烘箱通电预热至 110～115℃，将样品摊平放入烘箱内的上层，样品盒距温度计的水银球约 2.5 cm 处，迅速关闭烘箱门，使箱温在 5～10 min 内回升至（103±2）℃时开始计算时间，烘 8 h［《1996 国际种子检验规程》时间为（17±1）h］。用坩埚钳或戴上手套盖好盒盖（在箱内加盖），取出后放入干燥器内冷却至室温，30～45 min 后再称重。

2. 高恒温烘干法　　适用于下列种子种类：燕麦属、小麦属、高粱属、苜蓿属、草木樨属、黍属、菜豆属、狗尾草属、巢菜属以及芹菜、石刁柏、甜菜、西瓜、苦荞、大麦、莴苣、番茄、烟草、水稻、豌豆、鸦葱、黑麦、菠菜、玉米等。

其程序与低恒温烘干法相同。必须磨碎的种子种类及磨碎细度见表 10-14。

首先将烘箱预热至 140～145℃，打开箱门 5～10 min 后，烘箱温度须保持 130～133℃，样品烘干时间为 1 h。而《1996 国际种子检验规程》中烘干时间，玉米需 4 h，其他禾谷类需 2 h，其他作物需 1 h。

3. 高水分预先烘干法　　需要磨碎的种子，如果禾谷类种子水分超过 18%，豆类和油料作物水分超过 16% 时，必须采用预先烘干法。

称取两份样品各（25.00±0.02）g，置于直径大于 8 cm 的样品盒中，在（103±2）℃烘箱中预烘 30 min（油料作物种子在 70℃预烘 1 h）。取出后放在室温冷却和称重。此后立即将这两个半干样品分别按要求的方法磨碎，并将磨碎物各取一份样品进行测定。

（四）结果计算

根据烘后失去的重量计算种子水分百分率，按式（10-8）计算到小数点后一位。

$$种子水分 = \frac{M_2 - M_3}{M_2 - M_1} \times 100\% \qquad (10\text{-}8)$$

式中，M_1 为样品盒和盖面的重量（g）；M_2 为样品盒和盖及样品的烘前重量（g）；M_3 为样品盒和盖及样品的烘后重量（g）。

若用预先烘干法，可从第一次（预先烘干）和第二次按上述公式计算所得的水分结果换算样品的原始水分，按式（10-9）计算。

$$种子水分 = S_1 + S_2 - \frac{S_1 \times S_2}{100} \qquad (10\text{-}9)$$

式中，S_1 为第一次整粒种子烘后失去的水分（%）；S_2 为第二次磨碎种子烘后失去的水分（%）。

若一个样品的两次测定之间的差距不超过 0.2%，其结果可用两次测定值的算术平均数表示。否则，重做两次测定。

（五）结果报告

结果填报在检验结果报告单的规定空格中，精确度为 0.1%。

三、电子水分仪速测法

一般正式报告需采用烘箱标准法进行水分测定，而在种子收购、调运、干燥和加工等过程中则采用电子水分仪速测法。目前世界各国使用的电子水分速测仪主要有电阻式水分仪、电容式水分仪、微波式水分仪和红外式水分仪等。其中，最常用的有电阻式水分仪和电容式水分仪两类。

（一）电阻式水分仪

现在我国常用的电阻式水分仪有 KLS-1 型粮食水分测试仪、TL-4 型钳式粮食水分测试仪，以及 Kett L 型数字显示谷物水分仪等。其构造原理和测定方法基本相同，简要介绍测定原理如下。

种子中含有水分，其含量越高，导电性越大。从电学理论说，在一闭合电路中，当电压不变时，则电流强度与电阻成反比。如把种子作为电阻接入电路中，种子水分越低，电阻越大，电流强度越小；反之，则电流强度越大。因此种子水分与电流强度成正相关的线性关系。这样只要有不同水分的标准样品，就可在电表上刻出标准水分与电流量变化的对应关系，即把电表的刻度转换成相应水分的刻度，或者经门电路转换，数码管显示，就可直接读出水分的百分率。

但是，种子水分与电流强度的关系在某一范围，并非完全的直线关系，因此在电表上的刻度不是均等的刻度，并且每种种子由于内外部构造的差异，也会造成电流量的变化，因而，每种种子应有相应的刻度线，或者选择按钮。

同时电阻是随着温度的高低而变化的，因此，在不同温度条件下测定种子水分就需进行温度校正。例如，LSKC-4 型粮食水分测试仪是在 20℃条件下标定其表盘水分读数的。当测定温度高于 20℃时，每高 1℃应减去水分 0.1%，因为随着温度升高，电阻变小，电流变大。

当测定温度低于 20℃时，同样原理，每降低 1℃，应加上水分 0.1%，才能校正由温度变化所引起的偏差。但目前的先进水分仪，如 Kett L 型数字显示谷物水分仪已用热敏补偿方法来解决，不需进行温度校正。

（二）电容式水分仪

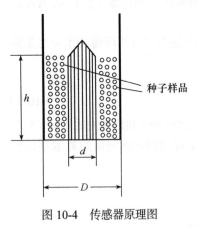

图 10-4 传感器原理图

目前我国普遍使用的电容式水分仪有 SS-1A 型数字式水分仪、DSR 型电脑式水分仪，以及量杯式水分仪等。简要介绍测定原理如下。

电容是表示导体容纳电量的物理量。若将种子放入电容器中，其电容量跟组成它的导体大小、形状、两导体间相对位置及两导体间的电介质有关。把电介质放进电场中，就出现电介质的极化现象，结果使原有电场的电场强度被削弱。被削弱后的电场强度与原电场强度的比叫作电介质的介电常数（ε），各种物质的介电常数不同，空气为 1.000 585，种子干物质为 10，水为 81。如图 10-4 所示，当传感器（电容器）中种子高度（h）、筒内径（D）、内圆柱外径（d）一定时，则传感器的电容量 C 为

$$C = 0.24 \times \frac{\varepsilon \times h}{\lg \dfrac{D}{d}} \qquad (10\text{-}10)$$

当被测样品放入传感器中时，C 的数值将取决于该样品的介电常数，而种子样品的介电常数主要随种子水分的高低而变化。因此，通过测定传感器的电容量，就可间接地按样品容量与水分的对应关系，测定被测样品的水分。如果将传感器接入一个高频振荡回路中，这样种子样品水分的变化，通过传感器和振荡回路就变为振荡频率的变化，再经混频器输出差频信号，然后经放大整形、门电路、计数译码，就可直接显示出种子样品水分百分率数值。

但在实际测定中，由于种子形状、成熟度和混入的夹杂物不同，相同重量的种子在传感器中的密度就不同，就会引起传感器中样品高度 h 的变化和介电常数的变化，从而影响测定结果的正确性。因此，为准确测定不同作物、不同品种的种子水分，就应分作物或品种准备高、中、低 3 种水平的标准水分进行仪器标定。当种子水分在一定范围时，表现为线性关系。例如，洋葱种子水分在 6%～10% 时基本上呈线性关系，即电容量与种子水分呈线性关系测定，结果比较准确；但在 2%～6% 或 10%～14% 时，并非线性关系，则测定准确性就较差。因此，在配制标准水分样品时，其水分的差异不宜相差悬殊。

同时，电容量还受温度的影响，一般来说，电容式水分仪装有热敏电阻补偿，对测定水分的影响比较小，温度影响也极小。所以电容式水分仪是比较好的电子水分速测仪的类型，已在全世界普遍采用。

（三）其他水分仪

近年来，红外、近红外、微波技术应用广泛，应用这些技术可以快速测定种子水分。例

如，微波是波长为0.001～1 m的电磁波，由于微波的频率很高，对水介质具有吸收、穿透和反射的功能。各种介质通常能不同程度地吸收微波能量，所以称这种介质为有耗介质。这种介质能把微波能量转变为热能。因此，当微波通过种子样品后，其能量被衰减。水的介电常数为81，介质损耗为0.2，种子含水量越高，则衰减的能量越大，然后就可根据能量衰减与水分的对应关系，间接地测出种子的水分。

四、采用整粒种子样品测定水分的烘箱法

（一）水稻、小麦、玉米和大豆种子整粒样品的烘箱法

（1）取样和称取试样：将种子样品充分混合均匀，然后称取5 g或10 g试样，两次重复，精确度达0.001 g。

（2）（103±2）℃烘干：将试样放入预先烘干和称重的铝盒里，种子摊平，放入（103±2）℃烘箱烘干24～32 h。

（3）冷却称重和计算水分同标准法。

（二）其他种子整粒样品或鳞茎、块根和块茎样品的烘箱法

（1）100℃烘箱法：有些种子或活组织一般可用100℃烘2～4 h后测定其水分。

（2）恒重法：将种子或活组织放在100℃烘2～4 h，然后每隔30～60 min冷却称重一次，达到两次之间误差不超过0.002 g为止。

第八节 种子生活力测定

一、种子生活力测定的意义

种子生活力（seed viability）是指种子发芽的潜在能力或种胚所具有的生命力。休眠种子必须进行生活力测定。因为新收的或在低温贮藏处于休眠状态的种子，采用标准发芽试验，即使供给适宜的发芽条件仍不能良好发芽或发芽力很低。在这种情况下，仅用发芽试验测定其发芽率，就不可能测出种子的最高发芽率，必须进一步测定其生活力，了解种子潜在发芽能力，以便合理利用种子。播种之前对发芽率低而生活力高的种子，应进行适当处理后播种。而那些发芽率低和生活力也低的种子，就不能作为种用。

快速预测种子发芽能力需要进行生活力测定。休眠种子可借助各种预处理打破休眠，进行发芽试验，但时间也较长，而种子贸易中，常因时间紧迫，不可能采用发芽试验来测定发芽力。这是因为发芽试验所需时间更长，如麦类需7～8天，水稻需14天，某些蔬菜和牧草种子需2～3周，尤其在收获和播种间隔时间短的情况下，发芽试验会耽搁农时，可用生物化学速测法测定种子生活力作为参考，而林木种子可用生活力来代替发芽力。

种子生活力测定方法有四唑染色法、亚甲蓝法、溴麝香草酚蓝法、红墨水染色法、软X射线造影法等。但正式列入国际种子检验规程和我国农作物种子检验规程的生活力测定方法是生物化学（四唑）染色法。因此本节将重点介绍四唑染色法。

二、四唑染色法测定程序

在生物化学测定中，种子活细胞中发生的还原过程是通过一种指示剂的还原作用而显现出来的。所用的指示剂是一种可被种子组织吸收的四唑盐类的无色溶液。它在种子组织中参与活细胞的还原过程，脱氢酶接受氢离子，使氯化（或溴化）三苯基四氮唑，经过氢化作用，在活细胞中产生红色、稳定、不扩散的三苯基甲䐋（triphenyl formazan），反应式如下。

$$\underset{\text{辅酶 IH}_2}{\text{DPNH}_2} + \underset{\text{四唑}}{\text{TTC}} \longrightarrow \underset{\text{辅酶 I}}{\text{DPN}} + \underset{\text{甲䐋}}{\text{TTCH}} + \underset{\text{氯化氢}}{\text{HCl}}$$

$$C_6H_5-\underset{\substack{\| \\ N=N-C_6H_5 \\ | \\ Cl}}{C=N-N-C_6H_5} \xrightarrow{2H} C_6H_5-\underset{\substack{\| \\ N=N-C_6H_5}}{C=N-\overset{\overset{\displaystyle H}{|}}{N}-C_6H_5} + HCl$$

2,3,5-氯化三苯基四氮唑   三苯基甲䐋
（无色）   （红色）

这样就可根据四唑染成的颜色和部位，区分种子红色的有生活力部分和无色的死亡部分。除完全染色的有生活力种子和完全不染色的无生活力种子外，还可能出现一些部分染色的异常颜色或不染色的坏死组织。当然，种子有无生活力主要取决于胚和（或）胚乳（或配子体）坏死组织的部位和面积的大小，而不一定在于颜色的深浅。通过颜色的差异主要将健全的、衰弱的和死亡的组织判别出来，并确定其染色部位。

四唑染色法测定结果的正确性，在很大程度上取决于采用方法的适合性、检验人员对有关知识的理解和实际运用能力，以及操作技术的熟练程度等因素。因此，检验人员在全面掌握有关理论知识后，必须深入了解四唑染色法测定的程序，并熟练掌握操作技术。现将四唑染色法测定程序叙述如下。

（一）预措（预处理）

大部分种子在测定前都需经过预处理，其主要目的是使种子加快和充分吸湿，软化种皮，方便样品准备和促进活组织酶系统的活化，以提高染色的均匀度、鉴定的可靠性和正确性。预措是指在种子预湿前除去种子外部的附属物，其方法包括剥去果壳和在种子非要害部位弄破种皮，但需注意，不能损伤种子内部胚的主要构造。但绝大多数种子不需进行预措处理。预湿是四唑染色法测定的必要步骤，其方法应根据不同种子生理特性，采用相应而有效的方法。目前常用预湿方法如下。

1. 快速水浸预湿　　这种方法是将种子完全浸入水中，让其充分吸胀，主要适用于种子直接浸入水中不会造成组织破裂的损伤，并且不会影响鉴定正确性的种子种类。这些种类包括水稻、小麦、大麦、燕麦、黑麦草、红豆草、黑麦、玉米、杉属、扁柏属、榛属、枸子属、山楂属、卫矛属、山毛榉属、梣属、苹果属、松属和椴属等。有时为了加快种子吸水，喜温作物种子可用 $40 \sim 45 \, ^\circ\!C$ 水。应特别注意，如果浸种温度过高或浸种时间过长会引起种子变质，造成人为的水浸损伤，影响鉴定结果，所以应控制浸种时间。

2. 缓慢纸床预湿　　这种方法是指按种子发芽试验所用方法，将种子放在纸床上或纸巾间，让其缓慢吸湿，主要适用于有些直接浸在水中容易破裂和损伤的种子，以及衰弱的种子或过分干燥的种子。经实际应用表明，缓慢吸湿能比较好地解决吸湿和供氧的矛盾。ISTA规程规定大豆、菜豆、葱、花生、李和莎草等种子，通常要求缓慢纸床预湿。但许多禾谷类种子既可快速水浸预湿，也可缓慢纸床预湿。缓慢预湿可采用纸床上预湿、纸卷预湿、H_2O_2溶液浸种等。

（二）样品准备

为了使四唑溶液快速和充分渗入种子的全部活组织，加快染色反应和正确鉴定胚的主要构造，必须按其胚和营养组织的位置与特性，采用适当的方法使胚的主要构造和（或）活的营养组织暴露出来。因此，大多数种子在染色前必须进行样品准备工作。

样品准备方法取决于种子大小、形状、种皮结构，胚的位置、形状及大小，营养组织的活与死，应用仪器的性能，技术的先进性，测定时间的紧迫性，结果的正确性等要求，以及检验人员的工作经验等因素。因此，对每类种子要求选择最适合的方法来制备种子样品。以下介绍的是有关样品的准备方法。

（1）不需预湿和附加准备：种皮渗水性良好的小粒豆类，如紫苜蓿和小扁豆等种子吸水快，在四唑溶液中染色时，就能随着四唑溶液的渗入而吸胀，并在染色后采用透明液使种皮变为透明，也能正确鉴定种子生活力。

（2）采用缓慢预湿后不需样品准备：适用于种皮具有良好透水性的大粒豆类，如菜豆和大豆等。但在染色后观察鉴定前也需剥去种皮，以便观察得更为清楚，鉴定更为可靠。

（3）穿刺或切开胚乳：适用于小粒牧草等种子，如小糠草、早熟禾和梯牧草等。小糠草种子很小，通常采用针刺胚乳法，以打开四唑溶液渗入胚的通道。其方法是将已预湿的种子连带吸水纸一起移到工作台上，打开底射灯光，左手拿住3～5倍小放大镜，右手握住细针，针头对准胚乳中心，约离胚1 mm处扎下，穿刺胚乳，然后将已针刺的种子放入四唑溶液染色。例如，梯牧草种子可用单面刀片一头，从其中部半边切入，切出一个缝口，以利四唑溶液的渗入。

（4）沿胚纵切：适用于具有直立胚的大粒禾本科等植物种子，如玉米、麦类和水稻等。其方法是通过胚中轴和胚乳，纵向切开，使胚的主要构造暴露出来，取其一半，用于四唑染色。

（5）近胚纵切：适用于松柏类和伞形科等具有直立胚的种子。其方法是在靠近胚的旁边纵向切去一边胚乳或胚组织，保持胚的大半粒种子用于染色。

（6）上半粒纵切：适用于莴苣和其他菊科等具有直立胚种子。其方法是在种子上部2/3处纵向切开，但不能切到胚轴。

（7）切去种子基端：适用于茜草科等种子。其方法是横向切去种子的基部尖端，使胚根尖露出，但不要切开种皮，以便保持两个胚连在一起。

（8）斜切种子：主要适用于菊科、十字花科和蔷薇科等种子，如棉花、菊苣、山毛榉等胚中轴在种子基部的种子。其方法是从种子的上部中央、下部偏离胚处斜向切入，并将上部大部分切开，以便四唑溶液渗入染色。

（9）横切胚乳：主要用于如黑麦草、鸭茅和羊茅等直立胚很小且位于其基部的种子。其方法是在大约离胚1 mm的上部，横向切去胚乳，留下带胚的下部种子，供四唑测定用。但切时应十分注意，带胚一端不能留得太长而延缓四唑溶液渗入胚部；如留下部分长短不齐，则可能引起四唑溶液渗入时间不一致，而引起不同种子染色程度的差异，这就会增加鉴定的困难。为了掌握好横切留下长度一致，即离胚的切面距离一致，最好先用低倍放大镜观察一下胚的位置，并将有胚一端朝前，再在适当位置切下。有时因种子很小，更难分清胚所在的一端，就必须用放大镜看清胚的位置后再切，以保证切得正确。

（10）剥去种皮：该法主要适用于锦葵科（如棉花等）、壳斗科（如板栗等）、茶科（如茶籽等）和旋花科（如牵牛花等）种皮较厚且颜色深的种子。其方法是用刀具将预湿后的整个种皮剥去。

（11）横切胚轴和盾片：该法主要适用于中粒禾本科种子，如小麦和燕麦等。其方法是在种子预湿后用单面刀片横向切去胚的上部，从切面露出胚轴、胚根和盾片等。特别是通常包有稃壳的燕麦种子，这种切法较为方便。

（12）打开胚乳取出胚：该法适用于很多林木种子，如杜仲等种子，胚完全被胚乳所包围，只有切开或挑开胚乳，才能取出胚。

（13）从果实内取出胚：该法主要适用于果木和林木种子。例如，桃须先剥去木质化的肉果皮，再剥去种皮，使胚露出；沙枣等种子须先剥去果肉，洗净，然后挑去种壳，取出胚。

（14）横切种子两端，切开胚腔：该法适用于山茱萸、胡颓子和肖楠等。

（15）平切果种皮和胚乳，暴露出胚的构造：有些蔬菜和农作物种子，如洋葱、甜菜、菠菜等种子，其胚呈螺旋形平卧在胚乳中，只有在扁平方向削去上面一片种皮和胚乳，才能使整个胚的轮廓暴露出来，以便染色和鉴定。

（三）染色

通过染色反应，能将胚和活的营养组织中的健壮、衰弱和死亡部分的差异正确地显现出来，以便进行确切的鉴别，可靠地判断种子生活力和活力。

1. 染色程序　按要求，将经过样品准备或不须准备的规定数量种子分别放入四唑溶液中染色。小粒种子可用6 cm培养皿，大、中粒种子可用9 cm培养皿或更大的容器，特别细小的种子可包在滤纸内，放入容器中。然后加入适宜浓度的四唑溶液，以淹没种子为宜，移置一定温度的黑暗恒温箱内进行染色反应。因为光线可能使四唑盐类还原而降低其浓度，影响染色效果。

2. 染色的温度和时间　染色时间因种子种类、样品准备方法、本身生活力的强弱、四唑溶液浓度、pH和温度等因素的不同而有差异，其中温度影响为最大。染色时间可按需要在20~45℃内加以适当选择。在这种温度范围内，温度每增加5℃，其染色时间可减少一半。例如，要求在30℃条件下适宜染色时间为6 h的种子样品，移到35℃条件下则只需染色反应3 h，在40℃条件下仅需1.5 h。另外，种子的健壮、衰弱和死亡不同等级的组织，其染色的快慢也是不同的。一般来说，衰弱组织四唑溶液渗入较快，染色也较快；健壮组织酶的活性强，染色明显。为了使这些不同等级的组织均能达到良好的染色程度，以便于鉴别，有时可根据样品的实际情况，适当调整染色时间。

如果已到规定染色时间，但样品的染色仍不够充分，这时可适当延长染色时间，以便证实染色不够充分是四唑溶液渗入缓慢所引起，还是种子本身的缺陷所引起的。但必须注意，染色温度过高或染色时间过长，也会引起种子组织的变质，从而可能掩盖住由于遭受冻害、热伤和本身衰弱而呈现不同颜色或异常的情况。

有些种子要求在各重复中加入微量的杀菌剂或抗生素（如0.01%浓度的防护剂115），以避免在染色过程产生带有黑色沉淀物的多泡沫溶液。

3. 暂停染色　若未能按时进行鉴定，那么可在能接受的时间范围内，将正在进行染色的样品移到低温或冰冻条件下，以中止或延缓染色反应进程。但应注意，仍需将种子样品保持在原来的染色溶液里，而对已达到染色时间的样品应保持在清水中或湿润条件下，对于在1 h内要鉴定的染色样品，最好先倒去染色溶液并冲洗，保持在低温清水中或湿润状态，以及弱光或黑暗条件下，以待鉴定。

4. 染色失调　当在适合的染色时间内，染色溶液变为混浊，并出现泡沫或粉红色的沉淀，这可能是由以下一种或几种原因所引起的。

（1）在测定样品中含有死亡、衰弱、热伤、冻害或机械损伤的种子。

（2）测定样品的胚和营养组织在预湿前已在水中或四唑溶液中浸过。

（3）染色溶液温度过高而引起种子组织（特别是衰弱组织）的严重劣变，导致外溢物增加和微生物的活动。

（四）鉴定前处理

为了确保鉴定结果的正确性，还应将已染色的种子样品，加以适当地处理，进一步使胚的主要构造和活的营养组织明显地暴露出来，以便观察鉴定和计算。这里将目前国际上采用的、有效的处理方法介绍如下。

（1）不须处理，直接观察：适用于染色前已进行样品准备的整个胚、摘出的胚中轴、纵切或横切的胚等样品。因为这些种子胚的主要构造已暴露在外面，所以不须附加处理就可直接观察鉴定。

（2）轻压出胚，观察鉴定：适用于样品准备时仅切去种子的一部分，胚的大部分仍留在营养组织内的样品。在鉴定前须用解剖针在种子上稍加压力，使胚向切口滑出，以便观察。

（3）扯开营养组织，暴露出胚：适用于染色前样品准备时仅撕去种皮或仅切去部分营养组织的样品。其方法是扯去遮盖住胚的营养组织或弄掉切口表面的营养组织，使胚的主要构造完全暴露出来，以便鉴定。

（4）切去一层营养组织，暴露出胚和活营养组织：适用样品准备时，仅切去或切开种子上半粒或基部的种子样品。因为这些种子的胚仍被营养组织所包围，所以需在适当的位置切去一层适宜厚度的营养组织，才能看清胚和活营养组织染色情况。

（5）沿胚中轴纵切，暴露出胚的构造：这种方法适用于样品未准备的种子，如有些豆类种子。

（6）沿种子中线纵切，暴露出胚和活营养组织：适用于样品准备时，仅除去种子外面构造，或仅切去基部的种子，如五加科等种子。

（7）剥去半透明的种皮或种子组织，暴露出胚：适用于四唑染色前样品未加准备或仅切去基部的种子，如大豆、豌豆等。

（8）切去切面碎片或掰开子叶，暴露出胚：主要适用于切得不好或有些豆科双子叶种子。如鉴定前发现胚中轴被若干切面碎片所遮盖，以致难以正确鉴定，则需切去一层子叶，或者为了可靠观察子叶之间胚中轴的染色情况，则需掰开子叶。

（9）剥去种皮和残余营养组织，暴露出胚：适用于在样品准备时仅切去种子一部分的样品。例如，红花种子在样品准备时，仅切去种子的上部，仍有种皮和残余营养组织包着胚。因此，只有除去这些部分，才能暴露出胚的主要构造。

（10）乳酸苯酚透明液的应用：在四唑染色反应达到适宜时间后，小粒种子用载玻片挡住培养皿口的一边，留下一条狭缝，让其只能沥出四唑溶液，注意不能溜出种子。对更细小的种子（如小糠草）等，则可用管口比这种种子小的吸管吸去四唑溶液，这样就不会吸进种子而仅吸去溶液。然后用厚型吸水纸片吸干残余的溶液，并把种子集中在培养皿中心凹陷处为一堆，再加入 2～4 滴乳酸苯酚透明液，适当摇晃，使其与种子良好接触，马上移入 38℃恒温箱保持 30～60 min，经清水漂洗或直接观察。这种有效的透明程序可使果种皮、稃壳或胚乳变为透明，则可清楚地鉴定胚的主要构造。

（五）观察鉴定

四唑测定样品经染色和样品处理后，进行正确的观察鉴定是十分重要的。测定结果的可靠性取决于检验人员对染色组织和部位的正确识别、工作经验和判断能力等综合运用能力。为了避免判断的错误，检验人员应按鉴定标准认真观察，以高度的责任感确保鉴定结果的正确性。

1. 目的　　观察鉴定主要着眼于以下 3 个目的。

（1）确切计算种子在适宜条件下（包括在杀菌剂处理有效的情况下）能产生正常幼苗的能力，即种子生活力。

（2）按种子样品染色程度和组织特征，判断其强壮程度，将种子分为强或弱 2～3 个等级，以便统计种子活力。

（3）按局部解剖学染色图样，观察染色部位，查明种子劣变和生活力丧失的原因，为种子生理、种子加工、种子贮藏和种子处理提供指导依据。

2. 鉴定因素　　每个染色样品的鉴定应根据种子染成的颜色、组织状态，有无肿胀、破裂、虫伤，以及其他异常情况等鉴定因素作出正确的判断。同时，还应考虑其胚的主要构造机能与其他部分之间的关系，即与营养组织的损伤面积（指不染色的面积）、位置和程度的关系。因为这些部分对胚发育成正常幼苗也是不可缺少的。

同时，还要注意观察种子的健壮水平。这种水平是以染成的颜色、膨胀程度和软腐等状态显现出来的。据此，可将种子分为健壮、活的衰弱组织、死的衰弱组织和死亡等 4 级水平。

3. 观察鉴定　　一般鉴定原则是，凡是胚的主要构造及有关活营养组织染成有光泽的鲜红色，且组织状态正常的，为有生活力种子。凡是胚的主要构造局部不染色或染成异常的颜色和光泽，并且活营养组织不染色部分已超过 1/2，或超过允许范围，以及组织软化的，为不正常种子。凡是完全不染色或染成无光泽的淡红色或灰白色，且组织已软腐或异常、虫蛀、损伤、腐烂的为死种子。

在鉴定时，可借助于放大器具，认真观察鉴别。大、中粒种子可直接用肉眼或 5～7 倍放大镜进行观察鉴定。对小粒种子最好利用 10～100 倍体视显微镜进行仔细观察鉴定。在观察时，先打开底射灯光和侧射灯光，开始用低倍（10 倍）观察，大致将正常染色种子每 10

粒放在一堆,而将异常染色及有怀疑的种子放在一起,然后再用30～40倍物镜进行仔细观察核实,最后正确地区分和计算种子生活力或活力。

(六)结果报告

计算各个重复中有生活力的种子数,重复间最大容许差距不得超过表10-15的规定,平均百分率计算到最近似的整数。

表 10-15 生活力测定重复间的最大容许差距(%)

平均生活力百分率		重复间容许的最大差距		
1	2	4次重复	3次重复	2次重复
99	2	5	—	—
98	3	6	5	—
97	4	7	6	6
96	5	8	7	6
95	6	9	8	7
93～94	7～8	10	9	8
91～92	9～10	11	10	9
90	11	11	11	9
89	12	12	11	10
88	13	13	12	10
87	14	13	12	11
84～86	15～17	14	13	11
81～83	18～20	15	14	12
78～80	21～23	16	15	13
76～77	24～25	17	16	13
73～75	26～28	17	16	14
71～72	29～30	18	17	14
69～70	31～32	18	17	14
67～68	33～34	19	17	15
64～66	35～37	19	17	15
56～63	38～45	19	18	15
55	46	20	18	15
51～54	47～50	20	18	16

在 GB/T 3543.1—1995 的种子检验结果报告单"其他测定项目"栏中填报"四唑测定有生活力种子的百分率"。对豆类、棉籽和蔬菜等需增填"试验中发现的硬实百分率",硬实百分率应包括在所填报有生活力种子的百分率中。

第九节　种子健康测定

一、种子健康测定的重要性

种子健康测定主要是测定种子是否携带病原生物（如真菌、细菌及病毒）或有害的动物（如线虫及害虫）等健康状况。种子健康测定的目的和重要性是：①种子携带的接种体可引起田间病害并逐步蔓延，以致降低作物产量和商品价值；②进口种子批可将病害带入新区；③了解幼苗的价值，以及查明室内发芽不良或田间出苗差的原因，从而弥补发芽试验的不足。

目前随着国内外种子贸易的增加，种子携带病虫传播和蔓延的机会也随之增多，种子携带的病虫害传入新区，就会给农业生产造成重大的损失和灾难，因此种子健康测定日益受到重视。种子健康测定方法主要有未经培养的检查（包括直接检查、吸胀种子检查、洗涤检查、剖粒检查、染色检查、比重检查和软X射线检查等）和培养后的检查（包括吸水纸法、砂床法、琼脂皿法，以及噬菌体法和血清学酶联免疫吸附试验法等）。

二、测定程序

（一）未经培养的检查（不能说明病原生物的生活力）

1. 直接检查　适用于较大的病原体或杂质外表有明显症状的病害，如麦角、线虫瘿、虫瘿、黑穗病孢子、螨类等。必要时，可应用双目显微镜对试样进行检查，取出病原体或病粒，称其重量或计算其粒数。

2. 吸胀种子检查　为使子实体、病症或害虫更容易观察到或促进孢子释放，把试验样品浸入水中或其他液体中，种子吸胀后检查其表面或内部，最好用双目显微镜。

3. 洗涤检查　用于检查附着在种子表面的病菌孢子或颖壳上的病原线虫。

分取样品两份，每份 5 g，分别倒入 100 mL 锥形瓶内，加无菌水 10 mL，如为使病原体洗涤更彻底，可加入 0.1% 润滑剂（如磺化二羧酸酯），置振荡器上振荡，光滑种子振荡 5 min，粗糙种子振荡 10 min。将洗涤液移入离心管内，在 1000～1500g 离心 3～5 min。用吸管吸去上清液，留 1 mL 的沉淀部分，稍加振荡。用干净的细玻璃棒将悬浮液分别滴于 5 片载玻片上。盖上盖玻片，用 400～500 倍的显微镜检查，每片检查 10 个视野，并计算每视野平均孢子数，据此可计算病菌孢子负荷量，按式（10-11）计算。

$$N= \frac{n_1 \times n_2 \times n_3}{n_4} \qquad (10\text{-}11)$$

式中，N 为每克种子的孢子负荷量；n_1 为每视野平均孢子数；n_2 为盖玻片面积上的视野数；n_3 为 1 mL 水的滴数；n_4 为供试样品的重量。

4. 剖粒检查　取试样 5～10 g（小麦等中粒种子 5 g，玉米、豌豆大粒种子 10 g），用刀剖开或切开种子的被害或可疑部分，检查害虫。

5. 染色检查　高锰酸钾染色法：适用于检查隐蔽的米象、谷象。取试样 15 g，除去杂质，倒入铜丝网中，于 30℃水中浸泡 1 min 再移入 1% 高锰酸钾溶液中染色 1 min。然后用清水洗涤，倒在白色吸水纸上用放大镜检查，挑出粒面上带有直径 0.5 mm 的斑点即害虫籽粒，计算害虫含量。

碘或碘化钾染色法：适用于检验豌豆象。取试样 50 g，除去杂质，放入铜丝网中或用纱布包好，浸入 1% 碘化钾或 2% 碘酒溶液中 1~1.5 min。取出放入 0.5% 的氢氧化钠溶液中，浸 30 s，取出用清水洗涤 15~20 s，立即检验，如豆粒表面有 1~2 mm 直径的圆斑点，即豆象感染，计算害虫含量。

6. 比重检查 取试样 100 g，除去杂质，倒入食盐饱和溶液中（35.9 g 盐溶于 1 000 mL 水中），搅拌 10~15 min，静止 1~2 min，将悬浮在上层的种子取出，结合剖粒检验，计算害虫含量。

7. 软 X 射线检查 用于检查种子内隐匿的虫害（如蚕豆象、玉米象、麦蛾等），通过照片或直接从荧光屏上观察。

（二）培养后的检查

试验样品经过一定时间培养后，检查种子内外部和幼苗上是否存在病原菌或其症状。根据常用的培养基不同，可分为以下 3 类。

1. 吸水纸法 吸水纸法适用于许多类型种子的种传真菌病害的检验，尤其是对于许多半知菌，有利于分生孢子的形成和致病真菌在幼苗上症状的发展。

例如稻瘟病菌检测，取试样种子 400 粒，将培养皿内的吸水纸用水湿润，每个培养皿播 25 粒种子，在 22℃ 条件下用 12 h 黑暗和 12 h 近紫外光照的交替周期培养 7 天。在 12~50 倍放大镜下检查每粒种子上的稻瘟病分生孢子。一般这种真菌会在颖片上产生小而不明显、灰色至绿色的分生孢子，这种分生孢子成束地着生在短而纤细的分生孢子梗的顶端。菌丝很少覆盖整粒种子。如有怀疑，可在 200 倍显微镜下检查分生孢子来核实。典型的分生孢子是倒梨形，透明，基部钝圆具有短齿，分两隔，通常具有尖锐的顶端，大小为（20~25）μm×（9~12）μm。

2. 砂床法 砂床法适于某些病原体的检验。用砂时应通过 1 mm 孔径的筛子去掉砂中杂质，并将砂粒清洗，高温烘干消毒后，放入培养皿内加水湿润，种子排列在砂床内，然后密闭保持高温，培养温度与纸床相同，待幼苗顶到培养皿盖时进行检查（经 7~10 天）。

3. 琼脂皿法 琼脂皿法主要用于发育较慢的潜伏在种子内部的病原菌，也可用于检验种子外表的病原菌。

小麦颖枯病菌检测：先数取试样 400 粒，经 1%（*m/m*）的次氯酸钠消毒 10 min 后，用无菌水洗涤。在含 0.01% 硫酸链霉素的麦芽糖或马铃薯葡萄糖琼脂的培养基上，每个培养皿播 10 粒种子于琼脂表面，在 20℃ 黑暗条件下培养 7 天。用肉眼检查每粒种子上缓慢长成圆形菌落的情况，该病菌菌丝体为白色或乳白色，通常稠密地覆盖着感染的种子。菌落的背面呈黄色或褐色，并随其生长颜色变深。

豌豆褐斑病菌检测：先数取试样 400 粒，经 1%（*m/m*）的次氯酸钠消毒 10 min 后，用无菌水洗涤。在麦芽糖或马铃薯葡萄糖琼脂的培养基上，每个培养皿播 10 粒种子于琼脂表面，在 20℃ 黑暗条件下培养 7 天。用肉眼检查每粒种子外部盖满的大量白色菌丝体。对有怀疑的菌落可放在 25 倍放大镜下观察，根据菌落边缘的波状菌丝来确定。

测定样品中是否存在细菌、真菌或病毒等，可用生长植株进行检查，可在供检的样品中取出种子进行播种，或从样品中取得接种体，以供对健康幼苗或植株一部分进行感染试验。

应注意避免植株从其他途径传播感染，并控制各种条件。

第十节　种子重量测定

一、种子千粒重测定的必要性

种子重量通常用千粒重（weight per 1000 seeds）表示，是指自然干燥状态的 1000 粒种子的重量；我国 1995 年制定的《农作物种子检验规程》中，种子千粒重是指国家标准规定水分的 1000 粒种子的重量，以克（g）为单位。千粒重的测定具有重要的意义。

（1）千粒重是种子活力的重要指标之一。种子千粒重大，其内部的贮藏营养物质多，发芽迅速整齐，出苗率高，幼苗健壮，并能保证田间的成苗密度，从而增加作物产量。

（2）千粒重是多项品质的综合指标，测定方便。种子千粒重与种子饱满、充实、均匀、粒大呈正相关。如要分别测定这 4 项品质指标就较为麻烦。饱满度需用量筒测量其体积，充实度则需用比重计测量比重；均匀度须用一套筛子来测得；种子大小则须用长、宽测量器测量其长、宽、厚度；而测定千粒重则简单得多。

（3）千粒重是正确计算种子播种量的必要依据。计算播种量的另两个因素是种子用价和田间栽培密度。同一作物不同品种的千粒重不同，则其播种量也应有所差异。

二、测定方法

将净度分析后的全部净种子均匀混合，分出一部分作为试验样品。按照我国 1995《农作物种子检验规程》规定，种子重量测定有百粒法、千粒法和全量法 3 种方法。可任选其中一种方法进行测定。

1. 百粒法　用手或数粒仪从试验样品中随机数取 8 个重复，每个重复 100 粒，分别称重（g），小数位数与 GB/T 3543.3—1995 的规定相同。计算 8 个重复的平均重量、标准差异及变异系数，按式（10-12）、式（10-13）计算。

$$标准差（S）= \sqrt{\frac{n\sum X^2 - \left(\sum X\right)^2}{n(n-1)}} \qquad (10\text{-}12)$$

式中，X 为各重复重量（g）；n 为重复次数。

$$变异系数 = \frac{S}{\overline{X}} \times 100 \qquad (10\text{-}13)$$

式中，$\overline{X}$ 为 100 粒种子的平均重量（g）。

如带有稃壳的禾本科种子变异系数不超过 6.0，或其他种类种子的变异系数不超过 4.0，则可计算测定的结果。如变异系数超过上述限度，则应再测定 8 个重复，并计算 16 个重复的标准差。凡与平均数之差超过两倍标准差的重复略去不计。

2. 千粒法　用手或数粒仪从试验样品中随机数取两个重复，大粒种子数 500 粒，中小粒种子数 1000 粒，各重复称重（g），小数位数与 GB/T 3543.3—1995 的规定相同。

两份重复的差数与平均数之比不应超过 5%，若超过应再分析第三份重复，直至达到要求，取差距小的两份计算测定结果。

3. 全量法　将整个试验样品通过数粒仪，记下计数器上所示的种子数。计数后把试验样品称重（g），小数位数与 GB/T 3543.3—1995 的规定相同。

三、结果报告

最后，计算结果，撰写报告。如果是用全量法测定的，则将整个试验样品重量换算成 1000 粒种子的重量。如果是用百粒法测定的，则将 8 个或 8 个以上的每个重复 100 粒的平均重量，再换算成 1000 粒种子的平均重量。

四、规定水分千粒重的换算

根据实测千粒重和实测水分，按国家种子质量标准规定的种子水分，折算成规定水分的千粒重。计算方法如下。

$$千粒重 [规定水分(g)] = \frac{实测千粒重(g) \times [1-实测水分(\%)]}{1-规定水分(\%)} \quad (10\text{-}14)$$

其结果按测定时所用的小数位数表示。

在种子检验结果报告单"其他测定项目"栏中，填报结果。

第十一节　种子检验的信息技术管理

一、在种子样品接收登记方面的应用

种子检验的第一步是样品的接收登记。每个样品必须有编号、样品来源、作物名称、品种名称、取样数量、种子数量、扦样日期、接样日期等近 10 个项目，又规定每个登记均不能更改，错了须整页重抄，因此样品的接收登记是一项十分繁重细致的工作。但通过应用计算机，可将每个样品的所有项目建成一个接收样品数据库，输入错了可用编辑功能进行改正。每次完成样品批输入作业后，关闭数据库。待下次接收样品时，只需先打开此数据库后，再用追加命令继续输入新的样品记录，十分方便。另外，由于人工接样只能根据送样的先后进行登记，但这样的登记组织方式往往不能满足一些查找、统计要求，而采用计算机后，只需用一条分类或索引命令即可。

二、在种子净度分析中的应用

在种子净度检验中，需要仔细鉴别净种子、其他植物种子和杂质。使用人工方法进行识别，需要检验人员具备长期工作经验，主观性较强，有时甚至会作出错误的判断，并且可重复性差，效率也比较低下，对于某些细小的种子，人工鉴别往往误差较大。采用计算机视觉技术可以模拟人眼对净度分析的各个组分进行近距离观测，然后运用数字图像、人工智能等技术对种子图像进行分析，利用种子的形状、大小、颜色、面积和结构等特征进行自动化检测，从而自动、快速、准确地识别各个组分。

三、在种子发芽试验中的应用

幼苗鉴定是种子发芽试验的重要环节，试验样品的发芽率要基于幼苗鉴定结果进行填报。传统的种子幼苗鉴定烦琐耗时，利用计算机视觉技术分析种子发芽图像，可大大提高工

作效率。Howarth 和 Stanwood 在 1993 年开发的计算机视觉系统可以测定整个发芽过程中根的生长速度。用该系统测定莴苣和高粱幼苗根的生长速率与人工测定的平均误差分别只有0.13 和 0.07，可以自动实现发芽率检测。Urena 等于 2001 年提出基于模糊逻辑鉴别幼苗和叶片大小并开发了相应的计算机软件系统，该系统能自动判断幼苗生长情况，并对幼苗进行评估。有研究表明，模糊逻辑算法用于分析种子萌发是极为可靠的，该系统为种子萌发情况分析提供了一个可以大大节约时间的工具。

四、在品种真实性及品种纯度测定中的应用

美国、日本、加拿大、英国等发达国家从 20 世纪 80 年代起就把计算机视觉技术应用于种子纯度检验中，研究的种子主要是玉米、大麦、小麦、大豆、燕麦、黑麦草、水稻等。早在 1987 年就有人利用计算机视觉系统采集到的种子图像形态特征对双倍体和四倍体的黑麦草种子加以鉴别，判断正确率达到 85.00%。2005 年，吴继华等研发出一套基于机器视觉技术的快速低成本实时检测杂交水稻种子品种的系统。该系统包括一组自动上料、光照箱、图像采集卡、CCD（电荷耦合文件）摄像头和自动下料等硬件，以及图像处理和品种识别软件。通过上料斗自动装入种子，种子由单片机控制的输送装置进入光照箱，每隔 2 s 停止一次，CCD 摄像头采集图像，图像被读入内存，通过软件系统处理种子的图像，并提取品种的特征参数。通过此系统识别 100 粒种子的时间为 5 s，品种的识别率最高可达 99.99%。该方法具有种子检验数量少、检验时间短和成本低等优点。美国艾奥瓦州立大学种子科学中心已开发出种子纯度计算机图像分析系统，该系统将标准品种的种子、幼苗和植株形态特征及电泳图谱摄入计算机内建立图像库。当鉴定未知纯度或品种时，将种子、幼苗、植株的电泳摄入计算机与标准图像比较后，就可鉴定品种的纯度。

五、在种子活力测定中的应用

目前国际上推荐应用的活力测定方法有幼苗分级法、幼苗生长速率测定、抗冷测定、冷冻发芽法、加速老化法、电导法、四唑法等。上述方法中的大多数种子活力测定都是由种子检验员手工进行操作，检验结果易受主观因素影响，且实验室间结果差异较大，另外也比较费时。这些不利的方面限制了活力测定的广泛应用和标准化。采用计算机视觉技术测定幼苗的相关指标，可以获得客观的、可重复的、快速和经济的种子活力测定结果。种子活力和种子的大小及种皮颜色的深浅密切相关，通常大而饱满或者种皮颜色深的种子具有较高的成熟度，因而具有较高活力。根据种子的形状、大小和颜色，采用计算机视觉技术进行分级，从而将不同活力的种子区分开。目前该技术在玉米、大豆、鹰嘴豆、豌豆、棉花、生菜、红萝卜、甜菜、花椰菜、韭菜和葱等作物上均得到了有效应用。

六、在检验数据分析中的应用

种子检验中涉及大量的数据填报和计算，应用计算机软件进行检验数据的分析和处理，不但能够节省大量时间，而且能有效避免人工计算的差错。浙江大学种子科学中心于 2004年开发了"种子检验数据处理系统 V1.0"，适应种子检验最新标准，运行于 Windows 98、Windows 2000、Windows XP 和 Windows 7 等系统，能够快速准确处理种子检验过程中的各种数据。在使用过程中，只要将种子检验的各种数据输入计算机中，该程序就会自动按

照中华人民共和国国家标准 GB/T 3543.1—1995～GB/T 3543.7—1995《农作物种子检验规程》中规定的标准进行数据分析和处理，从而得到种子的净度、发芽、水分、纯度等信息，并且可以通过统计分析和容许误差的对比，直接判断该种子样品经检验后是否符合国家标准或抽查是否合格。种子检验结果保存在数据库中，可以随时调出查看，也可以打印出来，供以后查阅。本软件可以将种子信息和检验结果生成一系列正式报表打印出来，这些报表包括：《农作物种子质量扦样单》《样品入库登记表》《检验业务流转卡》《净度分析原始记载表》《水分测定原始记载表》《种子发芽试验原始记载表》《真实性与品种纯度鉴定原始记载表》《检验报告》。

七、在图形设计打印上的应用

种子检验工作中，常遇到一些图版的制作问题，如同工酶生化电泳图谱鉴定品种真实性或种子纯度，须对宽度不同、颜色深浅不同的电泳谱带按其迁移位置准确真实地描绘，才能使各品种间或种子间有可比性，难度很大，但用计算机处理，只需把谱带的迁移值输入已编好的程序中，再用计算机的特殊打印功能，计算机将自动按作者的设计要求完成图谱的绘制工作，美观真实。另外在图形设计上，还可以开发各种软件包。例如，种子发芽受温度、水分、氧气等多维因素的影响，为了直观反映各因素的相互作用关系，可借助开发软件包的功能，作出立体感很强的图形，得到一目了然的效果。

八、在各种档案建立方面的应用

种子检验中经常要涉及各种档案的建立，如检验人员的技术档案、各期培训学员的信息档案、各次结果的保存档案、检验仪器档案、检验收支档案、检验样品所代表种子的销售跟踪档案、各类文件材料的记录档案。所有这些工作，工程浩大，查阅起来十分不便，但档案均可以数据库的形式建立。各类数据库建立后，可编出相应的数据库管理程序。运行此程序，计算机将自动完成数据的查找、追加、删除、修改、统计、分类等工作，并按要求打印出各种信息报表。

10-1 拓展阅读

10-2 拓展阅读

小知识：种子检验技术新趋势

随着全球和我国转基因品种的推广应用，转基因种子检测日趋重要。转基因种子检测方法有很多，可以通过转基因品种所表现的特定表型性状进行鉴定，但分子检测技术如定性 PCR 检测法、实时荧光定量 PCR 检测法、特异蛋白质检测法、基因芯片检测法等，具有受环境影响小、简单方便、准确性高、效率高等特点而受到青睐。目前转基因植物检测新技术不断涌现，检测技术向高效、便捷、安全、自动化方向发展；而多种检测技术相互结合，互相补充，大大提高了转基因种子检测的准确性和效率。例如，单核苷酸多态性标记（SNP）被广泛应用于种子品种鉴定、种子知识产权保护、实质性派生品种鉴定及种子纯度检测等。

小 结

农业生产最大的威胁就是播下的种子没有生产或高产的潜力，不能使栽培的作物和优良品种获得丰收。开展种子检验工作就是为了将这种威胁降到最低限度。随着科学技术的进步，种子检验的内容和技术也有了很大的发展。种子检验的结果与所采用的检验方法关系极为密切，制订一个统一的、科学的种子检验方法，即技术规程，可使种子检验获得普遍一致和正确的结果。

思 考 题

1. 种子检验的重要意义有哪些?
2. 种子检验的主要内容有哪些?
3. 简述种子扦样的原则和方法。
4. 简述种子净度分析的方法。
5. 简述种子发芽试验的主要步骤。
6. 种子真实性和纯度鉴定的主要方法有哪些?
7. 简述种子水分测定的主要方法。
8. 简述种子四唑染色法的主要步骤。
9. 种子健康测定主要有哪些方法?

主要参考文献

毕辛华, 戴心维. 1993. 种子学. 北京: 中国农业出版社

晁雄雄, 孙阎. 2016. 不同处理方法对金银莲花种子发芽的影响. 中国农学通报, 32: 80-84

陈宝书, 解亚林, 辛国荣. 1999. 草坪植物种子. 北京: 中国林业出版社

陈瑛. 1999. 实用中药种子技术手册. 北京: 人民卫生出版社

方先文, 姜东, 戴廷波, 等. 2003. 小麦籽粒总淀粉及支链淀粉含量的遗传分析. 作物学报, 29: 925-929

傅家瑞. 1985. 种子生理. 北京: 科学出版社

高荣岐, 张春庆. 2009. 种子生物学. 北京: 中国农业出版社

谷铁城, 马继光. 2001. 种子加工原理与技术. 北京: 中国农业大学出版社

管康林. 2009. 种子生理生态学. 北京: 中国农业出版社

韩建国. 1997. 实用牧草种子学. 北京: 中国农业大学出版社

何美香, 杜晓峰, 陈玲, 等. 2013. 盐分、变温和激素处理对盐生植物异子蓬异型性种子萌发及成苗的影响. 生态学杂志, 32: 45-51

胡晋, 谷铁城. 2001. 种子贮藏原理与技术. 北京: 中国农业大学出版社

胡晋. 2001. 种子贮藏加工. 北京: 中国农业大学出版社

胡晋. 2006. 种子生物学. 北京: 高等教育出版社

胡晋. 2015. 种子检验学. 北京: 科学出版社.

黄上志, 宋松泉. 2004. 种子科学研究回顾与展望. 广州: 广东科学技术出版社

黄燕文. 1986. 辣椒果实发育的研究 I、胚及胚乳的发育. 华中农业大学学报, 5: 305-307

季道藩. 1984. 遗传学. 2 版. 北京: 中国农业出版社

江良荣, 李义珍, 王侯聪, 等. 2004. 稻米营养品质的研究现状及分子改良途径. 分子植物育种, 2: 113-121

蒋丽, 齐兴云, 龚化勤, 等. 2007. 被子植物胚胎发育的分子调控. 植物学通报, 24: 389-398

金银根. 2006. 植物学. 北京: 科学出版社

冷宏杰. 2002. 种子加工车间的计算机控制与管理系统. 农村实用工程技术, 8: 26-27

李振华, 王建华. 2015. 种子活力与萌发的生理与分子机制研究进展. 中国农业科学, 48: 646-660

李振华, 徐如宏, 任明见, 等. 2019. 光敏色素感知光温信号调控种子休眠与萌发研究进展. 植物生理学报, 55: 539-546

刘良式. 2003. 植物分子遗传学. 2 版. 北京: 科学出版社

马成仓, 洪法水. 1998. pH 对油菜种子萌发和幼苗生长代谢的影响. 作物学报, 24: 509-512

马红媛, 梁正伟. 2007. 不同 pH 值土壤及其浸提液对羊草种子萌发和幼苗生长的影响. 植物学通报, 24: 181-188

马三梅, 王永飞, 叶秀, 等. 2002. 植物无融合生殖的遗传机理和分子机理的研究进展. 遗传, 24: 197-199

马淑萍. 2019. 现代农作物种业发展的里程碑. 中国种业, 3: 1-3

强胜. 2006. 植物学. 北京: 高等教育出版社

全国农作物种子标准化技术委员会. 2000. 《农作物种子检验规程》实施指南. 北京: 中国标准出版社

任淦, 彭敏, 唐为江, 等. 2005. 水稻种子衰老相关基因定位. 作物学报, 31: 183-187

任晓米, 朱诚, 曾广文. 2001. 与种子耐脱水性有关的基础物质研究进展. 植物学通报, 18: 183-189

申书兴, 邹道谦. 1989. 普通番茄的受精过程及胚胎发育的研究. 河北农业大学学报, 12: 81-87

舒英杰, 陶源, 王爽, 等. 2013. 高等植物种子活力的生物学研究进展. 西北植物学报, 33: 1709-1716

宋松泉, 程红焱, 姜孝成. 2008. 种子生物学. 北京: 科学出版社

宋松泉，龙春林，殷寿华，等. 2003. 种子的脱水行为及其分子机制. 云南植物研究，25：465-479

孙昌高. 1990. 药用植物种子手册. 北京：中国医药科技出版社

孙敬三，刘永胜，辛化伟. 1996. 被子植物的无融合生殖. 植物学通报，13：1-8

孙庆泉. 2001. 种子加工学. 北京：科学出版社

孙庆泉. 2002. 种子贮藏. 北京：中国农业科学技术出版社

孙群，胡晋，孙庆泉. 2008. 种子加工与贮藏. 北京：高等教育出版社

孙群. 2016. 种子加工与贮藏. 2 版. 北京：高等教育出版社

汤学军，傅家瑞，黄上志. 1996. 决定种子寿命的生理机制研究进展. 种子，6：29-32

陶嘉龄，郑光华. 1991. 种子活力. 北京：科学出版社

陶宗娅，邹琦. 2000. 种子的吸胀冷害和吸胀伤害. 植物生理学通讯，36：368-376

田向荣，欧阳学智，宋松泉. 2003. 种子发育与萌发过程中的程序性细胞死亡. 云南植物研究，25：579-588

王书茂，祝青园，康峰，等. 2007. 种子加工成套设备的计算机测控技术研究. 农业工程学报，23：122-124

王晓光，季芝娟，蔡晶，等. 2009. 水稻果皮色泽近等基因系的构建及近等性评价. 中国水稻科学，23：135-140

王亚民，汤在祥，陈志军，等. 2008. 种子性状遗传研究进展. 种子，27：42-50

王州飞. 2019. 种子加工贮藏与检验实验教程. 北京：科学出版社

吴为人，唐定中，李维明. 2000. 数量性状的遗传剖析和分子剖析. 作物学报，26：69-73

吴志行. 1993. 蔬菜种子大全. 南京：江苏科学技术出版社

武维华. 2003. 植物生理学. 北京：科学出版社

许智宏，刘春明. 1998. 植物发育的分子机理. 北京：科学出版社

颜启传，成灿土. 2001. 种子加工原理和技术. 杭州：浙江大学出版社

颜启传. 2001a. 种子学. 北京：中国农业出版社

颜启传. 2001b. 种子检验原理和技术. 杭州：浙江大学出版社

叶常丰，戴心维. 1994. 种子学. 北京：中国农业出版社

尹华军，刘庆. 2004. 种子休眠与萌发的分子生物学的研究进展. 植物学通报，21：156-163

余叔文，汤章城. 1998. 植物生理与分子生物学. 2 版. 北京：科学出版社

张光恒，曾大力，郭龙彪，等. 2005. 稻米胚重相关性状 QTL 分析. 作物学报，31：224-228

张红生，程金平，王健康，等. 2019. 水稻种子活力相关基因鉴定及分子调控机制. 南京农业大学学报，42：191-200

张莉，毛雪，李润植. 2004. 种子发育相关基因的研究进展. 植物学通报，21：288-295

张文伟，曹少先，江玲，等. 2005. 基因组印迹与种子发育. 遗传，27：665-670

张则恭，郭琼霞. 1995. 杂草种子鉴定图说. 北京：中国农业出版社

赵安泽，彭锁堂. 1998. 作物种子生产技术与管理. 北京：中国农业科学技术出版社

赵光武，钟泰林，应叶清. 2015. 现代种子种苗实验指南. 北京：中国农业出版社

赵玉巧. 1998. 新编种子知识大全. 北京：中国农业科学技术出版社

郑光华. 2004. 种子生理研究. 北京：科学出版社

中华人民共和国国家标准. 1999. 农作物种子质量标准（GB 16715.2—1999～GB 16715.5—1999、GB 4404.3—1999～GB 4404.5—1999）. 北京：中国标准出版社

Agrawal G K, Rakwal R. 2012. Seed Development: OMICS Technologies Toward Improvement of Seed Quality and Crop Yield. New York: Springer

Arana M V, Tognacca R S, Estravis-Barcalá M, et al. 2017. Physiological and molecular mechanisms underlying the integration of light and temperature cues in *Arabidopsis thaliana* seeds. Plant Cell Environ, 40: 3113-3121

Baier M, Dietz K J. 1997. The plant 2-Cys peroxiredoxin BAS1 is anuclear-encoded chloroplast protein: its expressional re gelation, phylogenetic origin, and implications for its specific physiological function in plants. Plant J, 12: 179-190

Bailey P C, McKibbin R, Lenton J, et al. 1999. Genetic map locations for orthologous *Vp1* genes in wheat and rice. Theor Appl Genet, 98: 281-284

Baker B, Zambryski P, Staskawize B. 1997. Signaling in plant-microbe interactions. Science, 276: 726-733

Baker R J. 1981. Inheritance of seed coat color in eight spring wheat cultivars. Can J Plant Sci, 61: 719-721

Baskin C C, Baskin J M. 1998. Seeds: Ecology, Biogeography, and Evolution of Dormancy and Germination. San Diego: Academic Press

Basra A S. 1995. Seed Quality: Basic Mechanisms and Agricultural Implications. New York: Food Products Press

Bedi S, Basra A S. 1993. Chilling injury in germinating seeds: basic mechanisms and agricultural implications. Seed Sci Res, 3: 219-229

Bewley J D, Bradford K J, Hilhorst H W M, et al. 2013. Seeds: Physiology of Development, Germination and Dormancy. New York: Springer

Bewley J D. 1997. Seed germination and dormancy. Plant Cell, 9: 1055-1066

Bhatnagar N, Min M K, Choi E H, et al. 2017. The protein phosphatase 2C clade A protein OsPP2C51 positively regulates seed germination by directly inactivating OsbZIP10. Plant Mol Biol, 93(4/5): 389-401

Cai H W, Morishima H. 2000. Genomic regions affecting seed shattering and seed dormancy in rice. Theor Appl Genet, 100: 840-846

Cheah K S, Osborne D J. 1978. DNA lesions occur with loss of viability in embryos of ageing rye seed. Nature, 272: 593-599

Chen C, He B, Liu X, et al. 2020. Pyrophosphate-fructose 6-phosphate 1-phosphotransferase (PFP1) regulates starch biosynthesis and seed development via heterotetramer formation in rice (*Oryza sativa* L.). Plant Biotechnol J, 18: 83-95

Chen L Z, Miyazaki C, Kojima A, et al. 1999. Isolation and characterization of a gene expressed during early embryo sac development in apomictic guinea grass (*Panicum maximum*). J Plant Physiol, 154: 55-62

Chen M, Penfield S. 2018. Feedback regulation of COOLAIR expression controls seed dormancy and flowering time. Science, 360: 1014-1017

Cheng J P, He Y Q, Yang B, et al. 2015. Association mapping of seed germination and seedling growth at three conditions in indica rice (*Oryza sativa* L.). Euphytica, 206: 103-115

Côme D, Corbineau F, Lecat S. 1988. Some aspects of metabolic regulation of cereal seed germination and dormancy. Seed Sci Technol, 16: 175-186

Cui K, Peng S, Xing Y, et al. 2020. Molecular dissection of seedling-vigor and associated physiological traits in rice. Theor Appl Genet, 105: 745-753

Dang X J, Thi T G T, Dong G S, et al. 2014. Genetic diversity and association mapping of seed vigor in rice (*Oryza sativa* L.). Planta, 239: 1309-1319

Daszkowska-Golec A, Szarejko I. 2013. Open or close the gate-stomata action under the control of phytohormones in drought stress conditions. Front Plant Sci, 4: 138

De W M, Galvão V C, Fankhauser C. 2016. Light-mediated hormonal regulation of plant growth and development. Annu Rev Plant Biol, 67: 513-537

Debeaujon I, Leon-Kloosterziel K M, Koornneef M. 2000. Influence of the testa on seed dormancy, germination and longevity in *Arabidopsis thaliana*. Plant Physiol, 122: 403-414

Dias P, Brunel-Muguet S, Dürr C, et al. 2011. QTL analysis of seed germination and pre-emergence growth at extreme temperatures in *Medicago truncatula*. Theor Appl Genet, 122: 429-444

Doll N M, Royek S, Fujita S, et al. 2020. A two-way molecular dialogue between embryo and endosperm is required for seed development. Science, 367: 431-435

Dubreucq B, Berger N, Vincent E, et al. 2000. The *Arabidopsis* AtERP1 extensin-like gene is specifically expressed in endosperm during seed germination. Plant J, 23: 643-652

Figueiredo D D, Köhler C. 2018. Auxin: a molecular trigger of seed development. Genes Dev, 32: 479-490

Finkelstein R, Gampala S, Rock C. 2002. Abscisic acid signaling in seeds and seedlings. Plant Cell, 14: S15-S45

Frey A, Audran C, Marin E, et al. 1999. Engineering seed dormancy by the modification of zeaxanthin epoxidase gene expression. Plant Mol Biol, 39: 1267-1274

Fujino K, Sekiguchi H, Matsuda Y, et al. 2008. Molecular identification of a major quantitative trait locus, *qLTG3-1*, controlling low-temperature germinability in rice. Proc Natl Acad Sci USA, 105: 12623-12628

Gallardo K, Job C, Groot S P C, et al. 2001. Proteomic analysis of *Arabidopsis* seed germination and priming. Plant Physiol, 126: 835-848

Girke T, Todd J, Ruuska S, et al. 2000. Microarray analysis of developing *Arabidopsis* seeds. Plant Physiol, 124: 1570-1581

Golovina E A, Hoekstra F A, van Aelst A. 2000. Programmed cell death or desiccation tolerance: two possible routes for wheat endosperm cells. Seed Sci Res, 10: 365-379

Grebe M, Gadea J, Steinmann T, et al. 2000. A conserved domain of the *Arabidopsis* GNOM protein mediates subunit interaction and cyclophilin 5 binding. Plant Cell, 12: 343-356

Gu X Y, Kianian S F, Foley M E. 2006. Isolation of three dormancy QTLs as Mendelian factors in rice. Heredity, 96: 93-99

Guo X G, Hou X M, Fang J, et al. 2013. The rice GERMINATION DEFECTIVE 1, encoding a B3 domain transcriptional repressor, regulates seed germination and seedling development by integrating GA and carbohydrate metabolism. Plant J, 75: 403-416

Han C, Yang P F, Sakata K, et al. 2014. Quantitative proteomics reveals the role of protein phosphorylation in rice embryos during early stages of germination. J Proteome Res, 13: 1766-1782

Han C, Yang P. 2015. Studies on the molecular mechanisms of seed germination. Proteomics, 15: 1671-1679

Han F, Ullrich S E, Clancy J A, et al. 1999. Inheritance and fine mapping of a major barley seed dormancy QTL. Plant Sci, 143: 113-118

Han Z P, Ku L X, Zhang Z Z, et al. 2014. QTLs for seed vigor-related traits identified in maize seeds germinated under artificial aging conditions. PLoS One, 9: e92535

He D L, Han C, Yang P F. 2011. Gene expression profile changes in germinating rice. J Integr Plant Biol, 53: 835-844

He Y, Cheng J, He Y, et al. 2019. Influence of isopropylmalate synthase *OsIPMS1* on seed vigor associated with amino acid and energy metabolism in rice. Plant Biotechnol J, 17: 322-337

He Y, Zhao J, Yang B, et al. 2020. Indole-3-acetate beta-glucosyltransferase *OsIAGLU* regulates seed vigour through mediating crosstalk between auxin and abscisic acid in rice. Plant Biotechnol J, 18: 1933-1945

Howell K A, Narsai R, Carroll A, et al. 2009. Mapping metabolic and transcript temporal switches during germination in rice highlights specific transcription factors and the role of RNA instability in the germination process. Plant Physiol, 149: 961-980

Huizinga D H, Omosegbon O, Omery B, et al. 2008. Isoprenylcysteine methylation and demethylation regulate abscisic acid signaling in *Arabidopsis*. Plant Cell, 20: 2714-2728

Huo H, Dahal P, Kunusoth K, et al. 2013. Expression of 9-*cis*-EPOXYCAROTENOID DIOXYGENASE4 is essential for thermoinhibition of lettuce seed germination but not for seed development or stress tolerance. Plant Cell, 25: 884-900

ISTA.2009. International Rules for Seed Testing. Zurich: The International Seed Testing Association

ISTA. 2014. International Rules for Seed Testing. Zurich: The International Seed Testing Association

Jones R L, Armstrong J E. 1971. Evidence for osmotic regulation of hydrolytic enzyme production in germinating barley seeds. Plant Physiol, 48: 137-142

Kijak H, Ratajczak E. 2020. What do we know about the genetic basis of seed desiccation tolerance and longevity? Int J Mol Sci, 21: 3612

Kim E, Lowenson J D, MacLaren D C, et al. 1997. Deficiency of a protein-repair enzyme results in the accumulation of altered proteins, retardation of growth, and fatal seizures in mice. Proc Natl Acad Sci USA, 94: 6132-6137

Kim H, Hwang H, Hong J W, et al. 2012. A rice orthologue of the ABA receptor, OsPYL/RCAR5, is a positive regulator of the ABA signal transduction pathway in seed germination and early seedling growth. J Exp Bot, 63: 1013-1024

Krishnasamy V, Seshu D V. 1989. Seed germination rate and associated characters in rice. Crop Sci, 29: 904-908

Leon-Kollsterziel K M, van de Bunt G A, Zeevaart J A D, et al. 1996. *Arabidopsis* mutants with a reduced seed dormancy. Plant Physiol, 10: 233-240

Li L F, Liu X, Xie K, et al. 2013. *qLTG-9*, a stable quantitative trait locus for low-temperature germination in rice (*Oryza sativa* L.). Theor Appl Genet, 126: 2312-2322

Li M, Sun P L, Zhou H J, et al. 2011. Identification of quantitative trait loci associated with germination using chromosome segment substitution lines of rice (*Oryza sativa* L.). Theor Appl Genet, 123: 411-420

Li N, Xu R, Duan P, et al. 2018. Control of grain size in rice. Plant Reprod, 31: 237-251

Li T, Zhang Y, Wang D, et al. 2017. Regulation of seed vigor by manipulation of raffinose family oligosaccharides in maize and *Arabidopsis thaliana*. Mol Plant, 10: 1540-1555

Li X, Chen T, Li Y, et al. 2019. ETR1/RDO3 regulates seed dormancy by relieving the inhibitory effect of the ERF12-TPL complex on *DELAY OF GERMINATION1* expression. Plant Cell, 31: 832-847

Li Z Y, Tang L Q, Qiu J H, et al. 2016. Serine carboxypeptidase 46 regulates grain filling and seed germination in rice (*Oryza sativa* L.). PLoS One, 11: e0159737

Lin S Y, Sasaki T, Yano M. 1998. Mapping quantitative traits loci controlling seed dormancy and heading date in rice, *Oryza sativa* L. using backcross inbred lines. Theor Appl Genet, 96: 997-1003

Liu C W, Fukumoto T, Matsumoto T, et al. 2013. Aquaporin *OsPIP1;1* promotes rice salt resistance and seed germination. Plant Physiol Bioch, 2013, 63: 151-158

Liu Y, Koornneef M, Soppe W J. 2007. The absence of histone H2B monoubiquitination in the *Arabidopsis* hub1 (rdo-4) mutant reveals a role for chromatin remodelling in seed dormancy. Plant Cell, 19: 433-444

Lu Q, Zhang M C, Niu X J, et al. 2016. Uncovering novel loci for mesocotyl elongation and shoot length in *indica* rice through genome-wide association mapping. Planta, 243: 645-657

Maarten K, Leonie B, Henk H. 2002. Seed dormancy and germination. Curr Opin Plant Biol, 5: 33-36, 156-163

Mahender A, Anandan A, Pradhan S K. 2015. Early seedling vigour, an imperative trait for direct-seeded rice: an overview on physio-morphological parameters and molecular markers. Planta, 241: 1027-1050

Marler T E. 2007. Papaya seed germination and seedling emergence are not influenced by solution pH. Acta Hortic, 740: 203-207

Miao C, Wang Z, Zhang L, et al. 2019. The grain yield modulator miR156 regulates seed dormancy through the gibberellin pathway in rice. Nat Commun, 10: 3822

Miura H, Sato N, Kato K, et al. 2002. Detection of chromosomes carrying genes for seed dormancy of wheat using the backcross reciprocal monosomic method. Plant Breeding, 121: 394-399

Miura K, Lin S, Yano M, et al. 2002. Mapping quantitative trait loci controlling seed longevity in rice (*Oryza sativa* L.). Theor Appl Genet, 104: 981-986

Nakamura S, Toyama T. 2001. Isolation of a *VP1* homologue from wheat and analysis of its expression in embryos of dormant and non-dormant cultivars. J Exp Bot, 52: 875-876

Nakashima K, Yamaguchi-Shinozaki K. 2013. ABA signaling in stress-response and seed development. Plant Cell Rep, 32: 959-970

Nambara E, Hayama R, Tsuchiya Y, et al. 2000. The role of ABI3 and FUS3 loci in *Arabidopsis thaliana* on phase transition from late embryo development to germination. Dev Biol, 220: 412-423

Negi M S, Delseny M, Lakshmikumaran M, et al. 2000. Identification of AFLP fragments linked to seed coat color in *Brassica juncea* and conversion to a SCAR marker for rapid selection. Thror Appl Genet, 101: 146-152

Osa M, Kato K, Mori M, et al. 2003. Mapping QTLs for seed dormancy and the *Vp1* homologue on chromosome 3A in wheat. Theor Appl Genet, 106: 1491-1496

Papi M, Sabatini S, Bouchez D, et al. 2000. Identification and disruption of an *Arabidopsis* zinc finger gene controlling seed germination. Gene Dev, 14: 28-33

Payne R C. 1992. ISTA Handbook of Electrophoresis Testing. Zurich: The International Seed Testing Association

Pierce G L, Warren S L, Mikkelsen R L, et al. 1999. Effects of soil calcium and pH on seed germination and subsequent growth of large crabgrass (*Digitaria sanguinalis*). Weed Technol, 13: 421-424

Pontier D, Albrieux C, Joyard J, et al. 2007. Knock-out of the magnesium protoporphyrin IX methyltransferase gene in *Arabidopsis*. J Biol Chem, 282: 2297-2304

Ren Y, Wang Y, Pan T, et al. 2020. GPA5 Encodes a Rab5a effector required for post-golgi trafficking of rice storage proteins. Plant Cell, 32: 758-777

Reyes J L, Chua N H. 2007. ABA induction of miR159 controls transcript levels of two MYB factors during *Arabidopsis* seed germination. Plant J, 49: 592-606

Russell L, Larner V, Kurup S, et al. 2000. The *Arabidopsis COMATOSE* locus regulates germination potential. Development, 127: 3759-3767

Sano N, Ono H, Murata K, et al. 2015. Accumulation of long-lived mRNAs associated with germination in embryos during seed development of rice. J Exp Bot, 66: 4035-4046

Sasaki K, Fukuta Y, Sato T. 2005. Mapping of quantitative trait loci controlling seed longevity of rice (*Oryza sativa* L.) after various periods of seed storage. Plant Breeding, 124: 361-366

Schillinger W F, Donaldson E, Allan R E, et al. 1998. Winter wheat seedling emergence from deep sowing depths. Agron J, 90: 582-586

Schoen J F. 1993. ISTA Handbook of Laboratory Tests for Variety Determination with Fungal Pathogens. Zurich: The International Seed Testing Association

Schwember A R, Bradford K J. 2010. A genetic locus and gene expression patterns associated with the priming effect on lettuce seed germination at elevated temperatures. Plant Mol Biol, 73: 105-118

Senna R, Simonina V, Silva-Netob M A C, et al. 2006. Induction of acid phosphatase activity during germination of maize (*Zea mays*) seeds. Plant Physiol Bioch, 44: 467-473

Shoemaker C A, Carlson W H. 1990. pH affects seed germination of eight bedding plant species. Hort Sci, 25: 762-764

Siddique K H M, Loss S P. 1999. Studies on sowing depth for chickpea (*Cicer arietinum* L.), faba bean (*Vicia faba* L.) and lentil (*Lens culinaris* Medik) in a Mediterranean-type environment of south-western Australia. J Agron Crop Sci, 182: 105-112

Singh P, Dave A, Vaistij F E, et al. 2017. Jasmonic acid-dependent regulation of seed dormancy following maternal herbivory in *Arabidopsis*. New Phytol, 214: 1702-1711

Smidansky E D, Clance M, Meyer F D, et al. 2002. Enhanced ADP-glucose pyrophosphorylase activity in wheat endosperm increases seed yield. Proc Natl Acad Sci USA, 99: 1724-1729

Soliman M H. 1980. Ploidy and strain differences in seed germination of *Glycine wightii* at different pH levels. Theor Appl Genet, 56: 174-182

Somers D J, Rakow G, Vinod K, et al. 2001. Identification of a major gene and RAPD marker for yellow seed coat colour in *Brassica napus*. Genome, 44: 1077-1082

Song M S, Kim D G, Lee S H. 2005. Isolation and characterization of a jasmonic acid carboxyl methyltransferase gene from hot pepper (*Capsicum annuum* L.). J Plant Biol, 48: 292-297

Song S, Dai X, Zhang W H. 2012. A rice F-box gene, OsFbx352, is involved in glucose-delayed seed germination in rice. J Exp Bot, 63: 5559-5568

Song X J, Huang W, Shi M, et al. 2007. A QTL for rice grain width and weight encodes a previously unknown RING-type E3 ubiquitin ligase. Nat Genet, 39: 623-630

Steber C M, McCourt P. 2001. A role for brassinosteroids in germination in *Arabidopsis*. Plant Physiol, 125: 763-769

Sugimoto K, Takeuchi Y, Ebana K, et al. 2010. Molecular cloning of *Sdr4*, a regulator involved in seed dormancy and domestication of rice. Proc Natl Acad Sci USA, 107: 5792-5797

Tiwari S B, Hagen G, Guilfoyle T. 2003. The roles of auxin response factor domains in auxin-responsive transcription. Plant Cell, 15: 533-543

van der Schaar W, Alonso-Blanco C. 1997. QTL analysis of seed dormancy in *Arabidopsis* using recombinant inbred lines and MQM mapping. Heredity, 79: 190-200

van Deynze A E, Landry B S, Pauls K P. 1995. The identification of restriction fragment length Polymorphisms linked to seed color gene in *Brassica napus* L. Genome, 38: 534-542

Varbanova M, Yamaguchi S, Yang Y, et al. 2007. Methylation of gibberellins by *Arabidopsis* GAMT1 and GAMT2. Plant Cell, 19: 32-45

Visick J E, Cai H, Clarke S. 1998. The L-isoaspartyl protein repair methyltransferase enhances survival of aging *Escherichia coli* subjected to secondary environmental stresses. J Bacteriol, 180: 2623-2629

Wan J, Nakazaki T, Kawaura K, et al. 1997. Identification of loci for seed dormancy in rice (*Oryza sativa* L.). Crop Sci, 37: 1759-1763

Wang C, Liu Q, Shen Y, et al. 2019. Clonal seeds from hybrid rice by simultaneous genome engineering of meiosis and fertilization genes. Nat Biotechnol, 37: 283-286

Wang X, Zou B H, Shao Q L, et al. 2018. Natural variation reveals that *OsSAP16* controls low-temperature germination in rice. J Exp Bot, 69: 413-421

Waterworth W M, Masnavi G, Bhardwaj R M, et al. 2010. A plant DNA ligase is an important determinant of seed longevity. Plant J, 63: 848-860

Wehmeyer N, Hernandez L D, Finkilstein R R. 1996. Synthesis of small heat-shock proteins is part of the developmental program of late seed maturation. Plant Physiol, 112: 747-757

Weijers D, Jürgens G. 2005. Auxin and embryo axis formation: the ends in sight. Curr Opini Plant Biol, 8: 32-37

Weitbrecht K, Müller K, Leubnermetzger G. 2011. First off the mark: early seed germination. J Exp Bot, 62: 3289-3309

Westerlind E. 1988. Seed Scanner, a computer-based device for determinations of other seed by number in cereal seed. Seed Sci Technol, 16: 289-297

Wu F Q, Xin Q, Cao Z, et al. 2009. The magnesium-chelatase H subunit binds abscisic acid and functions in abscisic acid signaling: New evidence in *Arabidopsis*. Plant Physiol, 150: 1940-1959

Wu J H, Zhu C F, Pang J H, et al. 2014. OsLOL1, a C2C2-type zinc finger protein, interacts with OsbZIP58 to promote seed germination through the modulation of gibberellin biosynthesis in *Oryza sativa*. Plant J, 80: 1118-1130

Xu H, Wei Y, Zhu Y, et al. 2015. Antisense suppression of *LOX3* gene expression in rice endosperm enhances seed longevity. Plant Biotechnol J, 13: 526-539

Yadegari R, Kinoshita T, Lotan O, et al. 2000. Mutations in the *FIE* and *MEA* genes that encode interacting polycomb proteins cause parent-of origin effects on seed development by distinct mechanisms. Plant Cell, 12: 2367-2382

Yamamoto A, Takagi H, Kitamura D, et al. 1998. Deficiency in protein L-isoaspartyl methyltransferase results in a fatal progressive epilepsy. J Neurosci, 18: 2063-2074

Yoshioka T, Satoh S, Yamasue Y. 1998. Effect of increased concentration of soil CO_2 on intermittent flushes of seed germination in *Echinochloa crus-galli* var. *crus-galli*. Plant Cell Environ, 21: 1301-1306

Young T E, Gallie D R. 1999. Analysis of programmed cell death in wheat endosperm reveals differences in endosperm development between cereals. Plant Mol Biol, 39: 915-926

Young T E, Gallie D R. 2000. Programmed cell death during endosperm development. Plant Mol Biol, 44: 283-301

Zhang H, Ma P, Zhao Z, et al. 2012. Mapping QTL controlling maize deep-seeding tolerance-related traits and confirmation of a major QTL for mesocotyl length. Theor Appl Genet, 124: 223-232

Zhang Y F, Cao G Y, Qu L J, et al. 2009. Characterization of *Arabidopsis* MYB transcription factor gene *AtMYB17* and its possible regulation by *LEAFY* and *AGL15*. J Genet Genomics, 36: 99-107

Zhao L F, Hu Y B, Chong K, et al. 2010. *ARAG1*, an ABA-responsive DREB gene, plays a role in seed germination and drought tolerance of rice. Ann Bot, 105: 401-409

Zhao N, Ferrer J L, Ross J, et al. 2008. Structural, biochemical, and phylogenetic analyses suggest that indole-3-acetic acid methyltransferase is an evolutionarily ancient member of the SABATH family. Plant Physiol, 146: 455-467

Zhou W, Chen F, Luo X, et al. 2020. A matter of life and death: Molecular, physiological, and environmental regulation of seed longevity. Plant Cell Environ, 43: 293-302

Zhu Q, Yu S, Zeng D, et al. 2017. Development of "Purple Endosperm Rice" by engineering anthocyanin biosynthesis in the endosperm with a high-efficiency transgene stacking system. Mol Plant, 10: 918-929